国家社会科学基金“十四五”规划2021年度教育学青年课题
“支撑教育高质量发展的国家教育管理信息化体系研究”（CCA210253）成果

教育系统网络安全保障专业人员（ECSP）系列教材

教育系统网络安全保障专业人员（ECSP）基础教程

JIAOYU XITONG WANGLUO ANQUAN BAOZHANG ZHUANYE RENYUAN (ECSP) JICHU JIAOCHENG

主 编　杨伟平

中国教育出版传媒集团
高等教育出版社 · 北京

本书编委会

主　　任　曾德华

主　　编　杨伟平

副 主 编　尤　其　刘兴臣

委　　员　孙　强　徐丽娜　卞云波　刘少惠　王　宇
陶丽红　谭可久　聂晓力　陈　萍　吴　芳
冯德林　胡东辉　刘乃嘉　于　博　汤临春
高　浪　陈双喜　张　红　张红宇　吴子坚
郑　炜　祁　晖　郑海山　马　峥　杜廷龙
孙伟峰　李永松　曹泽生　张　然　黎　琳
李先毅　廖运华　赵　昱　王洪军

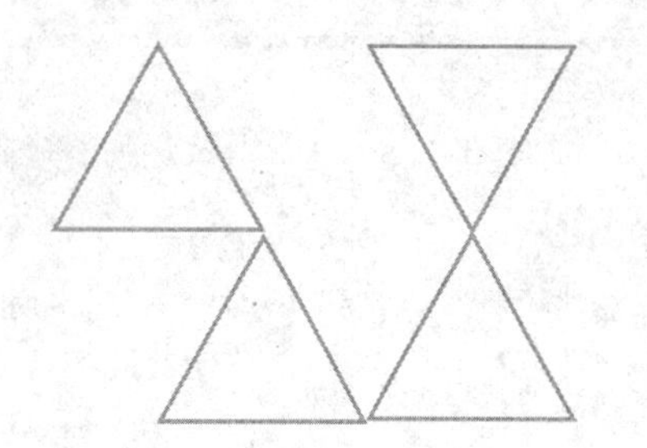

推荐序

纵观人类社会发展历程，每一次重大技术革新，都会给国家安全带来新的挑战。当前，网络安全成为关乎全局的重大问题。习近平总书记指出：“网络安全牵一发而动全身，深刻影响政治、经济、文化、社会、军事等各领域安全。没有网络安全就没有国家安全，就没有经济社会稳定运行，广大人民群众利益也难以得到保障。”

百年大计，教育为本。党的二十大报告提出“推进教育数字化，建设全民终身学习的学习型社会、学习型大国”，这标志着推进教育数字化已经成为全党全社会高度共识和重要战略任务。随着教育数字化转型的持续推进，特别是国家教育数字化战略行动实施以来，数字技术持续赋能教学、管理、科研和服务，为教育强国建设发挥了重要的支撑和引领作用。数字技术应用越深入，可能带来的安全风险会越凸显，轻则影响一地一校教育教学秩序，重则对社会秩序和公共利益造成损害。当今世界百年未有之大变局加速演进，科技创新成为国际战略博弈的主要战场。高校作为国家创新体系的重要组成部分，在科技创新中有着独特的使命和角色，也可能成为网络攻击的重要目标。如何在日益严峻复杂的网络安全形势下守住安全底线，为教育数字化转型提供可靠的安全保障，将数字技术这个最大“变量”转化为事业发展的最大“增量”，值得教育工作者深思。

教育系统网络安全保障专业人员系列教程正是针对这一时代的需求，从教育管理者和网信工作者实际需求出发，在数字生态系统底层驱动范式转型变化的形势下，围绕教育系统网络安全实际场景，具有很强的实用性和较好的前沿性，不仅对于教育系统各单位网信工作者具有重要的参考价值，也可以作为广大师生和社会人士了解和应对网络安全风险的基础读物。此系列教程的出版，有助于大众在数字时代深入了解网络安全问题的本质和内涵，增强全民防范网络安全风险的意识，学习应对网络安全威胁的基本方法和技巧。

我相信，该系列教程将会成为教育系统网络安全领域一部有代表性的著作，对于推动我国教育系统网络安全事业的发展产生积极的影响，期待更多的读者能够从中受益。

中国工程院院士　邬江兴

前言

随着 5G、人工智能、大数据、云计算等新技术的迅速发展与规模化应用，数字化转型成为我国教育转型的重要载体和方向。智慧校园、智慧教室、云教育服务、远程教育、网络云课堂、虚拟仿真、精准教学、XR 教学等新技术的迅速发展与规模化应用，为教育行政部门、学校、教师、学生及家长提供了巨大的便利，集中凸显出数字技术影响下我国教育正在发生一系列变革，教育数字化转型正在发生。

目前，教育行业网络安全呈现出机构多、人员多、系统多、数据多、关注度高、影响面广的特点，面临的网络安全形势十分严峻，页面篡改、数据泄露、数据篡改、服务中断等网络安全事件时有发生。这些安全事件的发生，既有来自外部的威胁，也有内部管理问题所带来的风险；既有安全防护能力不足的问题，也有人员安全意识薄弱的问题，而这些事件中很大一部分是由于人员网络安全素养和专业技能水平不足所导致的。

教育系统网络安全保障专业人员培训（Cyber Security Professional for Education Industry，以下简称 ECSP），是由中国网络安全审查认证和市场监管大数据中心与教育部教育管理信息中心为提升教育系统人员网络安全素养和专业技能水平，支撑保障教育数字化和网络安全持续健康发展，共同开发认定的专业岗位能力培养项目，截至 2023 年底已累计培训近万人次，获得了教育系统各单位的广泛认可，取得了较好的社会效益。

在开展 ECSP 培训的过程中，我们碰到的一个难题是：如何帮助新加入网安队伍的学员快速建立起开展本单位网络安全保障工作所必需的知识体系。网络安全保障工作是一整套系统性工程，涉及方方面面。我们从最初为新入行学员列出国家和教育行业网络安全相关政策法规要点，需掌握的网络安全管理制度、工作流程、技术体系和前沿知识，以及数据安全保护、密码应用安全、供应链安全等内容知识点列表的模式起步，逐步过渡到自编讲义，经过 4 年的迭代改进，最终有了这本教程的雏形。在此基础上，我们邀请全国网络安全领域具有丰富管理和技术经验的科研院所、教育行政部门、高等院校、企事业单位的相关专家，成立了阵容强大的编写委员会，共同编制了这本教程。

本书的读者对象：各级教育行政部门管理者、高校管理者、高校二级部门管理者、网信工作者、网信联络员、安全联络员、数据联络员，本书可作为上述读者的网络安全工作参考手册。本书是参加 ECSP 培训考试人员的指定参考书，也可以作为对网络安全感兴趣的人士的基础教程。

本书的主要内容：教育系统网络安全保障专业人员系列教程是专门针对教育管理者和网信工作者实际工作场景编制的，本书是其基础教程，共 7 章，各章的内容组织安排如下：

第 1 章 网络安全形势与政策要求，首先介绍了国际、国内以及教育系统网络安全面临的威胁与形势，并列举了典型的网络安全事件；其次梳理了我国网络安全法律法规体系，并就其中主要法律法规文件进行了解读；最后重点阐述了教育系统网络安全工作的发展脉络和主要政策文件。

第 2 章 网络安全等级保护，首先介绍了等级保护基本概念、国家和教育系统等级保护发展历程；其次对等级保护标准体系和工作流程进行了概述；最后以 5 个实际案例，结合高等学校和教育行政部门等级保护工作实际，介绍等级保护工作流程、安全通用要求以及云计算、移动互联、物联网等安全扩展要求。

第 3 章 网络安全监测预警和信息通报，首先介绍了网络安全监测预警和信息通报的基本概念；其次对相关国家政策法规及教育系统政策要求进行了解读；最后从安全监测、安全预警和信息通报 3 个维度，详细阐述了教育系统落实此项工作的机制、举措和支撑平台。

第 4 章 网络安全应急处置，首先介绍了网络安全应急相关的基本概念、国家相关政策法规和教育系统政策要求；其次围绕组织机构、应急响应流程和具体处置要求等三方面详细阐述了应急机制和应急预案的编制；其次聚焦如何编制应急预案、预案框架内容，并以高校为例介绍了预案如何编制；最后重点介绍网络安全应急演练的组织机构和演练流程并给出一个高校实践案例。

第 5 章 网络安全攻击与防护技术，首先依据攻击链详细介绍不同类型的网络安全攻击手段，并分析其特点、目标和常见手法；其次依次介绍了与攻击手段相对应的已有的防护技术；最后介绍了云环境攻击、常见远程控制服务攻击、侧信道攻击、零日攻击、算法攻击等攻击方式的概念、特点和常见手法并给出防御思路。

第 6 章 网络安全运营实施，首先介绍了网络安全运营的组成要素和主要参考模型；其次介绍了安全运营规划的现状评估、需求分析、确定目标、规划方案以及项目计划 5 个主要步骤；再次围绕网络安全运营建设整体流程，介绍了构建安全运营体系的团队建设、制度流程建设、安全产品选择和安全服务选择等常规方法，同时展望了安全运营的未来发展；然后从一个单位内部的角度出发，以 WPDRRC（预警、保护、检测、响应、恢复和反击）模型的 6 个阶段为主线介绍了如何开展常态化安全运营工作；最后在等保建设和常态化安全运营基础上，针对安全防护和监测等措施的有效性，从单点到整体进行安全运营有效性验证。

第 7 章　网络安全热点与前沿，首先介绍了商用密码技术，重点就教育系统普遍关注的商用密码应用和商用密码应用安全性评估做了介绍；其次介绍了软件供应链安全，在分析教育系统软件供应链安全问题基础上，给出了教育系统供应链安全治理策略的参考建议；最后从教育基础设施信息技术应用创新、应用系统信息技术应用创新以及教育数字化创新应用安全适配实验室等方面概述了教育行业信息技术应用创新主要的工作思路。

本书是国家社会科学基金“十四五”规划 2021 年度教育学青年课题“支撑教育高质量发展的国家教育管理信息化体系研究”（CCA210253）成果。本书由教育部教育管理信息中心组织编写，教育部教育管理信息中心杨伟平担任主编，多位长期从事网络安全工作以及安全解决方案研究的业内专家共同参与编写。在本书编写过程中得到了教育部教育管理信息中心有关领导的大力支持，姜开达、鲁欣正、马皓、陈昊、周昌令、吴海燕、鲁学亮、王芳、霍跃华、高玉建、杨德全、袁礼等十余位专家学者对本书的编写提出了非常有针对性的意见和改进建议，高等教育出版社何新权编辑为本书的顺利出版付出了辛勤的努力，在此表示衷心的感谢。由于时间所限，书中难免出现疏漏之处，恳请读者批评指正，便于后续改善和提高。

目 录

第 1 章 网络安全形势与政策要求

第 2 章 网络安全等级保护

第 3 章 网络安全监测预警和信息通报

第 4 章 网络安全应急处置

第 5 章 网络攻击与防御技术

第 6 章 网络安全运营实施

第 7 章 网络安全热点与前沿

第 1 章 网络安全形势与政策要求

导 读

随着互联网的高速发展，网络安全形势十分严峻，深刻影响了政治、经济、文化、生态、社会、国防等领域，影响着社会稳定和人们正常工作生活。面对日益严峻复杂的网络安全形势，各国高度重视网络安全立法，强化个人信息安全、数据安全、关键基础设施保护等政策法规制定，为网络安全保护各项措施的具体实施提供法律依据。教育系统在基本法规基础上也陆续出台了一系列网络安全建设与管理的政策文件，不断夯实教育行业网络安全保障体系，切实维护广大师生的切身利益。

本章首先介绍网络安全威胁与形势，重点从网络安全问题产生的因素、网络攻击的主要表现形式以及典型网络安全事件等维度进行分析阐述；其次介绍美国、欧盟、俄罗斯等国家和地区网络安全法律法规，重点介绍我国网络安全法律法规体系并就其中典型法律法规文件进行解读；最后介绍教育系统网络安全工作发展阶段和网络安全政策体系，重点围绕教育系统网络安全主要政策文件进行系统梳理和解读。

1.1 网络安全威胁与形势

1.1.1 国际网络安全威胁与形势

随着互联网的高速发展，人类正处于一个前所未有的技术创新时期，新技术的快速发展成为行业转型的重要推动力量，多种新技术的深度应用与叠加效应正引领着产业变革，第四次工业革命已经到来。网络空间已成为国家继陆、海、空、天四个疆域之后的第五个疆域。5G、物联网、大数据、人工智能、VR/AR 等新技术推动了各行各业的数字化转型，驱动人类社会思维方式、组织架构和运作模式发生根本性变革，为我们创新路径、重塑形态、推动发展提供了新的重大机遇。在新技术的影响下，智能制造、智慧城市不断涌现，开启了人类智慧生活新方式，但同时也带来了日益凸显的网络安全问题，严重影响了网络技术的发展，甚至威胁人民生命财产安全和社会秩序。

1. 网络安全问题产生的因素

1）物理环境

互联网 IT 设备最基础、最核心单元是由半导体芯片及各种特殊材料器件构成，对运行环境有着严苛的要求。环境的温度、湿度、清洁度、照明度、锈蚀、电磁干扰、静电和电源问题，以及火灾、洪涝、地震、雷电等各类灾害，以及其他的物理损害都可能导致设备受损或运行效率下降，而使网络瘫痪、系统故障、信息丢失等网络安全问题出现。

2）网络设备构架体系不稳定

由于 TCP/IP 在最初设计时没有充分考虑安全问题，在安全方面存在风险隐患，目前应用、互联等都是以 TCP/IP 为基础，这极大地影响上层应用的安全。同时，由于线路带宽、硬件设备配置不够合理，可能造成网络拥堵瘫痪；或由于交换机、防火墙等设备设置不够严谨，从而造成访问权限被滥用，出现网络安全问题等。

3）软件自身漏洞

在现实应用中，系统软件、支撑软件、应用软件等大多数都存在安全问题。受软件开发人员的编程能力、经验和当时安全技术所限，在程序中难免会有不足之处，或者软件开发人员，为实现不可告人的目的，在程序代码中保留后门。这些缺陷或后门可能被不法者或者黑客利用，从而导致出现网络安全问题。常见的软件漏洞有输入验证漏洞、未授权访问、缓冲区溢出漏洞、第三方组件漏洞、任意文件上传漏洞、逻辑漏洞、远程命令执行、会话劫持漏洞、跨站点脚本漏洞、SQL 注入漏洞等。

4）个人网络安全意识不足

随着人们对互联网的依赖，越来越多的工作、生活、学习、娱乐等都离不开互联网络。但很多人网络安全意识不足，在已发生的网络安全事件中，很多是因安全意识薄弱导致的。常见的网络安全意识不足的表现有：弱口令、不同平台采用相同的密码、浏览不明邮件、随意公开个人信息、在不安全网站上下载软件、任意连接不可信 Wi-Fi 等。

5）恶意程序和网络攻击

自从 1988 年罗伯特·莫里斯编写出网络蠕虫病毒（Internet Worm），世界上第一个网络病毒从此诞生，随后互联网中的各种病毒层出不穷。当前网络攻击日趋复杂，网络黑客呈现出规模化、组织化、产业化和专业化等特点，攻击手段日新月异、攻击规模日益庞大、攻击频率日益频繁，各类网络攻击事件对全球经济社会发展造成的影响越来越大，甚至成为武器，在国家间的战争中扮演重要角色。

2. 当前网络攻击的主要表现特征

世界经济论坛发布的《2018 全球风险报告》中首次将网络攻击纳入全球前五大安全风险之列，成为仅次于自然灾害与极端天气事件的第三大风险因素。《2022 全球风险报告》显示，2020 年勒索软件攻击增加 435%，其发展速度超过了社会有效预防或应对网络安全威胁的能力。

1）针对关键信息设施攻击数量迅速增长

近年来，针对关键信息基础设施的攻击越来越具有组织化、专业化，趋势愈演愈烈，已经严重危害到人们的生产生活，甚至是国家安全。2022 年 7 月，阿尔巴尼亚国家信息社会局（AKSHI）发表声明，称由于遭受大规模网络攻击，被迫关闭所有提供在线公共服务的网站和政府官方网站。2022 年 8 月，英国医疗急救热线外包供应商遭受网络攻击，导致英国国家医疗服务体系（NHS）的 111 急救热线发生持续性中断。2022 年 11 月，丹麦最大的铁路运营公司 DSB 受到网络攻击，旗下所有列车均陷入停运，连续数个小时未能恢复。

2）针对供应链的攻击日益增加

针对供应链的网络攻击手法更加隐蔽、潜伏时间长、防范和阻断难，体现出“牵一发而动全身”的巨大危害。2020 年 12 月，软件提供商 SolarWinds 旗下的 Orion 网络管理软件源码遭黑客篡改，留下的后门可通过执行远程控制指令执行窃取数据、下发恶意代码等操作，有超过 250 家美国联邦机构和企业受到影响，其中包括美国财政部、美国 NTIA、美国安全公司 FireEye 等。2022 年 3 月，俄罗斯多个联邦政府网站遭受攻击，原因是黑客入侵了用于追踪访客的数据小工具，遭受攻击的政府站点包括能源部、联邦国家统计委员会、联邦监狱管理局、联邦法警局、联邦反垄断局、文化部和其他国家机构网站。

3）勒索软件攻击范围持续扩大

近年来，勒索病毒攻击数量激增，逐渐从“广撒网”转向定向攻击，表现出攻击范围全球化的趋势以及具有更强的针对性。攻击目标主要是大型高价值机构，同时勒索病毒的勒索方式和技术手段不断升级。受害者如果不支付赎金，数据就可能在暗网上被售卖，导致数据泄露事件的激增。2020 年 6 月，加州大学旧金山分校遭遇勒索软件勒索，加州大学旧金山分校迫于无奈向黑客支付了 140 万美元。2021 年 10 月，美国 Sinclair 电视台因遭受勒索软件攻击而瘫痪，某些服务器和工作站被勒索软件加密，某些办公和运营网络被破坏，攻击者还从该公司的网络中窃取了数据。2022 年 5 月，在多个政府机构遭到 Conti 勒索软件组织的攻击后，哥斯达黎加总统罗德里戈 · 查韦斯（Rodrigo Chaves）宣布全国进入紧急状态。Conti 的数据泄露网站称该组织泄露了 672 GB 数据转储中的 97%，据称其中包含从哥斯达黎加政府机构窃取的信息。2023 年 3 月，西班牙城市的主要医院之一巴塞罗那医院（Hospital Clinic de Barcelona）遭受了网络攻击，导致其计算机系统瘫痪，150 项非紧急手术和多达 3 000 项患者检查因此被取消。

4）重要数据泄露事件频发

近年来数据泄露事件发生的频率、规模、产生的不良影响都在不断地快速上升。

2022 年 2 月，提供比特币、以太币、比特币现金、莱特币和其他几种加密货币买卖和交易的 PayBito 交易所数据库中的 10 万名客户信息被泄露，包括电子邮件地址和“弱”密码哈希值。2022 年 10 月，美国第二大非营利性医疗健康系统（CommonSpirit Health）的 62 万名患者数据泄露，数据内容包括姓名全名、家庭住址、电话号码、出生日期以及仅供组织内部使用的唯一 ID 等。2023 年 1 月，全球公认的工业炸药制造商印度太阳能工业公司 2 TB 数据被窃取，包括公司所有产品的工程规格、图纸等。

3. 国际网络空间的冲突加剧

当前，网络安全深刻影响了政治、经济、文化、生态、社会、国防、教育等领域，影响着社会稳定和人们正常工作生活。国际网络空间冲突有加剧的趋势，对抗与对话渐成常态。网络安全已成为国家安全的重要组成部分，形势异常复杂、严峻。世界各国竞相将网络安全纳入国家安全战略，制定出台针对网络安全的规则和战略规划，加大构建国家网络安全的对抗力量和战略储备。

1）全球网络空间被人为分化

2022 年美国与欧盟、英国、澳大利亚和日本等联合发起《互联网未来宣言》，企图将自己的标准强加于人，在互联网领域以意识形态划线，拉“小圈子”，制造分裂对抗，破坏国际规则。北大西洋公约组织发布了最新版的战略概念文件——《北约 2022 战略概念》，把俄罗斯从“战略伙伴”转变为“最重大和最直接的威胁”，并且首次将中国以“系统性挑战”之名登记在册，并表示将加强北约在太空和网络空间的有效运作能力，利用所有可用的手段，预防、探测、反击和应对各种威胁。

2）信息产业发展遭遇恶意打压

美国为了维护全球的霸权地位，大肆散布“中国威胁论”，泛化“国家安全”的概念。2015 年斯诺登披露了美国、英国有关情报机构对包括欧洲和亚洲 16 个国家的 23 家全球重点网络安全厂商实施的“拱形”计划，即对安全厂商和用户间的通信进行监控，以获取新的病毒样本等信息。2020 年 6 月，美国提出清洁网络计划，该计划重点打击中国 5G 技术。2022 年美中经济与安全审查委员会（USCC）听证会专家建议美商务部、财政部将中国网络安全企业中具有创新性的企业代表（安天、奇安信、山石网科、安恒信息、深信服科技等）列入实体名单、制裁名单。2022 年 8 月，拜登签署《芯片与科学法案》，限制接受补贴的企业在“特定国家”扩大或新建先进半导体制造产能。

3）国家级 APT 攻击持续升级

俄乌冲突使得网络军事行动走向台前，开辟了热兵器时代的同步战场，战事在网络空间的延伸严重冲击了现有的网络空间规范。国家级 APT 组织利用社会热点、供应链攻击等方式不断加大对我国境内重要单位、重点目标等的网络攻击频度与力度。2022 年，国内 360 公司就曾披露具有美国国家安全局（NSA）背景的境外黑客组织 APT-C-40 对我国开展无差别网络攻击，攻击行为极为隐蔽，持续长达十余年，目标对象涵盖了我国党政机关、科研院所、高等院校、医疗机构、航空航天、石油等行业龙头企业，以及关乎国计民生的关键信息基础设施运维单位等各行各业机构组织。该调查还发现，美国国家安全局“特定入侵行动办公室”对我国诸多网络目标实施了上万次的恶意网络攻击，控制了包括网络服务器、上网终端、网络交换机、路由器、防火墙等数以万计的网络设备，疑似窃取的高价值数据超过 140 GB。

1.1.2 国内网络安全威胁与形势

党的十八大以来，习近平总书记准确把握信息时代的“时”与“势”，紧密结合我国互联网发展治理实践，就网络安全和信息化工作提出了一系列原创性的新理念新思想新战略，系统回答了为什么要建设网络强国、怎么建设网络强国的一系列重大理论和实践问题，形成了内涵丰富、科学系统的网络强国重要思想，为做好新时代网络安全和信息化工作指明了前进方向、提供了根本遵循。纵观人类社会的发展历程，每一次重大技术革新，都会给国家安全带来新的挑战。当前，网络安全成为关乎全局的重大问题。

2015 年，《中华人民共和国国家安全法》通过审议，明确了国家安全领域，首次将网络安全纳入国家安全的范畴。党的二十大报告提出要加快建设网络强国、数字中国，加快发展数字经济，促进数字经济和实体经济的深度融合，打造具有国际竞争力的数字产业集群。《数字中国建设整体布局规划》指出，筑牢可信可控的数字安全屏障，切实维护网络安全，完善网络安全法律法规和政策体系。如果说数字技术是数字中国的关键支撑，网络安全则是数字中国建设的基本保障，筑牢网络安全屏障是维护国家安全的必然要求。2023 年 7 月，习近平总书记在全国网络安全和信息化工作会议上对网络安全和信息化工作作出重要指示，鲜明提出网信工作“举旗帜聚民心、防风险保安全、强治理惠民生、增动能促发展、谋合作图共赢”的使命任务，明确“十个坚持”重要原则，即坚持党管互联网，坚持网信为民，坚持走中国特色治网之道，坚持统筹发展和安全，坚持正能量是总要求、管得住是硬道理、用得好是真本事，坚持筑牢国家网络安全屏障，坚持发挥信息化驱动引领作用，坚持依法管网、依法办网、依法上网，坚持推动构建网络空间命运共同体，坚持建设忠诚干净担当的网信工作队伍，为新时代新征程网络强国建设提供了行动指南。

当前，我国正在加速推进数字中国建设，政府网络系统信息化程度越来越高，集中了大量数据，能源、交通、水利、金融、公共服务等各领域关键基础设施信息化程度也越来越高，网络空间存储的重要数据和个人数据也越来越多，在网络安全形势复杂严峻的当下，我们必须强化网络安全、数据安全和个人信息保护，筑牢网络安全防线，才能更好地全面提升政府效能、促进数字中国高速发展。

1. 互联网规模居世界前列

数字技术已经融入了我国人民生活的方方面面。根据第 52 次《中国互联网络发展状况统计报告》，截至 2023 年 6 月，我国网民规模达 10.79 亿人，互联网普及率达 76.4%。我国手机网民规模达 10.76 亿人，网民使用手机上网的比例为 99.8%。我国搜索引擎、网络新闻用户规模分别达 8.41 亿人、7.81 亿人，分别占网民整体的 78%、72.4%；网络支付用户规模达 9.43 亿人，占网民整体的 87.5%；线上办公用户规模达 5.07 亿人，占网民整体的 47.1%；即时通信、网络视频、短视频用户规模分别达 10.47 亿人、10.44 亿人和 10.26 亿人，分别占网民整体的 97.1%、96.8% 和 95.1%；互联网地图应用日均位置服务请求次数最高达 1 300 亿次，日覆盖用户数超过 10 亿人次。

2. 网络安全漏洞数量处于高位

2013 年至 2022 年，国家信息安全漏洞共享平台（CNVD）收录的漏洞呈现增长趋势，其中高危漏洞占比也呈增长态势，2022 年占比超过了 35%，如图 1-1 所示。

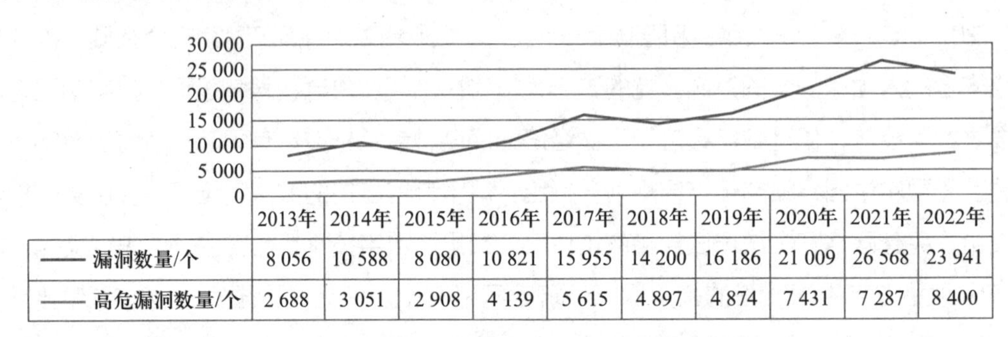

	2013年	2014年	2015年	2016年	2017年	2018年	2019年	2020年	2021年	2022年
—— 漏洞数量/个	8 056	10 588	8 080	10 821	15 955	14 200	16 186	21 009	26 568	23 941
—— 高危漏洞数量/个	2 688	3 051	2 908	4 139	5 615	4 897	4 874	7 431	7 287	8 400

△ 图 1-1　CNVD 高危漏洞趋势图

2021 年、2022 年，国家信息安全漏洞共享平台收录的漏洞影响对象类型，排前三的分别是应用程序、Web 应用、网络设备（交换机、路由器等网络端设备）。

3. 网络安全形势严峻

根据国家计算机网络应急技术处理协调中心公布的《2021 年上半年我国互联网网络安全监测数据分析报告》中显示，2021 年上半年，捕获恶意程序样本数量约 2 307 万个，日均传播次数达 582 万余次，按照传播来源统计，境外来源主要来自美国、印度和日本等；我国境内感染计算机恶意程序的主机数量约 446 万台，同比增长 46.8%。位于境外的约

4.9 万个计算机恶意程序控制服务器控制我国境内约 410 万台主机。就控制服务器所属国家或地区来看，位于美国、越南和中国香港地区的控制服务器数量分列前三位。

1）数据安全事件

2020 年，疫情防控期间，黑客攻击获取个人隐私数据、疫情防控信息，伪造疫情信息传播病毒。根据国家互联网应急中心（CNCERT/CC）数据显示，2020 年共发现国内基因数据通过网络出境 717 万余次，基因数据流向境外 170 个国家和地区，涉及境外 IP 地址近 4.7 万个，其中美国 IP 地址 1.3 万余个，约占 27.7%；接收我国生物基因数据次数排名前五的国家分别为美国、荷兰、法国、韩国、澳大利亚；发现我国未脱敏医学影像数据出境近 40 万次，占出境总次数的 7.9%。根据国内媒体的公开报道，2022 年，网络黑客就曾以 4 000 美元价格在暗网论坛上兜售“上海随申码数据”，并声称已获得 4 850 万“随申码”用户的个人信息，包括用户姓名、手机号、身份证号和“随申码”颜色等重要敏感数据。

2）DDoS 攻击事件

2022 年 4 月，北京健康宝在使用高峰期间，遭受境外大流量 DDoS 攻击，导致网络出口拥塞。在北京冬奥会、冬残奥会期间，该应用也曾遭受过类似的网络攻击。

3）供应链安全事件

2021 年，黑客组织利用 SonarQube 存在的安全缺陷进行攻击，导致国内多家重要单位系统源码泄露。2023 年教育系统网络安全攻防演习过程中，某教育行业供应链企业研发的科研管理系统，存在任意文件上传漏洞，涉及 40 多所高校；某教育行业供应链企业的仿真实验智慧平台，存在注入漏洞、越权漏洞、敏感信息泄露，涉及泄露 38 万条个人敏感信息；某教育行业供应链企业的财务管理软件，存在越权漏洞，涉及 56 所高校，泄露相关业务系统的几乎所有数据。

4）关键信息基础设施安全事件

2023 年 6 月，某地区运营商发生网络故障近 5 小时，导致该地区用户受到不同程度的影响，无法使用手机接打电话。2023 年，某市应急管理局地震监测中心被植入后门程序，初步判定，此事件为境外具有政府背景的黑客组织和不法分子发起的网络攻击行为。

1.1.3 教育系统网络安全威胁与形势

百年大计，教育为本。党的二十大报告提出要“推进教育数字化，建设全民终身学习的学习型社会、学习型大国”，教育数字化首次被写入党代会报告。习近平总书记指出，教育数字化是我国开辟教育发展新赛道和塑造教育发展新优势的重要突破口。新时代新征程，我们要牢牢把握新一轮科技革命和产业变革深入发展的机遇，深刻认识教育数字化的重要意义，深入研究教育数字化的方法路径，助力教育大国向教育强国跨越，为学习型社会、学习型大国建设提供有力支撑。2023 年 2 月，教育部部长怀进鹏在世界数字教育大会上以《数字变革与教育未来》为题的主旨演讲中指出，将深化实施教育数字化战略行动，一体推进资源数字化、管理智能化、成长个性化、学习社会化，让优质资源可复制、可传播、可分享，让大规模个性化教育成为可能，以教育数字化带动学习型社会、学习型大国建设迈出新步伐。

随着5G技术、人工智能、大数据、云计算、VR、AR等新技术的迅速发展与规模化应用，数字化转型成为我国教育转型的重要载体和方向。智慧校园、智慧教室、云教育服务、远程教育、网络云课堂、虚拟仿真、精准教学、XR 教学等新技术迅速发展与规模化应用，为教育行政部门、学校、教师、学生及家长提供了巨大的便利，集中凸显出数字技术影响下我国教育正在发生一系列变革，教育数字化转型正在发生。

1. 教育系统基本情况

1）涉及人员多

根据 2022 年全国教育事业统计数据显示，全国共有各级各类学校 51.85 万所，各级各类学历教育在校生 2.93 亿人，专任教师 1 880.36 万人。

2）系统数量多

根据有关数据，教育系统网站和信息系统数量超过 18 万个，.edu.cn 的系统和网站超过 11 万个。

3）资源数据多

教育部网站 2023 年 2 月新闻显示：国家智慧教育公共服务平台基本建成世界第一大教育教学资源库，平台中小学资源 4.4 万条，涉及 30 个教材版本、446 册教材；职业教育资源库 1 173 个、在线精品课 6 757 门、视频公开课 2 222 门；高等教育优质慕课 2.7 万门；优质虚拟仿真实验课程 300 门，6.5 万余条教材、课件、案例、信息等各类教学资源；研究生教育板块汇聚专业学位案例 4 500 个、一线医师撰写的规范化病例报告 8 万多份、博士“学位论文题目检索”20 余万条、企业创新需求 30 多万条。

4）运维管理难度大

校园中设备购置和管理情况非常复杂，除学校设施设备外，师生个人设备难以由学校统一管控，部分师生热衷于尝试网络新技术，因此会有更大概率面临新技术带来的安全威胁，导致校园网络受攻击面非常广泛。学生和设备众多，大家的网络安全意识和防护水平各不相同，发生网络安全事件后安全责任难以分清。

2. 教育系统网络安全风险的特点

当前我国教育系统机构点多面广，隐患分布广泛且监管防护难度大，导致面临的网络安全形势十分严峻，既有来自外部的威胁，也有内部管理问题所带来的风险。

1）外部威胁频率和形式不断升级

数据安全事件呈上升趋势，且影响面广，极易衍生出舆情事件。终端病毒事件呈现爆发式增长。钓鱼邮件形式花样百出，而且隐秘性变强，“上钩”率明显提高。新技术给不法分子提供了新的犯罪思路，网络犯罪防范难度也随之增加。比如，基于大数据分析并掌握目标对象的情况，实施网络精准诈骗；基于人工智能技术，模拟特定对象的相貌、声音等个人生物特征，进而实施诈骗，真假难辨；通过生成式人工智能进行自动编程，对目标对象实施有组织的、高强度的网络试探和攻击，令人防不胜防。从 2023 年 5 月 30 日全国打击治理电信网络新型违法犯罪工作电视电话会议获悉，2022 年全国公安机关破获电信网络诈骗犯罪案件 46.4 万起，缉捕电信网络诈骗犯罪集团头目和骨干 351 名。工业和信息化部累计拦截诈骗电话 21 亿次，处置涉案域名网址 266 万个。中央网信办封堵境外涉诈网址 79.9 万个、IP 地址 3.8 万个。

2）内部管理典型问题难以消除

从近年来教育系统网络安全攻防演习中发现，弱口令密码和老旧漏洞仍然是最突出的问题，体现出管理和思想上的松懈。2023 年教育系统网络安全攻防演习中弱口令密码和老旧漏洞问题仍占一定比例。

3. 教育系统的典型安全事件

1）数据泄露

2016 年不法分子利用技术手段攻击了某省高考网上报名信息系统并在网站植入木马病毒，获取了网站后台登录权限，盗取了包括徐某某在内的大量考生报名信息，而后将信息转卖出去。诈骗分子利用购买的信息对徐某某进行诈骗，骗取其 9 900 元学费，导致徐某某伤心欲绝、郁结于心，抢救无效身亡。

2023 年某高校 3 万余条师生个人信息数据在境外互联网上被公开售卖，公安网安部门根据《中华人民共和国数据安全法》第四十五条的规定，对该校作出责令改正、警告并处 80 万元人民币罚款的处罚，对主要责任人作出人民币 5 万元罚款的处罚。

2023 年 7 月平安北京海淀微博通报：某高校一名已毕业的硕士研究生马某某因涉嫌非法获取该校部分学生个人信息等违法犯罪行为被依法刑事拘留。

2）数据篡改

2020 年某市重要考试志愿填报系统用户初始化设置统一使用弱口令“12345678”，一名初中生通过自己的手机，复制班主任发在微信群里的初三毕业生名单，尝试使用该口令登录相应账户，轻松篡改了他人的中考志愿。

2022 年大四学生小张参加当年全国某重要考试，志愿频遭恶意修改。

3）服务瘫痪

2018 年，某省重要考试成绩公布的当天，因网络被恶意攻击，导致考生无法登录网站查询自己的考试成绩。2020 年 6 月，某市“幼升小”民办、特色校派位查询系统，由于网络系统出现严重故障，导致未派位录取的学生查询结果显示为录取，引发了教育舆情。

随着线上网课的普及，网络课堂被恶意入侵问题愈发严重，恶意人员扰乱教学秩序，严重影响线上教学秩序。2022 年 10 月某省教师遭受网课爆破，在线课堂遭陌生人闯入，闯入者故意播放刺耳音乐等，严重干扰课堂秩序，导致教学无法进行，而该教师也因此精神状态受到极大影响，在家中不幸去世。

4）页面篡改

一些境外黑客组织经常对中国境内网络进行攻击，它们具有很强的意识形态色彩和“冷战思维”。这些组织的攻击主要针对政府系统的网站和重要信息系统，以及部分高校与社会组织网站。攻击成功后，篡改网页，在网页上显示一些恶意口号，发布的言论经常与一些时事热点结合，有较强的煽动性。

部分网站因长期未使用、域名到期后未及时注销 ICP 备案，或早期发布的信息中包含的域名注销后被不法分子抢注等原因，导致网站被恶意篡改为赌博、游戏、淫秽色情等网站，造成不良社会影响。某县“清朗 · 2024 年春节网络环境整治”中，就发现属地多家企业域名到期后未及时注销，导致网站域名被抢注后发布违法信息。

1.2 网络安全法律法规与政策要求

随着全球信息化进程的加快，信息网络已深入应用到全球各国政治、经济、军事、科技、文化等领域。与此同时，网络安全威胁不断推陈出新，病毒传播、木马窃密、网络攻击等网络违法犯罪活动日益猖獗，黑客攻击破坏活动越来越具有全球化特征。面对日益严峻复杂的网络安全形势，美国、欧盟、俄罗斯等主要国家和地区高度重视网络安全立法，强化个人信息保护、数据安全、关键基础设施保护等政策法规制定，为网络安全各项措施的具体实施提供法律依据。

1.2.1 国外（组织）网络安全法规和政策简介

1. 俄罗斯

2006 年 7 月 27 日通过的联邦第 152-FZ 号法律《俄罗斯联邦个人数据保护法》，是俄罗斯个人数据保护的关键法律。2022 年对该法律进行了重大修订，形成了第 266-FZ 号联邦法律（修正案）。

该法律明确主要的数据保护监管机构是联邦通信、信息技术和大众传播监督局（Roskomnadzor，以下简称 RKN），数据保护领域的专门政府机构还包括联邦技术和出口管制局（FSTEK）和联邦安全局（FSS）。任何人和机构在处理个人数据之前，都必须要向 RKN 报备审批并登记相关信息。《第 266-FZ 号联邦法律（修正案）》修改了个人数据跨境转移的规则。从 2023 年 3 月 1 日起，运营商必须在开始跨境数据传输之前通知 RKN。对于已经进行跨境传输的运营商，该义务立即生效。通知中的信息构成必须包括经营者向哪些国家、出于什么目的以及转移哪些数据的信息。RKN 制定了一份充分保护个人数据主体权利的国家白名单。在该名单中，奥地利、墨西哥、意大利、阿尔巴尼亚等国家位居前列，澳大利亚、中国、白俄罗斯和日本等国家则位于第二梯队。向不在白名单内的国家跨境传输个人数据，需发起申请等待 RKN 对内容进行审核后方可进行个人数据传输。

2. 美国

1）《家庭教育权利和隐私法案》

《家庭教育权利和隐私法案》（ Family Educational Rights and Privacy Act，以下简称 FERPA）是美国联邦法律，该法于 1974 年 8 月 21 日正式实施，旨在保护学生教育记录（包括个人身份和目录信息）的隐私。FERPA 适用于任何公立或私立小学、中学或高中，以及在美国教育部的适用项目下接受资金的任何州或地方教育机构。FERPA 立法的主要目的是给予家长或年满 18 岁或在高中以上学校就读的学生更多掌握其教育记录的权利，并且禁止教育机构在未经年满 18 岁学生或未成年学生家长书面同意的情况下披露“教育记录中的个人可识别信息”。

根据FERPA规定，家长或学生享有查阅教育记录、修改纠正教育记录、年度权利通知、对涉嫌未遵守 FERPA 的投诉以及对查阅、修改和披露等方面的投诉等权利。原则上，学校若向第三方披露学生教育记录，须获得家长或学生的书面同意。但是，FERPA 也规定了无须同意的例外情形，允许学校在没有征得家长或学生同意的情况下，可以向具有合法教育利益的学校官员、学生要转学的其他学校、出于审计或评估目的的特定官员、与对学生的财政援助有关的适当各方以及发生健康和安全紧急情况时的适当官员等各方提供相关教育记录。

2）《儿童在线隐私保护法》

为防范暴力、色情等网络不良文化危害青少年，1998 年美国国会制定并由总统签署通过《儿童在线隐私保护法》，保护儿童个人信息免受商业网站侵犯，成为美国首部以保护未成年网民个人隐私的法律。1999 年 10 月 20 日，美国联邦贸易委员会发布了实施细则。细则于 2000 年 4 月 21 日生效，适用于在线收集个人信息的活动。《儿童在线隐私保护法》适用于商业网站的经营者以及专门面向 13 岁以下儿童的网上服务。商业网站主要指以营利为目的的网站。在确定一个网站是否针对 13 岁以下的儿童时，不仅要根据网站经营者的意图而且要考虑网站的语言、画面和整体设计。对于那些并不专门针对儿童的网站或网上服务，如果它们向儿童收集个人信息并实际知道其是在收集儿童在线隐私，也要遵守《儿童在线隐私保护法》的规定。

不过，这一法律只适用于收集个人信息的网络运营商，个人信息包括姓名、家庭住址或其他地址、电子邮箱地址、电话号码、社会保险号码以及美国联邦贸易委员会确定的能够与线上或者线下的个人相对应的其他标识符，包括但不限于保存在 cookies、IP 中的客户号码、能够与标识符对应的被收集信息的儿童本人或父母的信息。

目前有美国法律专家指出，《儿童在线隐私保护法》在保护儿童网络信息安全方面也存在着诸多不足之处，亟待立法者对相关条文进行修改。首先，《儿童在线隐私保护法》保护的对象只是 13 岁以下的儿童，不适用于对所有未成年人的保护。法律也只禁止以不公平或欺诈方式收集、使用及披露 13 岁以下儿童的网络个人数据，并未赋予家长对 13 岁以上子女的权利。然而，宾夕法尼亚大学 Annenberg 公共政策中心的研究表明，13 岁以上未成年人比 13 岁以下的儿童更容易泄露他们家庭的隐私信息。此外，《儿童在线隐私保护法》只适用于私营性质的网站，对政府机关的网站并无约束力。只规定商业网站在获取儿童的个人数据之前必须得到其监护人的同意，并未规定政府网站也必须这样做。

3）《2015 年网络安全法案》

《2015 年网络安全法案》（The Cybersecurity Act of 2015）由奥巴马于 2015 年 12 月签发实施。该法案是为了加强美国的网络安全保护措施，以应对日益增长的网络威胁和攻击，主要目标是建立一个综合性的网络安全框架，包括政府、企业和个人在内的各方共同参与，以提高网络安全的整体水平。

《2015年网络安全法案》共4章52条。主要从网络安全信息共享、国家网络安全增强、联邦网络安全人员评价以及其他网络事项4个方面做法律条款的规定。首次明确了网络安全信息共享的范围包括“网络威胁指标”(Cyber Threat Indicator.,CTI)和“防御性措施”(Defensive Measure)两大类，重点关注网络安全信息共享的参与主体、共享方式、实施和审查监督程序、组织机构、责任豁免及隐私保护规定等，强化了国土安全部的国家网络安全和通信集成中心在联邦部门和私营部门共享网络安全信息方面的重要作用，为立足国家层面部署和加强公共和私营部门网络安全信息共享提供了法律依据，是美国当前规制网络安全信息共享的一部较为完备的法律。同时，2002年通过修订《国土安全法》的相关内容，规范国家网络安全增强、联邦网络安全人事评估及其他网络事项(包括移动设备研究、国际网络空间政策战略、应急服务、计算机安全等)。

4)《加利福尼亚消费者隐私法案》

《加利福尼亚消费者隐私法案》(California Consumer Privacy Act，CCPA)是美国加利福尼亚州于2018年颁布的美国首部关于数据隐私的重要法律。CCPA的出台弥补了美国在数据隐私专门立法方面的空白，它旨在加强加州消费者隐私权和数据安全保护，控制企业对消费者信息的收集和使用，被认为是美国当前最严格的消费者数据隐私保护立法。

该法案适用于在加利福尼亚州以获取利润或经济利益为目的开展经营活动的企业。企业的年收入超过2 500万美元、企业为商业目的每年单独或总计购买、收取、出售或共享50 000人及以上消费者、家庭或设备的个人信息、企业年收入中有50%及以上是通过销售消费者的个人信息获得等以上三项条件只要满足其中一项即适用本法案。

CCPA的保护对象为任何“加利福尼亚的居民的自然人”。CCPA规定企业必须向消费者提供有关其个人信息删除权、更正权、知情权、选择拒绝出售或共享的权利以及限制使用和披露敏感个人信息的权利。企业必须保护消费者的个人信息安全，并采取适当的安全措施来保护这些信息。如果发生数据泄露，企业必须尽快通知受影响的消费者和监管机构，并采取适当措施阻止进一步的数据泄露。

3. 欧盟

1)《网络与信息系统安全指令》和《关于在欧盟全境实现高度统一网络安全措施的指令》

2016年7月6日，欧盟立法机构正式通过首部网络安全法《网络与信息系统安全指令》(以下简称“NIS指令”)，旨在加强基础服务运营商、数字服务提供者的网络与信息系统安全，要求这两者履行网络风险管理、网络安全事故应对与通知等义务。由于社会的数字化和互联程度不断提高，全球网络恶意活动的数量不断增加，NIS 指令在当今网络安全形势下需要进行更新。《关于在欧盟全境实现高度统一网络安全措施的指令》（以下简称“NIS2 指令”）应运而生，2023 年 1 月正式生效，取代了原来的 NIS 指令，进一步提高了公共和私营部门以及整个欧盟的网络安全、弹性及事件响应能力，为许多成员国采取更具创新性的网络安全监管方法铺平了道路。

NIS2 指令涵盖在关键领域运营的大中型组织，其中包括公共电子通信服务、数字服务、废水和废物管理、关键产品制造、邮政和快递服务、医疗保健和公共管理的供应商。不过，NIS2 指令不适用于在国防或国家安全、公共安全和执法等领域开展活动的实体，司法机构、议会和中央银行也被排除在外。NIS2 指令要求在事件发生 24 小时内向有关部门报告网络安全事件、修补软件漏洞以及准备风险管理措施以保护网络。

NIS2 指令还加强了公司需要遵守的网络安全风险管理要求。根据 NIS 指令，公司必须采取适当和相称的技术、措施来管理网络安全风险，防止和尽量减少潜在事件的影响。这一要求在 NIS2 指令中变得更加具体，列出了一系列重点措施，其中包括事件响应和危机管理、漏洞处理和披露、评估网络安全风险管理措施有效性的政策和程序，以及网络安全卫生和培训。如果不遵守规定，基础服务运营商将面临高达年营业额 2% 的罚款，而对于重要服务提供商，最高罚款为年营业额的 1.4%。

2）《通用数据保护条例》

2018 年 5 月 25 日，欧盟出台《通用数据保护条例》（General Data Protection Regulation，简称 GDPR），是欧盟针对个人数据和隐私保护实施的一项新立法，被认为是欧盟有史以来最为严格的网络数据管理法规。该条例的前身是欧盟在 1995 年制定的《计算机数据保护法》。

欧盟制定该法规是为了加强成员国的数据安全，向欧盟公民提供个人数据的控制权利。欧盟公民随时可以访问个人数据，可以删除或更正错误的数据，以及索取个人数据的副本，对于企业或他人使用其个人数据，欧盟公民拥有同意或反对权，并有权知晓企业是否保存了他们的数据等。对于违法企业，可能面临高达 1 000 万欧元或公司全球营业额 2% 的处罚（以较高者为准），而最严重的违法情况将会导致高达 2 000 万欧元或公司营业额 4%（取高者）的罚款。

根据该法规，对个人数据的处理普遍须取得当事人的明确同意，该同意必须是自由做出的、特定的、明确的和知情的。相关协议须使用清楚、直白的语言，以容易理解且容易获取的方式呈现，否则视为无效。用户有权随时撤回其同意，同意的撤回应和同意的操作一样容易。在 GDPR 支持下欧盟公民享有对自己数据的更广泛的权利，如获取权、修改权、被遗忘权、可携带权。“被遗忘权”是指，当用户依法撤回同意或者控制者不再有合法理由继续处理数据等情形时，用户有权要求删除数据。“可携带权”是指，用户有权利以有序的、常用的、机器可读的方式获取其个人数据，并且有权将这些数据转移到另一家企业。

1.2.2 我国网络安全法律法规体系

网络技术和信息技术迅猛发展，在促进技术创新、经济发展、文化繁荣、社会进步的同时，网络安全问题也日益凸显。网络安全威胁与政治安全、经济安全、文化安全、社会安全、军事安全、数据安全等领域相互交融、相互影响，已成为我国面临的最复杂、最现实、最严峻的非传统安全问题之一。党中央对此高度重视，习近平总书记多次作出重要指示批示，提出加快法规制度建设，切实保障国家网络安全、数据安全等明确要求。为切实维护国家网络安全、数据安全，不断推进依法治网，我国加快推动网络安全、数据安全立法进程，着力健全完善网络安全、数据安全法律法规。自 2016 年起，我国相继出台《中华人民共和国网络安全法》《中华人民共和国密码法》《中华人民共和国数据安全法》《中华人民共和国个人信息保护法》等法律，同时出台《关键信息基础设施安全保护条例》《网络安全审查办法》《生成式人工智能服务管理暂行办法》《数据出境安全评估办法》《未成年人网络保护条例》等配套法规。此外，通过对已有法律进行修改完善，对原有法律文本的解释、修订或增补，将其效力从现实空间延伸到网络空间。通过法律的立、改、废、释，我国网络安全、数据安全法律体系的“四梁八柱”已经形成，已建立涵盖保障网络运行安全、关键信息基础设施安全、数据安全、个人信息权益，以法律、行政法规、部门规章、地方性法规和规范性文件为主要形式的网络安全、数据安全法律体系。

1. 不断完善的法律体系

我国网络安全相关法律法规都是在《中华人民共和国国家安全法》及《中华人民共和国网络安全法》基础上建立的。《网络安全法》是我国网络安全领域的基础性法律，旨在加强网络空间安全整体的治理；《数据安全法》是我国数据安全领域的基础法律，旨在加强数据处理活动的安全与开发利用；《个人信息保护法》是我国第一部个人信息保护方面的专门法律，旨在加强个人信息的保护。三大法律既有互补又有交叉，并行成为网络空间治理和数据保护的三驾马车。《密码法》充分与《网络安全法》等相关法律衔接，是国家安全法律体系的重要组成部分，是我国密码领域的综合性、基础性法律。

1）《中华人民共和国国家安全法》

2015 年 7 月 1 日，《中华人民共和国国家安全法》（以下简称《国家安全法》）由第十二届全国人民代表大会常务委员会第十五次会议审议通过并公布，自公布之日起施行。《国家安全法》共 7 章 84 条，主要内容包括：第 1 章总则，规定了国家安全的定义，国家安全工作的指导思想、基本原则、全民义务、法律责任、全民国家安全教育日等；第 2 章维护国家安全的任务，规定了各领域维护国家安全的任务；第 3 章维护国家安全的职责，规定了各部门、各地方维护国家安全的职责；第 4 章国家安全制度，规定了十项国家安全制度和机制；第 5 章国家安全保障，规定了法治、经费、物资、人才等一系列国家安全保障措施；第 6 章公民、组织的义务和权利，规定了公民和组织维护国家安全应当履行的义务和依法享有的权利；第 7 章附则，规定了《国家安全法》的施行日期。

《国家安全法》规定，国家建设网络与信息安全保障体系，提升网络与信息安全保护能力，加强网络和信息技术的创新研究和开发应用，实现网络和信息核心技术、关键基础设施和重要领域信息系统及数据的安全可控；加强网络管理，防范、制止和依法惩治网络攻击、网络入侵、网络窃密、散布违法有害信息等网络违法犯罪行为，维护国家网络空间主权、安全和发展利益。

这是从国家立法层面第一次将网络安全提升至国家安全的高度，解决了网络安全的基本定位、工作任务、执法权益保障等立法顶层设计问题。在我国法律中第一次明确“网络空间主权”这一概念，说明国家主权在网络空间的体现、延伸和反映。表明我国坚定主张网络空间活动也应遵循主权原则。以法律形式明确宣示了我国的重要立场，并为我国处理网络空间事务明确了根本原则，要求我国各领域开展网络空间活动、处理网络空间事务时，尊重他国主权，并且反对任何国家在网络空间侵害别国主权。

《国家安全法》规定要“实现网络和信息核心技术、关键基础设施和重要领域信息系统及数据的安全可控”，凸显了维护网络和信息安全的核心任务。网络空间的核心技术、关键基础设施和重要领域，包括大型服务器、光缆系统及其相关硬件设施设备和软件系统，以及金融、电信、能源、交通、教育等国计民生重要行业的网络和信息系统，它们的安全无疑是网络安全和信息安全的基础和关键。

2）《中华人民共和国网络安全法》

2017 年 6 月 1 日，《中华人民共和国网络安全法》（以下简称《网络安全法》）正式实施。《网络安全法》是落实总体国家安全观的重要举措，成为我国网络空间法治化建设的重要里程碑。《网络安全法》共 7 章 79 条，包括总则、网络安全支持与促进、网络运行安全、网络信息安全、监测预警与应急处置、法律责任以及附则。

《网络安全法》对网络（Cyber）的定义做出了清晰的表述，是指“由计算机或者其他信息终端及相关设备组成的按照一定的规则和程序对信息进行收集、存储、传输、交换、处理的系统”，其含义外延更大。明确了网络安全的内涵，指通过采取必要措施，防范对网络的攻击、侵入、干扰、破坏和非法使用以及意外事故，使网络处于稳定可靠运行的状态，以及保障网络数据的完整性、保密性、可用性的能力。

《网络安全法》确定了三个基本原则。一是网络空间主权原则，即网络空间主权是国家主权在网络空间中的自然延伸和表现，没有网络安全，就没有国家安全。二是网络安全与信息化发展并重原则，既要推进网络基础设施建设和互联互通，鼓励网络技术创新和应用，又要建立健全网络安全保障体系，提高网络安全保护能力，做到“双轮驱动、两翼齐飞”。三是共同治理原则。即网络空间安全保护需要政府、企业、社会组织、技术社群和公民等网络利益相关者的共同参与。

《网络安全法》确立了如下三项制度：

一是网络安全等级保护制度和关键信息基础设施保护制度。《网络安全法》第二十一条规定，国家实行网络安全等级保护制度。网络运营者应当按照网络安全等级保护制度的要求，履行下列安全保护义务，保障网络免受干扰、破坏或者未经授权的访问，防止网络数据泄露或者被窃取、篡改：（一）制定内部安全管理制度和操作规程，确定网络安全负责人，落实网络安全保护责任；（二）采取防范计算机病毒和网络攻击、网络侵入等危害网络安全行为的技术措施；（三）采取监测、记录网络运行状态、网络安全事件的技术措施，并按照规定留存相关的网络日志不少于六个月；（四）采取数据分类、重要数据备份和加密等措施；（五）法律、行政法规规定的其他义务。此外，第三十四条规定，除本法第二十一条的规定外，关键信息基础设施的运营者还应当履行下列安全保护义务：（一）设置专门安全管理机构和安全管理负责人，并对该负责人和关键岗位的人员进行安全背景审查；（二）定期对从业人员进行网络安全教育、技术培训和技能考核；（三）对重要系统和数据库进行容灾备份；（四）制定网络安全事件应急预案，并定期进行演练；（五）法律、行政法规规定的其他义务。

二是用户信息保护制度。《网络安全法》第四十条规定网络运营者应当对其收集的用户信息严格保密，并建立健全用户信息保护制度。第四十一条规定网络运营者收集、使用个人信息，应当遵循合法、正当、必要的原则，公开收集、使用规则，明示收集、使用信息的目的、方式和范围，并经被收集者同意。网络运营者不得收集与其提供的服务无关的个人信息，不得违反法律、行政法规的规定和双方的约定收集、使用个人信息，并应当依照法律、行政法规的规定和与用户的约定，处理其保存的个人信息。第四十二条规定网络运营者不得泄露、篡改、毁损其收集的个人信息；未经被收集者同意，不得向他人提供个人信息。但是，经过处理无法识别特定个人且不能复原的除外。网络运营者应当采取技术措施和其他必要措施，确保其收集的个人信息安全，防止信息泄露、毁损、丢失。在发生或者可能发生个人信息泄露、毁损、丢失的情况时，应当立即采取补救措施，按照规定及时告知用户并向有关主管部门报告。

三是网络安全监测预警和信息通报制度。《网络安全法》第二十五条规定网络运营者应当制定网络安全事件应急预案，及时处置系统漏洞、计算机病毒、网络攻击、网络侵入等安全风险；在发生危害网络安全的事件时，立即启动应急预案，采取相应的补救措施，并按照规定向有关主管部门报告。第五十一条规定国家建立网络安全监测预警和信息通报制度。国家网信部门应当统筹协调有关部门加强网络安全信息收集、分析和通报工作，按照规定统一发布网络安全监测预警信息。第五十三条规定国家网信部门协调有关部门建立健全网络安全风险评估和应急工作机制，制定网络安全事件应急预案，并定期组织演练。网络安全事件应急预案应当按照事件发生后的危害程度、影响范围等因素对网络安全事件进行分级，并规定相应的应急处置措施。

《网络安全法》共列出 17 条法律责任条款，其中针对网络运营者提出的法律责任重点是第五十九条，规定网络运营者不履行本法第二十一条、第二十五条规定的网络安全保护义务的，由有关主管部门责令改正，给予警告；拒不改正或者导致危害网络安全等后果的，处 1 万元以上 10 万元以下罚款，对直接负责的主管人员处 5 000 元以上 5 万元以下罚款。关键信息基础设施的运营者不履行本法第三十三条、第三十四条、第三十六条、第三十八条规定的网络安全保护义务的，由有关主管部门责令改正，给予警告；拒不改正或者导致危害网络安全等后果的，处 10 万元以上 100 万元以下罚款，对直接负责的主管人员处 1 万元以上 10 万元以下罚款。

对网络产品或者服务的提供者提出的法律责任中重点是第六十条，规定违反本法第二十二条第一款、第二款和第四十八条第一款规定，有下列行为之一的，由有关主管部门责令改正，给予警告；拒不改正或者导致危害网络安全等后果的，处 5 万元以上 50 万元以下罚款，对直接负责的主管人员处 1 万元以上 10 万元以下罚款：（一）设置恶意程序的；（二）对其产品、服务存在的安全缺陷、漏洞等风险未立即采取补救措施，或者未按照规定及时告知用户并向有关主管部门报告的；（三）擅自终止为其产品、服务提供安全维护的。

3）《中华人民共和国密码法》

《中华人民共和国密码法》（以下简称《密码法》）旨在规范密码的应用和管理，促进密码事业发展，保障网络与信息安全，提升密码管理科学化、规范化、法治化水平，是总体国家安全观框架下，国家安全法律体系的重要组成部分，是我国密码领域的综合性、基础性法律，于 2020 年 1 月 1 日起施行。

《密码法》共 5 章 44 条，重点规范了以下内容：

一是密码的定义。第二条规定，密码法中的密码 “是指采用特定变换的方法对信息等进行加密保护、安全认证的技术、产品和服务”。密码是保障网络安全与信息安全的核心技术和基础支撑，是解决网络安全与信息安全问题最有效、最可靠、最经济的手段，是保护党和国家根本利益的战略性资源，是国之重器。第六条至第八条明确了密码的种类及其适用范围，规定核心密码用于保护国家绝密级、机密级、秘密级信息，普通密码用于保护国家机密级、秘密级信息，商用密码用于保护不属于国家秘密的信息。

二是密码的管理机构。第四条规定，要坚持党管密码的根本原则，依法确立密码工作领导体制，并明确中央密码工作领导机构，即中央密码工作领导小组（国家密码管理委员会）对全国密码工作实行统一领导。中央密码工作领导小组负责制定国家密码重大方针政策，统筹协调国家密码重大事项和重要工作，推进国家密码法治建设。第五条确立了国家、省、市、县四级密码工作管理体制。国家密码管理部门，即国家密码管理局，负责管理全国的密码工作；县级以上地方各级密码管理部门，即省、市、县级密码管理局，负责管理本行政区域的密码工作；国家机关和涉及密码工作的单位在其职责范围内负责本机关、本单位或者本系统的密码工作。

三是密码的管理制度。第二章（第十三条至第二十条）规定了核心密码、普通密码的主要管理制度。核心密码、普通密码用于保护国家秘密信息和涉密信息系统，密码管理部门依法对核心密码、普通密码实行严格统一管理，并规定了核心密码、普通密码的使用要求，安全管理制度以及国家加强核心密码、普通密码工作的一系列特殊保障制度和措施。核心密码、普通密码本身就是国家秘密，一旦泄密，将危害国家安全和利益。第三章（第二十一条至第三十一条）规定了商用密码的主要管理制度。商用密码广泛应用于国民经济发展和社会生产生活的方方面面，涵盖金融和通信、公安、税务、社保、交通、卫生健康、能源、电子政务等重要领域，积极服务“互联网＋”行动计划、智慧城市和大数据战略，在维护国家安全、促进经济社会发展以及保护公民、法人和其他组织合法权益等方面发挥着重要作用。《密码法》明确规定，国家鼓励商用密码技术的研究开发、学术交流、成果转化和推广应用，健全统一、开放、竞争、有序的商用密码市场体系，鼓励和促进商用密码产业发展。《密码法》规定了商用密码的主要管理制度，包括商用密码标准化制度、检测认证制度、市场准入管理制度、使用要求、进出口管理制度、电子政务电子认证服务管理制度以及商用密码事中事后监管制度。

四是密码的使用。对于核心密码、普通密码的使用，第十四条要求在有线、无线通信中传递的国家秘密信息，以及存储、处理国家秘密信息的信息系统，应当依法使用核心密码、普通密码进行加密保护、安全认证。对于商用密码的使用，一方面，第八条规定公民、法人和其他组织可以依法使用商用密码保护网络安全与信息安全，对一般用户使用商用密码没有提出强制性要求；另一方面，为了保障关键信息基础设施安全稳定运行，维护国家安全和社会公共利益，第二十七条要求关键信息基础设施必须依法使用商用密码进行保护，并开展商用密码应用安全性评估，要求关键信息基础设施的运营者采购涉及商用密码的网络产品和服务，可能影响国家安全的，应当依法通过国家网信办会同国家密码管理局等有关部门组织的国家安全审查。党政机关存在大量的涉密信息、信息系统和关键信息基础设施，都必须依法使用密码进行保护。

4）《中华人民共和国数据安全法》

2021年9月1日，《中华人民共和国数据安全法》（以下简称《数据安全法》）生效实施。《数据安全法》着力解决数据安全领域的突出问题，提升我国数据安全治理能力，是贯彻落实总体国家安全观、切实保障国家数据安全、促进数字经济发展的必然要求，弥补了我国在数据安全领域的法律缺失。

《数据安全法》共7章55条，主要聚焦于数据安全与发展、数据安全制度、数据安全保护义务以及政务数据安全与开放等内容，旨在保障网络安全，维护网络空间主权和国家安全、社会公共利益，保护公民、法人和其他组织的合法权益，促进经济社会信息化健康发展。

《数据安全法》明确了数据的定义和范畴。数据是“任何以电子或者其他方式对信息的记录”，数据处理包括“数据的收集、存储、使用、加工、传输、提供、公开等”。同时规定了“在中华人民共和国境内开展数据处理活动及其安全监管，适用本法”。提出“国家支持开发利用数据提升公共服务的智能化水平”“应当充分考虑老年人、残疾人的需求，避免对老年人、残疾人的日常生活造成障碍等”。

《数据安全法》建立了数据安全领导监督体系。中央国家安全领导机构负责国家数据安全工作的决策和议事协调等重大方针策略，建立国家数据安全工作协调机制。各地区、各部门对本地区、本部门工作中收集和产生的数据及数据安全负责。工业、电信、交通、金融、自然资源、卫生健康、教育、科技等各行业主管部门承担本行业、本领域数据安全监管职责。公安机关、国家安全机关依照本法和有关法律、行政法规的规定，在各自职责范围内承担数据安全监管职责。国家网信部门依照本法和有关法律、行政法规的规定，负责统筹协调网络数据安全和相关监管工作。2023年3月7日，根据国务院关于提请审议国务院机构改革方案的议案，组建国家数据局，由国家发展和改革委员会管理。该部门负责协调推进数据基础制度建设，统筹数据资源整合共享和开发利用，统筹推进数字中国、数字经济、数字社会规划和建设等。

《数据安全法》建立了国家级数据安全管理制度。一是国家建立数据分类分级保护制度，对数据实行分类分级保护，并确定重要数据目录，加强对重要数据的保护。二是要建立集中统一、高效权威的数据安全风险评估、报告、信息共享、监测预警机制。三是要建立数据安全应急处置机制。四是要建立数据安全审查制度。五是对属于管制物项的数据依法实施出口管制，可以根据实际情况对该国家或者地区对等采取措施。这项法规进一步明确了国家对中国数据的主权，即我国数据不论是否在境内，依然受到中国法律的保护。

《数据安全法》明确了数据安全保护义务主体责任。作为数据处理者，在管理制度方面，在网络安全等级保护制度的基础上，建立健全全流程数据安全管理制度，组织开展教育培训。重要数据的处理者应当明确数据安全负责人和管理机构，进一步落实数据安全保护责任主体。风险监测方面，对出现缺陷、漏洞等风险，要采取补救措施；发生数据安全事件，应当立即采取处置措施，并按规定上报。风险评估方面，定期开展风险评估并上报风评报告。数据收集方面，任何组织、个人收集数据必须采取合法、正当的方式，不得窃取或者以其他非法方式获取数据。数据交易方面，数据服务商或交易机构，要提供并说明数据来源证据，要审核相关人员身份并留存记录。数据出境方面，对关键信息基础设施在中华人民共和国境内运营中收集和产生的重要数据的出境安全管理，适用《网络安全法》的规定；其他数据处理者在中华人民共和国境内运营中收集和产生的重要数据的出境安全管理办法，由国家网信部门会同国务院有关部门制定。伦理道德方面，强调“开展数据处理活动以及研究开发数据新技术，应当有利于促进经济社会发展，增进人民福祉，符合社会公德和伦理”。

同时明确对于不履行规定保护义务、危害国家安全和损害合法权益、向境外提供重要数据、交易来源不明的数据、拒不配合数据调取、未经审批向境外组织提供数据的单位和个人都有不同的经济处罚，严重的责令停业整顿、吊销相关业务许可证或者营业执照，构成犯罪的，追究刑事责任。其中交易来源不明的数据，没收违法所得，对违法所得处 1 至 10 倍罚款。没有违法所得或违法所得不足 10 万元的给予 10 万至 100 万元罚款，最高责令吊销营业执照；对主管和直接责任人处 1 万至 10 万元罚款。另外，国家机关不履行安全保护义务，对负责人和直接责任人员依法处分。履行数据安全监管职责的国家工作人员玩忽职守、滥用职权、徇私舞弊，依法给予处分。

总之，任何组织、个人应当采取合法、正当的方式，不得窃取或者以其他非法方式获取数据。数据交易中介应当要求数据提供方说明数据来源，审核交易双方的身份，并留存审核、交易记录。政务数据安全与开放应在法定职责内开展，对数据予以保密。建立健全数据安全管理制度，落实数据安全保护责任等。公安机关、国家安全机关因依法维护国家安全或者侦查犯罪的需要调取数据，应当按照国家有关规定，经过严格的批准手续，依法进行，有关组织、个人应当予以配合。由境内主管机关批准后数据方可出境。

5）《中华人民共和国个人信息保护法》

2021 年 11 月 1 日，《中华人民共和国个人信息保护法》（以下简称《个人信息保护法》）生效实施。《个人信息保护法》共 8 章 74 条，内容涉及个人信息处理的基本原则、关于敏感个人信息问题、信息主体权利、跨境信息交流问题等，旨在保护个人信息权益，规范个人信息处理活动，促进个人信息合理利用。《个人信息保护法》的实施标志着我国个人信息保护立法体系进入新的发展阶段。

《个人信息保护法》明确规定“自然人的个人信息受法律保护，任何组织、个人不得侵害自然人的个人信息权益。”以法律的形式明确了我国公民在个人信息领域的权益，在个人信息权益遭受侵害时公民可依法获得法律援助。

《个人信息保护法》系统全面明确了个人信息处理必须遵循的原则。包括：

一是确立了个人信息处理活动应当遵循的基本原则，包括合法、正当、必要、诚信、目的限制、最小必要、质量、责任等原则。二是详细规定了告知同意规则，明确了个人信息处理者处理个人信息前，必须以显著方式、清晰易懂的语言真实、准确、完整地向个人告知法律规定的事项，除非法律、行政法规规定应当保密或者不需要告知，或者告知将妨碍国家机关履行法定职责。三是对于社会普遍关注的“大数据杀熟”“人脸识别”等问题，明确要求个人信息处理者保证自动化决策的透明度和结果公平、公正，不得对个人在交易价格等交易条件上实行不合理的差别待遇。四是处理敏感个人信息应当取得个人的单独同意，处理不满 14 周岁未成年人个人信息的，应当取得未成年人的父母或者其他监护人的同意。

《个人信息保护法》规定了个人在个人信息处理活动中的权利。个人在个人信息处理活动中的权利属于手段性权利或救济性权利，规定这些权利的目的就是为了保护自然人的个人信息权益。《个人信息保护法》规定了个人在个人信息处理活动中享有：对个人信息处理的知情权与决定权、查阅复制权、可携带权、更正补充权、删除权、解释说明权等。此外，还对死者个人信息的保护做了专门规定，明确在尊重死者生前安排的前提下，其近亲属为自身合法、正当利益，可以对死者个人信息行使查阅、复制、更正、删除等权利。

《个人信息保护法》对个人信息处理者的义务作了集中、详细的规定，构建了完整的义务体系。这些义务包括：个人信息处理者采取措施确保个人信息处理活动合法并保护个人信息安全的义务；按照规定指定个人信息保护负责人的义务；定期进行合规审计的义务；对于高风险个人信息处理活动进行个人信息保护影响评估并对处理情况进行记录的义务；在发生或可能发生个人信息泄露等安全事件时立即采取补救措施并通知监管机构和个人的义务；提供重要互联网平台服务、用户数量巨大、业务类型复杂的个人信息处理者负有的“守门人义务”。

《个人信息保护法》明确了监管责任，并对违法处理个人信息或者没有履行法律规定的个人信息保护义务的行为规定了严格的行政处罚。国家网信部门负责统筹协调个人信息保护工作和相关监督管理工作。国务院有关部门依照本法和有关法律、行政法规的规定，在各自职责范围内负责个人信息保护和监督管理工作。县级以上地方人民政府有关部门的个人信息保护和监督管理职责，按照国家有关规定确定。以上均为履行个人信息保护职责的部门。违反本法规定处理个人信息，或者处理个人信息未履行本法规定的个人信息保护义务的，情节严重的，没收违法所得，并处 5 000 万元以下或者上一年度营业额的 5% 以下罚款，并可以责令暂停相关业务或者停业整顿、通报有关主管部门吊销相关业务许可或者营业执照等。对直接负责的主管人员和其他直接责任人员处 10 万元以上 100 万元以下罚款，并可以决定禁止其在一定期限内担任相关企业的董事、监事、高级管理人员和个人信息保护负责人。再如，对于违反《个人信息保护法》的违法行为的，明确了依照有关法律、行政法规的规定记入信用档案，并予以公示。

另外，《个人信息保护法》规范了国家机关处理活动。为履行维护国家安全、惩治犯罪、管理经济社会事务等职责，国家机关需要处理大量个人信息。保护个人信息权益、保障个人信息安全是国家机关应尽的义务和责任。但近年来，一些个人信息泄露事件也反映出有些国家机关存在个人信息保护意识不强、处理流程不规范、安全保护措施不到位等问题。对此，《个人信息保护法》对国家机关处理个人信息的活动作出专门规定，特别强调国家机关处理个人信息的活动适用本法，并且处理个人信息应当依照法律、行政法规规定的权限和程序进行，不得超出履行法定职责所必需的范围和限度。国家机关不履行本法规定的个人信息保护义务的，由其上级机关或者履行个人信息保护职责的部门责令改正；对直接负责的主管人员和其他直接责任人员依法给予处分。履行个人信息保护职责的部门的工作人员玩忽职守、滥用职权、徇私舞弊，尚不构成犯罪的，依法给予处分。

6）其他法律文件

2015 年 11 月 1 日起施行的《中华人民共和国刑法修正案（九）》中和网络安全相关的主要条款有：

网络服务提供者不履行法律、行政法规规定的信息网络安全管理义务，经监管部门责令采取改正措施而拒不改正，致使违法信息大量传播、用户信息泄露造成严重后果或者刑事案件证据灭失情节严重的，处 3 年以下有期徒刑、拘役或者管制，并处或单处罚金；利用信息网络设立用于实施诈骗、制作或者销售违禁物品等违法犯罪活动的网站或通讯群组、发布有关违法犯罪信息，或为他人实施网络犯罪提供技术支持的，情节严重的，处 3 年以下有期徒刑或者拘役，并处或者单处罚金。

另外，编造虚假的险情、疫情、灾情、警情，在信息网络或者其他媒体上传播，或者明知是上述虚假信息，故意在信息网络或者其他媒体上传播，严重扰乱社会秩序的，处 3 年以下有期徒刑、拘役或者管制；造成严重后果的，处 3 年以上 7 年以下有期徒刑。

2017 年 6 月 1 日起施行的《最高人民法院、最高人民检察院关于办理侵犯公民个人信息刑事案件适用法律若干问题的解释》主要规定了三方面的内容：一是公民个人信息的范围；二是侵犯公民个人信息罪的定罪量刑标准；三是侵犯公民个人信息犯罪所涉及的宽严相济、犯罪竞合、单位犯罪、数量计算等问题。明确“公民个人信息”，是指以电子或者其他方式记录的能够单独或者与其他信息结合识别特定自然人身份或者反映特定自然人活动情况的各种信息，包括姓名、身份证件号码、通信通讯联系方式、住址、账号密码、财产状况、行踪轨迹等。

非法获取、出售或者提供行踪轨迹信息、通信内容、征信信息、财产信息 50 条以上的；非法获取、出售或者提供住宿信息、通信记录、健康生理信息、交易信息等其他可能影响人身、财产安全的公民个人信息 500 条以上的；非法获取、出售或者提供上述规定以外的公民个人信息 5 000 条以上的；或者违法所得 5 000 元以上的。以上均属于情节严重的违法情形。同时，规定在履行职责或者提供服务过程中获得的公民个人信息出售或者提供给他人，数量或者数额达到上述规定标准一半以上的，也属于情节严重的违法情形。

2. 重要的行政法规和政策文件

1）《关键信息基础设施安全保护条例》

《关键信息基础设施安全保护条例》（以下简称《条例》）于 2021 年 9 月 1 日起施行。

《条例》在总体思路上主要把握三点：一是坚持问题导向。针对关键信息基础设施安全保护工作实践中的突出问题，细化《网络安全法》有关规定，将实践证明成熟有效的做法上升为法规制度，为保护工作提供法治保障。二是压实责任。坚持综合协调、分工负责、依法保护，强化和落实运营者主体责任，充分发挥政府及社会各方面的作用，共同保护关键信息基础设施安全。三是做好与相关法律、行政法规的衔接。在《网络安全法》确立的制度框架下，细化相关制度措施，同时处理好与相关法律、行政法规的关系。

《条例》明确关键信息基础设施范围和保护工作原则目标。重点行业和领域重要网络设施、信息系统属于关键信息基础设施，国家对关键信息基础设施实行重点保护。强化和落实关键信息基础设施运营者主体责任，充分发挥政府及社会各方面的作用，共同保护关键信息基础设施安全。按照“谁主管谁负责”的原则，《条例》明确了保护工作部门对本行业、本领域关键信息基础设施的安全保护和监督管理责任。同时，明确了国家相关职能部门的责任。依照行业认定规则，国家汇总并动态调整关键信息基础设施认定结果，确保重要网络设施、信息系统纳入保护范围。

《条例》对关键信息基础设施运营者落实网络安全责任、建立健全网络安全保护制度、设置专门安全管理机构、开展安全监测和风险评估、报告网络安全事件或网络安全威胁、规范网络产品和服务采购活动等做了规定，并对关键信息基础设施运营者未履行安全保护主体责任、有关主管部门以及工作人员未能依法依规履行职责等情况，明确了处罚、处分、追究刑事责任等处理措施。对实施非法侵入、干扰、破坏关键信息基础设施，危害其安全活动的组织和个人，依法予以处罚。

2）《贯彻落实网络安全等级保护制度和关键信息基础设施安全保护制度的指导意见》

网络安全等级保护制度和关键信息基础设施安全保护制度是党中央有关文件和《网络安全法》确定的基本制度。近年来，各单位、各部门按照中央网络安全政策要求和《网络安全法》等法律法规规定，全面加强网络安全工作，有力保障了国家关键信息基础设施、重要网络和数据安全。但随着信息技术的飞速发展，网络安全工作仍面临一些新形势、新任务和新挑战。为深入贯彻落实网络安全等级保护制度和关键信息基础设施安全保护制度，健全完善国家网络安全综合防控体系，有效防范网络安全威胁，有力处置网络安全事件，严厉打击危害网络安全的违法犯罪活动，切实保障国家网络安全，公安部于 2020 年 7 月印发了《贯彻落实网络安全等级保护制度和关键信息基础设施安全保护制度的指导意见》（以下简称《指导意见》）。

《指导意见》指出工作目标是深入贯彻实施网络安全等级保护制度，落实网络安全保护“实战化、体系化、常态化”和“动态防御、主动防御、纵深防御、精准防护、整体防控、联防联控”的“三化六防”措施，构建“打防管控”一体化的网络安全综合防控体系，使国家网络安全综合防御能力和水平上升一个新高度。

《指导意见》提出要深入贯彻实施国家网络安全等级保护制度，按照国家网络安全等级保护制度要求，各单位、各部门在公安机关指导监督下，认真组织、深入开展网络安全等级保护工作，第三级以上网络应正确、有效采用密码技术进行保护，并使用符合相关要求的密码产品和服务，在网络安全等级测评中同步开展密码应用安全性评估，建立良好的网络安全保护生态，切实履行主体责任，全面提升网络安全保护能力。

《指导意见》要求建立并实施关键信息基础设施安全保护制度。在落实网络安全等级保护制度基础上，突出保护重点，强化保护措施，建立并落实重要数据和个人信息安全保护制度，强化核心岗位人员和产品服务的安全管理，切实维护关键信息基础设施安全。

《指导意见》提出要加强网络安全保护工作协作配合。行业主管部门、网络运营者与公安机关要密切协同，大力开展安全监测、通报预警、应急处置、威胁情报等工作，落实常态化措施，加强网络安全问题隐患整改督办，提升应对、处置网络安全突发事件和重大风险防控能力。

3）《商用密码管理条例》

为了规范商用密码的应用和管理，鼓励和促进商用密码产业发展，保障网络与信息安全，维护国家安全和社会公共利益，保护公民、法人和其他组织的合法权益，国家制定了《商用密码管理条例》。新修订的《商用密码管理条例》于 2023 年 7 月 1 日起施行。

《商用密码管理条例》对商用密码管理系列重大事项和重要制度作出了明确规定：

鼓励创新与促进发展相结合。建立健全商用密码科技创新促进机制，支持商用密码科技创新，加强商用密码人才培养，鼓励和支持密码相关学科和专业建设，加强知识产权保护，鼓励商用密码科技成果的转化和产业化应用，依法依规对商用密码技术进行审查鉴定。

重点管控与保障安全相结合。在鼓励自愿接受商用密码检测认证的同时，对涉及国家安全、国计民生、社会公共利益的商用密码产品提出强制性检测认证要求，完善电子认证服务密码保障体系，建立国家商用密码应用促进协调机制，推进关键信息基础设施、重要网络与信息系统依法使用密码保护网络与数据安全，同步规划、同步建设、同步运行商用密码保障系统，定期开展商用密码应用安全性评估。

放宽准入与规范监管相结合。持续深化商用密码行政审批制度改革，放宽市场准入，简化优化审批流程，建立国家统一推行的商用密码认证制度，规范检测机构活动，更加重视发挥标准化和检测认证的支撑作用，更好地激发市场活力和经营主体内生动力，真正“放得开”，确保“管得住”。

总体设计与统筹衔接相结合。严格落实《密码法》和国家安全、网络安全、数据安全、个人信息保护、标准化、电子签名、出口管制、行政许可、行政处罚等方面的法律法规，注重与认证认可、关键信息基础设施安全保护、网络安全等级保护、国家安全审查等方面的法规制度和政策要求做好衔接，并加强与网络安全监测预警和信息通报的协同，确保形成合力。

3. 部门规章和其他规范性文件

1）《云计算服务安全评估办法》

2019 年 7 月 2 日，国家互联网信息办公室等 4 部门联合发布《云计算服务安全评估办法》（以下简称《评估办法》），对云服务商申请云计算服务安全评估的程序作出明确规定。《评估办法》于 2019 年 9 月 1 日正式实施。

开展云计算服务安全评估是为了提高党政机关、关键信息基础设施运营者采购使用云计算服务的安全可控水平，降低采购使用云计算服务带来的网络安全风险，增强党政机关、关键信息基础设施运营者将业务及数据向云服务平台迁移的信心。依据云服务商申请，对面向党政机关、关键信息基础设施提供云计算服务的云平台进行的安全评估。同一云服务商运营的不同平台，需要分别申请安全评估。

云计算服务安全评估主要参照国家标准《云计算服务安全指南》《云计算服务安全能力要求》《云计算服务安全能力评估方法》等，评估结果由国家互联网信息办公室网络安全协调局在中国网信网公布。评估结果有效期为3年。

2）《网络安全审查办法》

《网络安全审查办法》自2020年6月1日施行以来，通过对关键信息基础设施运营者采购活动进行审查和对部分重要产品等发起审查，对保障关键信息基础设施供应链安全、维护国家安全发挥了重要作用。2021年9月1日，《数据安全法》正式施行，明确规定国家建立数据安全审查制度。国家互联网信息办公室等13部门联合对《网络安全审查办法》进行了修订，将网络平台运营者开展数据处理活动影响或可能影响国家安全等情形纳入网络安全审查范围，并明确要求掌握超过100万用户个人信息的网络平台运营者赴国外上市必须申报网络安全审查，主要目的是进一步保障网络安全和数据安全，维护国家安全。新的《网络安全审查办法》自2022年2月15日起施行。

《网络安全审查办法》审查对象是网络产品和服务，并非禁止、杜绝非国产网络安全设备及服务。产品和服务的安全性也是相对的，其安全性很大程度上依赖于该产品和服务的使用主体、使用目的、使用方式以及产品供应渠道的可靠程度等因素。《网络安全审查办法》审查重点评估关键信息基础设施运营者采购网络产品和服务可能带来的国家安全风险。对于网络平台运营者赴国外上市申报网络安全审查的结果，可能有以下3种情况：一是无须审查；二是启动审查后，经研判不影响国家安全的，可继续赴国外上市程序；三是启动审查后，经研判影响国家安全的，不允许赴国外上市。

3）《数据出境安全评估办法》《数据出境安全评估申报指南（第一版）》和《促进和规范数据跨境流动规定》

为进一步规范数据出境活动，保护个人信息权益，维护国家安全和社会公共利益，促进数据跨境安全、自由流动，2022年7月7日，国家互联网信息办公室正式公布《数据出境安全评估办法》（以下简称《评估办法》）。2022年8月31日，国家互联网信息办公室正式发布《数据出境安全评估申报指南（第一版）》（以下简称《申报指南》），作为申报数据出境安全评估的配套实操指引，对《评估办法》中提到的数据出境安全评估的适用情形、申报方式、申报流程、申报材料要求等内容进行了具体说明。

《评估办法》和配套的《申报指南》是对《网络安全法》《数据安全法》《个人信息保护法》等法律法规中“出境数据安全评估”规定的细化落实，表明了数据处理者应当在数据出境活动发生前申报并通过数据出境安全评估，明确了数据出境安全评估的适用条件、评估流程、管理机制等。

2024年3月22日国家互联网信息办公室发布了《促进和规范数据跨境流动规定》（以下简称《规定》），《规定》明确了重要数据出境安全评估申报标准，明确了免予申报数据出境安全评估、订立个人信息出境标准合同、通过个人信息保护认证的数据出境活动条件，设立自由贸易试验区负面清单制度。明确《评估办法》等数据出境安全管理其他相关规定与《规定》不一致的，适用《规定》。

《规定》明确了应当申报数据出境安全评估的两类数据出境活动条件，一是关键信息基础设施运营者向境外提供个人信息或者重要数据；二是关键信息基础设施运营者以外的数据处理者向境外提供重要数据，或者自当年1月1日起累计向境外提供100万人以上个人信息（不含敏感个人信息）或者1万人以上敏感个人信息。同时，明确了关键信息基础设施运营者以外的数据处理者自当年1月1日起累计向境外提供10万人以上、不满100万人个人信息（不含敏感个人信息）或者不满1万人敏感个人信息应当订立个人信息出境标准合同或者通过个人信息保护认证。

《规定》对数据出境安全评估的有效期限和延期申请做了规定。通过数据出境安全评估的结果有效期为3年，自评估结果出具之日起计算。有效期届满，需要继续开展数据出境活动且未发生需要重新申报数据出境安全评估情形的，数据处理者可以在有效期届满前60个工作日内通过所在地省级网信部门向国家网信部门提出延长评估结果有效期申请。经国家网信部门批准，可以延长评估结果有效期3年。

1.3 教育系统网络安全政策概述

没有信息化就没有现代化，没有网络安全就没有国家安全。教育信息化稳步前进的同时，教育部在《网络安全法》基本法规基础上陆续出台一系列网络安全建设与管理的政策文件，全面落实网络安全等级保护制度，深入开展网络安全监测预警，提高网络安全态势感知水平。做好关键信息基础设施保障，重点保障数据和信息安全，强化隐私保护，建立严密保护、逐层开放、有序共享的良性机制，全面提高教育系统网络安全防护能力，不断夯实教育行业网络安全保障体系，切实维护广大师生的切身利益。

1.3.1 教育系统网络安全工作发展阶段

从2009年到2023年，教育系统网络安全工作历经15年的探索和实践，先后经历了3个不同的发展阶段。通过组织开展教育系统信息系统安全等级保护工作，出台加强教育行业网络与信息安全工作的指导意见以及印发《教育行业信息系统安全等级保护定级工作指南》等指导教育系统开展网络安全等级保护工作，再逐步推进网络安全监测预警通报工作、加强电子邮件安全管理、印发网络安全事件应急预案和教育行业密码应用与创新发展实施方案等一系列措施开展网络安全综合治理体系建设，再到出台教育移动应用程序管理办法、推进教育新型基础设施建设构建高质量教育支撑体系的指导意见、教育系统关键信息基础设施以及教育系统核心数据和重要数据识别认定指南等政策指导加强教育系统数据安全工作，推进密码基本应用和密码应用评估，保障数据安全和个人信息保护，目前已初步形成了较为完整的教育系统网络安全管理体系。

1. 第一阶段：以网络安全等级保护为主要抓手开展网络安全工作

20 世纪 90 年代到 21 世纪初，国家实施了一系列重大教育信息化工程和政策措施，面向全国的教育信息基础设施体系初步形成，城市和经济发达地区各级各类学校已不同程度地建有校园网并以多种方式接入互联网，信息终端正逐步进入农村学校；数字教育资源不断丰富，信息化教学的应用不断拓展和深入；随之带来的网络和信息系统安全问题也日益突出。

2009 年教育部办公厅出台了《关于开展信息系统安全等级保护工作的通知》，首次发文要求在教育系统全面开展信息系统安全等级保护工作。明确了教育系统信息安全等级保护工作的目标和主要内容。落实国家有关信息系统安全等级保护制度建设的文件要求，增强各地、各校主管部门领导的信息安全保护意识；开展技术培训，建立信息安全技术队伍，建立健全教育系统信息安全等级保护技术保障体系；全面开展教育系统信息系统的定级、备案和测评工作，对发现的问题及时进行整改，提出用 3 年左右时间，基本建立教育系统信息系统安全等级保护体系，切实提高教育信息系统安全水平，保证教育信息化的健康持续发展。

2014 年教育部针对如何加强教育行业网络与信息安全工作提出具体的指导意见，明确立足分级管理、逐级负责，自主防护、明确责任，统筹规划、同步建设和政策合规、遵从标准 4 项基本原则基础上，提出建立健全网络与信息安全组织领导体系、制定完善网络与信息安全规划和管理制度、全面实施信息安全等级保护制度、大力提升网络与信息安全技术防护能力、建立健全网络与信息安全应急处置和通报机制、加强网络与信息安全队伍建设和人员培训和加快教育行业网络与信息安全标准规范建设 7 项主要任务，全面提高教育行业网络与信息安全意识以及各级教育部门和学校整体安全防护水平，形成与教育信息化发展相适应的、完备的网络与信息安全保障体系，支撑教育现代化事业健康持续发展。该指导意见作为教育系统网络安全工作的顶层规划，将长期指导教育网络安全工作，各项规划部署正在逐步落实。

同年，为指导和规范教育行业信息系统安全等级保护定级工作，教育部办公厅印发《教育行业信息系统安全等级保护定级工作指南（试行）》。该指南依据国家等级保护相关政策和标准，结合教育系统信息化工作的特点和具体实际，对教育系统信息系统进行分类，提出安全等级保护的定级思路，给出建议等级并明确了定级工作流程。有关定级指南的内容将在后续章节中详细介绍。

2015年，为贯彻落实国家信息安全等级保护制度的相关法律法规、标准规范以及《教育行业信息系统安全等级保护定级工作指南（试行）》的相关要求，教育部联合公安部发文要求全面加快推进教育行业信息安全等级保护工作，提高全体人员的信息技术安全意识，提高信息系统安全防护能力，提出到2016年底基本完成教育行业信息系统的定级、备案和第三级以上信息系统的测评、整改工作。除了进一步强调信息系统等级保护定级、备案和测评整改工作要求外，从2015年开始，各级教育行政部门和单位要定期配合公安机关开展网络安全专项监督检查。

2. 第二阶段：以网络安全综合治理为重点的网络安全工作

我国教育信息化事业高速发展，通过弯道超车实现对发达国家和地区的追赶。尤其在基础设施与数字资源建设方面，我们享受到了信息技术给教育、教学和学习带来的各种便利。但是伴随着信息技术的广泛应用发展，带来的网络安全风险隐患也随之增多。教育系统机构多、系统多、数据多、影响面广，网络安全漏洞隐患也较多，监测和应急响应能力不足等问题日益凸显。2016年国务院印发了《“十三五”国家信息化规划》（以下简称《规划》），健全网络安全保障体系作为《规划》中一项重要任务，要求强化网络安全顶层设计，完善网络安全法律法规体系、健全网络安全监测预警通报体系，增强网络安全态势感知能力。从2016年开始，教育系统网络安全工作重点转向监测预警通报体系建设，加强网络安全应急管理水平，提高网络安全综合治理能力。

2016年教育部开始启动信息系统安全监测工作，监测对象从部内司局和直属单位、部属高校逐渐扩大到各省级教育行政部门的重要业务系统和网站等，逐步完善教育系统网络安全工作机制，形成了教育系统网络安全监测预警通报体系。

2017年教育部开始开展面向各级教育行政部门和高校以“治乱、堵漏、补短、规范”为目标的网络安全综合治理行动，主要从网站统一标识、信息发布管理、教育机构网站域名管理3个方面强化主体责任并全面治理网站问题。通过全面监测网络安全威胁和应用软件安全风险两方面堵塞安全漏洞，增强网络安全防护能力。落实《网络安全法》要求，持续推进网络安全等级保护工作。探索如何规范数据和关键信息基础设施管理，健全网络安全事件应急处置机制，逐步提升网络安全治理水平。

作为网络安全综合治理行动的重要组成部分，2018 年教育部出台相关通知加强电子邮件安全管理，要求各单位要加强电子邮件工作的统筹，强化电子邮件系统主体责任，规范电子邮件账号管理，建立健全账号注册和注销机制，保障电子邮件系统安全运行，建立邮件内容过滤审核机制，提高邮件账号安全性。加强网络安全宣传教育，提高单位人员分辨和处理钓鱼邮件、垃圾邮件的能力。

2018 年教育部根据《国家网络安全事件应急预案》要求，印发了教育系统网络安全事件应急预案。预案主要内容包含事件分级、组织机构职责、监测预警、应急响应、调查评估、预防工作、工作保障等。参照《国家网络安全事件应急预案》，根据教育系统特点，可能造成的危害，可能发展蔓延的趋势等，教育系统网络安全事件分为 4 级，由高到低分别为特别重大、重大、较大和一般。按照紧急程度、发展态势和可能造成的危害程度，教育系统网络安全事件预警等级分为 4 级，由高到低依次用红色、橙色、黄色和蓝色表示，分别对应发生或可能发生教育系统特别重大、重大、较大和一般网络安全事件。应急响应分为Ⅰ级、Ⅱ级、Ⅲ级、Ⅳ级 4 个等级，分别对应教育系统特别重大、重大、较大和一般网络安全事件。

随着互联网 + 教育的持续推进，教育移动应用快速发展，在提高教学效率和管理水平、满足学生个性化学习需求和兴趣发展、优化师生体验等方面发挥了积极作用。但一些学校出现了应用泛滥、平台垄断、强制使用等现象，一些教育移动应用存在有害信息传播、广告丛生等问题，给广大师生、家长带来了困扰，产生了不良的社会影响。为引导和规范教育移动应用有序、健康发展，更好地发挥教育信息化的驱动引领作用，2019 年 8 月教育部联合中央网信办、工业和信息化部、公安部、民政部、市场监管总局、国家新闻出版署和全国“扫黄打非”工作领导小组办公室等 8 部门印发了《关于引导规范教育移动互联网应用有序健康发展的意见》，全面治理教育移动应用乱象，补齐监督短板，规范全生命周期管理，提高开发供给质量，营造优良发展生态，促进教育移动应用有序健康发展。在供给质量上，要求教育移动应用提供者应向教育部门提供 ICP 备案（涉及经营电信业务的，还应当申请电信业务经营许可）和网络安全等级保护定级备案证明进行应用程序备案，呈现的内容应当严格遵守国家法律法规，符合党的教育方针，体现素质教育导向，数据管理方面应当建立覆盖个人信息收集、储存、传输、使用等环节的数据保障机制。鼓励教育移动应用提供者参加网络安全认证、检测，全面提高网络安全保障水平。按照“谁主管谁负责、谁开发谁负责、谁选用谁负责”的原则，建立健全教育移动应用管理责任体系，健全监管体系，建立教育移动应用的选用退出机制、负面清单和黑名单制度，切实维护广大师生和家长的切身利益。

另外，为贯彻落实国家有关部门决策部署，教育部于 2019 年开始结合教育行业实际组织教育行业密码应用和创新发展工作。通过实施教育密码应用专项工程，有序推动各级教育部门普遍开展重要信息系统的密码基本应用和密码应用性评估工作，基本形成重要信息系统建设和密码应用同步规划、同步建设、同步运行和定期评估的机制。

3. 第三阶段：以数据安全和个人信息保护治理为重点的网络安全工作

党的十八届五中全会提出实施网络强国战略和国家大数据战略，党的十九届四中全会首次将数据列为生产要素，数据已成为新的生产要素和国家基础性战略资源，党的二十大报告明确提出以新安全格局保障新发展格局的要求，并将强化网络安全、数据安全保障体系建设作为健全国家安全体系的重要内容。同时，进入大数据时代，大数据杀熟、过度收集个人信息、非法买卖、提供或者公开他人个人信息、电信精准诈骗等个人信息问题频繁出现在公众视野，成为社会热点。如何保障数据安全、保护个人信息安全成为当前阶段网络安全工作的重中之重。

为规范教育部机关和直属事业单位通过信息化手段获取数据的管理，保障个人信息和重要数据安全，切实维护教育系统广大师生的合法权益，保障教育部直属机关数据安全，根据《网络安全法》等法律法规和政策文件，教育部制定了有关数据安全管理办法。数据安全管理必须遵循一数一源、最小够用、分级保护、安全合规的原则，根据重要性和敏感性将数据分为 3 个等级进行保护。要求从管理和技术两方面，在数据收集、存储传输、处理使用以及共享公开等全生命周期对数据提出安全管理要求，重点保障个人信息安全和重要数据安全，全面提高教育系统数据安全保障能力。

为保障教育行政部门和学校利用信息化手段保护教学、管理、服务等环节产生数据的安全，规范数据收集、存储传输、使用处理、开放共享等数据活动，2021 年教育部联合中央网信办等 7 部门出台了加强教育系统数据安全工作的相关通知，要求建立数据分类分级制度，形成教育系统的数据资源目录，健全数据全生命周期的安全保障制度，全面加强数据安全保护能力，提升数据安全合法合规管理水平。该通知具体明确了加强数据安全组织领导等 17 项重点任务。

另外，教育部等 6 部门出台了《关于推进教育新型基础设施建设构建高质量教育支撑体系的指导意见》，提出教育新型基础设施（以下简称教育新基建）的概念，要求加快推进聚焦信息网络、平台体系、数字资源、智慧校园、创新应用、可信安全等方面的新型基础设施体系建设。到 2025 年，基本形成结构优化、集约高效、安全可靠的教育新型基础设施体系，其中包含了可信安全新型基础设施；要求“推动可信应用”；促进信息技术应用创新，提升供应链安全水平；有序推动数据中心、信息系统和办公终端的国产化改造，推进国产正版软件使用；推动建设教育系统密码基础设施和支撑平台，建立完善全国统一的身份认证体系，推动移动终端的多因子认证；利用国产商用密码技术推动数据传输和存储加密，提升数据保障能力。

为进一步提升教育系统数据安全治理水平，做好建立数据分类分级制度，形成教育系统数据资源目录，2022 年教育部针对教育系统核心数据和重要数据识别认定工作出台了相关指导文件，指导各地各单位开展核心数据和重要数据识别认定工作。认定工作按照“谁管业务、谁管业务数据、谁管数据安全”的原则来确定数据安全责任主体和责任人。各单位对照有关指导文件形成数据资源目录、拟定核心数据和重要数据目录后报送教育部，由教育部统一组织评审。根据评审结果确定教育系统重要数据目录，提出拟定核心数据目录建议。拟定核心数据目录上报国家有关部门审定，确定教育系统核心数据目录，结果统一反馈给上报单位。

为深入贯彻落实党的二十大精神，扎实推进国家教育数字化战略行动，完善教育信息化标准体系，提升直播类在线教学平台的安全保障能力，教育部于 2022 年 12 月印发了《直播类在线教学平台安全保障要求》，规定安全合规底线，提出平台安全功能开发、管理和使用的要求，并对数据安全和个人信息保护提出具体要求，落实教育数据分类分级措施，开展数据安全风险防控工作，要求制定用户隐私政策，严格执行“知情—同意”原则。

1.3.2 教育系统网络安全主要政策文件

根据《网络安全法》《数据安全法》《个人信息保护法》《党委（党组）网络安全工作责任制实施办法》等法律法规要求，教育部陆续出台了一系列网络安全政策文件，形成了教育系统网络安全政策体系。总的来看，可以分为综合文件、网络安全等级保护、监测预警应急处置、数据安全、专项业务 5 类政策文件，具体见表 1-1。

▽ 表 1-1　教育系统网络安全主要政策文件

序号	文件主题	文件名称
1	综合文件	关于进一步加强网络信息系统安全保障工作的通知
2		关于加强教育行业网络与信息安全工作的指导意见
3		关于进一步加强直属高校直属单位信息技术安全工作的通知
4		关于落实部直属机关信息技术安全责任的通知
5	网络安全等级保护	关于开展信息系统安全等级保护工作的通知

续表

序号	文件主题	文件名称
6	网络安全等级保护	关于印发《教育行业信息系统安全等级保护定级工作指南（试行）》的通知
7		关于印发《信息系统安全等级保护定级审核工作流程（试行）》的通知
8		关于全面推进教育行业信息安全等级保护工作的通知
9	监测预警应急处置	关于印发《信息技术安全事件报告与处置流程（试行）》的通知
10		关于印发《教育系统网络安全事件应急预案》的通知
11	数据安全	关于加强教育系统数据安全工作的通知
12	专项业务	关于加强电子邮件安全管理的通知
13		关于引导规范教育移动互联网应用有序健康发展的意见
14		关于开展教育部直属机关关键信息基础设施网络安全检测评估的通知
15		关于印发《国家教育管理信息系统信息安全保障体系建设指南（试行）的通知》

1.4
本章小结

本章首先分析了网络安全产生的 5 个因素以及当前网络攻击的 4 种主要表现形式。从全球网络空间被人为分化、信息产业发展遭受制约和国家级 APT 攻击持续升级 3 个方面来阐述国际上对我国的网络安全威胁，以及从我国的互联网规模、网络安全漏洞数量趋势以及网络安全事件 3 个方面阐述我国网络安全面临的严峻形势。

其次，阐述了教育系统涉及人员多、系统数量多、掌握数据多、运维难度大的基本情况，以及外部威胁不断升级、内部管理老旧问题长期存在的网络安全风险特点。通过教育系统发生的典型安全事件，深刻了解我国教育系统网络安全面临的严峻形势。

再次，简单介绍了俄罗斯、美国、欧盟等国家和地区网络安全法律法规，概述我国网络安全法律法规体系并重点介绍了《国家安全法》《网络安全法》《密码法》《数据安全法》《个人信息保护法》等法律的重要内容。另外对《关键信息基础设施安全保护条例》等重要行政法规和政策文件以及《云计算服务安全评估办法》《网络安全审查办法》《数据出境安全评估办法》等部门规章和其他规范性文件进行了简要介绍。

最后，梳理总结了教育系统网络安全工作发展的 3 个阶段，并从综合文件、网络安全等级保护、监测预警应急处置、数据安全、专项业务等 5 个方面整理归纳了教育系统主要网络安全政策文件。

1.5
习题

一、单选题

1. 根据第52次《中国互联网络发展状况统计报告》，截至2023年6月，我国网民规模达（　　）。

A. 9.43亿人　　B. 10.47亿人　　C. 10.79亿人　　D. 11.47亿人

2. 国家智慧教育公共服务平台基本建成世界（　　）教育教学资源库。

A. 第一大　　B. 第二大　　C. 第三大　　D. 第四大

3.《中华人民共和国网络安全法》开始实施的日期是（　　）。

A. 2017年6月1日　　B. 2017年10月1日

C. 2018年6月1日　　D. 2018年10月1日

4.《中华人民共和国网络安全法》要求网络运营者留存网络日志的时限要求是（　　）。

A. 不少于3个月　　B. 不少于6个月　　C. 不少于9个月　　D. 不少于1年

5.《数据安全法》开始实施的日期是（　　）。

A. 2019年6月1日　　B. 2020年9月1日

C. 2021年9月1日　　D. 2021年10月1日

二、多选题

1. 网络安全产生的因素有（　　）。

A. 物理环境　　B. 网络设备构架体系不稳定

C. 软件自身漏洞　　D. 个人网络安全意识不足

E. 恶意程序和网络攻击

2. 当前网络攻击的主要表现特征是（　　）。

A. 针对关键信息设施攻击数量迅速增长　　B. 供应链的攻击日益增加

C. 勒索软件攻击范围持续扩大　　D. 重要数据泄露事件频发

3. 教育系统的基本情况是（　　）。

A. 涉及人员多　　B. 系统数量多

C. 掌握数据多　　D. 运维管理难度大

4.《网络安全法》中确立的网络安全制度有（　　）。

A. 网络安全等级保护制度　　B. 用户信息保护制度

C. 网络安全监测预警和信息通报制度　　D. 关键信息基础设施保护制度

5. 下列有关《密码法》的内容表述中正确的有（　　）。

A. 密码是保障网络与信息安全的核心技术和基础支撑，是解决网络与信息安全问题最有效、最可靠、最经济的手段

B. 核心密码用于保护国家绝密级、机密级、秘密级信息

C. 普通密码用于保护国家机密级、秘密级信息

D. 商用密码用于保护不属于国家秘密的信息。关键信息基础设施必须依法使用商用密码进行保护

三、简答题

1. 简述2023年7月，习近平总书记在全国网络安全和信息化工作会议上对网络安全和信息化工作提出的使命任务，以及“十个坚持”重要原则。

2. 简述《个人信息保护法》规定的个人在个人信息处理活动中享有的权利和义务。

3. 简述《数据安全法》中规定的数据安全管理制度。

参考答案

一、单选题

1. C　2. A　3. A　4. B　5. C

二、多选题

1. ABCDE　2. ABCD　3. ABCD　4. ABCD　5. ABCD

三、简答题

1. 答题要点

2023年7月，习近平总书记在全国网络安全和信息化工作会议上对网络安全和信息化工作作出重要指示，提出了网信工作“举旗帜聚民心、防风险保安全、强治理惠民生、增动能促发展、谋合作图共赢”的使命任务，明确了“十个坚持”重要原则，即坚持党管互联网，坚持网信为民，坚持走中国特色治网之道，坚持统筹发展和安全，坚持正能量是总要求、管得住是硬道理、用得好是真本事，坚持筑牢国家网络安全屏障，坚持发挥信息化驱动引领作用，坚持依法管网、依法办网、依法上网，坚持推动构建网络空间命运共同体，坚持建设忠诚干净担当的网信工作队伍，为新时代新征程网络强国建设提供了行动指南。

2. 答题要点

权利：对个人信息处理的知情权与决定权、查阅复制权、可携带权、更正补充权、删除权、解释说明权等。此外，还对死者个人信息的保护做了专

门规定，明确在尊重死者生前安排的前提下，其近亲属为自身合法、正当利益，可以对死者个人信息行使查阅、复制、更正、删除等权利。

义务：个人信息处理者采取措施确保个人信息处理活动合法并保护个人信息安全的义务；按照规定指定个人信息保护负责人的义务；定期进行合规审计的义务；对于高风险个人信息处理活动进行个人信息保护影响评估并对处理情况进行记录的义务；在发生或可能发生个人信息泄露等安全事件时立即采取补救措施并通知监管机构和个人的义务；提供重要互联网平台服务、用户数量巨大、业务类型复杂的个人信息处理者负有的“守门人义务”。

3. 答题要点

一是国家建立数据分类分级保护制度，对数据实行分类分级保护，并确定重要数据目录，加强对重要数据的保护。二是要建立集中统一、高效权威的数据安全风险评估、报告、信息共享、监测预警机制。三是要建立数据安全应急处置机制。四是要建立数据安全审查制度。五是对属于管制物项的数据依法实施出口管制，可以根据实际情况对该国家或地区对等采取措施。

第 2 章 网络安全等级保护

导读

网络安全等级保护制度是我国网络安全工作的基本制度，更是《中华人民共和国网络安全法》要求的法定义务，在国家网络安全保障工作中发挥了基础支撑和核心作用，是我们开展网络安全工作的基本方法，也是促进信息化健康发展、维护国家安全、社会秩序和公共利益的根本保障。本章在介绍等级保护的基本概念、国家和教育系统等级保护的发展历程、等级保护标准体系和工作流程的基础上，结合高等学校和教育行政部门等级保护工作实际，介绍等级保护工作流程、安全通用要求以及云计算、移动互联、物联网等安全扩展要求的案例实践。

2.1 等级保护基本知识

2.1.1 等级保护概念

20 世纪 60 年代，美国首次在信息安全领域提出“等级保护”的概念，其核心思想是根据信息系统承担的业务职能和系统的重要程度来确定网络信息系统所需的安全措施。我国“等级保护”概念自 1994 年首次提出，经历了 30 年的发展，已成为我国网络安全工作的一项基本制度。

1994 年，国务院颁布的《中华人民共和国计算机信息系统安全保护条例》规定我国计算机信息系统实施安全等级保护。2007 年《信息安全等级保护管理办法》将等级保护概念表述为国家通过制定统一的信息安全等级保护管理规范和技术标准，组织公民、法人和其他组织对信息系统分等级实行安全保护，对等级保护工作的实施进行监督、管理。

2017 年 6 月 1 日起施行的《网络安全法》明确规定，国家实行网络安全等级保护制度，对网络实施分等级保护、分等级监管，对网络中使用的网络安全产品实行按等级管理，对网络中发生的安全事件分等级响应、处置，实施等级测评活动安全管理、测评机构管理、网络服务管理、产品和服务采购使用管理、技术维护管理、监测预警和信息通报管理、数据和个人信息保护管理、应急处置管理等工作。

2.1.2 安全保护等级

我国信息安全等级保护工作最初的分级结构、保护要求和工作流程，参考自美国国家安全局（National Security Agency，NSA）的国家计算机安全中心（National Computer Security Center，NCSC）颁布的《可信计算机系统评估标准》（Trusted Computer System Evaluation Criteria，TCSEC），又被称为橘皮书（Orange Book）。TCSEC 标准是计算机系统安全评估领域的第一个正式标准，具有划时代的意义。该标准最初于 1970 年由美国国防科学委员会（Defense Science Board，DSB）提出，并于 1985 年 12 月由美国国防部公布，最初只是军用标准，后来延伸进入民用领域。TCSEC 将计算机系统的安全划分为 4 个等级、7 个级别，具体安全等级划分参见表 2-1 所示。

▽ 表 2-1 TCSEC 安全等级划分

<table>
<tr><th colspan="2">等级分类</th><th colspan="2">保护等级</th></tr>
<tr><td>D 类</td><td>最低保护等级</td><td>D 级</td><td>无保护等级</td></tr>
<tr><td rowspan="2">C 类</td><td rowspan="2">自主保护级</td><td>C1 级</td><td>自主安全保护级</td></tr>
<tr><td>C2 级</td><td>控制访问保护级</td></tr>
<tr><td rowspan="3">B 类</td><td rowspan="3">强制保护级</td><td>B1 级</td><td>标记安全保护级</td></tr>
<tr><td>B2 级</td><td>结构化保护级</td></tr>
<tr><td>B3 级</td><td>安全区域保护级</td></tr>
<tr><td>A 类</td><td>核查保护级</td><td>A1 级</td><td>验证设计级</td></tr>
</table>

根据《计算机信息系统安全保护等级划分准则》（GB 17859—1999）规定，我国等级保护体系中的安全保护等级划分为 5 个级别，从低到高为：用户自主保护、系统审计保护、安全标记保护、结构化保护、访问验证保护。

2.1.3 等级保护对象

等级保护对象是指等级保护工作中的对象，通常是指由计算机或者其他信息终端及相关设备组成的按照一定的规则和程序对信息进行收集、存储、传输、交换、处理的系统，主要包括基础信息网络、云计算平台 / 系统、大数据应用 / 平台资源、物联网、工业控制系统和采用移动互联技术的系统等。

一个单位可能拥有多个不同安全保护等级的等级保护对象，不同级别的等级保护需要落实不同级别的网络安全等级保护要求。

2.1.4 等级保护实施原则

在我国境内建设、运营、维护、使用的网络，除个人及家庭自建自用的网络外，应开展网络安全等级保护工作，并实施监督管理。等级保护的核心是对保护对象分等级、按标准进行建设、管理和监督。等级保护实施过程中应遵循以下基本原则（如图 2–1 所示）。

1. 自主保护原则

等级保护对象运营、使用单位及其主管部门按照国家相关法规和标准，自主确定等级保护对象的安全保护等级，自行组织实施安全保护。

2. 重点保护原则

根据等级保护对象的重要程度、业务特点，通过划分不同安全保护等级的等级保护对象，实现不同强度的安全保护，集中资源优先保护涉及核心业务或关键信息资产的等级保护对象。

3. 同步建设原则

等级保护对象在新建、改建、扩建时应当同步规划和设计安全方案，投入一定比例的资金建设网络安全设施，保障网络安全与信息化建设相适应。

4. 动态调整原则

要跟踪等级保护对象的变化情况，调整安全保护措施。由于等级保护对象的应用类型、范围等条件的变化及其他原因，安全保护等级需要变更的，应当根据等级保护的管理规范和技术标准的要求，重新确定等级保护对象的安全保护等级，根据等级保护对象安全保护等级的调整情况，重新实施安全保护。

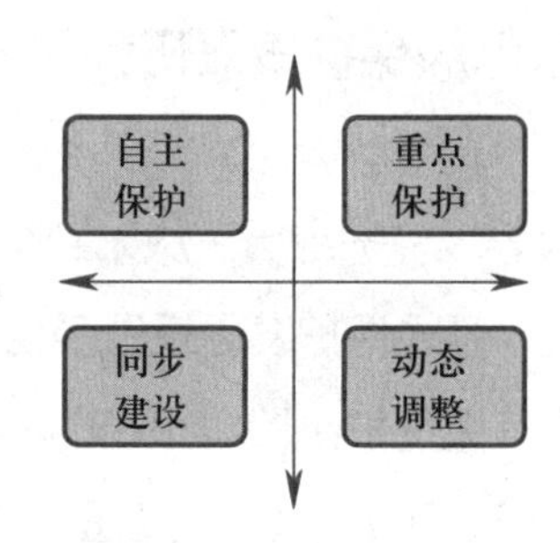

△ 图 2–1 等级保护的实施原则

2.1.5 等级保护整体安全框架

网络安全等级保护制度是在国家网络安全战略规划目标指引下，在国家网络安全法律法规政策体系、国家网络安全等级保护政策标准体系指导下，针对各类型等级保护对象，采用“一个中心，三重防护”（安全管理中心与安全通信网络、安全区域边界和安全计算环境）的理念建立风险管理体系、安全管理体系、安全技术体系和网络信任体系，构建具备相应等级安全保护能力的网络安全综合防御体系，具体内容包括开展组织管理、机制建设、安全规划、安全监测、通报预警、应急处置、态势感知、能力建设、技术检测、安全可控、队伍建设、教育培训和经费保障等工作。网络安全等级保护制度以体系化思路逐层展开、分步实施，整体安全框架如图 2-2 所示。

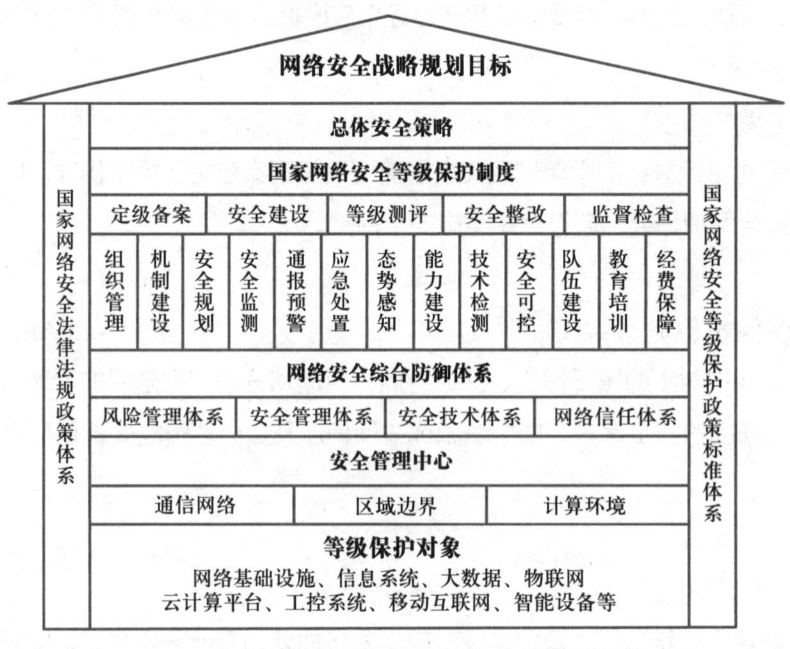

△ 图 2-2　网络安全等级保护整体安全框架

2.2 国家等级保护发展历程

等级保护经历了从无到有、从理论到实践、从行政规定到法律要求的发展过程。具体来说，等级保护发展经历了信息安全等级保护阶段和网络安全等级保护阶段，其中，信息安全等级保护阶段以 1994 年发布的《中华人民共和国计算机信息系统安全保护条例》为始，至 2007 年 6 月 22 日出台的《信息安全等级保护管理办法》基本完善，可分为起步与探索、规范与发展、深耕与落地 3 个阶段；2017 年 6 月 1 日《网络安全法》正式实施，网络安全等级保护制度自此进入法治化阶段。2019 年 5 月，国家市场监督管理总局和国家标准化管理委员会发布网络安全等级保护三大核心标准修订版（基本要求、测评要求、安全设计技术要求），正式开启网络安全等级保护工作的新实施阶段。

2.2.1 信息安全等级保护阶段

1. 起步与探索阶段

1984 年，我国开始研究国外等级保护工作开展情况，经过 10 余年的研究，1994 年发布的《中华人民共和国计算机信息系统安全保护条例》第九条明确规定，计算机信息系统实行安全等级保护，安全等级的划分标准和安全等级保护的具体办法，由公安部会同有关部门制定。

2003 年 9 月 7 日中央办公厅、国务院办公厅转发的《国家信息化领导小组关于加强信息安全保障工作的意见》明确指出，实行信息安全等级保护，要重点保护基础信息网络和关系国家安全、经济命脉、社会稳定等方面的重要信息系统，抓紧建立信息安全等级保护制度，制定信息安全等级保护的管理办法和技术指南，标志着等级保护从计算机信息系统安全保护的一项制度提升为国家信息安全保障工作的基本制度。

2004 年 9 月 15 日公安部、国家保密局、国家密码管理局、原国信办 4 部门联合出台的《关于信息安全等级保护工作的实施意见》指出，信息安全等级保护制度是国民经济和社会信息化的发展过程中，提高信息安全保障能力和水平，维护国家安全、社会稳定和公共利益，保障和促进信息化建设健康发展的一项基本制度。

2007 年 6 月 22 日公安部、国家保密局、国家密码管理局、原国信办 4 部门联合出台的《信息安全等级保护管理办法》，阐述了公安机关等各部门在等级保护工作中的具体工作任务。公安部牵头，会同国家保密局、国家密码管理局等部门，共同组织全国各单位、各部门开展信息安全等级保护工作，标志着信息安全等级保护制度正式开始实施。

2007 年 7 月 16 日公安部、国家保密局、国家密码管理局、原国信办 4 部门联合出台《关于开展全国重要信息系统安全等级保护定级工作的通知》，在全国范围内组织开展重要信息系统安全等级保护定级工作，规定定级范围、定级工作的主要内容和要求，并发布《信息系统安全等级保护定级报告》模板、《信息系统安全等级保护备案表》等定级相关文档。

2. 规范与发展阶段

2008 年到 2012 年之间，国家陆续出台了包括《信息安全技术 信息系统安全等级保护基本要求》(GB/T 22239—2008)、《信息安全技术 信息系统安全等级保护定级指南》(GB/T 22240—2008)、《信息安全技术 信息系统安全等级保护实施指南》(GB/T 25058—2010)、《信息安全技术 信息系统等级保护安全设计技术要求》(GB/T 25070—2010)、《信息安全技术 信息系统安全等级保护测评要求》(GB/T 28448—2012)、《信息安全技术 信息系统安全等级保护测评过程指南》(GB/T 28449—2012)等与信息安全等级保护相关的国家标准，推动等级保护工作的规范化和标准化。

2008 年，国家发展改革委、公安部、国家保密局联合印发《关于加强国家电子政务工程建设项目信息安全风险评估工作的通知》，要求国家电子政务项目中非涉及国家秘密的信息系统，按照国家信息安全等级保护制度要求开展等级测评和风险评估。

2008 年，国家发展改革委印发《国家发展改革委关于进一步加强国家电子政务工程建设项目管理工作的通知》，要求国家电子政务项目的信息安全工作应按照国家信息安全等级保护制度要求，由项目建设部门在电子政务项目的需求分析报告和建设方案中同步落实等级测评要求。

2010 年，公安部、国资委联合下发《关于进一步推动中央企业信息安全等级保护工作的通知》，要求中央企业落实国家信息安全等级保护制度。

2012 年，《国务院关于大力推进信息化发展和切实保障信息安全的若干意见》规定，落实信息安全等级保护制度，开展相应等级的安全建设和管理，做好信息系统定级备案、整改和监督检查。

2015 年 4 月，中央办公厅、国务院办公厅下发《关于加强社会治安防控体系建设的意见》，要求完善国家网络安全监测预警和通报处置工作机制，推进完善信息安全等级保护制度。

3. 深耕与落地阶段

2017 年 6 月 1 日《中华人民共和国网络安全法》正式实施。《网络安全法》规定：国家实行网络安全等级保护制度；关键信息基础设施在网络安全等级保护制度的基础上，实行重点保护。这标志着等级保护已经成为法律制度，不做等保就是违法[①]。与之相适应，“信息安全等级保护制度”转变为“网络安全等级保护制度”，推动等级保护工作持续深耕和落地。

2018 年 6 月 27 日，公安部会同有关部门起草的《网络安全等级保护管理条例（征

① 参考《公安部马力：网络安全等级保护 2.0 标准体系介绍》，https://www.djbh.net/detail?type=search&id=25&tableName=news_expert_section&searchtitle=%E7%AD%89%E7%BA%A7%E4%BF%9D%E6%8A%A42.0

求意见稿）》公开征求意见，拟对网络安全等级保护的工作原则、职责分工、网络运营者责任义务、行业要求等进行规定，拟对网络的安全保护、涉密网络的安全保护、密码管理、监督管理等提出工作要求和流程规范。

2.2.2 网络安全等级保护阶段

2019 年 5 月，国家标准化管理委员会发布《信息安全技术 网络安全等级保护基本要求》（GB/T 22239—2019）、《信息安全技术 网络安全等级保护安全设计技术要求》（GB/T 25070—2019）、《信息安全技术 网络安全等级保护测评要求》（GB/T 28448—2019）等网络安全等级保护相关的国家标准；2020 年 4 月，发布《信息安全技术 网络安全等级保护定级指南》（GB/T 22240—2020），为各行业的网络安全等级保护工作实施提供了标准支撑。

2020 年公安部印发《贯彻落实网络安全等级保护制度和关键信息基础设施安全保护制度的指导意见》，要求加强定级备案、等级测评、建设整改、密码安全防护等工作，深入贯彻实施国家网络安全等级保护制度；2022 年公安部印发《关于落实网络安全保护重点措施深入实施网络安全等级保护制度的指导意见》，结合网络安全等级保护系列国家标准，明确了网络安全保护的总体要求、工作目标和 34 项重点措施，指导各单位各部门深入实施网络安全等级保护制度。

2.3 教育系统等级保护发展历程

教育系统等级保护工作的推进与国家网络安全等级保护工作相一致，经历了信息安全等级保护、网络安全等级保护、数字化安全 3 个阶段，教育系统各单位以等级保护为抓手，积极推进、认真落实网络安全各项工作，为教育系统信息化持续健康发展发挥了基础保障作用。

1. 信息安全等级保护阶段

2009 年 11 月，教育部办公厅印发《关于开展信息系统安全等级保护工作的通知》，决定在教育系统全面开展信息系统安全等级保护工作，提出了未来一段时间教育行业信息系统安全等级保护工作的目标、内容和安排，这标志着等级保护工作在教育行业全面启动。

2011 年 7 月，教育部办公厅印发《关于进一步加强网络信息系统安全保障工作的通知》，明确以等级保护为抓手，建立完善网络信息安全保障体系，提出了定级备案、测评整改的具体工作安排，并就加强人员经费保障作出了明确安排，教育行业等级保护工作部署持续深化。

2014 年 8 月，教育部印发《关于加强教育行业网络与信息安全工作的指导意见》，首次全面提出了教育行业网络与信息安全工作的总体目标和基本原则，明确了建立健全网络与信息安全组织领导体系、制定完善网络与信息安全规划和管理制度、全面实施信息安全等级保护制度、大力提升网络与信息安全技术防护能力、建立健全网络与信息安全应急处置和通报机制、加强网络与信息安全队伍建设和人员培训、加快教育行业网络与信息安全标准规范建设等 7 项工作任务。“谁主管谁负责、谁运维谁负责、谁使用谁负责”“各单位主要负责同志是网络与信息安全的第一责任人”“加强对学生的网络与信息安全教育”等工作要求均首次出现在该文件中。

2014 年 10 月，教育部办公厅印发《教育行业信息系统安全等级保护定级工作指南（试行）》，针对行业特点制定定级工作指南，提出了教育行业信息系统分类和级别建议，进一步指导和规范教育行业信息系统安全等级保护定级工作。

2015 年 7 月，教育部、公安部联合下发《教育部、公安部关于全面推进教育行业信息安全等级保护工作的通知》，组织各级教育行政部门、各级各类学校深入推进信息安全等级保护工作，保障教育行业信息化发展和重要网络设施、信息系统及数据安全。

2016 年 3 月，教育部办公厅印发《关于加强高校信息技术安全工作的紧急通知》，针对高校进一步强调了等级保护定级备案和测评整改的工作要求。

2. 网络安全等级保护阶段

2018 年 4 月 13 日，教育部印发《教育信息化 2.0 行动计划》，明确要求全面落实网络安全等级保护制度，深入开展网络安全监测预警，提高网络安全态势感知水平。

2018 年，教育部将信息系统（网站）定级备案、三级以上信息系统每年开展测评等网络安全等级保护工作纳入责任制考核。

2019 年 11 月，教育部印发《教育移动互联网应用程序备案管理办法》，明确开展教育移动应用备案工作，规定教育移动应用备案的标准和流程，并要求教育移动应用提供者在备案前完成网络安全等级保护定级备案。

2021 年 3 月 10 日，教育部印发《关于加强新时代教育管理信息化工作的通知》，要求全面落实《中华人民共和国网络安全法》等法律法规和政策要求，建立健全网络安全责任体系，明晰各方职责；落实网络安全等级保护制度，重点保障关键信息基础设施，提升安全保障能力。

3. 数字化安全阶段

党的二十大报告把教育、科技、人才进行“三位一体”统筹安排、一体部署，并首次将“推进教育数字化”写入报告，赋予了教育在全面建设社会主义现代化国家中新的使命任务。教育部启动实施国家教育数字化战略行动，全面推进教育数字化转型，提出“应用为王、服务至上、简洁高效、安全运行”的行动纲领，以建设国家智慧教育公共服务平台为抓手，加快推进教育数字化转型和智能升级。网络安全等级保护工作作为保障“安全运行”的基本手段之一，在教育部随后推出的一系列制度规范中被强调。

2022年4月29日，教育部办公厅印发《教育部直属机关信息系统管理规范（试行）》，加强信息系统立项、实施、验收、上线运行、运维等全流程管理，全过程落实网络安全等级保护制度。

2022年6月30日，教育部印发《教育部直属机关信息系统上线指南（试行）》，落实网络安全等级保护要求，保障信息系统（平台）安全稳定上线运行。

2022年7月25日，教育部印发《国家智慧教育公共服务平台接入管理规范（试行）》，要求接入国家智慧教育门户的平台应严格按照国家网络安全法律法规要求，落实网络安全等级保护制度、网络安全监测预警通报制度和个人信息保护制度，提升防病毒、防攻击、防篡改、防瘫痪能力，保障网络安全。

等级保护作为教育系统落实网络安全责任的底线要求，已经深度融入教育系统网络安全和信息化各项工作。

2.4 等级保护标准体系

指导等级保护工作开展的标准体系经历了从信息安全等级保护标准体系到网络安全等级保护标准体系的更新过程。网络安全等级保护标准体系的架构如图2-3所示。网络安全等级保护安全建设整改工作的开展，涉及安全等级确定、实施方法指导、安全基线要求、安全现状分析等领域，分别由一系列标准、指南等提供指引，其中，安全等级确定由《网络安全等级保护定级指南》（GB/T 22240—2020）及所在行业的网络安全等级保护定级指南指引，实施方法指导由《网络安全等级保护实施指南》（GB/T 25058—2019）和《网络安全等级保护安全设计技术要求》（GB/T 25070—2019）指引，安全基线要求由《网络安全等级保护基本要求》（GB/T 22239—2019）及所在行业的网络安全等级保护基本要求细则指引，安全现状分析由《网络安全等级保护测评要求》（GB/T 28448—2019）和《网络安全等级保护测评过程指南》（GB/T 28449—2018）指引。网络安全等级保护对象在满足通用要求的基础上，根据等级保护对象的具体形态还需要满足相应安全保护等级的安全扩展要求。

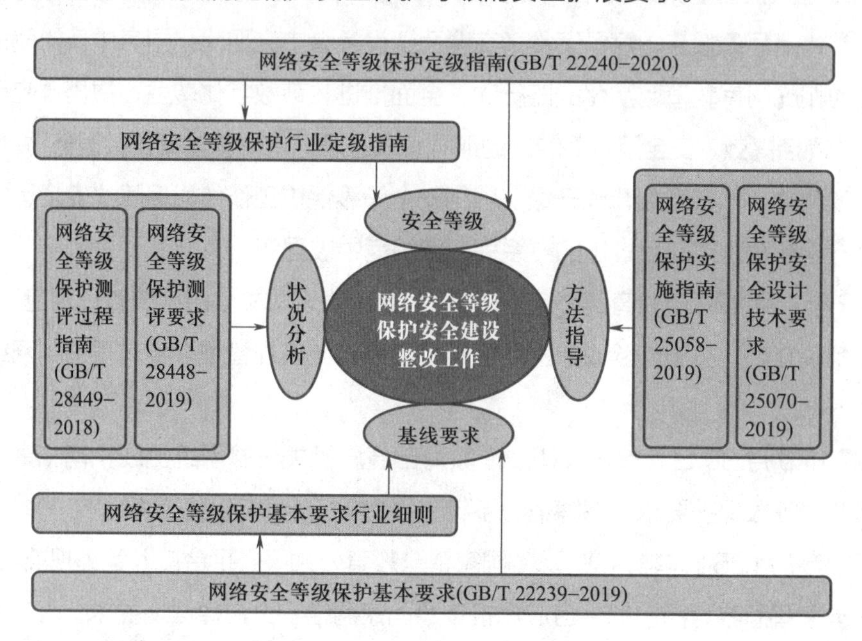

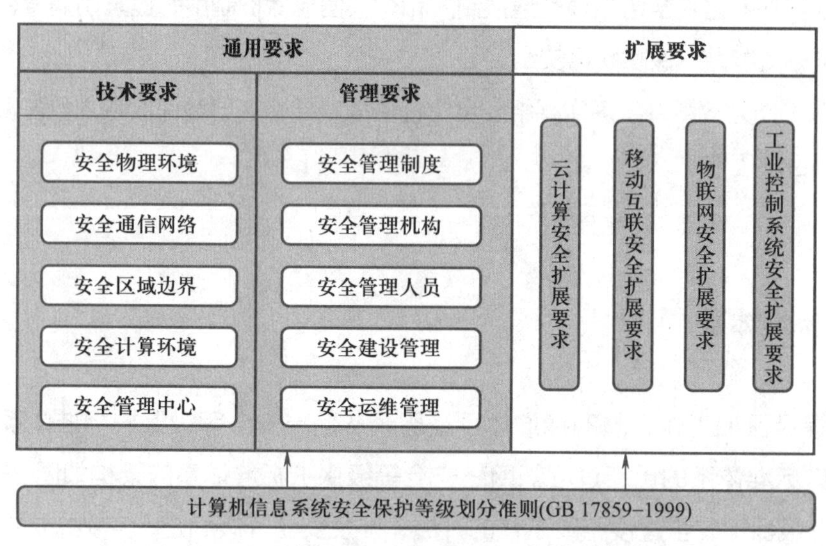

△图 2-3　网络安全等级保护标准体系架构图

2001 年 1 月 1 日实施的《计算机信息系统安全保护等级划分准则》规定了计算机信息系统安全保护能力的 5 个等级，即：第一级——用户自主保护级，第二级——系统审计保护级，第三级——安全标记保护级，第四级——结构化保护级，第五级——访问验证保护级。

2020 年 11 月 1 日实施的《网络安全等级保护定级指南》给出了等级保护对象的安全保护等级定级方法和定级流程，适用于指导网络运营者开展等级保护对象的定级工作。该标准明确等级保护对象定级工作的一般流程为：确定定级对象，初步确定等级，专家评审，主管部门核准，备案审核。

2020 年 3 月 1 日实施的《网络安全等级保护实施指南》规定了等级保护对象实施网络安全等级保护工作的过程，适用于指导网络安全等级保护工作的实施。2019 年 12 月 1 日实施的《网络安全等级保护安全设计技术要求》规定了网络安全等级保护第一级到第四级等级保护对象的安全设计技术要求，适用于指导运营单位、使用单位、网络安全企业、网络安全服务机构开展网络安全等级保护安全技术方案的设计和实施，也可作为网络安全职能部门进行监督、检查和指导的依据。

2019 年 12 月 1 日实施的《网络安全等级保护测评要求》规定了不同级别的等级保护对象的安全测评通用要求和安全测评扩展要求，用于安全测评服务机构、等级保护对象的运营、使用单位及主管部门对等级保护对象的安全状况进行安全测评并提供指南，也适用于网络安全职能部门进行网络安全等级保护监督检查时参考使用。2019 年 7 月 1 日实施的《网络安全等级保护测评过程指南》规范了网络安全等级保护测评的工作过程，规定了测评活动及其工作任务，适用于测评机构、定级对象的主管部门及运营、使用单位开展网络安全等级保护测试评价工作。

2019 年 12 月 1 日实施的《网络安全等级保护基本要求》是定级单位根据定级对象的安全保护等级开展安全保护工作的主要指导以及测评机构开展测评实施的主要依据。

教育系统在国家层面的网络安全等级保护标准体系（如图 2-3 所示）指导下开展网络安全等级保护工作，其中安全等级确定在《网络安全等级保护定级指南》的基础上，根据《教育行业信息系统安全等级保护定级工作指南（试行）》来确定。2014 年 10 月 27 日教育部印发的《教育行业信息系统安全等级保护定级工作指南（试行）》是依据国家信息安全等级保护相关政策和标准制订，结合教育行业信息化工作的特点和具体实际，对教育行业信息系统进行分类，提出了安全等级保护的定级思路，给出建议等级，明确工作流程。该指南明确要求，信息系统的定级工作应在信息系统设计阶段完成，与信息系统建设同步实施。该指南的详细内容在 2.5.1 节中介绍。

2.4.1 基本要求

2019 年 5 月，国家市场监督管理总局和中国国家标准化管理委员会发布了《网络安全等级保护基本要求》（GB/T 22239—2019），用以代替《信息系统安全等级保护基本要求》（GB/T 22239—2008）。《网络安全等级保护基本要求》（以下简称《基本要求》）是指导网络运营者开展网络安全等级保护安全建设整改、等级测评等工作的重要标准。《基本要求》是基线要求，是各级网络应该落实的最低安全要求。各单位、各部门按照《基本要求》开展网络安全建设，是落实《网络安全法》和网络安全等级保护制度要求实施的合规动作。

《基本要求》采用“一个中心、三重防护”的防护理念和分类结构，即通过建设安全管理中心，并从安全计算环境、安全通信网络、安全区域边界 3 个维度实施安全保护，强化了建立网络安全综合防护体系思想，变静态防护为动态防护，变被动防护为主动防护，变单层防护为纵深防护，变粗放防护为精准防护，变单点防护为整体防控，变自主防护为联防联控。

《基本要求》强化了密码技术和可信计算技术的使用，把可信验证列入各级别并逐级提出各环节的可信验证要求，强调通过密码技术、可信验证、安全审计和态势感知等建立主动防御体系。

《基本要求》的文档结构如下：

1. 范围
2. 规范性引用文件
3. 术语和定义
4. 缩略语
5. 网络安全等级保护概述
5.1　等级保护对象
5.2　不同级别的安全保护能力
5.3　安全通用要求和安全扩展要求
6. 第一级安全要求
6.1　安全通用要求
6.2　云计算安全扩展要求
6.3　移动互联安全扩展要求
6.4　物联网安全扩展要求
6.5　工业控制系统安全扩展要求
7. 第二级安全要求
……

8. 第三级安全要求

……

9. 第四级安全要求

……

10. 第五级安全要求

略。

附录 A （规范性附录）关于安全通用要求和安全扩展要求的选择和使用

……

附录 B （规范性附录）关于等级保护对象整体安全保护能力的要求

……

附录 C （规范性附录）等级保护安全框架和关键技术使用要求

……

附录 D （资料性附录）云计算应用场景说明

……

附录 E （资料性附录）移动互联应用场景说明

……

附录 F （资料性附录）物联网应用场景说明

……

附录 G （资料性附录）工业控制系统应用场景说明

……

附录 H （资料性附录）大数据应用场景说明

……

参考文献

……

《基本要求》规定了第一级到第四级等级保护对象的安全要求，分别包括安全通用要求、云计算安全扩展要求、移动互联安全扩展要求、物联网安全扩展要求、工业控制系统安全扩展要求。安全通用要求和安全扩展要求又分为技术要求和管理要求。为了方便用户使用，安全要求采取分类分层结构，分为安全控制要求、安全控制点和安全要求项，分层结构如图 2-4 所示。

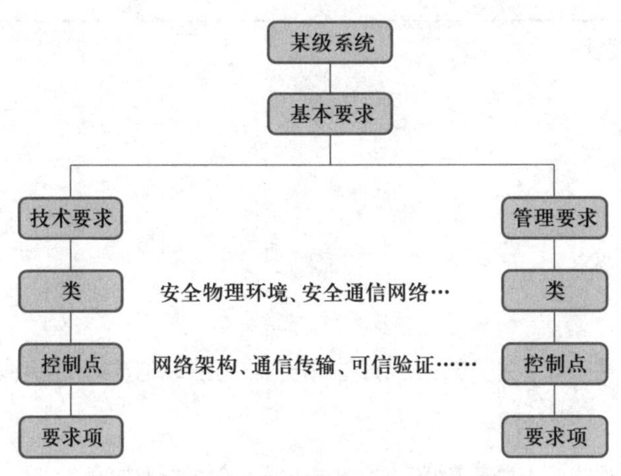

△图 2-4　等级保护基本要求分层结构

《基本要求》包含 10 大类安全控制要求，分成技术要求和管理要求两部分，如图 2-5 所示。技术要求，包括安全物理环境、安全通信网络、安全区域边界、安全计算环境、安全管理中心；管理要求，包括安全管理制度、安全管理机构、安全管理人员、安全建设管理、安全运维管理。安全控制点是每个大类之下的控制要点，安全要求项是安全控制点之下的具体安全要求。不同级别的安全要求有不同数量的安全控制点和安全要求项。随着安全级别的提高，安全控制点和安全要求项的数量有所增加。例如，第一级安全通用要求有 48 个安全控制点、55 个安全要求项，第二级安全通用要求有 68 个安全控制点、135 个安全要求项，第三级安全通用要求有 71 个安全控制点、211 个安全要求项。

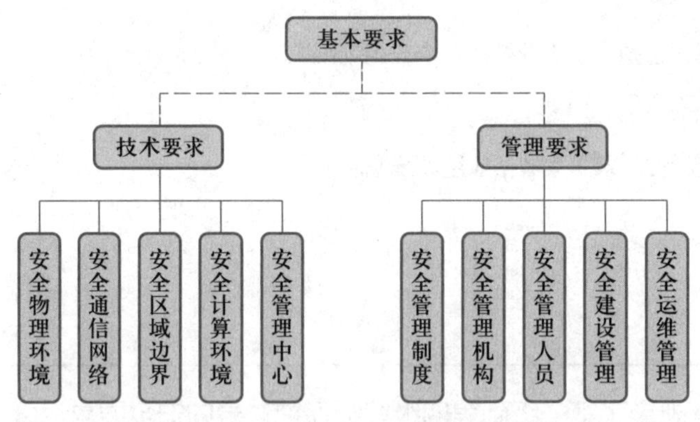

△图 2-5　等级保护标准中的安全保护要求

《基本要求》同时对云计算、移动互联、物联网、工业控制系统、大数据等新技术新应用提出了新的安全要求，形成了由“安全通用要求 + 扩展要求”构成的安全要求内容。不管定级对象的具体形态如何，相应安全保护等级的安全通用要求都应该满足；而根据定级对象的具体形态（如云计算系统、移动 APP、物联网、工业控制网络），还需要满足相应安全保护等级的安全扩展要求。例如云平台的区域边界隔离措施，应首先符合通用要求中安全区域边界要求，再叠加扩展要求中关于虚拟网络边界的访问控制要求。通用要求中已有的，在对应安全保护等级的安全扩展要求中不会重复体现。安全保护等级高一级的安全通用要求包含下一级的安全通用要求，标准中不重复体现。安全通用要求与安全扩展要求的关系如图 2-6 所示。

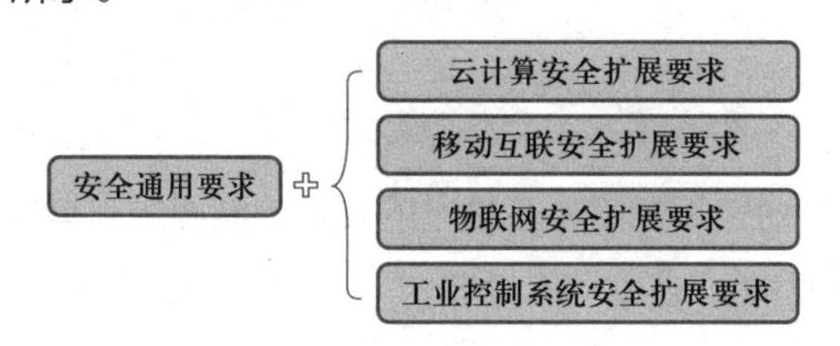

△ 图 2-6　安全通用要求和安全扩展要求间的关系

1. 安全通用要求

1）安全物理环境

安全物理环境是针对计算机机房提出的安全控制要求，包括物理环境、物理设备、物理设施等。安全物理环境的安全控制点包括物理位置的选择、物理访问控制、防盗窃和防破坏、防雷击、防火、防水和防潮、防静电、温 / 湿度控制、电力供应、电磁防护等。

2）安全通信网络

安全通信网络是针对通信网络提出的安全控制要求，包括广域网、城域网、局域网等。安全通信网络的安全控制点包括网络架构、通信传输、可信验证等。

3）安全区域边界

安全区域边界是针对网络边界提出的安全控制要求，包括信息系统边界、区域边界等。安全区域边界的安全控制点包括边界防护、访问控制、入侵防范、恶意代码防范、安全审计、可信验证等。

4）安全计算环境

安全计算环境是针对网络边界内部所有等级保护对象提出的安全控制要求，包括边界内部的网络设备、安全设备、服务器设备、终端设备、信息系统、数据库、其他设备等。安全计算环境的安全控制点包括身份鉴别、访问控制、安全审计、入侵防范、恶意代码防范、可信验证、数据完整性、数据保密性、数据备份与恢复、剩余信息保护、个人信息保护等。

5）安全管理中心

安全管理中心是针对整个定级系统提出的安全管理方面的技术控制要求，通过技术手段实现集中管理。安全管理中心的安全控制点包括系统管理、审计管理、安全管理、集中管控。

系统管理是指对系统管理员进行身份鉴别，并对系统的资源和运行进行配置、控制和管理。审计管理是指保障审计措施的有效性，通过定期进行审计分析实现对信息系统及其运行环境的集中管理、集中监控、集中审计。安全管理是指对安全管理员进行身份鉴别，并对系统中的安全策略进行配置。集中管控是指对信息系统及其运行环境进行实时监控，并利用恶意代码防护措施、垃圾邮件防护系统、系统打补丁等技术手段，保障信息系统安全稳定运行。

6）安全管理制度

安全管理制度是针对管理制度体系提出的安全控制要求，其安全控制点包括安全策略、管理制度、制定和发布、评审和修订等。

7）安全管理机构

安全管理机构是针对管理组织架构提出的安全控制要求，其安全控制点包括岗位设置、人员配备、授权和审批、沟通和合作、审核和检查等。

8）安全管理人员

安全管理人员是针对人员管理提出的安全控制要求，其安全控制点包括人员录用、人员离岗、安全意识教育和培训、外部人员访问管理等。

9）安全建设管理

安全建设管理是针对网络安全建设整改过程提出的安全控制要求，其安全控制点包括网络定级及备案、安全方案制定、安全产品采购和使用、自主软件开发、外包软件开发、工程实施、测试验收、系统交付、等级测评、风险评估、服务商管理等。

10）安全运维管理

安全运维管理是针对网络安全运维过程提出的安全控制要求，其安全控制点包括环境管理、资产管理、介质管理、设备维护管理、漏洞和风险管理、网络和系统安全管理、恶意代码防范管理、配置管理、密码管理、变更管理、备份与恢复管理、安全事件处置、应急预案管理、外包运维管理等。

2. 云计算安全扩展要求

安全扩展要求是采用特定技术或在特定应用场景中的等级保护对象需要扩展实现的安全要求。

1）云计算的概念

云计算是一种通过网络访问可扩展的、灵活的物理或虚拟资源池，并按需自动获取和管理资源的模式。云计算的特点：一是能根据业务需要和负载大小动态分配资源，部署于云计算平台上的应用需要适应资源的变化，并能根据变化做出响应；二是相对于异构资源共享的网格计算，云计算提供了大规模资源池的分享，通过分享提高了资源复用率，并利用规模经济来降低成本；三是从节省经济成本的角度考虑，云计算硬件设备、软件资源需综合考虑成本、可用性、可靠性等因素进行设计，而不会片面追求高性能。云计算的特征是按需自助、泛在网络（Ubiquitous network，或pervasive network）访问、资源池化、快速弹性和可度量的服务。

云计算按照服务的提供方式可分为3大类，分别是软件即服务（Software as a Service，SaaS）、平台即服务（Platform as a Service，PaaS）、基础架构即服务（Infrastructure as a Service，IaaS）。云计算按照部署类型可分为私有云、公有云、混合云。

2）云计算平台/系统

云计算平台/系统是采用云计算技术构建的网络和信息系统，有3种形态：一是云计算平台，也就是云服务商提供的云基础设施及其上服务层软件的集合；二是云服务客户业务应用系统，包括云服务客户部署在云计算平台上的业务应用和云服务商通过网络为云服务客户提供的应用服务；三是采用云计算技术构建的各类业务应用系统、业务应用及为业务应用独立提供底层云计算服务、硬件资源的集合（此类信息系统不涉及云服务客户）。

3）云计算的安全责任

与传统的网络和信息系统不同，云计算环境涉及一个或多个安全责任主体，各责任主体应根据管理权限划分安全责任边界。

云计算平台中通常有云服务商和云服务客户两种角色。在不同的云计算服务模式中云服务商和云服务客户对资源有不同的控制范围，控制范围决定了安全责任边界，云服务模式与资源控制范围的关系如图2-7所示。

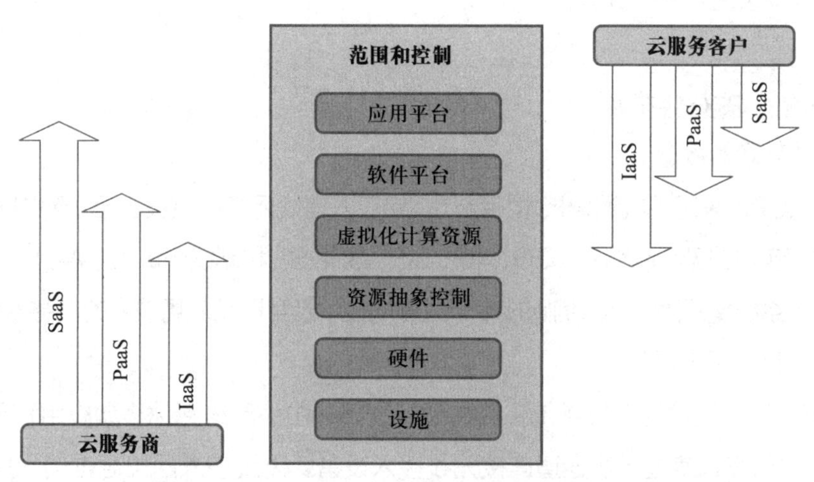

△ 图2-7　云服务模式与资源控制范围的关系

在不同服务模式下云服务商和云服务客户的具体安全责任划分如图2-8所示。

4）云计算平台安全扩展要求

云计算安全涉及云服务商和云服务客户两个层面的安全，各自安全涉及内容和责任划

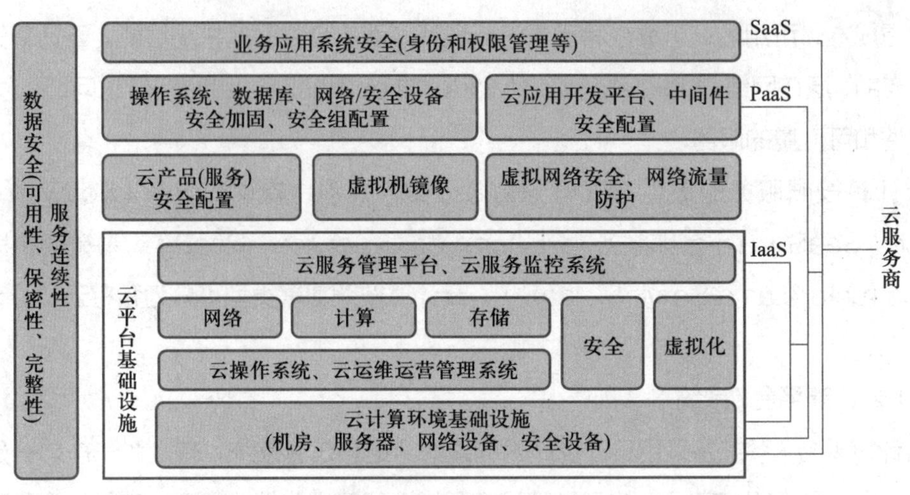

△图 2-8　云服务商和云服务客户的安全责任划分

分如图 2-8 所示。云计算安全扩展要求是云计算平台在满足安全通用要求的基础上提出的安全要求，具体涉及安全物理环境、安全通信网络、安全区域边界、安全计算环境、安全管理中心、安全建设管理、安全运维管理。云计算安全扩展要求的安全控制点包括：基础设施位置、网络架构、网络边界的访问控制、入侵防范、安全审计、集中管控；计算环境的身份鉴别、访问控制、入侵防范、镜像和快照保护、数据安全性、数据备份恢复、剩余信息保护；云服务商选择；供应链管理；云计算环境管理等。

按照网络安全等级保护制度“一个中心、三重防护”的理念，从通信网络、区域边界、计算环境三个方面进行防护，并由安全管理中心进行集中监控、调度和管理，构成了云计算的安全措施，如图 2-9 所示。

3. 移动互联安全扩展要求

1）移动互联的概念

移动互联是指采用无线通信技术将移动终端接入有线网络的过程。无线网络分为通过公众移动通信网实现的无线网络（如 5G、4G、3G、GPRS）和无线局域网（Wi-Fi）两种方式。移动互联信息系统是采用移动通信网技术、互联网技术及互联网应用技术的信息系统。

2）移动互联系统框架

采用移动互联技术的信息系统，其移动互联部分由移动终端、移动应用和无线网络 3 部分组成。移动终端通过无线通道连接无线接入设备。无线接入网关通过访问控制策略限制移动终端的访问行为。后台的移动终端管理系统负责移动终端的管理，包括向客户端软件发送移动设备、移动应用和移动内容管理的策略等。移动互联系统框架如图 2-10 所示。

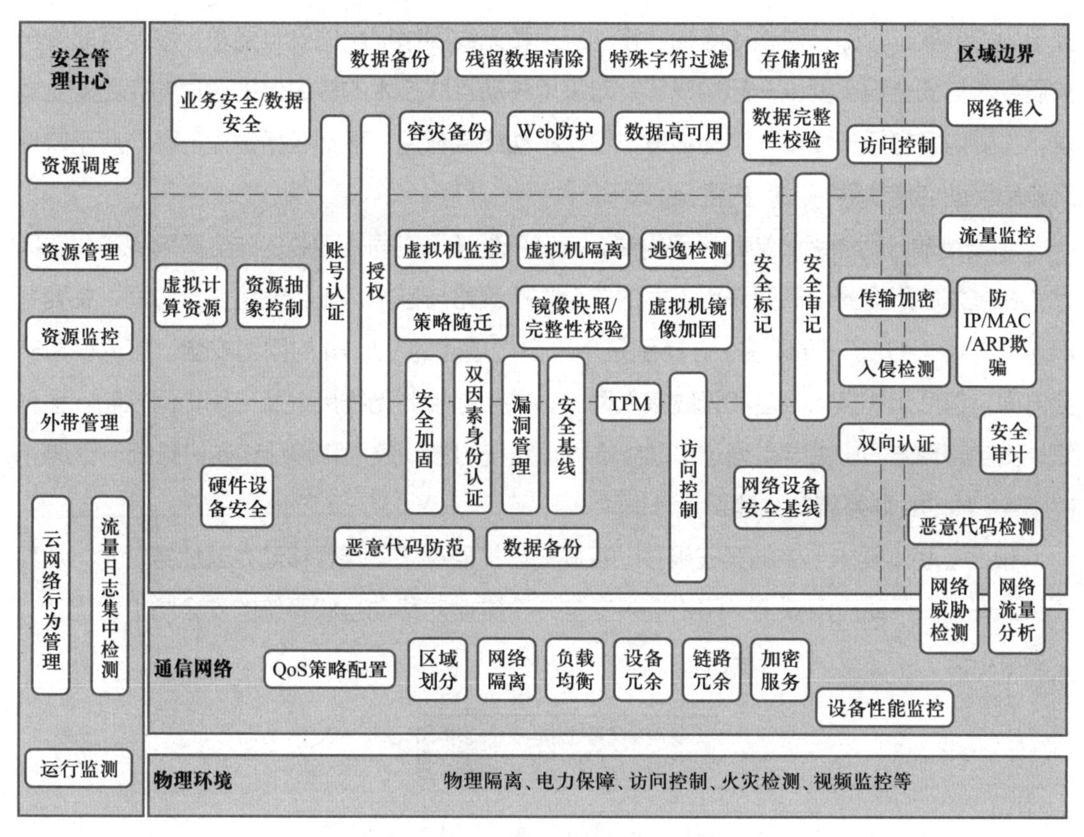

△ 图 2–9　云计算的安全措施

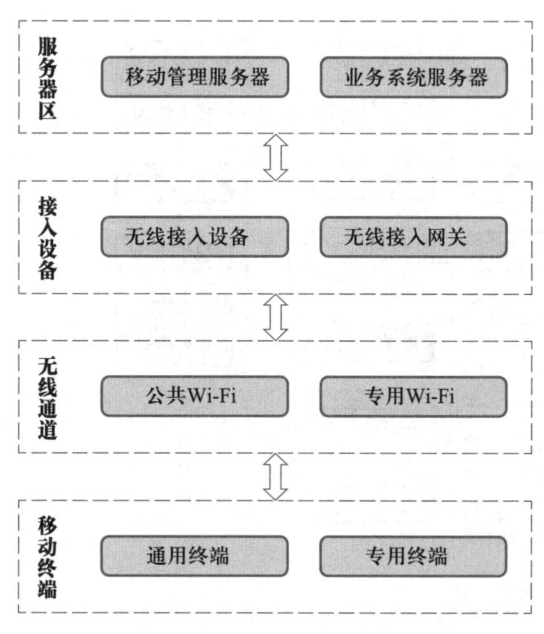

△ 图 2–10　移动互联系统框架

3）移动互联安全扩展要求

移动互联安全扩展要求是在通用要求的基础上对采用移动互联技术的等级保护对象

提出的扩展要求，即针对移动终端、移动应用和无线网络提出的安全要求。移动互联安全扩展要求与安全通用要求一起构成了针对采用移动互联技术的等级保护对象的完整安全要求，主要内容包括无线接入点的物理位置、移动终端管控、移动应用管控、移动应用软件采购和移动应用软件开发等内容。

移动终端分为通用终端和专用终端，二者所处环境不同，面临的安全风险也不同，因此，在具体应用场景中需要采用不同的安全防护策略与措施。无线通信安全方面，主要是局域网环境（即 Wi-Fi 环境），特别是单位自行搭建的 Wi-Fi 的网络安全。接入设备安全方面，包括无线接入设备和无线接入网关，重点是控制无线接入及无线访问控制。移动终端安全管理方面，主要是通过移动终端管理系统对移动应用和移动终端进行统一管理。

4）移动互联系统安全建设参考框架

根据《基本要求》中的第三级移动互联安全扩展要求，结合移动办公业务需求，从移动终端安全、移动应用安全、网络接入安全 3 个维度对移动互联系统的安全防护提出了一个参考框架，如图 2-11 所示。

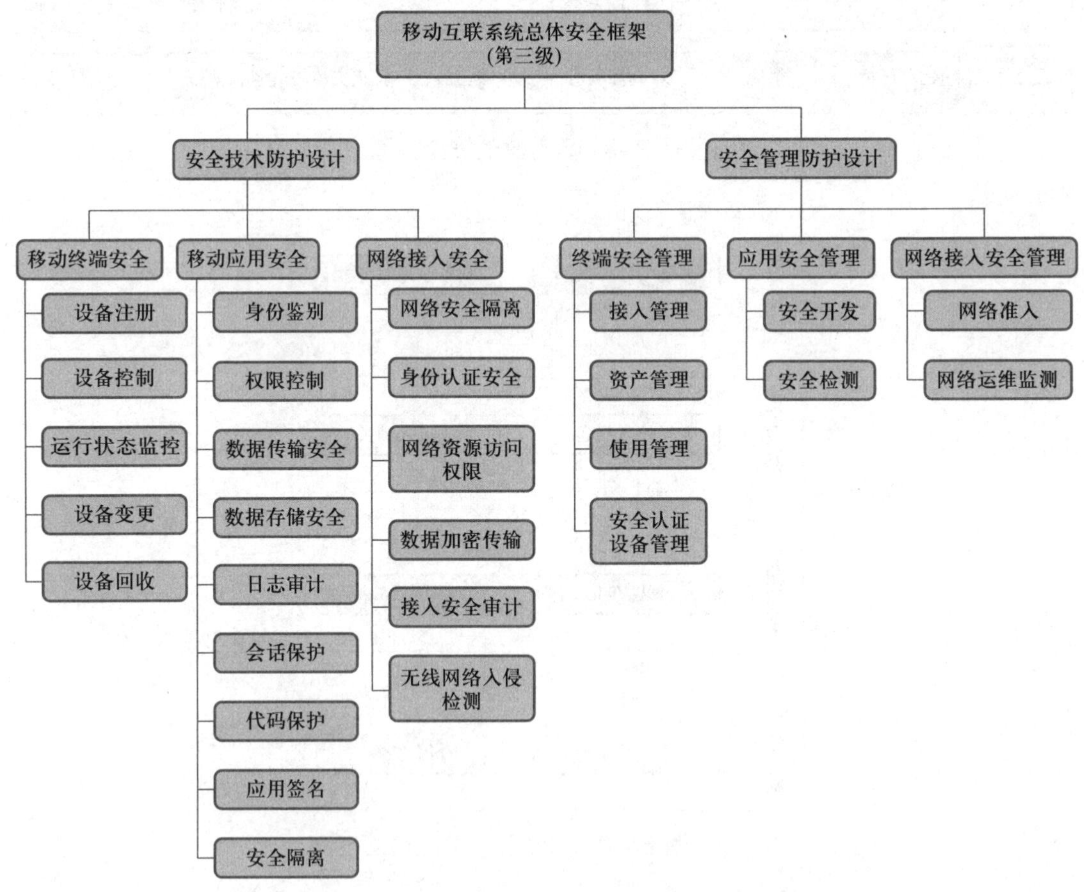

△ 图 2-11　移动互联系统安全建设参考框架

4. 物联网安全扩展要求

1）物联网的概念

物联网是一种综合多种信息技术的应用系统。物联网将感知节点设备通过互联网等网络连接起来构成信息系统，通常包括感知层、网络传输层、处理应用层，能够实现数据采集、数据传输、数据处理、数据应用等功能。物联网应用场景包括车联网、智能家居、智慧交通、智能电网、智慧油田、智慧社区、智慧城市、智能仓储等。

2）物联网安全扩展要求

物联网的整体安全要求由针对感知层提出的安全扩展要求与安全通用要求构成，如图 2-12 所示。物联网安全扩展要求主要包括感知节点的物理防护、感知节点设备安全、网关节点设备安全、感知节点的管理和数据融合处理等。

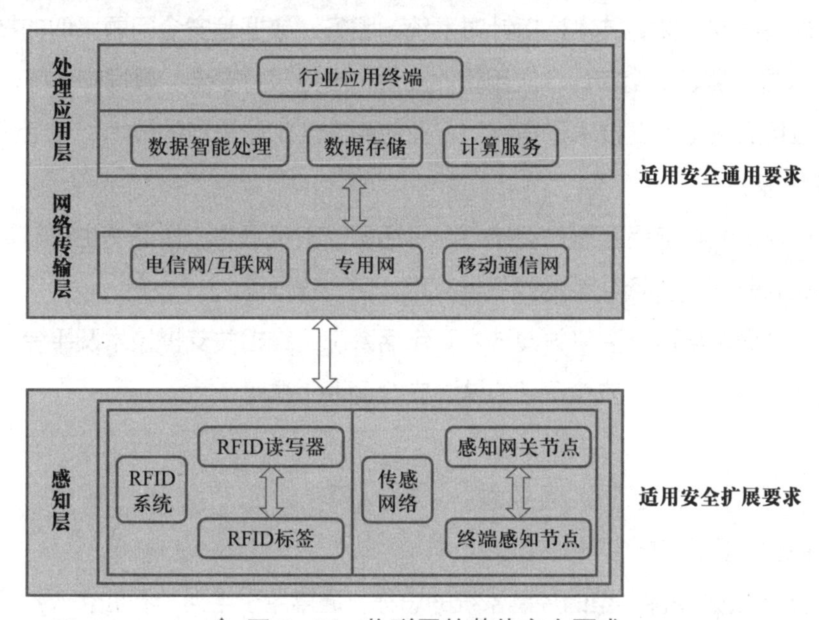

△ 图 2-12　物联网的整体安全要求

3）物联网安全架构

为了将物联网作为一个整体进行安全保护，在考虑安全架构时，根据安全需求和安全技术的不同，可将处理应用层进一步划分为处理层和应用层，并分别考虑其安全需求。同时，需要从整体上对物联网建立信任机制和密钥管理机制，将其作为一个整体开展安全测评与运维监督。由此，形成了一种包含 4 个逻辑层和两种支撑技术的物联网安全架构，如图 2-13 所示。

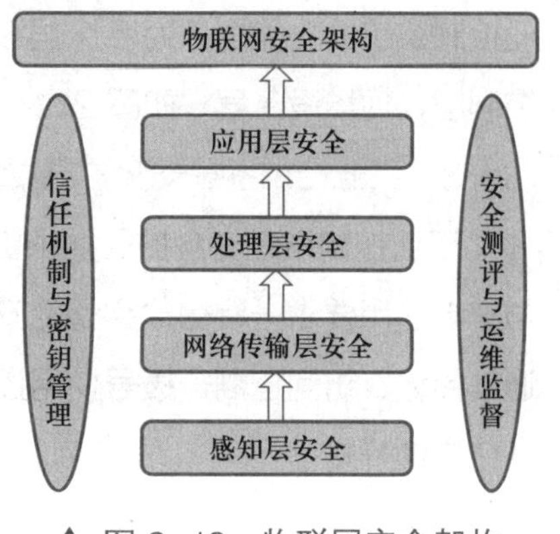

△ 图 2-13　物联网安全架构

4）物联网安全关键技术

根据物联网安全架构，物联网安全关键技术包括感知层安全关键技术、网络传输层安全关键技术、处理层安全关键技术、应用层安全关键技术、信任机制与密钥管理关键技术、安全测评与运维监督关键技术等。

（1）感知层安全关键技术是指针对感知层的设备、网络和数据处理等安全问题采取的技术，包括轻量级密码算法、轻量级身份鉴别技术、RFID 非法读写和非法克隆等密码安全技术、控制安全技术、抗重放安全技术、抗侧信道攻击技术等。

（2）网络传输层安全关键技术是指针对广域网和移动通信网的安全问题采取的技术，包括数据融合安全、网络冗余、防火墙、虚拟专网（VPN）、数据传输安全、数据流量保护等。

（3）处理层安全关键技术是指针对系统、服务、数据等安全问题采取的技术，包括访问控制、入侵检测、安全审计、应用软件安全、虚拟服务安全、数据安全等。

（4）应用层安全关键技术是指针对行业应用安全问题采取的技术，包括用户终端管理、隐私保护等。

（5）信任机制与密钥管理关键技术，包括初始密钥建立、根证书生成与管理、公钥证书体系及应用技术、会话密钥的产生与应用、口令管理等。

（6）安全测评与运维监督关键技术，包括系统运维相关支撑技术及平台、安全测评指标体系（针对感知层）、安全测评方法、安全测评工具等。

5. 工业控制系统安全扩展要求

1）工业控制系统的概念

工业控制系统是多种类型的控制系统的总称，通常用于电力、石油和天然气、化工、交通运输、水和污水处理、制药、纸浆和造纸、制造（例如汽车、航空航天和耐用品）等行业。参考国际标准 IEC 62264—1 对工业控制系统层次结构模型的划分方法，这里将工业控制系统的功能划分为 5 个层级，依次为企业资源层、生产管理层、过程监控层、现场控制层、现场设备层，如图 2-14 所示。

2）工业控制系统安全扩展要求

工业控制系统安全扩展要求主要针对现场控制层和现场设备层提出特殊安全要求，并与安全通用要求一起构成完整的安全要求，主要包括室外控制设备物理防护、网络架构、通信传输、访问控制、拨号使用控制、无线使用控制、控制设备安全、产品采购和使用、外包软件开发等。

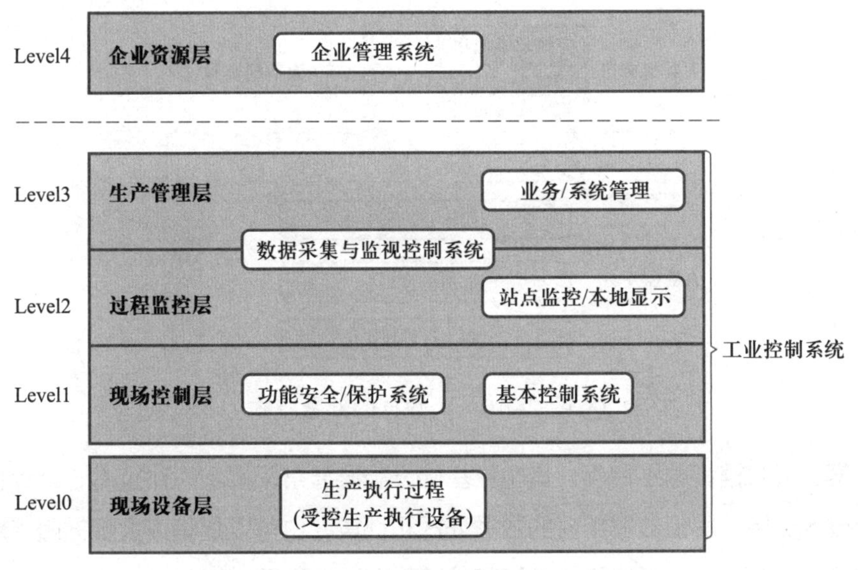

△ 图 2-14　工业控制系统功能层级模型

3）工业控制系统的安全措施

以火电工业控制系统为例，按照“一个中心、三重防护”的设计思路，具体的安全防护策略可分为 5 类：一是区域划分隔离，将控制系统按照不同的功能、控制区、非控制器进行区域划分；二是网络节点保护，对各安全区域的边界节点进行隔离防护，并对各安全域内的关键通信节点配置防护策略；三是主机安全防护，通过给上位机主机加装基于可信计算的白名单终端防护软件及对主机进行加固来保证主机设备安全，对下位机则通过内生安全防护技术提升控制器的防护能力；四是通信数据加密，对控制系统的关键数据（例如下装数据、身份验证数据等）进行通信加密和加密存储；五是集中审计管控，在安全管理区配置集中审计和管理平台对系统安全策略进行统一管理，并集中收集分析各层级的安全审计内容。

6. 大数据安全扩展要求

1）大数据的概念

大数据是指具有体量巨大、来源多样、生成极快、多变等特征并且难以用传统数据体系结构有效处理的包含大量数据集的数据。

2）大数据的部署模式

大数据的部署模式包括大数据平台、大数据应用和大数据资源，如图 2-15 所示。

大数据应用是指基于大数据平台对数据执行处理过程，通常包括数据采集、数据存储、数据处理（例如计算、分析、可视化等）、数据应用、数据流动、数据销毁等环节。大数据平台是指为大数据应用提供资源和服务的支撑集成环境，包括基础设施层、数据平台层、

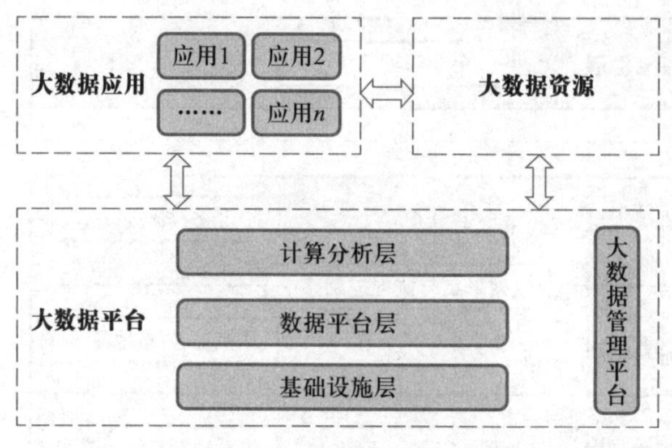

△图 2–15　大数据的部署模式

计算分析层、大数据管理平台等。其中，基础设施层通常采用虚拟化技术、云计算技术或数据仓库技术支持上层大数据平台的数据处理和计算，也可以是集成大数据服务所需的存储与网络设备、服务器、虚拟化软件等基础设施和计算资源，以降低大数据服务基础设施部署和运维管理复杂度，优化数据服务的性能。应按照“谁运营谁负责”的原则确认大数据对象的安全责任主体。

3）大数据安全保护措施

大数据通常需考虑的安全控制措施包括数据采集授权、数据真实可信、数据分类标识存储、数据交换完整性、敏感数据保密性、数据备份和恢复、数据输出脱敏处理、敏感数据输出控制以及数据的分级分类销毁机制等。重点关注以下方面：

一是数据脱敏和去标识化。数据脱敏是一种为用户提供虚假数据而非真实数据，从而防止敏感数据被滥用的技术，包括静态脱敏（在非生产数据库中防止对静态数据的滥用）和动态脱敏（在生产库数据中对传输的数据进行脱敏）。数据脱敏和去标识化，既可以最大限度地释放大数据的流动性和使用价值，又可以保证使用敏感信息的合规性。大数据平台提供者在数据脱敏和去标识化的管理过程中，可以从制定数据脱敏和去标识化规范、发现敏感数据、定义脱敏规则、执行脱敏工作、验证脱敏有效性等方面着手。

二是数据隔离。大数据系统数据隔离的目的是支持不同用户、不同类型数据的隔离访问和存储。

三是数据保护。数据保护是贯穿数据全生命周期的，应对数据采集、传输、存储、处理、销毁等阶段采取保护措施，保障数据的保密性、完整性、可用性。

4）大数据安全保护扩展要求

（1）安全物理环境，应保证承载大数据存储、处理和分析的设备机房位于中国境内。

（2）安全通信网络，包括不承载高于其安全保护等级的大数据应用、网络分区及隔离、管理流量与业务流量分离。

（3）安全计算环境，包括对大数据应用系统、重要接口的身份鉴别；数据分类管理；

对组件、接口调用及数据集使用的权限控制；重要接口调用情况审计；大数据存储和交换的完整性和保密性保护；数据迁移和销毁保护；个人信息保护。

（4）安全建设管理，包括选择安全合规的大数据平台，以书面方式约定各方权限与责任、包括安全服务在内的各项服务内容和具体技术指标，明确约束数据交换、共享的接收方对数据的保护责任并确保接收方有足够或相当的安全防护能力。

（5）安全运维管理，包括建立数字资产安全管理策略，制定并执行数据分类分级保护策略，划分重要数字资产范围并明确重要数据进行自动脱敏或去标识的使用场景和业务处理流程，定期评审数据类别和级别。

2.4.2 安全设计要求

2019 年 5 月，国家市场监督管理总局和中国国家标准化管理委员会发布了《网络安全等级保护安全设计技术要求》（GB/T 25070—2019），确定了以“一个中心、三重防护”理念对网络进行安全设计，对第一级到第四级等级保护对象提出安全设计技术要求，指导网络运营者、网络安全服务机构进行网络安全等级保护安全技术设计实施，落实《基本要求》。

《网络安全等级保护安全设计技术要求》（以下简称《安全设计要求》）确定安全防护技术体系设计原则如下：

（1）主动防御原则。主动防御是一种阻止恶意攻击和恶意程序执行的技术，就是在入侵行为对网络和信息系统发生影响之前，能够及时精准预警，实时构建弹性防御体系，避免、降低网络和信息系统面临的风险及威胁。

（2）动态防御原则。动态防御的核心是安全策略的动态调整和联动，体现在相关产品“协同作战”上，即防护、检测、响应相结合，实现网络、信息系统的联动和整体防护。

（3）纵深防御原则。纵深防御是指从网络全局视角构建整体的网络安全防御体系，是一种多层防御的理念，从数据层面、应用层面、主机层面、网络层面和网络边界构筑多道防御。恶意攻击者必须突破所有防线才能接触核心数据资产，攻击成本大大提高。

（4）精准防御原则。精准防御原则主要体现在通过对既有安全策略的优化调整，对重点保护的网络资产的安全防护策略进行优化细化，使重点保护对象得到精准和精细化的保护上。例如，将访问控制策略限制在特定的端口或服务上，其他端口或服务的访问流量将被拒绝。安全管理中心是目前实现精准防御的最佳实践。目前，业界较为成熟的安全管理中心均集成了日志采集器、数据库、大容量存储、日志分析、审计、报表等功能部件，可对所有安全设备进行集中管理及精细化安全策略统一下发，有利于网络安全措施的快速部署和设备运维信息的全面获取。对来自网络、安全等设施的安全信息与事件进行分析，关联和聚类常见的安全问题，过滤重复信息，发现隐藏的安全问题，使管理员能够轻松了解突发事件的起因、发生位置、被攻击的设备和端口，并能根据预先制定的策略做出快速响应，保障网络安全。

（5）整体防控原则。建立健全网络安全整体防控体系是控制和降低网络安全攻击的有效保障。网络安全整体防控体系设计涵盖网络安全技术和网络安全管理两大方面，目的是抵御恶意攻击者进行网络入侵、信息窃取、数据篡改等危害网络安全的活动。整体防控的核心是一体化安全管控的思想，从安全管理、技术和流程上建立完整的安全防控体系，做到安全风险与安全管理制度相呼应，安全管理制度和安全防御系统策略相匹配，安全防御技术措施与安全运维流程配套，实现人、技术和流程的协调统一。

（6）联防联控原则。网络和信息系统的复杂化导致新的网络安全攻击方法不断涌现，这就使得单一功能的安全产品及单一的防护技术、策略已经无法满足总体安全需求。多种安全技术或产品的相互结合、相互联动成为目前网络安全的主要方向。联防联控主要通过集中对入侵检测子系统、访问控制子系统、病毒防范子系统、安全接入认证子系统等进行统一管理和策略下发，实现各子系统安全告警日志的集中收集和关联分析，从而最大限度地监测发现并有效处置网络攻击，还原攻击方法和路径，降低安全事件的误报和漏报。联防联控的核心是将多种防护系统的安全策略进行优化、高效组合，形成跨系统的防护策略集，做到防守区域明确、防御责任明确、无风险盲区和遗漏点。

（7）安全可信原则。安全可信原则是建立在通过构建可信网络协议和设计可信网络设备实现网络终端的可信接入上的。可信计算技术需要从信息系统各层面进行安全增强，提供更加完善的安全防护功能。可信计算技术可以覆盖包含从硬件到软件、从操作系统到应用程序、从单个芯片到整个网络、从设计过程到运行环境的所有组成部分。安全可信计算技术涉及信息系统各层面，包括信息资产、平台、操作系统、应用软件、硬件和芯片。需要在全网构建可信架构体系，建立可信根、可信计算环境和可信认证体系。

1. 按照“一个中心、三重防护”要求设计安全防护技术体系

1）安全防护技术体系的设计过程

安全防护技术体系设计主要包括安全需求分析、安全架构设计、安全详细设计、安全效果评价 4 个方面，如图 2-16 所示。

（1）安全需求分析。安全需求分析是安全防护技术体系设计的首要环节，通过分析合规差异驱动需求和安全风险驱动需求，确定网络运营者的实际安全建设需求，并在此基础上设计科学合理的安全建设方案。

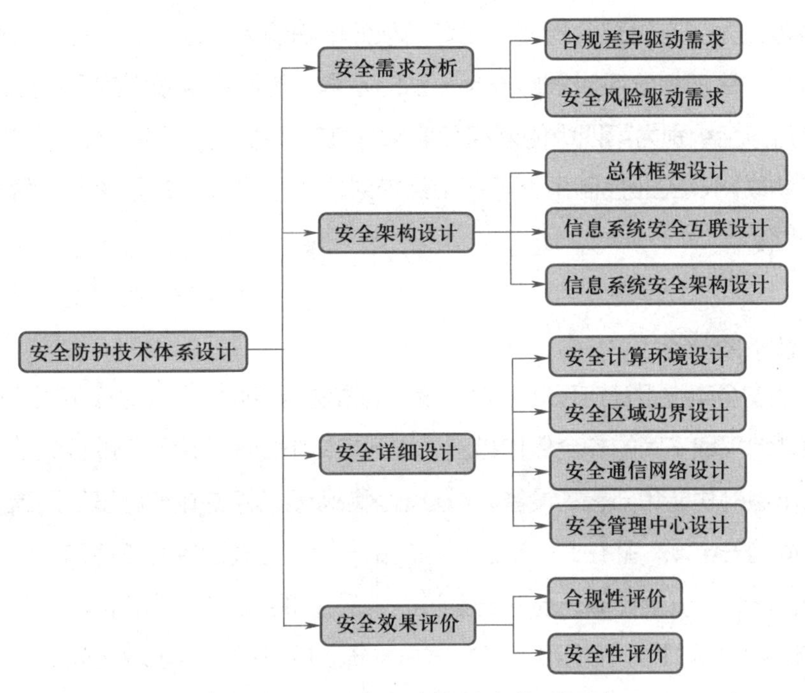

△ 图 2–16　安全防护技术体系设计

（2）安全架构设计。在安全需求分析的基础上，依据等级保护相关政策、标准及用户业务安全需求，形成网络安全架构设计。

（3）安全详细设计。按照“一个中心、三重防护”体系框架（如图 2–17 所示），构建安全机制和策略，从计算环境防护、区域边界防护、通信网络防护等方面进行安全防护设计。同时，设计统一的安全管理中心，确保防护的有效协同及一体化管理。

（4）安全效果评价。评价和验证安全方案设计的合理性，包括合规性评价和安全性评价。

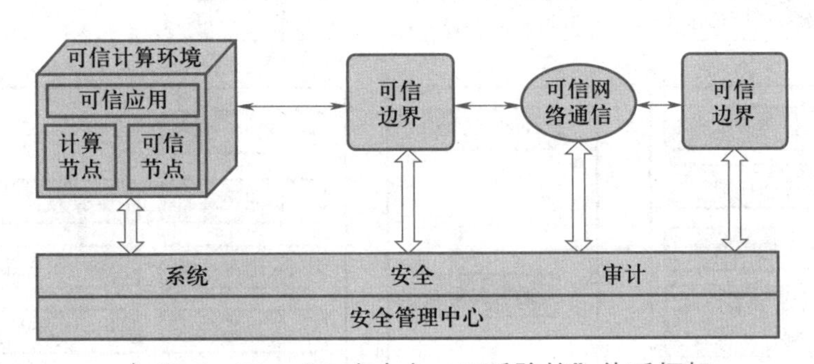

△ 图 2–17　“一个中心、三重防护”体系框架

2）网络和信息系统的区域划分

在对网络和信息系统进行整体结构设计时，要从安全和业务需求两个方面考虑区域的划分与隔离需求，一般包括办公区域、DMZ 区域、核心交换区域、网络接入区域、

服务器区域等。为了方便安全管理，应专门划分单独的运维管控区，将系统业务流量与管理流量分离。区域划分还应考虑安全级别的差异，不同安全级别的区域应进行安全隔离，特别是对安全级别为第四级的网络和信息系统应单独划分区域。此外，随着云计算、移动互联、物联网、工业控制系统等新型保护对象的出现，应充分考虑不同形态网络互联的安全问题。

2. 信息系统安全架构设计

信息系统安全架构设计应采取分层次设计的方法，不同的层次对应不同的安全问题，从而有针对性地采取不同的安全保护措施，达到整体防御、纵深防御的效果。应根据信息系统各区域承担的功能和部署的设备，以及各区域涉及信息的重要程度等因素，将信息系统划分成不同的安全域，并在此基础上，构建由一个安全管理中心支持的包含安全区域边界、安全通信网络、安全计算环境的三重防护体系，如图 2-18 所示。

（1）安全区域边界。在网络（包括信息系统）的不同安全区域之间采取边界安全措施实现区域边界安全。通过合理划分安全域边界，在边界处部署具有访问控制、入侵防范、恶意代码防范等功能的设备，实现互联区域数据交互的边界安全控制。访问控制类设备应具有细粒度的访问控制功能。入侵防范类设备应能够对来自内外网的攻击进行控制。同时，应重点对边界安全设备日志进行管理和审计。

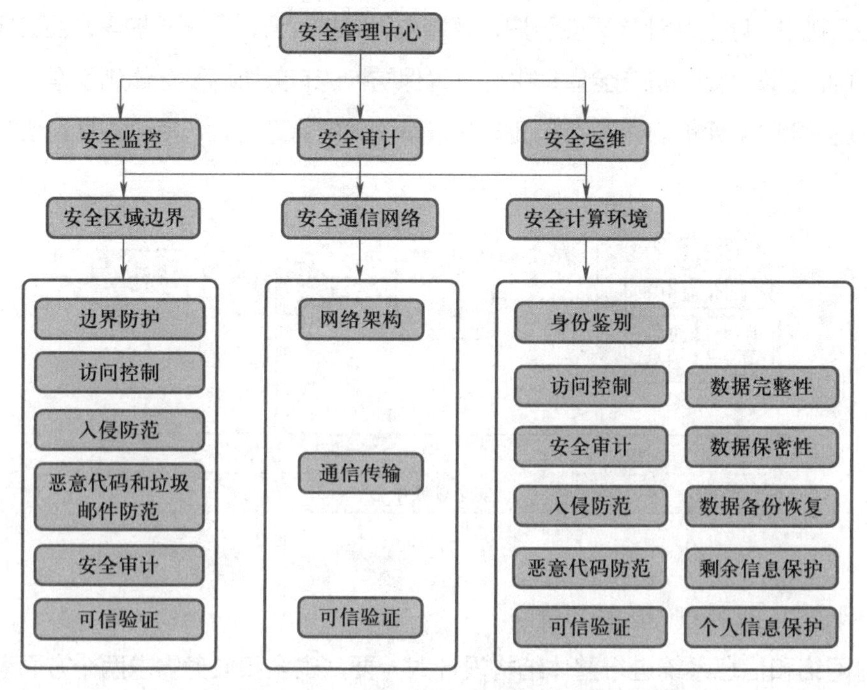

△ 图 2-18　信息系统三重防护体系设计

（2）安全通信网络。在网络（包括信息系统）的安全计算环境之间采取信息传输安全保护措施，实现网络结构和通信传输的安全性，包括网络设备业务处理能力保障、区域间访问控制、网络资源访问控制、数据传输的保密性与完整性，以及基于可信根的应用程序可信验证等。

（3）安全计算环境。在网络（包括信息系统）的计算环境（包括主机、服务器、数据库等）中采取安全策略和措施，实现信息存储、处理及数据计算等方面的安全，保证网络设备、安全设备、服务器设备及应用程序的安全。

（4）安全管理中心。在网络（包括信息系统）上部署安全策略，在安全计算环境、安全区域边界、安全通信网络上部署安全机制，以便对网络（信息系统）实施统一安全管理。

（5）信息系统互联。通过部署安全互联部件和跨信息系统安全管理中心，实现相同或不同安全等级的信息系统安全保护环境之间的安全连接。

下列安全设备和技术支撑着上述安全措施的实现：安全管理中心 / 网络安全态势感知系统；防火墙、入侵检测、入侵防御、防病毒、统一威胁管理 UTM；Web 应用防火墙、网页防篡改；身份鉴别、虚拟专网；加 / 解密、文档加密、数据签名；安全隔离网闸、终端安全与上网行为管理；内网安全、审计与取证、漏洞扫描、补丁分发；安全管理平台、运维审计系统、数据库审计系统；数据备份、系统容灾产品。

2.4.3 测评要求

2019 年 5 月，国家市场监督管理总局和中国国家标准化管理委员会发布了《信息安全技术 网络安全等级保护测评要求》（GB/T 28448—2019），依据《基本要求》规定了等级保护测评的内容和方法，为等级测评机构、等级保护对象的运营、使用单位及主管部门对等级保护对象的安全状况进行等级保护测评提供了指南。

1. 落实等级测评要求

1）等级测评概念

等级测评是指测评机构依据国家网络安全等级保护制度规定，按照有关管理规范和技术标准，对非涉及国家秘密的网络安全等级保护对象的安全保护状况进行检测评估的活动。等级测评包括标准符合性评判活动和风险评估活动，即依据网络安全等级保护的国家标准或行业标准，按照特定的方法对网络的安全保护能力进行科学、公正的综合评判。

测评机构主要依据《网络安全等级保护测评要求》《网络安全等级保护测评过程指南》《计算机信息系统安全保护等级划分准则》《网络安全等级保护基本要求》《信息安全技

术 信息安全风险评估模型》（GB/T 20984—2022）等国家标准进行等级测评，并按照公安部统一制定的《网络安全等级保护测评报告模板（2021版）》格式出具测评报告。通过等级测评，可以发现网络存在的安全问题，掌握网络的安全状况，排查网络的安全隐患和薄弱环节，明确网络安全建设整改需求，可以衡量网络的安全保护管理措施和技术措施是否符合等级保护的基本要求、是否具备相应的安全保护能力。等级测评结果也是公安机关开展监督、检查、指导的参照。

2）测评对象及其选择

测评对象是等级测评的直接工作对象，也是在被测定级对象中实现特定测评指标所对应的安全功能的具体系统组件，因此，选择测评对象是编制测评方案的必要步骤，也是整个测评工作的重要环节。恰当选择测评对象的种类和数量是整个等级测评工作能够获取足够证据、了解被测定级对象的真实安全保护状况的重要保证。

测评对象的确定一般采用抽查的方法，即抽取定级对象中具有代表性的组件作为测评对象。在测评对象确定任务中，应兼顾工作投入与结果产出。在确定测评对象时，需遵循以下原则：一是重要性，应抽查对被测定级对象来说重要的服务器、数据库和网络设备等；二是安全性，应抽查对外暴露的网络边界；三是共享性，应抽查共享设备和数据交换平台/设备；四是全面性，抽查应尽量覆盖各种设备类型、操作系统类型、数据库系统类型和应用系统类型；五是符合性，选择的设备、软件系统等应能符合相应等级的测评强度要求。

在确定测评对象时可参考以下步骤：

（1）对系统构成组件进行分类。例如，可以在粗粒度上分为客户端（主要考虑操作系统）、服务器（包括操作系统、数据库管理系统、应用平台和业务应用软件系统）、网络互联设备、安全设备、安全相关人员和安全管理文档，也可以在上述分类的基础上细化。

（2）对每一类系统构成组件，应依据调研结果进行重要性分析，选择对被测定级对象而言重要程度高的服务器操作系统、数据库系统、网络互联设备、安全设备、安全相关人员、安全管理文档等。

（3）对上一步获得的选择结果分别进行安全性、共享性和全面性分析，进一步完善测评对象集合。

3）测评指标及其选择

测评指标源自《基本要求》中的安全要求。《基本要求》将技术安全要求细分为：保护数据在存储、传输、处理过程中不被泄漏、破坏和免受未授权的修改的信息安全类要求（简记为S）；保护系统连续正常运行、免受对系统的未授权修改或破坏而导致系统不可用的服务保证类要求（简记为A）；其他安全保护类要求（简记为G），所有安全管理要求和安全扩展要求均标注为此类。

对于确定了级别的等级保护对象，测评指标的选择方法为：根据被测系统的定级结果（包括业务信息安全保护等级和系统服务安全保护等级），得出被测系统的系统服务保证（A类）安全要求、业务信息安全类（S类）安全要求、安全通用要求（G类）和安全扩展要求（G类）；根据被测系统的A类、S类、G类安全要求的组合情况，从《基本要求》中选择相应等级的安全要求作为测评指标。针对不同行业、不同对象的特点，分析其某些方面可能存在的特殊安全要求，选择较高等级的安全要求或其他标准中的补充安全要求。

4）测评对象和测评指标的映射关系

在明确被测系统的测评对象和测评指标的基础上，将测评指标和测评对象结合起来，即将测评指标映射到各测评对象上，然后结合测评对象的特点，说明各测评对象所采取的测评方法，由此构成可以具体实施测评的单项测评内容。测评内容是测评人员开发测评指导书的基础。

鉴于被测系统的复杂性和特殊性，某些测评指标可能不适用于所有测评对象。这些测评指标属于不适用测评指标。除不适用测评指标外，其他测评指标和测评对象之间是一对一或一对多的关系，即一个测评指标可以映射到一个或多个测评对象上。

5）测评方法

等级测评方法一般包括访谈、核查、测试3种。

（1）访谈是指测评人员通过引导等级保护对象相关人员进行有目的（有针对性的）交流，理解、澄清或取得证据的过程。在访谈范围上，不同等级的定级对象在测评时有不同的要求，一般应基本覆盖相关人员的类型，在数量上抽样。

（2）核查是指测评人员通过对测评对象（例如制度文档、各类设备及相关安全配置等）进行观察、查验和分析，理解、澄清或取得证据的过程。核查可细分为文档审查、实地察看、配置核查3种具体方法。

（3）测试是指测评人员使用预定的方法/工具使测评对象（各类设备或安全配置）产生特定的结果，将运行结果与预期的结果进行比对的过程。测试一般利用技术工具对系统进行测试，包括基于网络探测和基于主机审计的漏洞扫描、渗透性测试、功能测试、性能测试、入侵检测、协议分析等。

6）云计算安全测评

云计算安全测评是指测评机构依据国家网络安全等级保护制度规定，受有关单位委托，基于《基本要求》中相应级别的通用要求和云计算安全扩展要求，对采用云计算技术构建的系统的等级保护状况进行的检测评估活动。

7）移动互联安全测评

移动互联安全测评是指测评机构依据国家网络安全等级保护制度规定，受有关单位委托，基于《基本要求》中相应级别的通用要求和移动互联安全扩展要求，对采用无线通信技术构建的系统的等级保护状况进行的检测评估活动。

8）物联网安全测评

物联网安全测评是指测评机构依据国家网络安全等级保护制度规定，受有关单位委托，基于《基本要求》中相应级别的通用要求和物联网安全扩展要求，对物联网的等级保护状况进行的检测评估活动。

9）工业控制系统安全测评

工业控制系统安全测评是指测评机构依据国家网络安全等级保护制度规定，受有关单位委托，基于《基本要求》中相应级别的通用要求和工业控制系统安全扩展要求，对工业控制系统的等级保护状况进行的检测评估活动。

2. 测评结论与测评报告

1）测评结论

测评人员首先对等级保护对象开展单项测评。单项测评是针对各安全要求项的测评支持测评结果的可重复性和可再现性。单项测评由测评指标、测评对象、测评实施、单元判定结果构成。单项测评中的每个具体测评实施要求项都与安全控制点下面的要求项（测评指标）对应。在对要求项进行测评时，可能需要使用访谈、核查、测试 3 种测评方法，也可能需要使用其中的一种或两种。

在单项测评的基础上，可以对等级保护对象的整体安全保护能力进行判断，即针对单项测评结果的不符合项及部分符合项，采取逐条判定的方法，从安全控制点间、层面间出发考虑，给出整体测评的具体结果。

整体测评完成后，应对单项测评结果中的不符合项或部分符合项进行风险分析和评价。一般采用风险分析的方法，对单项测评结果中的不符合项或部分符合项，分析其产生的安全问题被威胁利用的可能性，判断其被威胁利用后对业务信息安全和系统服务安全造成影响的程度，综合评价这些不符合项或部分符合项对定级对象造成的安全风险，从而得到安全问题风险分析结果。

针对等级测评结果中存在的所有安全问题，采用风险分析的方法进行危害分析和风险等级判定，得到被测对象安全问题风险分析表。风险分析主要结合关联资产和关联威胁分别分析安全问题可能产生的危害结果，找出可能对系统、单位、社会及国家造成的最大安全危害或损失（风险等级）。风险分析结果的判断综合了相关系统组件的重要程度、安全问题的严重程度、安全问题被关联威胁利用的可能性、所影响的相关业务应用及发生安全事件可能的影响范围等因素。根据最大安全危害的严重程度，风险等级可进一步确定为“高”“中”“低”。

测评综合得分的计算公式如下：

设 M 为被测对象的综合得分，$M=V_t+V_m$，V_t 和 V_m 根据下列公式计算。

$$V_t=\begin{cases}100\times y-\sum_{k=1}^{t}f(\omega_k)\times(1-x_k)\times S, & V_t>0\\ 0, & V_t\leqslant 0\end{cases}$$

$$V_m=\begin{cases}100\times(1-y)-\sum_{k=1}^{m}f(\omega_k)\times(1-x_k)\times S, & V_m>0\\ 0, & V_m\leqslant 0\end{cases}$$

$$0\leqslant x_k\leqslant 1, S=100\times\frac{1}{n}, f(\omega_k)=\begin{cases}1, & \omega_k=\text{一般}\\ 2, & \omega_k=\text{重要}\\ 3, & \omega_k=\text{关键}\end{cases}$$

其中，y 为关注函数，取值在 0 至 1 之间，由等级保护工作主管部门给出，默认值为 0.5。n 为被测对象涉及的总测评项数（不含不适用项，下同），t 为技术方面对应的总测评项数，V_t 为技术方面的得分；m 为管理方面对应的总测评项数，V_m 为管理方面的得分，ω_k 为测评项 k 的重要程度（分为一般、重要和关键），x_k 为测评项 k 的得分，如果测评项 k 涉及多个测评对象，则 x_k 取值为多测评对象得分的算术平均值。

x_k 的得分计算如表 2-2 所示。

▽ 表 2-2　测评项 k 的计算得分

测评项 k 定性判定	测评项 k 涉及对象	
	只涉及单个对象	涉及多个对象
符合	1	1
部分符合	0.5	计算测评对象平均分，取值在 0 至 1 之间
不符合	0	0

注：当测评项 k 涉及多个对象时，针对每个对象的得分取值为 1、0.5 和 0。

等级测评结论由综合得分和最终结论构成。等级测评最终结论分为“优”“良”“中”“差”4 类。等级测评结论的判别依据如下：

（1）优。被测对象中存在安全问题，但不会导致被测对象面临中、高等级安全风险，且系统综合得分 90 分以上（含 90 分）。

（2）良。被测对象中存在安全问题，但不会导致被测对象面临高等级安全风险，且系统综合得分 80 分以上（含 80 分）。

（3）中。被测对象中存在安全问题，但不会导致被测对象面临高等级安全风险，且系统综合得分 70 分以上（含 70 分）。

（4）差。被测对象中存在安全问题，而且会导致被测对象面临高等级安全风险，或者被测对象综合得分低于 70 分。

2）测评报告

2021 年 6 月，公安部网络安全保卫局下发了《关于印发〈网络安全等级保护测评报告模板 (2021 版)〉的通知》，启用《网络安全等级保护测评报告模板（2021 版）》（以下简称《2021 版测评报告模板》），《信息安全等级保护测评报告模板（2019 版）》同时作废。

为深入贯彻落实网络安全等级保护制度，进一步提升等级测评工作的标准化和规范化水平，推进网络安全等级保护系列标准实施应用，公安部网络安全保卫局组织编制了《2021 版测评报告模板》，印发各地公安机关。各地公安机关将《2021 版测评报告模板》转发本地测评机构使用。中关村网络安全等级测评联盟组织各测评机构开展《2021 版测评报告模板》的应用培训。

《网络安全等级保护（被测对象名称）等级测评报告》说明如下。

（1）每个备案系统单独出具测评报告。

（2）测评报告编号为 4 组数据。各组数据的含义和编码规则如下：

- 第一组为系统备案表编号，由 2 段 16 位数字组成，可以从公安机关颁发的系统备案证明（或者备案回执）中获得。第 1 段为备案证明编号的前 11 位，其中前 6 位为受理备案公安机关代码，后 5 位为受理备案公安机关给出的备案单位编号；第 2 段为备案证明编号的后 5 位（系统编号）。
- 第二组为年份，由 2 位数字组成，例如“09”代表 2009 年。
- 第三组为测评机构代码，由测评机构推荐证书编号的后 4 位数字组成。
- 第四组为本年度系统测评次数，由 2 位数字组成。

每份测评报告都应包含：网络安全等级测评基本信息表，描述被测对象、被测单位、测评机构的基本情况（如表 2-3 所示）；声明页，是测评机构对测评报告的有效性前提、测评结论的适用范围及使用方式等有关事项的陈述；网络安全等级测评结论表，描述等级保护对象及等级测评活动中的一般属性，包括被测对象名称、安全保护等级、被测对象描述、安全状况描述、等级测评结论及综合得分（如表 2-4 所示）；如果被测对象为云计算（包括平台 / 系统）或大数据（包括平台 / 应用 / 资源），则需要增加云计算安全等级测评结论扩展表或大数据安全等级测评结论扩展表；总体评价，根据被测对象测评结果和测评过程中了解的相关信息，从安全物理环境、安全通信网络、安全区域边界、安全计算环境、安全管理中心、安全管理制度、安全管理机构、安全人员管理、安全建设管理、安全运维管理 10 个方面分别描述被测对象的安全状况，并给出被测对象的等级测评结论；主要安全问题及整改建议，描述被测对象存在的主要安全问题，并针对主要安全问题提出整改建议；其他内容，包括目录页、测评报告正文、9 个附录（附录 A 被测对象资产、附录 B 上次测评问题整改情况说明、附录 C 单项测评结果汇总、附录 D 单项测评结果记录、附录 E 漏洞扫描结果记录、附录 F 渗透测试结果记录、附录 G 威胁列表、附录 H 云计算平台测评及整改情况、附录 I 大数据平台测评及整改情况）。

▽ 表 2–3　网络安全等级测评基本信息表

<table>
<tr><th colspan="5">被测对象</th></tr>
<tr><td>被测对象名称</td><td></td><td colspan="2">安全保护等级</td><td></td></tr>
<tr><td>备案证明编号</td><td colspan="4"></td></tr>
<tr><td colspan="5">被测单位</td></tr>
<tr><td>单位名称</td><td colspan="4"></td></tr>
<tr><td>单位地址</td><td colspan="2"></td><td>邮政编码</td><td></td></tr>
<tr><td rowspan="3">联 系 人</td><td>姓名</td><td></td><td>职务 / 职称</td><td></td></tr>
<tr><td>所属部门</td><td></td><td>办公电话</td><td></td></tr>
<tr><td>移动电话</td><td></td><td>电子邮件</td><td></td></tr>
<tr><td colspan="5">测评机构</td></tr>
<tr><td>单位名称</td><td colspan="2"></td><td>机构代码</td><td></td></tr>
<tr><td>单位地址</td><td colspan="2"></td><td>邮政编码</td><td></td></tr>
<tr><td rowspan="3">联 系 人</td><td>姓　　名</td><td></td><td>职务 / 职称</td><td></td></tr>
<tr><td>所属部门</td><td></td><td>办公电话</td><td></td></tr>
<tr><td>移动电话</td><td></td><td>电子邮件</td><td></td></tr>
<tr><td rowspan="3">审核批准</td><td>编 制 人</td><td>（签字）</td><td>编制日期</td><td></td></tr>
<tr><td>审 核 人</td><td>（签字）</td><td>审核日期</td><td></td></tr>
<tr><td>批 准 人</td><td>（签字）</td><td>批准日期</td><td></td></tr>
</table>

▽ 表 2-4　网络安全等级测评结论表

<table>
<tr><th colspan="4">测评结论和综合得分</th></tr>
<tr><td>被测对象名称</td><td></td><td>安全保护等级</td><td></td></tr>
<tr><td>扩展要求
应用情况</td><td colspan="3">□云计算　□移动互联　□物联网
□工业控制系统　□大数据</td></tr>
<tr><td>被测对象描述</td><td colspan="3">【填写说明：简要描述被测对象承载的业务功能等基本情况，以及被测对象安全技术情况和安全管理情况，建议不超过 400 字】</td></tr>
<tr><td>安全状况描述</td><td colspan="3">【填写说明：根据实际测评情况简要描述被测对象的整体安全状况，包括最主要的中 / 高风险安全问题及数量和等级结论，建议不超过 400 字】</td></tr>
<tr><td>等级测评结论</td><td>【填写说明：除填写测评结论外，还需加盖测评机构单位公章或等级测评业务专用章】</td><td>综合得分</td><td></td></tr>
</table>

测评报告正文内容：一是测评项目概述，包括测评目的、测评依据、测评过程、报告分发范围；二是被测对象描述，包括被测对象概述、测评指标、测评对象；三是单项测评结果分析，包括安全物理环境、安全通信网络、安全区域边界、安全计算环境、安全管理中心、安全管理制度、安全管理机构、安全管理人员、安全建设管理、安全运维管理、其他安全要求指标、测试验证、单项测评小结；四是整体测评；五是安全问题风险分析；六是等级测评结论；七是安全问题整改建议。

2.5 等级保护工作流程

网络安全等级保护工作应遵循“分等级保护、突出重点、积极防御、综合防护”的原则，建立健全网络安全防护体系，重点保护涉及国家安全、国计民生、社会公共利益的网络的设备设施安全、运行安全和数据安全。

网络运营者在网络建设过程中，应当按照“三同步”要求，“同步规划、同步建设、同步运行”有关网络安全保护措施和密码保护措施。涉密网络应依据国家保密规定和标准，结合信息系统实际进行保密防护和保密监管。

网络安全等级保护工作主要分为 5 个环节，分别是网络定级、网络备案、等级测评、安全建设整改、监督检查。网络安全等级保护工作，涉及公安机关、保密部门、密码管理部门、网信部门等职能部门，以及网络运营者、第三方测评机构、网络安全企业、专家队伍等。各方应按照国家网络安全等级保护制度要求，按照职责和分工，找准各自定位，密切配合，共同落实《网络安全法》和网络安全等级保护制度，依法维护网络安全。

一是网络定级。网络运营者根据《网络安全等级保护定级指南》和行业指导意见拟定网络的安全保护等级，组织召开专家评审会，对初步定级结果的合理性进行评审，出具专家评审意见，将初步定级结果上报行业主管部门进行审核。

二是网络备案。网络运营者将网络定级材料报公安机关备案；公安机关对定级准确、材料符合要求的定级对象（网络或信息系统）发放备案证明。

三是安全建设整改。网络运营者根据网络的安全保护等级，按照《网络安全等级保护安全设计技术要求》《网络安全等级保护基本要求》等国家标准开展安全建设整改，同时落实风险评估、安全监测、通报预警、事件调查、数据防护、灾难备份、应急处置、自主可控、供应链安全、效果评价、绩效考核等重点措施。

四是等级测评。网络运营者选择符合国家规定条件的测评机构，按照《网络安全等级保护测评要求》和《网络安全等级保护测评过程指南》，每年对第三级以上网络（含关键信息基础设施）开展等级测评，查找发现问题隐患，出具测评报告，提出整改意见。

五是监督检查。公安机关每年对网络运营者开展网络安全保护工作的情况和网络的安全状况实施监督检查。在监督检查过程中，公安机关通常会部署网络运营者先期开展自查。

需要说明的是，等级测评与安全建设整改的顺序没有严格规定，网络运营者可以根据实际情况安排。等级保护工作“规定动作”及相关主体如图 2–19 所示。定级单位（网络运营者）开展网络定级，对于二级以上定级对象到县级以上公安机关进行网络备案，然后定级单位（网络运营者）开展安全建设或整改，最后根据测评频率要求由测评机构定期开展等级测评。

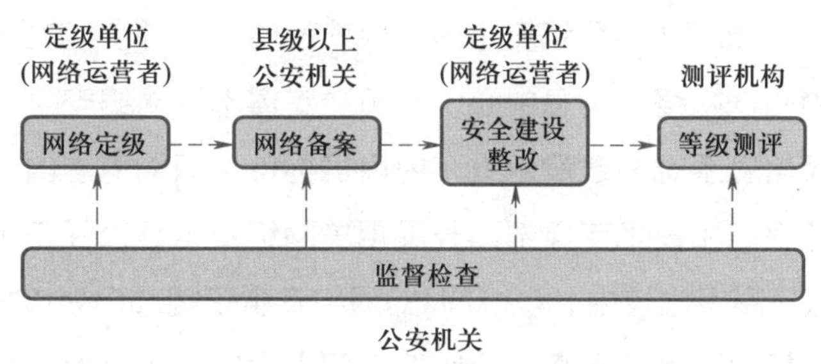

△ 图 2–19　等级保护工作“规定动作”及相关主体

等级保护工作应贯穿网络或信息系统（定级对象）的整个生命周期。分析等级保护工作流程与网络（定级对象）生命周期之间的关系，对于新建网络（定级对象）和已有网络

（定级对象）来说，等级保护工作开展内容和过程都有一定程度差异，如图 2-20 所示。新建网络（定级对象）应在规划设计阶段就完成定级备案工作，并根据安全保护等级对应的安全保护要求进行方案设计，然后在建设实施阶段完成安全方案实施和等级测评；已有网络（定级对象）是在运行维护期间完成定级备案工作后，根据安全保护等级对应的安全保护要求进行差距分析，然后开展整改设计和方案实施、等保测评。

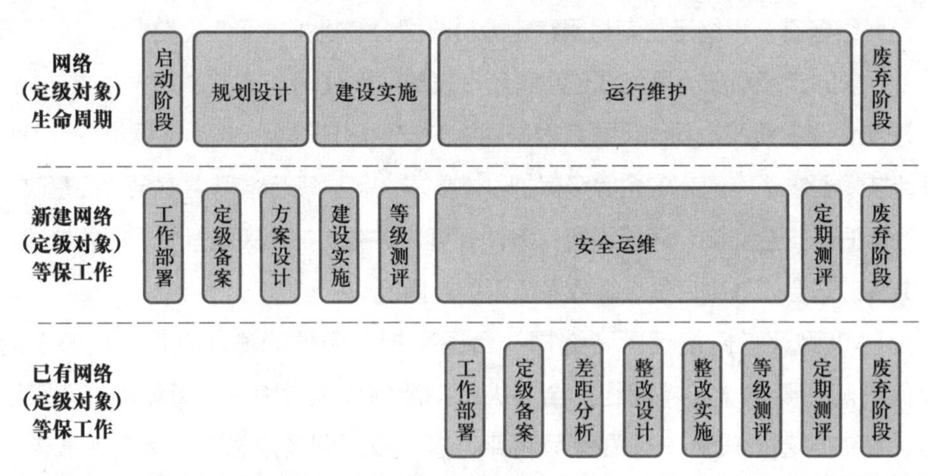

△ 图 2-20　新建网络（定级对象）与已有网络（定级对象）等级保护工作的差异

等级保护工作开展的前提，就是明确定级单位（责任主体），也就是承担网络（定级对象）的网络安全责任的主体。确定定级责任主体的原则如下：

（1）“谁主管谁负责、谁运维谁负责、谁使用谁负责”。

（2）信息系统的主管单位为定级工作的责任主体，负责组织运维单位、使用单位开展信息系统定级工作。

教育系统开展网络安全等级保护工作，在单位内部，主要涉及网络安全职能部门和技术支撑部门以及内设机构。

对于高等学校，通常情况下，网络安全职能部门（如网络安全与信息化办公室、信息化办公室），负责统筹本校网络安全等级保护各项工作；网络安全技术支撑部门（如网络与教育技术中心、网络与信息中心），负责支撑本校网络安全等级保护工作具体落实，也负责校级信息系统的建设运维；内设机构负责职能范围内的信息系统的建设运维，并支持职能部门和技术支撑部门开展相关网络安全等级保护工作。根据有关统计数据，教育部直属高等学校中，48.6% 的网络安全职能部门为该校网信领导小组或委员会的办公室，相同比例的网络安全职能部门为履行该校网信领导小组办公室职责的信息技术相关中心或处室；64.9% 的网络安全技术支撑部门与该校网络安全职能部门为同一单位。

对于教育行政部门，通常情况下，网络安全职能部门（如教育信息化处、科学技术与信息化处），负责统筹本区域教育系统和本单位网络安全等级保护各项工作；网络安全技术支撑部门（如所属教育信息中心、电化教育馆），负责支撑本区域教育系统和本单位网络安全等级保护工作具体落实，也负责单位信息系统的建设运维；内设机构负责职能范围内的信息系统的建设运维，并支持职能部门和技术支撑部门开展相关网络安全等级保护工作。根据有关统计数据，省级教育行政部门中，75% 的网络安全职能部门为该教育行政部门的网信办、社政处、宣传部、科技处、信息处、科信处、安全保卫处等处室，21.9% 的网络安全职能部门为该教育行政部门所属的信息中心、电化教育馆等机构；网络安全技术支撑部门为该教育行政部门所属的信息中心、教育技术中心、教育信息化管理中心、电化教育馆、教育技术装备管理中心、教育技术与评估监测中心、教育大数据应用服务中心等信息技术相关机构，15.6% 的网络安全技术支撑部门与该教育行政部门的网络安全职能部门为同一单位。

2.5.1 网络定级

1. 网络定级工作原则

网络的定级工作，应按照“网络运营者拟定网络安全保护等级、专家评审、主管部门核准、公安机关审核”的要求进行。

1）对网络运营者的要求

网络运营者应按照有关政策和《网络安全等级保护定级指南》及所在行业的网络安全等级保护定级指南，确定定级对象，拟定网络的安全保护等级，组织专家评审；有主管部门的，网络运营者应将定级结果报主管部门核准；最后，报公安机关审核。当网络功能、服务范围、服务对象和处理的数据等发生重大变化时，网络运营者应依照有关政策和标准变更网络的安全保护等级。对拟定为第二级、第三级的网络，其运营者应组织评审。对拟定为第四级以上的网络，其运营者应请国家网络安全等级保护专家审议。对新建网络，应在规划设计阶段确定网络的安全保护等级。

2）对行业主管部门的要求

跨省或者全国统一联网运行的网络应由行业主管部门统一组织定级。行业主管部门可以依据国家有关政策和标准规范，结合本行业网络特点，制定行业网络安全等级保护定级指导意见。

3）对公安机关的要求

公安机关应对网络运营者拟定的网络安全保护等级进行审核。定级不准的，应按照公安机关的要求重新定级。公安机关要组织、指导和监督各单位各部门深入开展网络定级工作，特别是尚未定级的，以及云平台、大数据、工业控制系统、物联网、移动互联、智能制造系统等新的保护对象，一定要纳入定级范围。网络运营者是网络安全等级保护的责任主体，根据所属网络的重要程度和遭到破坏后的危害程度，科学合理确定网络的安全保护等级。对故意将网络的安全保护等级定低的，公安机关应予以纠正；对造成危害后果的，公安机关应依法追究责任。

2. 安全保护等级划分

网络的安全保护等级，应根据网络在国家安全、经济建设、社会生活中的重要程度，以及网络遭到破坏后对国家安全、社会秩序、公共利益及公民、法人和其他组织的合法权益的危害程度等因素确定，如表 2-5 所示。

第一级，一旦受到破坏会对相关公民、法人和其他组织的合法权益造成损害，但不危害国家安全、社会秩序和公共利益的一般网络。

第二级，一旦受到破坏会对相关公民、法人和其他组织的合法权益造成严重损害，或者对社会秩序和公共利益造成危害，但不危害国家安全的一般网络。

第三级，一旦受到破坏会对相关公民、法人和其他组织的合法权益造成特别严重损害，或者会对社会秩序和公共利益造成严重危害，或者对国家安全造成危害的重要网络。

第四级，一旦受到破坏会对社会秩序和公共利益造成特别严重危害，或者对国家安全造成严重危害的特别重要网络。

第五级，一旦受到破坏后会对国家安全造成特别严重危害的极其重要网络。

网络安全等级保护制度将网络划分为 5 个安全保护等级，从第一级到第五级逐级增高。行业主管部门可以根据《网络安全等级保护定级指南》，结合行业特点和网络的实际情况，出台定级指导意见，保证本行业网络在不同地区的安全保护等级的一致性，指导本行业网络的定级工作。

▽ 表 2-5　网络的安全保护等级

受侵害的客体	对客体的侵害程度		
	一般损害	严重损害	特别严重损害
公民、法人和其他组织的合法权益	第一级	第二级	**第二级**
社会秩序、公共利益	第二级	第三级	第四级
国家安全	第三级	第四级	第五级

3. 确定定级对象的安全保护等级

网络运营者应依据《网络安全等级保护定级指南》，按照下列程序确定定级对象的安全保护等级：确定定级对象、拟定网络的安全保护等级、组织专家评审、报主管部门核准、报公安机关审核。

1）确定定级对象

定级对象主要包括信息系统、信息网络、数据资源、云计算平台、工业控制系统、物联网、移动互联、智能制造系统等。网络运营者可参考下列建议确定定级对象：

一是起支撑、传输作用的信息网络（包括专网、内网、外网、网管系统）要作为定级对象。不是将整个信息网络作为一个定级对象，而是从安全管理和安全责任的角度将信息网络划分成若干安全域或单元，作为不同的保护对象去定级。一个信息网络可以是一个关键信息基础设施，可以由多个网络（即定级对象）构成。对电信网、广播电视传输网等通信网络，应根据安全责任主体、服务类型或服务地域等因素划分为不同的定级对象。当安全责任主体相同时，跨省的行业或单位的专用通信网络可作为一个整体对象去定级；当安全责任主体不同时，应根据安全责任主体和服务区域划分定级对象。

二是用于生产、调度、管理、作业、指挥、办公等目的的各类业务系统，要按照不同业务类别单独确定为定级对象。不以系统是否进行数据交换、是否独享设备作为确定定级对象的条件。不能将某一类信息系统作为一个定级对象去定级。在对跨地区、跨部门的纵向大信息系统定级时，要从安全管理和安全责任的角度将一个大系统划分成若干子系统，将子系统单独作为定级对象去定级。一个跨地区、跨部门的大信息系统属于一个关键信息基础设施，可以由若干子系统（即定级对象）构成。作为定级对象的信息系统应具有如下基本特征：具有确定的主要安全责任主体；承载相对独立的业务应用；包含相互关联的多个资源。主要安全责任主体包括但不限于企业、机关和事业单位等法人，以及不具备法人资格的社会团体等其他组织。

三是各单位的网站、邮件系统要作为独立的定级对象。如果网站后台数据库管理系统的安全级别较高，就要作为独立的定级对象。网站上运行的信息系统（例如对社会提供服务的报名考试系统）也要作为独立的定级对象。

四是对云平台、大数据、工业控制系统、物联网、移动互联网、卫星系统、智能制造系统等，要按照《网络安全等级保护定级指南》的要求，合理确定定级对象。

（1）在云计算环境中，云服务客户侧的等级保护对象和云服务商侧的云计算平台/系统需分别作为单独的定级对象去定级，并根据不同的服务模式将云计算平台/系统划分为不同的定级对象。对于大型云计算平台，宜将云计算基础设施和有关辅助服务系统划分为不同的定级对象。

（2）物联网主要包括感知、网络传输和处理应用等特征要素。需要将这些要素作为一个整体对象去定级，各要素不单独定级。

（3）工业控制系统主要包括现场采集/执行、现场控制、过程控制和生产管理等特征要素。其中，现场采集/执行、现场控制和过程控制等要素需作为一个整体对象去定级，各要素不单独定级；生产管理要素宜单独定级。对大型工业控制系统，可根据系统功能、责任主体、控制对象和生产厂商等因素划分成多个定级对象。

（4）采用移动互联技术的系统主要包括移动终端、移动应用和无线网络等特征要素，可作为一个整体对象单独定级，或者与相关联的业务系统一起定级，各要素不单独定级。

五是确认负责定级的单位是否对所定级网络负有业务主管责任。也就是说，业务部门应主导对业务网络的定级，运维部门（例如信息中心、托管方）可以协助定级并按照业务部门的要求开展后续安全保护工作。

六是具有信息系统的基本要素。作为定级对象的信息网络、信息系统，应该是由相关和配套的设备、设施按照一定的应用目标和规则组合而成的有形实体。不应将单一的系统组件（例如服务器、终端、网络设备等）作为定级对象。

七是正确理解和把握网络与信息系统的关系，合理确定定级对象。虽然《网络安全法》将网络定义为系统，将信息安全、各类保护对象安全统一纳入网络安全范畴，但在实际操作中，还是要将网络分为信息网络、信息系统，以便合理确定定级对象，进行科学保护。

八是数据资源可独立定级。当安全责任主体相同时，大数据、大数据平台/系统可作为一个整体对象去定级；当安全责任主体不同时，大数据应单独定级。

2）确定定级对象遭破坏时所侵害的客体

定级对象遭破坏时所侵害的客体包括国家安全，社会秩序，公众利益及公民、法人和其他组织的合法权益。

（1）侵害国家安全的事项包括：影响国家政权稳固和领土主权、海洋权益完整的事项；影响国家统一、民族团结和社会稳定的事项；影响我国社会主义市场经济秩序和文化实力的事项；其他影响国家安全的事项。

（2）侵害社会秩序的事项包括：影响国家机关、企事业单位、社会团体的生产秩序、经营秩序、教学科研秩序、医疗卫生秩序的事项；影响公共场所的活动秩序、公共交通秩序的事项；影响人民群众生活秩序的事项；其他影响社会秩序的事项。

（3）侵害公共利益的事项包括：影响社会成员使用公共设施的事项；影响社会成员获取公开数据资源的事项；影响社会成员接受公共服务等方面的事项；其他影响公共利益的事项。

（4）侵害公民、法人和其他组织的合法权益，是指使受法律保护的公民、法人和其他组织所享有的社会权利和利益等受到损害。

确定定级对象遭破坏时所侵害的客体，首先要判断是否侵害了国家安全，其次要判断是否侵害了社会秩序或公众利益，最后要判断是否侵害了公民、法人和其他组织的合法权益。

3）确定定级对象遭破坏时对客体的侵害程度

侵害程度是客观方面的不同外在表现的综合体现，因此，应首先根据不同的受侵害客体、不同的侵害后果分别确定侵害程度。在对不同的侵害后果确定侵害程度时，采取的方法和考虑的角度可能不同。例如，系统服务安全被破坏导致业务能力下降的程度，可以从定级对象服务覆盖的区域范围、用户人数或业务量等方面确定；业务信息安全被破坏导致的财物损失，可以从直接的资金损失、间接的信息恢复费用等方面确定。

在对不同的受侵害客体进行侵害程度的判断时，可以参照以下判别基准：如果受侵害客体是公民、法人或其他组织的合法权益，则以个人或单位的总体利益作为判断侵害程度的基准；如果受侵害客体是社会秩序、公共利益或国家安全，则以整个行业或国家的总体利益作为判断侵害程度的基准。

对客体的侵害程度，由对不同侵害后果的侵害程度进行综合评定得出。不同侵害后果的三种侵害程度描述如下。

（1）一般损害。工作职能受到局部影响，业务能力有所降低但不影响主要功能的执行，出现较轻的法律问题、较低的财产损失、有限的社会不良影响，对其他组织和个人造成较低的损害。

（2）严重损害。工作职能受到严重影响，业务能力显著下降且严重影响主要功能的执行，出现较严重的法律问题、较高的财产损失、较大范围的社会不良影响，对其他组织和个人造成较高的损害。

（3）特别严重损害。工作职能受到特别严重影响或丧失行使能力，业务能力严重下降且（或）功能无法执行，出现极其严重的法律问题、极高的财产损失、大范围的社会不良影响，对其他组织和个人造成非常高的损害。

4）初步确定定级对象的安全保护等级

定级对象的安全主要包括业务信息安全和系统服务安全，与之相关的受侵害客体和对客体的侵害程度可能不同，因此，定级对象的安全保护等级应由业务信息安全和系统服务安全两个方面确定。

从业务信息安全的角度反映的定级对象的安全保护等级，称为业务信息安全保护等级。从系统服务安全的角度反映的定级对象的安全保护等级，称为系统服务安全保护等级。应将业务信息安全保护等级和系统服务安全保护等级中的高者确定为定级对象的安全保护等级。初步确定定级对象安全保护等级的方法，如图 2-21 所示。

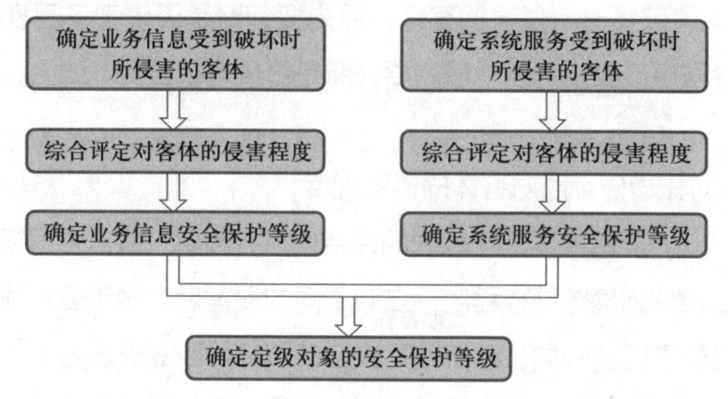

△ 图 2-21　初步确定定级对象安全保护等级的方法

5）确定定级对象的安全保护等级

定级对象的安全保护等级初步确定为第二级以上的，网络运营者需组织网络安全专家和业务专家对定级结果的合理性进行评审，并出具专家评审意见；有行业主管（监管）部门的，需将定级结果报请行业主管（监管）部门核准，并出具核准意见。最后，网络运营者应按照相关管理规定，将定级结果提交公安机关进行备案审核。审核不通过的，网络运营者须组织重新定级。审核通过后，最终确定定级对象的安全保护等级。

对于通信网络设施、云计算平台 / 系统等定级对象，需根据其所承载或将要承载的等级保护对象的重要程度确定安全保护等级，原则上不低于其承载的等级保护对象的安全保护等级。

对于数据资源，需综合考虑其规模、价值等因素以及遭到破坏后对国家安全、社会秩序、公共利益及公民、法人和其他组织的合法权益的侵害程度，确定安全保护等级。涉及大量公民个人信息及为公民提供公共服务的大数据平台 / 系统，原则上安全保护等级不低于第三级。

4. 教育系统网络定级

教育系统开展网络定级工作，主要参照《计算机信息系统安全保护等级划分准则》《网络安全等级保护定级指南》《教育行业信息系统安全等级保护定级工作指南（试行）》（以下简称《定级工作指南》）等国家和行业的政策和标准。

网络定级工作，首先就是要明确定级单位（责任主体），根据“谁主管谁负责、谁运维谁负责、谁使用谁负责”，网络（信息系统）的主管单位为定级工作的责任主体，负责组织运维单位、使用单位开展信息系统定级工作。

对于高等学校，网络安全职能部门负责统筹本校网络安全等级保护的各项工作，校内的安全责任主体和定级单位需要结合学校实际确定：网站群平台、私有云平台等校级系统或集中管理的定级对象，一般由网络安全技术支撑部门统筹管理和建设运维，校内的安全责任主体和定级单位为技术支撑部门；校内二级单位独立运维使用的信息系统，由二级单位承担校内的安全责任。例如，教务系统由教务处负责建设、运维和使用，则由教务处作为定级单位；一卡通系统由卡务中心（或电教中心）建设、运维并供全校使用，则一卡通系统由卡务中心作为定级单位。

对于教育行政部门，网络安全职能部门负责统筹本区域教育系统和本单位网络安全等级保护各项工作，单位内的安全责任主体和定级单位需要结合单位实际确定：门户网站、教育资源平台等单位系统或集中管理的定级对象，一般由网络安全技术支撑部门负责管理和建设运维，单位内的安全责任主体和定级单位为技术支撑部门；内设机构和直属单位独立运维使用的定级对象，由内设机构和直属单位承担安全责任。例如，某省中小学生学籍信息管理系统由基础教育处负责建设、运维和使用，则由基础教育处作为定级单位；某省学生资助管理系统由学生资助中心建设、运维和使用，则由学生资助中心作为定级单位。

教育系统网络定级的工作流程包括四个步骤：第一步，确定定级对象；第二步，初步确定等级；第三步，专家评审；第四步，主管部门核准。

第一步：确定定级对象。

根据《定级工作指南》，信息系统（定级对象）可按主管单位、业务对象、部署模式对教育行业信息系统进行分类。

按照信息系统主管单位的不同，信息系统分为“教育行政部门及其直属事业单位信息系统”（以下简称“部门信息系统”）和“学校信息系统”两类，如表 2-6 所示。其中部门信息系统又可分为教育部机关及其直属事业单位信息系统（部级系统）、省级教育行政部门及其直属事业单位信息系统（省级系统）、地市级教育行政部门及其直属事业单位信息系统（市级系统）和区县级教育行政部门及其直属事业单位信息系统（县级系统）。

▽ 表 2-6　信息系统按主管单位分类

序号	分类	子分类
1	部门信息系统	（1）教育部机关及其直属事业单位信息系统（部级系统） （2）省级教育行政部门及其直属事业单位信息系统（省级系统） （3）地市级教育行政部门及其直属事业单位信息系统（市级系统） （4）区县级教育行政部门及其直属事业单位信息系统（县级系统）
2	学校信息系统	（1）重点建设类高等学校信息系统（Ⅰ类） （2）高等学校信息系统（Ⅱ类） （3）中小学校（含中职 / 中专院校）信息系统（Ⅲ类）

根据信息系统业务对象不同，部门信息系统可分为政务管理类、学校管理类、学生管理类、教师管理类、综合服务类；学校信息系统可分为校务管理类、教学科研类、招生就业类、综合服务类。

根据信息系统的部署模式，信息系统可以分为内部系统和统一运行系统。内部系统是指仅供本单位内部使用，实现本单位业务管理与服务的信息系统。统一运行系统是指供多家（级）单位共同使用，实现某项业务的跨单位统一管理与服务的信息系统。如表 2-7 所示。统一运行系统可进一步分为集中式系统和分布式系统。集中式系统逻辑上是一套系统，在一个单位统一部署、管理和运行，多家（级）单位共同使用，实现信息系统、业务流程和数据的集中式管理；分布式系统逻辑上是多套系统在多家（级）单位分别部署、管理和运行，通过技术接口实现信息系统、业务流程和数据的分布式管理。

▽表 2-7　信息系统按部署模式分类

序号	分类	子分类及说明
1	内部系统	仅供本单位内部使用，实现本单位业务管理与服务的信息系统。
2	统一运行系统	供多家（级）单位共同使用，实现某项业务的跨单位统一管理与服务的信息系统。 （1）集中式系统 （2）分布式系统

第二步：初步确定等级。

对于教育系统，初步定级时，尤其是制定等级保护定级报告时，需要考虑如下几点：

（1）信息系统定级方法。如图 2-21 所示，信息系统的安全保护等级由业务信息安全等级和系统服务安全等级确定。两者安全等级分别由业务信息、系统服务受侵害时的受侵害客体（公民、法人和其他组织的合法权益、国家安全和社会秩序、公共利益）、客体侵害程度（一般损害、严重损害、特别严重损害）确定。对于教育系统，确定业务信息、系统服务受侵害时受侵害客体和客体侵害程度主要参考《定级工作指南》，对学校信息系统主要参考办学规模、社会影响力和业务类型；对教育行政部门系统主要参考行政级别，根据部署模式、业务类型与性质，给出安全保护等级建议。

（2）学校信息系统安全保护等级建议（部分如表 2-8 所示），教育行政部门信息系统安全保护等级建议（部分如表 2-9 所示）。

（3）信息系统定级技巧

- 单位各部门的门户网站尽量整合成站群，统一定级。
- 全国联网统一运行的系统，按照上级单位级别确定，如省级学籍管理系统等。不对互联网服务的非涉密的内部系统，全单位使用的一般定二级，个别部门内部少量用户使用的可定一级。

- 《定级工作指南》的安全保护等级建议表格中没有的系统，可根据功能描述找贴近的功能参照定级。

定级举例：一般重点建设类高校的门户网站（统一的站群平台）建议定为三级。

▽ 表 2-8　学校信息系统安全保护等级建议（部分）

学校信息系统安全保护等级建议			
信息系统	I 类学校	II 类学校	III 类学校
（02）教学科研类			
（06）科研管理	第三级	第二级	第一级
（07）科研情报	第三级	第二级	第一级
（03）招生就业类			
（01）招生录取管理	第三级	第二级	第一级
（04）综合服务类			
（01）门户网站	第三级	第二级	第一级
（02）论坛、社区类网站	第三级	第二级	第一级
（07）校园一卡通	第三级	第二级	第一级

▽ 表 2-9　教育行政部门信息系统安全保护等级建议（部分）

部门信息系统安全保护等级建议							
信息系统	部级	省级	地 / 市	信息系统	部级	省级	地 / 市
（01）政务管理类				（03）学生管理类			
(02) 公文与信息交换	第三级	第三级	第二级	(01) 学生学籍管理	第三级	第三级	第二级
(15) 普通高校招生网上录取管理	第三级	第三级	第三级	(02) 招生录取管理	第三级	第三级	第三级
(16) 教育考试考务管理与服务	第三级	第三级	第二级	(03) 学生资助管理	第三级	第三级	第二级
（05）综合服务类				(04) 学位授予管理	第三级	第三级	第二级
(01) 门户网站	第三级	第三级	第二级				

注：区 / 县级教育行政部门及直属事业单位的系统建议一般定为第一级，区 / 县级统一运行系统根据业务重要性建议定为第二级。

第三步：专家评审。

对教育行业来说，专家评审时要注意：

（1）定级责任主体（定级对象的运营、使用单位）应组织网络安全专家和业务专家，对初步定级结果的合理性进行评审，出具专家评审意见。

（2）专家至少包括测评机构高级测评师、非本单位的教育行业网络安全专家。

第四步：主管部门核准。

定级责任主体（定级对象的运营、使用单位）应将初步定级结果上报行业主管部门或上级主管部门进行审核，实际工作中根据文件要求执行。

下面以某Ⅱ类高校（普通高等学校）某信息系统为例介绍其定级过程。该高校现有学生1万人左右，教师2 000人左右，已建成校园网络，有门户网站、招生系统等信息系统，也有校园一卡通、无线网络和移动应用，还有托管在云上的一个系统。

分析发现，该高校可确定的定级对象包括校园网络、门户网站、招生系统、云上应用系统、移动应用平台、校园一卡通系统。

确定了定级对象，就需要进行初步定级，由于该高校属于省属高等学校，学校涉及的人员不是很多，系统一旦受到破坏会对相关公民（全校1.2万名师生）和法人（学校）的合法权益造成特别严重损害，也会对社会秩序和公共利益造成一定的危害，但不危害国家安全，该系统参照《定级工作指南》安全保护等级建议，初步确定各定级对象的安全保护等级为二级。

接下来，组织专家进行评审，以确定定级对象的安全保护等级是否合理和符合等级保护要求，专家包括测评机构的高级测评师1人和非本单位的教育行业网络安全领域专家2人。以上定级对象经过相关专家讨论，认为安全保护等级确定为二级是合理的，也满足等级保护国家和行业政策要求。各位专家在评审意见上签字确认后，该高校报省级教育行政部门（该校主管部门）审核后，进入备案阶段。

对于定级阶段的评审专家要求，在各省、各地 / 市的公安机关存在差异，例如有的要求评审专家要由属地公安机关指定，有的要求高校自行组织专家即可，有的要求必须组织线下的定级评审会，而有的允许定级评审会线上组织、线上会签。建议在组织专家评审前，要与属地地 / 市级公安机关沟通清楚，明确评审专家要求和评审方式，确保定级评审流程不出问题。

2.5.2 网络备案

1. 网络备案总体原则

网络运营者按照相关管理规定，将定级结果和备案材料（文档模板和材料要求应以备案受理单位要求为准）提交公安机关进行备案审核。公安机关收到网络运营者提交的备案材料后，应对网络定级的准确性进行审核。网络定级基本准确的，公安机关颁发由公安部统一监制的《信息系统安全等级保护备案证明》。

第二级以上网络运营者应在网络的安全保护等级确定后 30 日内，到属地县级以上公安机关网络安全保卫部门备案，提交《网络安全等级保护定级报告》。网络运营者应根据网络功能、服务范围、服务对象和处理的数据等的变化情况，动态调整网络的安全保护等级；发生变化影响网络安全保护等级的，网络运营者应办理备案变更。

公安机关应对网络运营者提交的《网络安全等级保护定级报告》等备案材料进行审核。对定级结果合理、备案材料符合要求的，公安机关应在 10 个工作日内出具由公安部统一定制的《信息系统安全等级保护备案证明》。对定级结果不合理、备案材料不符合要求的，公安机关应在 10 个工作日内向网络运营者反馈，由网络运营者改正并说明理由。对定级不准的，公安机关应告知网络运营者，建议其组织专家进行重新定级评审，并报上级主管部门核准。网络运营者仍然坚持原定等级的，公安机关可以受理其备案，但应书面告知其应承担由此引发的责任和后果，经上级公安机关同意后，通报备案单位的上级主管部门。

2. 网络备案与受理

网络安全等级保护备案工作包括网络备案、受理、审核和备案信息管理等工作，网络运营者和受理备案的公安机关应按照《网络安全等级保护备案实施细则》的要求办理网络备案工作。

1）备案工作

第二级（含）以上网络，在安全保护等级确定后 30 日内，由网络运营者或其主管部门（以下简称“备案单位”）到所在地 / 县级以上公安机关网络安全保卫部门办理备案手续。

备案时应提交《网络安全等级保护备案表》（以下简称《备案表》，参见图 2-22）（一式二份）及其电子文档。第二级以上网络备案时需提交《备案表》表一、表二、表三。第三级以上网络还应在网络安全整改、等级测评完成后 30 日内提交《备案表》表四及相关材料。

备案表编号：

信息系统安全等级保护备案表

备 案 单 位 ：______（盖章）

备 案 日 期 ：______

受理备案单位：______（盖章）

受 理 日 期 ：______

表一 单位基本情况

01 单位名称				
02 单位地址	______省(自治区、直辖市) ______地(区、市、州、盟) ______县(区、市、旗)			
03 邮政编码		04 行政区划代码		
05 单位负责人	姓　名		职务/职称	
	办公电话		电子邮件	
06 责任部门				
07 责任部门联系人	姓　名		职务/职称	
	办公电话		电子邮件	
	移动电话			
08 隶属关系	□1 中央　□2 省(自治区、直辖市)　□3地(区、市、州、盟)　□4 县(区、市、旗)　□9 其他______			
09 单位类型	□1 党委机关　□2 政府机关　□3 事业单位　□4 企业　□9 其他______			
10 行业类别	□11 电信　□12 广电　□13 经营性公众互联网 □21 铁路　□22 银行　□23 海关　□24 税务 □25 民航　□26 电力　□27 证券　□28 保险 □31 国防科技工业　□32 公安　□33 人事劳动和社会保障　□34 财政 □35 审计　□36 商业贸易　□37 国土资源　□38 能源 □39 交通　□40 统计　□41工商行政管理　□42 邮政 □43 教育　□44 文化　□45 卫生　□46 农业 □47 水利　□48 外交　□49 发展改革　□50 科技 □51 宣传　□52 质量监督检验检疫 □99 其他______			
11 信息系统总数	个	12 第二级信息系统数　个	13 第三级信息系统数　个	
		14 第四级信息系统数　个	15 第五级信息系统数　个	

△图 2-22　信息系统安全等级保护备案表

隶属于中央的在京单位，其跨省或者全国统一联网运行并由主管部门统一定级的网络，由主管部门向公安部办理备案手续；其他网络向北京市公安局备案。跨省或者全国统一联网运行的网络在各地运行、应用的分支系统，应向所在地 / 县级以上公安机关网络安全保卫部门备案。各行业统一定级的网络在各地的分支系统，即使是由上级主管部门定级的也要到所在地公安机关备案。

2）受理备案和备案信息管理

县级以上公安机关网络安全保卫部门受理本辖区内备案单位的备案。隶属于省级单位的备案单位，其跨地（市）联网运行的网络，由省级公安机关网络安全保卫部门受理备案。

隶属于中央的非在京单位的网络，由所在地省级公安机关网络安全保卫部门（或者其指定的地市级公安机关网络安全保卫部门）受理备案。

跨省或者全国统一联网运行并由主管部门统一定级的网络在各地运行、应用的分支（包括由上级主管部门定级，在所在地有应用的网络），由所在地县级以上公安机关网络安全保卫部门受理备案。各级公安机关网络安全保卫部门应利用网络安全等级保护管理平台管理备案文件和资料。

3）备案审核

受理备案的公安机关网络安全保卫部门在收到备案材料后，应对下列内容进行审核：备案材料填写是否完整，是否符合要求，其纸质材料和电子文档是否一致；所定安全保护等级是否准确。审核合格的，公安机关出具《信息系统安全等级保护备案证明》，如图 2-23 所示。

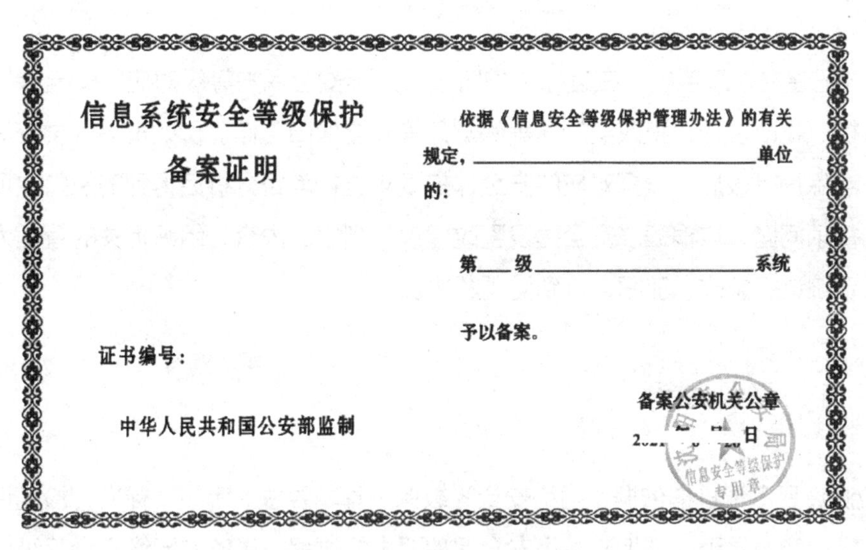
信息系统安全等级保护

备案证明

依据《信息安全等级保护管理办法》的有关规定，________________单位的：

第____级________________系统

予以备案。

证书编号：

中华人民共和国公安部监制

备案公安机关公章

△ 图 2-23　等级保护备案证明示例

网络定级不准的，公安机关应书面通知备案单位进行整改，建议备案单位组织专家进行重新定级评审，并报上级主管部门核准。备案单位仍然坚持原定等级的，公安机关可以受理其备案，但应书面告知其应承担由此引发的责任和后果，经上级公安机关同意后，通报备案单位上级主管部门。

对拒不备案的，公安机关应依据《网络安全法》《计算机信息系统安全保护条例》等有关法律法规的规定，责令限期整改。逾期仍不备案的，公安机关应予以警告，并向其上级主管部门通报。需要向中央和国家机关通报的，应报经公安部同意。

4）安全保护等级的变更

当等级保护对象所处理的业务信息和系统服务范围发生变化，可能导致业务信息安全或系统服务安全受到破坏后的受侵害客体和对客体的侵害程度发生变化时，网络运营者须根据国家标准重新确定定级对象和安全保护等级，并向公安机关网络安全保卫部门变更备案。

2.5.3 安全建设整改

安全建设与整改要求用户根据等级保护标准对信息系统进行安全建设或改造。

（1）新建信息系统。对标安全保护等级对应的安全保护要求进行信息系统建设。从规划设计阶段就落实各项安全保护要求，并在建设实施、运行维护等阶段做好相应的安全保障工作。

（2）已建的信息系统。在运行维护阶段，对标安全保护等级对应的安全保护要求实施差距分析、整改设计、整改实施、等保测评等安全保障工作。例如某高等学校信息系统在确定安全保护等级后，根据对应的安全保护要求进行差距分析后得到的需整改项。针对需整改的每项问题，应根据"安全建设整改建议"列出的内容，组织相关的管理人员和技术人员对系统进行整改、加固，直到问题解决。

2.5.4 等级测评

等级测评是测评机构依据《网络安全等级保护基本要求》等技术标准，检测评估信息系统安全保护能力是否达到相应等级安全保护要求的过程，是落实网络安全等级保护制度的重要环节。等级测评阶段的主要工作是等级保护测评机构测评人员入场开展测评工作并出具测评报告。测评的目的是发现和督促解决网络安全问题，因此，等级测评阶段一定要避免走过场，必须扎实推进，严格落实测评要求，并根据测评结果做好整改。

测评工作中，被测评系统的代码、数据和端口都要对测评机构开放，这会带来一定程度的安全隐患，存在测评机构误操作或者窃取数据的可能，所以测评前，选择测评机构很重要，务必保证测评机构的合规性和严谨性；测评中，也需要与测评机构签订保密协议，并对测评过程进行严格管控。

1. 测评机构的选择

测评机构是经能力评估和审核，由省级以上信息安全等级保护工作协调（领导）小组办公室推荐，从事等级测评工作的机构。

对于教育行业，建议选择测评机构遵循以下原则，首先是专业性可靠；其次是行业用户众多，比如多家高校均使用且反响良好的测评机构；第三是专门针对教育行业的测评机构，这样的测评机构对教育行业了解比较透彻，可以有的放矢地开展测评；第四是安全性要有保障，最好测评人员队伍稳定，降低出现因为测评导致信息泄露的风险；第五是长期合作，有良好的信誉；第六是价格方面，选择对教育行业有优惠的测评机构。

可从等级保护官网（http://www.djbh.net）查询合格的测评机构。对于教育行业，建议选择 SC202127130010010　教育部教育管理信息中心（教育信息安全等级保护测评中心）。

2. 测评频率

根据《关于落实网络安全保护重点措施深入实施网络安全等级保护制度的指导意见》要求，第三级及以上网络的运营者应当每年开展一次网络安全等级测评，即第三级、第四级系统每年测评一次；根据《教育部关于加强教育行业网络与信息安全工作的指导意见》要求，教育系统二级系统每两年测评一次。

3. 等级保护测评结论

等级保护测评要求分数高于 70 分，且不存在高风险安全问题。详情参见 2.4.3。

4. 等级保护测评实施过程

测评实施过程主要包括 4 项活动，分别是测评准备活动、方案编制活动、现场测评活动和分析与报告编制活动。过程中定级责任单位需要配合测评机构梳理自身的管理文件、提供需要的文档、开放测评地址与端口、填写各类表格等。

在测评准备活动阶段，测评机构组建等级测评项目组；指出测评委托单位应提供的基本资料；准备被测系统基本情况调查表格并提交；介绍安全测评工作流程和方法；说明测评工作可能带来的风险和规避方法；了解测评委托单位的信息化建设状况与发展，以及被测系统的基本情况；初步分析系统的安全情况；准备测评工具和文档。测评委托单位要向测评机构介绍本单位的信息化建设现状与发展情况；准备测评需要的资料（资产清单、拓扑结构等）；准确填写调查表格；根据被测系统的具体情况，如业务运行高峰期、网络布置情况等，为测评时间安排提供适宜的建议；在测评期间，正在运行的设备和系统可能出现宕机或崩溃，所以测评前必须制定应急预案，以应对可能出现的突发情况。

在方案编制活动阶段，测评机构详细分析被测系统的整体结构、边界、网络区域、重要节点等；初步判断被测系统的安全薄弱点；分析确定测评对象、测评指标和测试工具接入点，确定测评内容及方法；编制测评方案文本，对其内部评审，并提交被测机构认可和签字确认。

在现场测评活动阶段，测评机构利用访谈、文档审查、配置检查、工具测试和实地察看等方法；测评被测系统的保护措施情况，并获取相关证据。测评委托单位召开启动会；

签署现场测评授权书、保密协议等材料；根据测评方案协调人员配合检查；明确各个内容的测评时间，尤其是工具测评；测评前备份系统和数据，并确认被测设备状态完好；相关人员确认测试后被测设备状态完好。

在分析与报告编制活动阶段，测评机构分析并判定单项测评结果和整体测评结果；分析评价被测系统存在的风险情况；根据测评结果形成等级测评结论；编制等级测评报告，说明系统存在的安全隐患和缺陷，并给出改进建议；评审等级测评报告，并将评审过的等级测评报告按照分发范围进行分发；将生成的过程文档归档保存，并将测评过程中生成的电子文档清除。测评委托单位项目汇报总结；签收测评报告。

等级保护测评工作是一项比较烦琐的事情，如做好应急预案、召开动员会、协调各部门人员配合测评工作、测评结束后检查设备状态是否完好，这些都是非常重要的。

测评结束后，根据测评报告提出的各种问题，有针对性地解决问题，避免出现安全风险，发生安全事故。测评报告会很详细地指出风险点和解决方案，所以要对照着各项测评出来的问题一一整改。

2.5.5 监督检查

监督检查是指网络运营者接受公安部门、行业主管部门的定期监督与检查。对高等学校来说，一般是上级教育主管部门和公安部门联合检查，检查分为日常检查和专项检查，其中专项检查主要是针对重大活动保障时期的安全检查。

安全检查单位：各级公安机关、上级教育主管部门。

安全检查形式：自查、现场检查。

检查结果（以某高等学校为例）：

表 2-10 对检查范围、检查内容、检查项、检查要点、检查方法和检查结果分别进行了说明，其中检查结果为“否”的项均为需要整改的内容，同时备注中提供整改建议。

▽表 2-10　某高校执法检查纪录示例

序号	检查范围	检查内容	检查项	检查要点	检查方法	检查结果	备注
1		岗位设置	检查是否成立指导和管理网络安全工作的委员会或领导小组，其最高领导是否由单位主管领导委任或授权		访谈人员并查阅领导小组或领导小组授权文件	☑是 □否 □不适用	网络安全和信息化领导小组

续表

序号	检查范围	检查内容	检查项	检查要点	检查方法	检查结果	备注
2	安全管理机构	人员配备	检查是否配备一定数量的系统管理员、网络管理员、数据库管理员、安全管理员，其中安全管理员是否专职	参照公安机关网络安全部门规范性技术文件《网络安全等级保护检查工具技术规范 第1部分：安全通用检查工具》（GA/T 1735.1—2020）附录C 安全通用要求检查指标中的管理类检查指标，这里为"3.第三级安全通用要求检查指标"	访谈人员并查阅职责文档	□是 ☑否 □不适用	网络安全管理人员为兼职
3		授权和审批	检查是否根据各个部门和岗位的职责明确授权审批部门及批准人，对系统变更、重要操作、物理访问和系统接入等按建立的审批流程进行审批		访谈人员并查阅审批流程相关文件	☑是 □否 □不适用	有审批流程
4		沟通合作	检查是否建立外联单位联系列表；是否聘请网络安全专家作为常年的安全顾问指导网络安全建设，参与安全规划和安全评审等		查看外联单位表、安全顾问协议等文档	□是 ☑否 □不适用	未建立外联单位联系表，未聘请网络安全专家
5		审核和检查	检查安全管理员是否定期根据制定的安全审核和安全检查制度开展检查工作，安全检查的记录是否经汇总后形成安全检查报告		访谈人员并查阅安全检查报告和安全检查记录	☑是 □否 □不适用	半年进行一次安全检查工作

2.6
网络安全体系建设案例

2.6.1　高校校园网和门户网站安全实践案例

1. 案例描述

某高校的校园网和门户网站系统是学校基础性信息网络和信息系统，主要涵盖该校的全部有线网络、校园门户网站（含招生网站），包括教学区、宿舍区的有线网络及对外提供服务的校园门户网和招生网站（以下统称为高校校园网络系统）。该定级对象分为两部分，校园网和门户网站，其中校园网的服务对象为全校师生、家属及部分外来临时人员；门户网站（含招生网站）作为对外服务的窗口，服务对象为全社会人员。

参照 2.5.1 节网络定级中“4. 教育系统网络定级”相关要求，参照《计算机信息系统安全保护等级划分准则》《网络安全等级保护定级指南》《教育行业信息系统安全等级保护定级工作指南（试行）》等国家和行业的政策和标准，该高校为重点建设类高校，因此该高校校园网络系统的安全保护等级为第三级。该高校校园网络系统基于信息网络和传统信息系统技术建设，在安全建设和整改中主要基于安全通用要求落实安全保护措施。

2. 安全物理环境实践

该高校机房整体上按《数据中心设计规范》（GB 50174—2017）中对 B 类机房的相关要求进行设计和建设，结合《基本要求》中安全物理环境的相关要求，在机房选址安全方面，该高校的核心网络设备和信息系统均部署在 3 层网络机房，满足《基本要求》的非顶层或者地下室这一条件。同时避开容易渗水或漏水的区域。楼宇具有抗震相关设计，机房不存在雨水渗漏现象，机房无墙体、地板开裂破损现象；在机房管理安全方面，对机房分区域管理，在机房出 / 入口安排专人 7×24 小时值守，配有电子门禁系统，内部人员需专人专卡进 / 出，外部人员访问机房需预约并填写进 / 出登记表，由专人全程陪同。同时，配置门禁系统的相关识别记录保存 6 个月并定期检查，以便发生安全事件时对进 / 出人员进行事件追溯。将机房内设备（主要部件）安装在机房机架中，使用导轨、机柜螺丝等方式进行固定，按数据中心设备管理规范张贴不易去除的标签，对存储介质进行分类标识，并存储在档案室中。机房内弱电采用上走线，铺设于桥架内，线缆走线整齐；在机房内安装防盗报警系统，无死角地对机房进行监控，并与学校保卫处防盗报警系统联动，实现自动报警功能。在机房环境安全方面，该高校主要从温度、湿度、电源、防火、防雷击、供 / 配电系统、空调系统等方面进行重点建设来保障物理环境安全，具体措施如下：

（1）机房内安装有接地系统，并将机柜、设施和设备等通过接地系统安全接地；机房内的所有机柜及设备、插座均有安全接地处理，与铺设的地线进行安全连接；还使用了过压保护插座，防止感应雷导致机房内设备、设施和线缆毁坏。

（2）机房及相关的工作房间和辅助房的地板、墙板均使用耐火等级建筑材料。电线电缆安排使用的是耐火或阻燃型。机房分为运维区、UPS 区、服务器区等，区域之间都使用防火材料进行阻隔。机房设置火灾自动消防系统，能够自动检测火情、自动报警，并自动灭火。

（3）机房通过封闭窗户、屋顶和墙壁并粉刷防水涂料进行专门的防渗漏处理，防止雨水通过机房窗户、屋顶和墙壁渗透。窗口、空调附近等易发生水患区域安装有漏水检测绳、漏水报警器等水敏检测报警装置，对机房进行防水检测和报警。在机房设置防水坝和挡水板等措施，防止机房内水蒸气结露和地下积水的转移与渗透。

（4）机房全部铺设了防静电地板并采取加强接地处理。在机房入口安装静电消除铜球及配置防静电手环等措施，在进入机房前进行静电消除或释放。防静电设计符合现行国家标准《电子工程防静电设计规范》（GB 50611—2010）的有关规定。

（5）机房部署 4 台精密空调设备，温 / 湿度均在正常值范围内，以确保机房各个区域的温湿度的变化在所允许的范围之内。

（6）机房设计了双路供电，分别接入教学区供电站和家属区供电站；同时安装 2 套 UPS 系统，在满负荷的情况下，可供电 4 小时以上，机房也配备了 2 组柴油发电机组，用于市电故障紧急供电使用，保障机房电力供应。

（7）机房部署屏蔽机柜，对关键设备和磁介质实施电磁屏蔽，避免造成敏感信息泄露。

3. 安全通信网络实践

该高校校园网整体设计上按《基本要求》中网络架构和通信传输相关的要求，结合业务使用的需求，在网络架构设计上，兼顾结构冗余、网络性能和网络架构安全 3 方面因素，划分网络安全区域和安全域。在通讯传输方面，采用国产化加密算法、利用 VPN 技术等技术手段保障数据在网络通信过程中的安全。

1）网络架构

如图 2-24 所示，该高校根据业务对象和承载类别，将校园网结构整体划分为互联网接入区、安全接入区、核心交换区、前置服务器区、数据库区、办公区和运维管理区等 9 个区域，各区域主要功能如下：

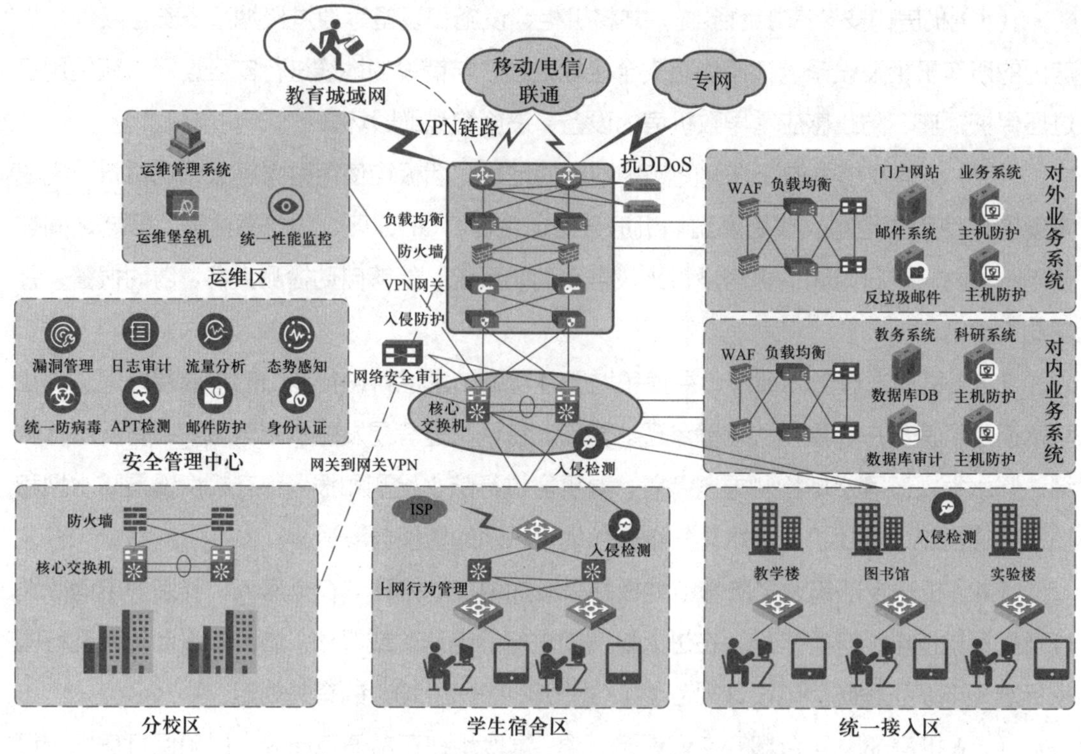

△ 图 2-24　某高校网络拓扑结构示意图

互联网接入区：该区域主要用于互联网接入及各类应用的对外的发布，区域内整体采取冗余形式进行部署，综合提高了整体的可用性。首先，该区域内接入了移动、电信、联通等多家互联网服务提供商（ISP）的互联网接入链路，并通过所在区域内的两台负载均衡设备根据链路带宽、延迟等情况进行流量的负载分担，提高了互联网链路的使用效率。

安全接入区：该区域主要为了提供通过公网的安全远程接入服务，通过部署 SSL VPN 系统，统一管理移动用户接入的身份认证、访问权限，实现用户在外网时能安全、快速访问学校内部业务系统。

核心交换区：该区域主要用于内部各区域的连接及数据的快速转发，通过虚拟化技术（CSS）部署了两台高性能框式交换机，采取多条 10G 光纤链路并通过链路聚合技术连接至校园网内部各区域的边界出口设备。综合保证了该区域的高可用性及数据的高速转发性能。

前置服务器区：该区域主要用于发布应用服务器的接入，通过在该区域内部署的负载均衡设备，可根据集群中服务器的 CPU、内存、访问延迟等情况对访问业务进行负载分担，提高了业务的高可用性。

数据库区域：该区域主要用于各类应用数据库服务器的接入。通过部署的两台防火墙作为边界出口设备，仅允许特定业务前端服务器及堡垒机访问数据库的特定业务及管理端口。同时，区域内部署了数据库审计系统，可对人员对数据库的增、删、改、查等操作进行监控和审计，综合提高了安全性。

办公区：该区域主要为办公人员的接入，通过堆叠方式部署了两台汇聚交换机，端口密度满足使用要求。并在交换机上根据不同的接入对象划分了不同的 VLAN，减小了二层网络中的广播域范围，进一步提高网络的传输效率，并增强网络的安全性。

运维管理区：该区域主要用于运维人员及各类网络管理设备的接入。区域内部署了多种安全设备，整体提高了网络的可控性。

2）通信传输

对于通过公网接入的移动办公、远程运维等需求，通过部署 SSL VPN 安全网关并启用国家密码管理局认可的密码算法建立加密链路，可达到确保通信过程安全目的。如图 2-25 所示，对于分校区与主校区的网络连接，通过防火墙中的 IPSec VPN 功能建立点对点双向安全连接，在网络层面保证通信过程数据完整性和保密性。另外，相关人员远程管理设备时，还要求使用 SSH、HTTPS 等技术措施。

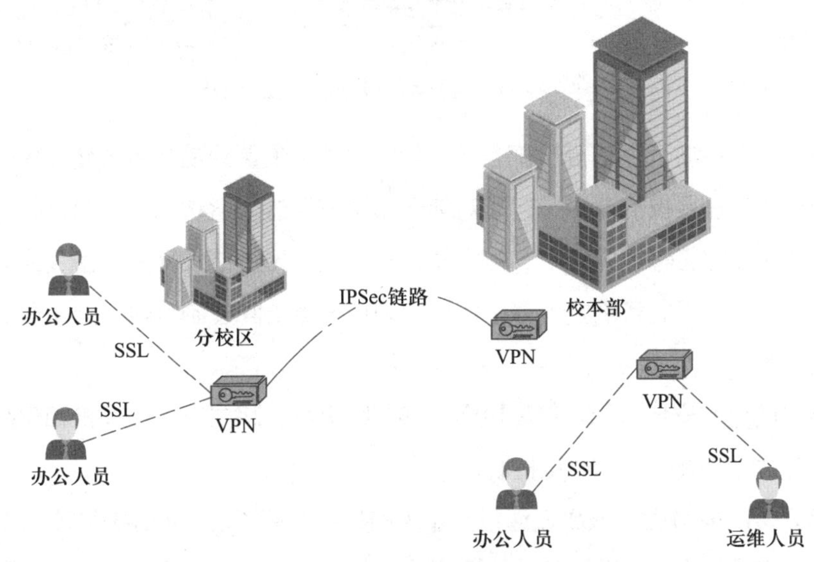

△ 图 2-25　VPN 安全网关部署示例

4. 安全区域边界实践

如图 2-26 所示，该高校根据业务和安全需求，将校园网结构进行划分，形成了互联网接入边界、安全管理区边界、办公网边界等网络边界，通过已部署的各类安全防护设备及系统，并设置有效且恰当的防护策略，实现《基本要求》中对区域边界防护的要求，具体措施如下：

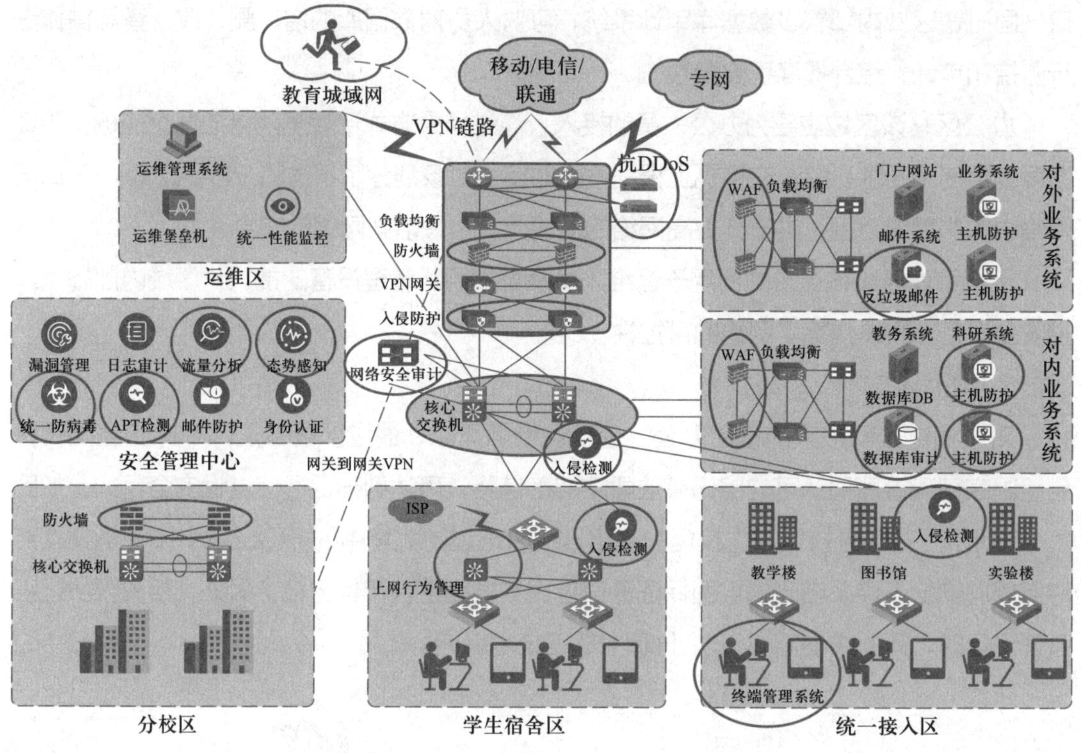

△ 图 2–26　安全区域边界实践示例

在边界安全防护方面，该高校部署下一代防火墙（设置黑白名单仅允许授权的流量通过，默认拒绝所有非授权的流量，自动对创建和维护经过会话状态表，对网络流量进行识别和控制，检测和阻止恶意内容）、路由器、交换机、无线接入网关设备、终端管理系统等，并对这些设备基于业务需要、最小授权原则均设置访问控制策略，防止非法接入和非法外联风险。

在网络访问控制安全方面，该高校通过部署防火墙、路由器、交换机和无线接入网关设备等，实现对网络流量的过滤和控制。

在网络入侵防范方面，该高校通过部署入侵防护系统 IPS、抗 APT 攻击系统（可对来自内部和外部网络的攻击进行有效的检测防护）、抗 DDoS 系统、Web 应用防火墙（可对应用层的攻击行为进行检测）、上网行为管理、流量分析系统、态势感知系统等，识别网络攻击并自动拦截和响应入侵。

在网络恶意代码防范方面，该高校通过部署统一防病毒网关、反垃圾邮件网关，实现恶意代码和垃圾邮件防范。

在网络安全审计方面，该高校通过在网络边界、重要网络节点部署综合日志审计、网络安全审计、数据库审计设备，并结合上网行为管理、态势感知系统的审计功能，针对网络、流量和安全事件进行审计。

5. 安全计算环境实践

安全计算环境的保护对象主要包括：网络设备、安全设备、服务器、数据、应用系统、中间件、数据库、移动 APP 等。该案例中，安全计算环境的实践如图 2-27 所示。

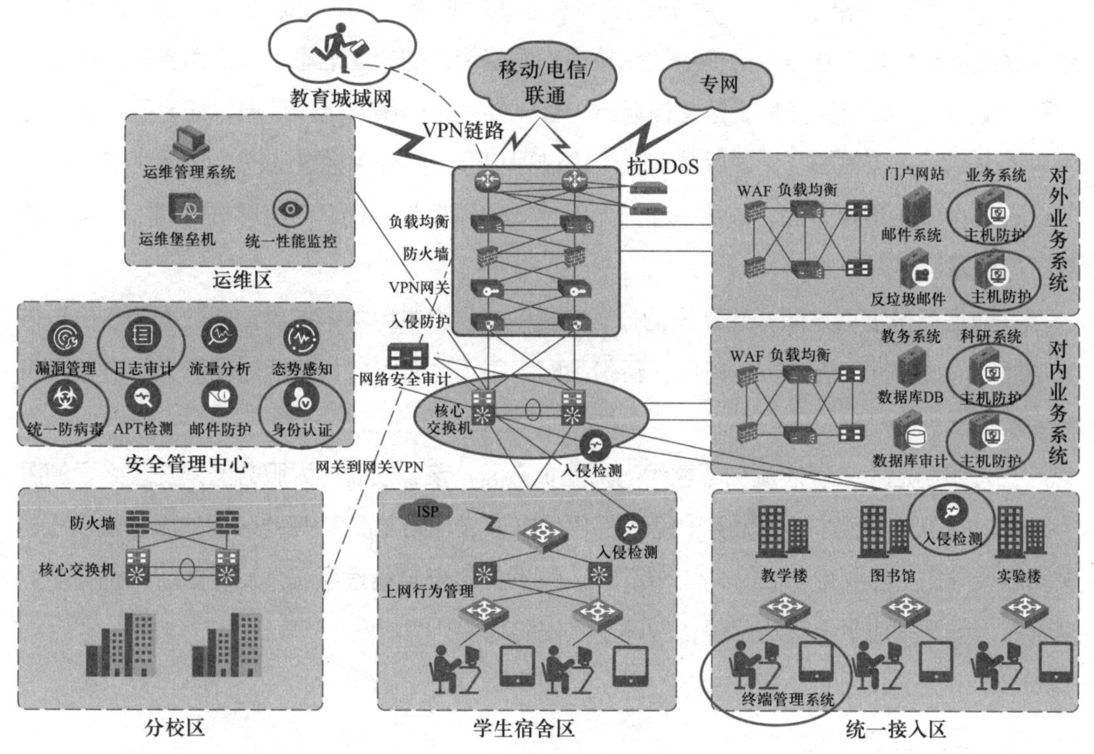

△ 图 2-27　安全计算环境实践示例

在用户身份鉴别方面，该高校通过建立统一身份认证系统，学号、职工号、手机号、学校邮箱作为身份标记；会话超时过期、限制登录失败次数为 5 次；该高校对应用管理员采用“口令 + 短信验证”方式实现多因素认证。

在自主访问控制方面，该高校在安全设备调试完毕后，要求厂商删除默认账户或修改口令；通过及时删除转岗或调离的教职工账号、测试账号等；设置操作系统的文件访问控制列表。这一系列操作确保访问控制安全。

在标记和强制访问控制方面，设备均开启登录失败处理策略和超时退出策略；网络设备通过 SSH 协议远程管理，安全设备通过 HTTPS 协议远程管理，可保证传输数据的完整性和保密性；设备、应用系统、数据库根据业务需要创建不同的管理账户，并授予不同的权利权限（最小使用权限）；设备、数据库均开启了日志审计策略，可对设备重要事件及用户重要操作进行审计；通过安全策略限制仅堡垒机 IP 可以远程管理；建立管理员、审计员、安全员、操作员等账户，并根据业务需要设置各账户的权限。管理员每 3 个月对设备配置文件进行备份一次，定期对配置文件进行完整性校验。

在系统安全审计方面，该高校通过 Web 中间件开启访问日志；系统运维采用堡垒机，记录并审计登录服务器的运维行为；操作系统开启审核策略，记录用户登录及访问行为；采用 syslog 服务器存储日志、日志的备份。这一系列操作保障了系统安全审计。

在用户数据完整性保护、用户数据保密性保护方面，该高校通过 HTTPS 加密传输协议保证重要个人信息等数据传箱的完整性；网络传输的个人信息，认证信息等在传输过程和存储过程，校验完整性，防止被篡改；数据库存储的重要用户信息，如密码、身份证号等，采用密码技术加密，确保数据在传输过程和存储过程中经过加密，防止泄密。

在客体安全重用方面，该高校通过低级格式化硬盘等方式，对信息进行清除，确保信息不被泄露。

在数据备份恢复方面，建立异地数据灾备中心；为本地数据提供重要数据的备份与恢复功能，通过数据库进行数据备份，备份策略为每天全量备份，定期对备份文件进行备份与恢复测试。

在入侵防范（入侵检测和恶意代码防范）方面，该高校通过为服务器只安装必要的服务组件；关闭服务器非必要服务（只保留 80 端口、8080 端口和其他必需的服务端口）、关闭危险端口（如 139 端口、445 端口）；配置终端安全管理系统；及时更新系统补丁、病毒库、漏洞扫描系统策略库等，做好了入侵防范。

6. 安全管理中心实践

根据《安全设计要求》，第二级以上的定级系统安全保护环境要设置安全管理中心。按照“一个中心、三重防护”纵深防御思想，安全管理中心作为对网络安全等级保护对象的安全策略及安全计算环境、安全区域边界和安全通信网络的安全机制实施统一管理的系统平台，实现技术层面的统一管理、统一监控、统一审计、综合分析与协同防护。

安全管理中心一般划分一个独立的区域，主要负责系统的安全运行维护管理，完成整个系统环境安全策略和安全运维的统一管理，如图 2-28 所示。

依照《基本要求》中第三级的安全管理中心要求，主要包括集中管理、系统管理、审计管理和安全管理 4 个方面要求。一般涉及的管控设备包括网络综合管理系统、日志集中审计系统、双因素认证系统、网络版病毒防御系统、安全补丁管理系统、堡垒机、漏洞扫描系统、数据审计系统、终端安全管理系统等设备和系统。

安全管理中心设计示意图如图 2-29 所示。

在本案例中，该高校通过建立安全管理区，并配置专用网段作为防火墙、IPS、防病毒网关、堡垒机、WAF、漏洞扫描系统、终端安全管理系统（Endpoint Detection and Response，EDR）、NTP 服务器、数据库审计系统、日志审计分析系统、安全管理中心控制台等设备的管理地址，实现统一的管理。

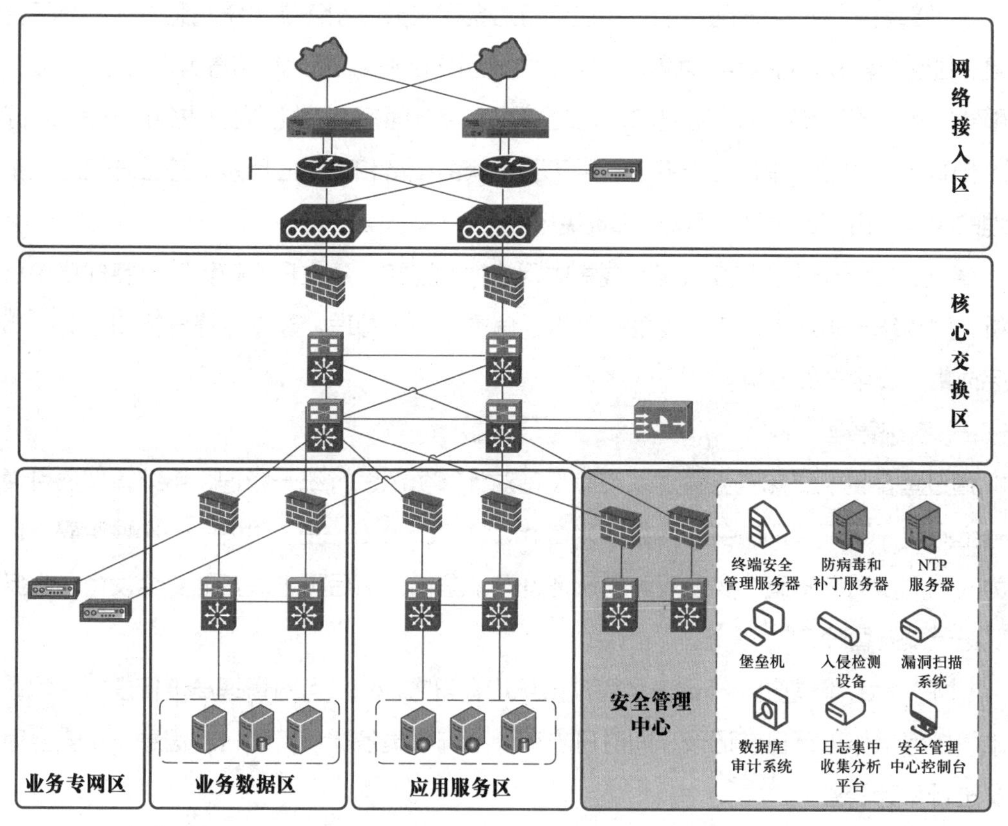

△ 图 2-28　安全管理中心模型图（源自 GB/T 36958—2018）

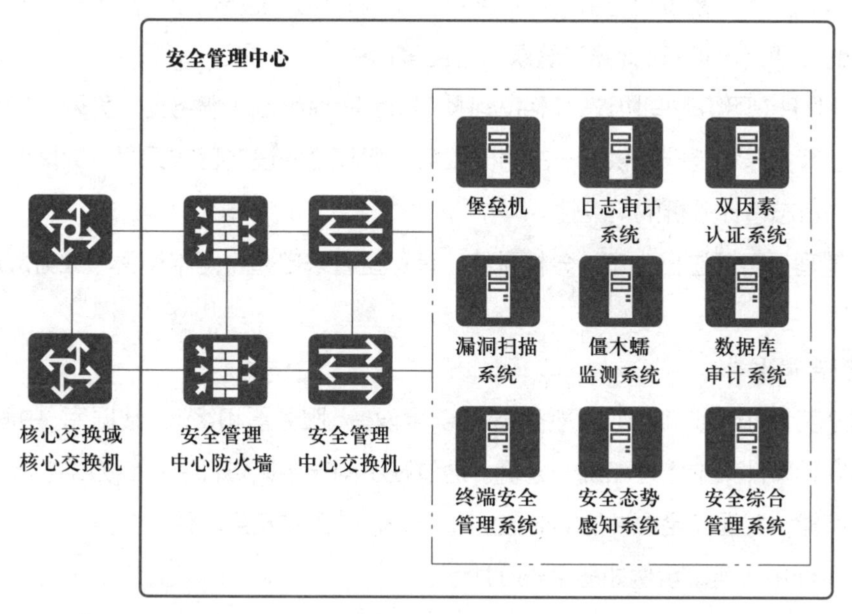

△ 图 2-29　安全管理中心设计示意图

1）集中管控

通过部署终端安全管理系统，实现支持对全网服务器和终端系统漏洞发现、补丁智能修复、强制修复等，对病毒、木马、恶意软件、引导区病毒、Bios 病毒等进行查杀和防护，对服务器和终端系统的账号密码、本地安全策略、控制面板、浏览器安全进行统一策略配置。

部署统一的日志审计分析系统，用于整个网络设备和业务应用系统等日志信息采集、管理的收集，由审计管理员负责审计信息查看。

通过建立统一性能监控系统完成集中网络性能监控，建立日志审计系统完成集中日志分析，建立统一防病毒系统完成集中策略、病毒、补丁管理，建立流量分析和态势感知系统完成集中安全事件分析。

2）系统管理

通过堡垒机、终端安全管理系统等设备对计算资源进行统一管理；系统管理员可通过账号密码和 TOTP（Time-based Onetime Password，基于时间的一次性密码，也被称为时间同步动态密码）实现双因子认证登录堡垒机，然后再进入其他安全设备、服务器等，进行安全管理。

VMWare、堡垒机、终端安全管理系统均有日志模块，可对管理员进行虚拟机配置、终端管控等操作进行日志记录，同时日志审计系统收集各类设备的日志信息，由安全审计人员进行审计、分析。

3）审计管理

通过数据库审计系统进行数据中心数据库审计，可对配置信息、配置的数据库表、字段、监测的 SQL 语句，审计账号登录、退出等信息进行记录。

通过 NTP（网络时间协议，Network Time Protocol）服务器，为网络安全设备、网络设备、服务器和终端提供统一的时间服务，保障全网设备日志记录中时间的一致性，确保日后的日志审计分析的可靠性。

审计管理员可通过日志审计分析系统，审计查看来自整个网络设备和业务应用系统的日志信息等。

4）安全管理

通过态势感知系统，实现对网络设备、安全设备、服务器和终端、数据库、中间件系统、应用等的安全事件集中管理和统一分析。通过在不同安全区域部署探针方式收集和监测网络全数据流量，实现安全事件的实时监测和告警，并提供安全事件总览分析。

安全管理中心实践示例如图 2-30 所示。

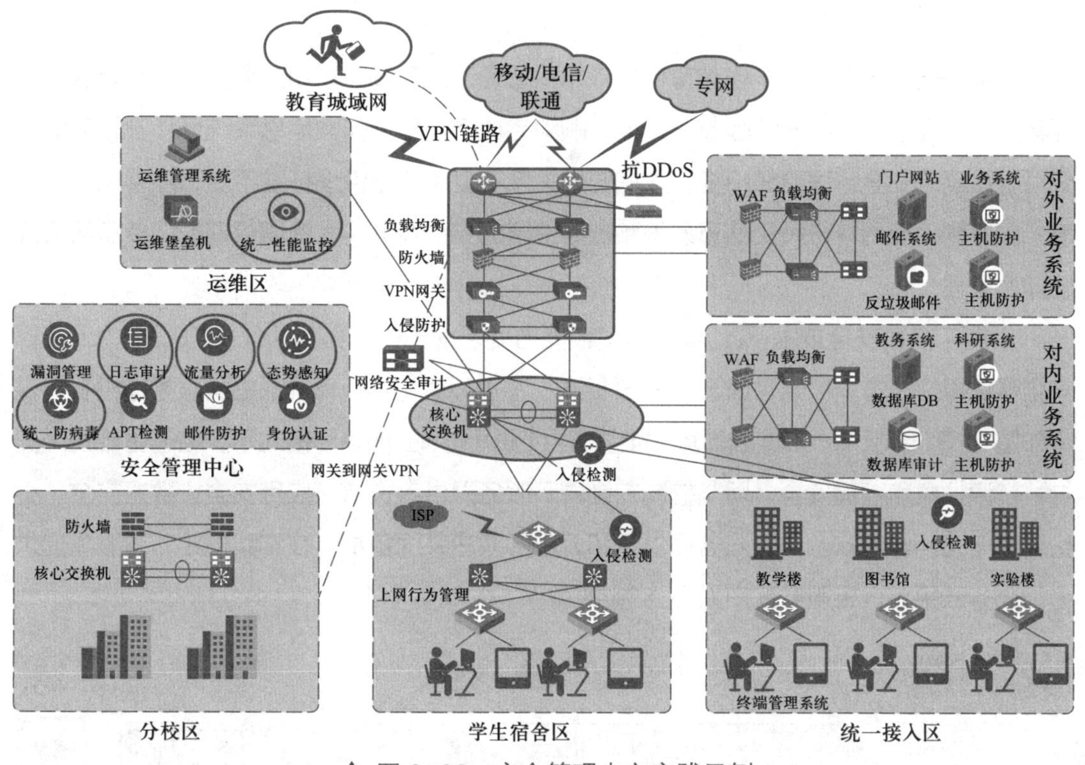

△ 图 2-30　安全管理中心实践示例

2.6.2　云计算环境下的政务系统安全实践案例

1. 案例描述

××省教育资源平台是省级统筹建设的教育类综合平台，为全省师生提供丰富多样的教、学、管、评服务。平台具有网络教研、直播录播、师生云空间、名师课堂等功能，支持教师开展课堂教学改革、网络教研、网络研修和培训等，促进教学模式的转变，促进优质教育教学资源共建共享，扩大优秀教育资源覆盖面，帮助农村学校开齐课程，助力提高教学质量，推动优质均衡发展。参照 2.5.1 节网络定级中“4. 教育系统网络定级”相关要求，该系统为省级教育资源服务平台，根据《定级工作指南》该系统的安全保护等级为第三级。

为加快推进云资源集约管理和网络互联互通，××省大数据下文建设政务云并要求各单位将现有的非涉密信息系统要逐步迁移到政务云，新建和改扩建的非涉密信息系统基于政务云提供的云资源进行建设。

为满足上云要求，并利用云服务的弹性可扩展、高可靠性等特性，将视频资源服务、直播录播转码服务等占用资源较多、需要及时扩展的服务迁移到政务云，更好地应对实时在线教研、直播录播等大流量大资源占用的服务，××省教育厅决定将该系统迁移到政务云。

为做好迁移工作，×× 省教育信息技术中心通过业务调研、风险评估、迁移方案设计、迁移演练、迁移实施、迁移验收等步骤，顺利完成了迁移工作。信息系统迁移部署到政务云后，按照“安全管理责任不变，数据归属关系不变，安全管理标准不变，敏感信息不出境”的原则，使用单位负责信息系统和数据资源的安全管理，大数据管理部门负责政务云的安全管理。

依据《信息安全技术 云计算服务安全能力要求》（GB/T 31168—2023）中云计算安全责任模型，本项目架构属于 PaaS 模式，物理环境、虚拟环境都由云服务提供者提供（如图 3-31 所示）。根据云计算安全责任共担模型，在 PaaS 模式下，物理基础设施安全、资源抽象和管理安全、网络控制安全由云服务提供者负责，应用安全、数据安全、身份管理与访问管理安全由云服务提供者和云服务客户共同负责。在本案例中，云服务提供者为政务云平台，云服务客户为 ×× 省教育厅。

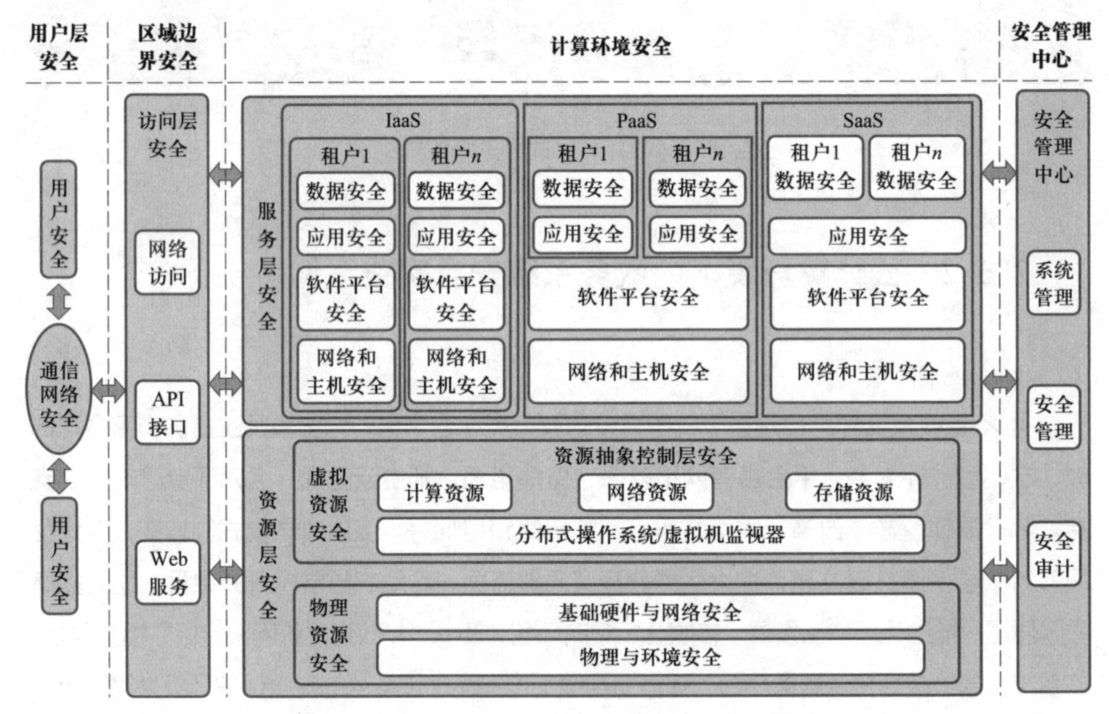

△图 2-31　云计算等级保护安全技术设计框架

2. 安全物理环境实践

根据 ×× 省大数据局提供的政务云平台等级测评报告显示，政务云计算平台已通过网络安全等级保护三级测评，因此满足相关要求。政务云平台等级测评报告如图 2-32 所示。

报告编号：[illegible]

网络安全等级保护

[illegible]

等级测评报告

被测单位：[illegible]

测评单位：教育信息安全等级保护测评中心

报告时间：2022 年 11 月 23 日

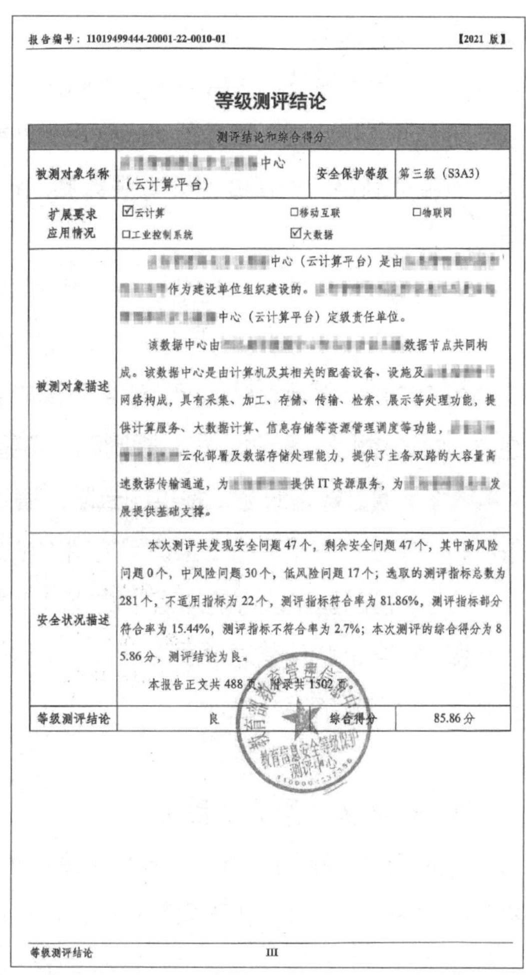

报告编号：11019499444-20001-22-0010-01　　【2021 版】

等级测评结论

测评结论和综合得分			
被测对象名称	[illegible]中心（云计算平台）	安全保护等级	第三级（S3A3）
扩展要求应用情况	☑云计算　□移动互联　□物联网　□工业控制系统　☑大数据		
被测对象描述	[illegible]中心（云计算平台）是由[illegible]作为建设单位组织建设的。[illegible]中心（云计算平台）定级责任单位。 该数据中心由[illegible]数据节点共同构成。该数据中心是由计算机及其相关的配套设备、设施及[illegible]网络构成，具有采集、加工、存储、传输、检索、展示等处理功能，提供计算服务、大数据计算、信息存储等资源管理调度等功能，[illegible]云化部署及数据存储处理能力，提供了主备双路的大容量高速数据传输通道，为[illegible]提供 IT 资源服务，为[illegible]发展提供基础支撑。		
安全状况描述	本次测评共发现安全问题 47 个，剩余安全问题 47 个，其中高风险问题 0 个，中风险问题 30 个，低风险问题 17 个；选取的测评指标总数为 281 个，不适用指标为 22 个，测评指标符合率为 81.86%，测评指标部分符合率为 15.44%，测评指标不符合率为 2.7%；本次测评的综合得分为 85.86 分，测评结论为良。 本报告正文共 488 页，附录共 1502 页。		
等级测评结论	良	综合得分	85.86 分

等级测评结论　　III

△ 图 2-32　某政务云 IaaS 服务平台等级测评报告

根据政务云平台系统等级测评报告显示，在安全物理环境方面，政务云机房所处物理环境均具有防震、防风和防雨的能力，且不处于建筑物的顶层或地下室，按数据中心设计规范要求通过了验收。机房配备单向电子门禁系统、视频监控系统和消防系统，安排有 24 小时专人值守。机房供电来自多个不同的变电站，利用 UPS、柴油发电机进行备用电力供应。

3. 安全通信网络实践

用户在选择云计算平台或大数据处理平台时，需要确保云计算平台的保护等级不低于信息系统的保护等级，大数据平台的管理流量与系统业务流量分离。在本案例中，政务云安全保护等级为第三级，不低于教育资源平台的等保级别，满足相关文件要求。

项目基于政务云现有的安全体系进行保障，政务云计算平台网络侧划分了不同区域，各区域间实现逻辑隔离，逻辑安全区与业务区采用不同网段隔离。网络安全接入区边界处部署了虚拟防火墙，并根据业务需要设置了白名单机制的隔离手段。外网入口部署了流量清洗、流量安全监控、负载均衡、云防火墙等相关云产品，实现重要网络区域与其他网络区域间的隔离和监测。政务云对网络设备性能及带宽进行安全监测，以此来保障网络各个部分的带宽满足业务高峰需要。服务器通过集群方式进行冗余部署，能够保证系统的可用性。

在政务云网络安全措施基础上，用户对安全通信网络进行强化控制，采取以下措施：

（1）基于按域分级的思想，对相关服务按域划分，利用政务云的私有网络、子网和安全组等功能，将具有相同网络安全隔离需求的服务部署到同一个私有网络、子网和安全组内，并通过配置子网的 ACL 规则和安全组访问控制规则实现入站和出站控制。

（2）通过部署政务云提供的云防火墙组件，对项目涉及的云主机资源基于安全策略进行访问控制，满足网络安全访问控制需求。

（3）使用国家认可的加密算法技术和数字签名技术，对用户权限数据等敏感数据，在数据存储层面和传输通道层面进行加密保护，保证数据在存储和传输过程中不受篡改或损坏，确保数据的完整性。

4. 安全区域边界实践

政务云对于不同业务、不同等级系统通过设置不同的私有网络（VPC）进行控制，不同的 VPC 之间默认处于隔离状态，通过设定 VPC 间的访问控制规则和安全策略，可以确保不同业务和系统之间的隔离与安全。政务云基础服务平台对跨边界的访问和数据流进行控制，且对进出的数据进行严格的访问控制；部署流量安全监控设备实时检测各种攻击和异常行为，并与安全流量防护设备进行联动、防护各类网络攻击、记录相关攻击日志，同时部署 AAA（Authentication，Authorization，Accounting，即认证、授权和计费）服务器对远程登录账号进行权限管理，并对登录行为进行记录；政务云平台所有虚拟机、物理机部署主机入侵防护系统对异常流量进行入侵检测，开启告警日志实时收集，并将告警日志和操作日志转发至日志服务，日志存储在对象数据库，保存期限不少于 6 个月。

对于云服务器上的应用，需要在虚拟化网络边界和不同等级的网络区域边界配置访问控制机制并设置访问控制规则。部署安全管理软件检测云服务客户发起的网络攻击行为或针对虚拟网络节点的攻击行为，并能记录攻击类型、攻击时间、攻击流量等；部署网络安全态势感知系统检测虚拟机与宿主机、虚拟机与虚拟机之间的异常流量，并在检测到网络攻击行为、异常流量情况时进行告警。对云服务商和云服务客户在远程管理时执行的命令进行审计，同时还要审计云服务商对云服务客户系统和数据的操作。

本项目基于政务云现有的安全体系进行保障，如图 2-33 所示，在互联网区域边界采用政务云已有的防护措施保护南北向（互联网区域边界）安全，云主机之间的安全边界采用政务云安全资源保护东西向（云内部）安全。

（1）互联网区域边界采用云防火墙、Web 应用防火墙、抗 DDoS 系统、防病毒系统等实现内外部访问控制、入侵防御、Web 攻击防护、防 DDos 攻击、病毒检测，防范南北向攻击。

（2）云主机安全边界通过 VPC、子网和安全组等安全措施，实现边界隔离、云异常流量检测控制，防范内部虚拟网络东西向攻击。

（3）部署政务云日志审计服务，对云主机及数据服务的访问行为进行日志记录和审计，如登录记录、操作记录、数据访问记录等。

（4）在云平台政务外网入口部署 VPN 网关、堡垒机等云服务，满足对系统运维人员的身份认证、操作审计等安全要求。如有需要，系统运维人员可从政务外网通过 VPN 登录堡垒机后，对云主机进行维护。

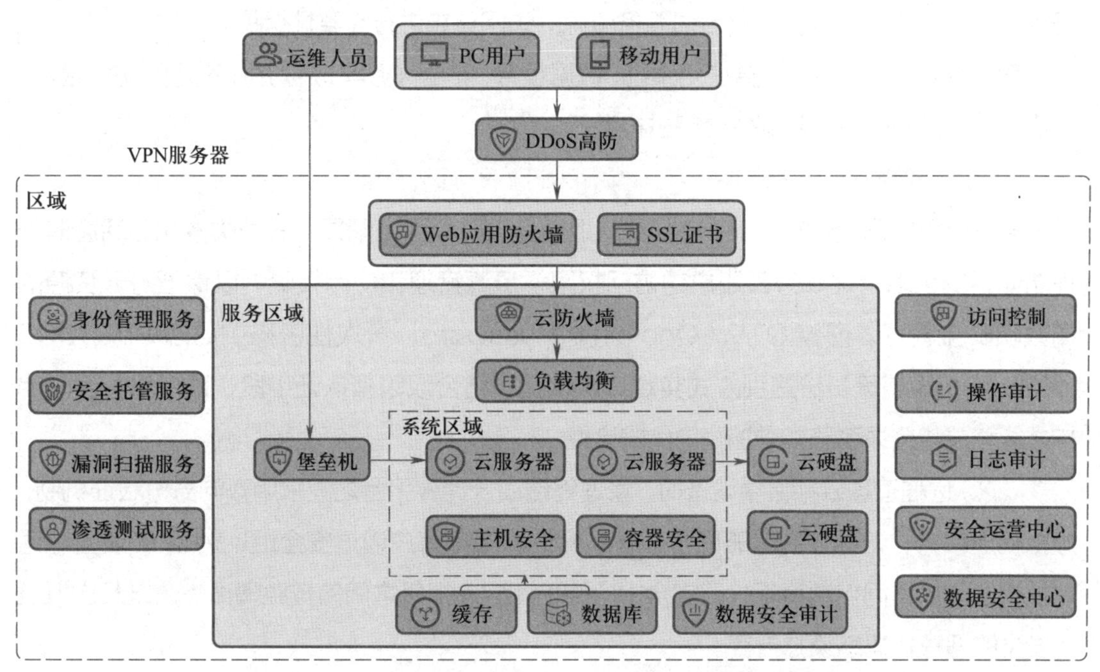

△ 图 2-33　政务云网络安全防护拓扑参考图

5. 安全计算环境实践

网络安全等级保护第三级在云计算扩展要求上，在安全计算环境层面，通过身份鉴别、访问控制、入侵防范、镜像和快照保护、数据完整性和保密性、数据备份恢复、剩余信息保护等控制点提出安全控制要求。政务云平台在身份鉴别上，通过堡垒机统一管理云安全服务平台和其他安全组件，在云服务商、云服务客户间提供双向身份验证；在访问控制上，提供虚拟机迁移安全策略自动跟随迁移的功能，允许用户通过云防火墙提供的访问控制策略配置来控制不同虚拟机间的访问；在入侵防范上，为用户提供安全监视工具审计非授权虚拟机操作，通过云 EDR（终端检测与响应）服务提供恶意代码检测和防护服务；在镜像和快照保护上，提供安全镜像和安全基线核查加固服务，提供快照完整性校验功能；在数据完整性和保密性、备份恢复和剩余信息保护等数据保护上，提供迁移服务、密码技术确保数据安全存储和迁移，当检测到数据完整性受到破坏时，通过副本机制进行恢复，云平台自身具有鉴别信息、敏感信息缓存清除功能。

本项目使用了政务云计算支撑环境和组件，包括虚拟机服务、对象存储服务、关系型数据库、负载均衡服务等云计算平台服务资源，云主机的操作系统均按照最小化服务原则进行基线加固，只开放系统必要的服务，关闭不必要的服务及端口。通过日志审计对所有软件系统相关的网络设备、安全设备、云平台、操作系统、中间件、数据库等日志进行记录，审计覆盖到每个行为和操作，同时对于特权用户采用更细粒度的审计，日志保留时间不少于 6 个月，同时云计算平台对服务资源的访问日志进行完整性保护。

对于系统管理软件、业务应用系统、数据服务、安全服务等，应对身份鉴别、访问控制、安全审计、入侵防范、数据安全等进行配置。

1）系统管理软件 / 中间件

（1）通过云安全服务平台及各安全组件提供口令强度配置、登录失败和会话超时处理功能，安全地管理政务云账户的访问权限，资源管理和使用权限，以保证对云资源的高效和安全管理。通过 OTP（One-time Password，一次性密码）动态令牌、USB KEY、手机短信等身份鉴别方式实现二次认证，结合双因素认证手段，确保只有合法用户才能够成功登录系统，增加账户的安全性。

（2）远程管理云平台中设备时，管理终端和云计算平台之间采用双向身份验证机制；虚拟机迁移时，访问控制策略同步迁移；允许云服务客户通过安全组、VPC 等设置不同虚拟机之间的访问控制策略；云安全中心能检测到虚拟机之间的资源隔离失效以及虚拟机间发生的恶意代码感染并告警。

（3）对登录的用户进行身份标识和鉴别，身份标识具有唯一性，身份鉴别信息具有复杂度要求并定期更换；对于用户登录失败，启用结束会话、限制非法登录次数和当登录连接超时自动退出等机制。

（4）开启审计功能，审计类别包括操作日志、系统日志和应用日志等，日志记录至少存储 6 个月。

（5）数据库通过服务器本地进行管理，不存在空口令账户；数据库内 SYS、SYSTEM 默认账户已限制访问并修改口令为较高复杂度：密码在 8 位以上，包括数字、大小写字母、特殊字符，且无其他默认账户。

（6）开启数据库安全审计功能，审计覆盖每个用户。数据库日志通过脚本的方式备份至外置存储器中，能够避免数据库日志受到未预期的删除、修改或覆盖等。

（7）中间件的访问通过 HTTPS 方式进行，保证数据在传输过程中的保密性。

（8）定期对备份文件进行恢复测试，确保备份文件有效，并实时同步到异地备份。

2）业务应用系统

（1）应用系统使用用户名和口令、短信验证码等进行标识、鉴别，用户名具有唯一性，无法重复建立。

（2）应用系统应配置登录失败处理功能，目前配置为登录失败 3 次锁定账户 5 分钟后自动解锁，自动清除空闲超过 30 分钟会话。

（3）应用系统不存在空口令账户，所有账户不存在弱口令；口令复杂度可配置，当前配置需 8 位以上，大小写字母、数字、符号 3 种以上组合的复杂度；强制更换口令周期可配置，当前配置为 90 天。

（4）应用系统通过“用户管理”模块配置用户访问权限，现有系统管理员用户可进行系统管理，一般用户可进行一般配置操作，审计管理员用户做安全审计等。

（5）应用系统对重要的用户行为和重要安全事件进行审计，如用户权限分配、重要业务数据操作、用户登录、注销等，并发往云日志审计服务统一存储，并确保不被恶意删除。

（6）应用系统在搜索框、文本编辑、信息填报，等数据交互处进行了严格校验。

（7）应用系统采用云资源数据加密服务对软件关键数据及内容进行加密处理。

（8）应用系统对个人敏感信息进行加密传输、存储处理，防止个人敏感信息被侵害。

3）数据资源

（1）为实现对数据的安全管理，根据数据分级分类要求，做好数据的分级分类，明确重要数据存储位置，并依据数据的安全级别部署对应的数据安全保护策略。

（2）对网络设备、操作系统和应用软件的鉴别数据、重要管理数据等采用加密方式进行存储。

（3）使用 HTTPS 实现数据在客户端和服务端传输过程的保密性和完整性。

（4）数据库通过服务器本地进行管理，避免了数据传输过程中的信息泄露。数据的备份介质分散保管在不同位置，避免磁带、光盘和磁盘等存储介质放置在异常环境中。

（5）教育厅定期对数据库进行本地备份，并确保异地数据同步更新。

（6）云服务提供者对数据库提供数据库审计服务，对细粒度审计数据库操作的行为和操作内容，提供丰富的查询统计条件，多维度展示查询统计结果。

（7）云服务提供者部署上网行为管理组件，通过访问控制策略限制对个人信息的访问和使用，实现禁止非授权访问和非法使用个人信息的效果。采取必要的加密措施对存放在数据库中的个人数据进行加密处理，防止数据泄露或非法篡改。

4）操作系统

（1）操作系统管理，通过堡垒机以账号口令及短信验证码结合的方式认证后，再输入服务器账号 + 口令登录。

（2）操作系统用户名标识唯一，无空口令账户，系统设置强制口令复杂度为 8 位以上，至少包含数字、大小写字母和特殊字符中的两类。服务器无多余、过期、共享账户存在，账户均为专人使用，不存在多人共用账户和多余账户。对管理员账号进行重命名，禁用 Windows 系统的 Guest 账号。系统按照三权分立原则进行权限分离，授予不同账户为完成各自承担任务所需的最小权限，并满足权限互斥原则。

（3）云服务主机设置登录失败处理功能，服务器设置登录失败 5 次普通账户锁定 10 分钟，管理员账户锁定 15 分钟，配置无操作超时登出时间为 15 分钟。

（4）操作系统对通过远程管理接入地址进行限制，只允许堡垒机连接相关的端口。限制管理员的远程登录权限。

（5）启用安全审核策略，对操作系统操作进行审计，并记录系统操作事件、安全事件等日志，Linux 系统还对 Auditd 进程和 passwd、shadow、xinetd.conf 等重要文件的读 / 写执行产生审计日志。开启审计记录保护，同时通过 Syslog 协议将审计日志转存到日志中心。操作系统审计记录包括日期、时间、服务名称、进程 ID、主体标识、客体标识、具体操作事件、事件执行结果、IP 地址等相关信息。

（6）系统最小化部署，不存在多余程序，仅安装需要的组件和应用程序，关闭 Task scheduler、Routing and Remote Access、Telnet、Print Spooler 等不必要的服务。

（7）定期进行系统漏洞扫描，及时安装最新的操作系统补丁，相应的系统服务组件也升级到最新的稳定版本。

（8）云服务主机整体采用集群方式部署，保证系统的高可用性。并定期备份关键数据，数据除了在本地保存，还利用通信网络将关键数据定时批量传送至备用场地存储。

（9）云服务主机安装防恶意代码软件，并及时更新软件和恶意代码特征库。

5）安全设备 / 服务

（1）在 PaaS 和 SaaS 模式下，云服务客户通过政务云管理中心，对安全设备、安全服务组件进行安全策略配置和管理。若在 IaaS 模式，可基于堡垒机方式对云计算服务进行访问运维，系统管理员在云计算平台统一授权后通过堡垒机远程登录使用，由政务云计算平台统一对管理员登录进行身份鉴别，并进行传输机密性保护。管理员口令使用国密算法进行加密存储。

（2）用户口令均在 8 位以上，由数字、字母和特殊字符构成，定期更换用户口令。

（3）开启审计功能，审计类别包括行为日志、安全日志、系统日志等，设备日志转发到日志审计系统上，对审计信息进行集中留存。

（4）通过 HTTPS 协议或 SSH 协议进行设备管理，保证了鉴别数据和管理数据在传输过程中的保密性和完整性。

（5）定期对备份文件进行恢复测试，确保备份文件有效。除在本地存储数据外，还定期利用通信网络将关键数据定时批量传送至备用场地。

6. 安全管理中心实践

云计算安全管理中心扩展要求主要是对平台侧提出了安全控制要求，对于 IaaS 平台，要求对物理资源（宿主机等）和虚拟资源（虚拟机、存储、网络等）进行统一调度和分配；对于 PaaS 平台，若容器部署在宿主机上，应能进行物理和虚拟资源的统一调度和分配；对于 SaaS 平台，则需要对虚拟资源进行统一调度和分配。要求包括应能对物理资源和虚拟资源按照策略做统一管理调度与分配，应保证云计算平台管理流量与云服务客户业务流量分离，应根据云服务提供者和云服务客户的职责划分，收集各自控制部分的审计数据并实现各自的集中审计，应根据云服务提供者和云服务客户的职责划分，实现各自控制部分，包括虚拟化网络、虚拟机、虚拟化安全设备等的运行状况的集中监测。

本案例政务云平台负责总体安全管理，在安全管理中心部署安全接入、安全防御、扫描检测、安全审计、态势感知等一系列安全产品，构建安全资源池，通过流量牵引方式将业务流量引入安全资源池进行处理。

（1）部署云态势感知系统服务，实现安全告警，病毒云查杀、网站后门查杀、异常登录提醒、肉鸡检测、数据外泄检测、安全可视化、日志分析、威胁情报等功能。

（2）部署漏洞扫描和基线核查云服务，提供安全配置核查和管理、漏洞扫描和系统安全基线核查等功能，帮助云服务客户完成云上资产安全配置的集中采集、风险分析和处理工作。

（3）部署 Web 应用防火墙服务，基于云安全大数据能力，用于防止 SQL 注入、XSS 跨站脚本、常见 Web 服务器插件漏洞等 OWASP 常见攻击，保障网站的安全与可用性。

（4）部署数据库审计服务，记录对数据库的相关操作，特别是对数据库 SQL 注入、风险操作等进行记录与告警，帮助识别云上数据安全威胁，为云上数据库提供安全诊断、维护和管理能力。

（5）部署云上日志服务，提供日志数据采集、加工、分析、告警可视化与预警功能，基于日志对云上系统进行分析、调查，探究安全问题。

（6）部署堡垒机服务，提供账号管理、身份认证、单点登录、资源授权、访问控制、操作审计等运维安全审计服务，集中管理云上资产权限，全程记录使用 SSH、Windows 远程桌面等方式的运维过程，构建统一、安全和高效的运维通道，确保运维工作权限分配可管控、操作过程可审计。

（7）部署云终端安全服务，实现自动化实时入侵威胁检测、病毒查杀、漏洞智能修复、基线一键核查等功能。

教育厅负责数据、业务应用等的安全管理，系统管理员、安全管理员、审计管理员主要通过统一的云管控制台对系统进行不同类型的操作，对设备进行管理配置。通过堡垒机进行日常设备和服务管理，同时，对设备及业务的运行情况进行集中监测，基于云管理中心实现资源的统一调度。

（1）审计管理员、安全管理员和系统管理员登录安全管理平台时需要进行身份认证。审计、安全管理员通过租户界面进行系统操作，平台对审计管理员、安全管理员的操作进行记录和审计。

（2）系统管理员拥有云服务的开关、资源监控、系统配置、资源分配和备份恢复等操作权限。

（3）安全管理员能够对安全管理平台的安全产品进行配置，设置防火墙安全访问控制策略、漏洞扫描策略、主机安全等相关策略。

将操作系统、数据库、中间件和业务系统操作过程产生的日志统一发送至云日志审计系统。审计管理员通过云日志审计系统进行日志查询分析、管理、备份等操作。

2.6.3 高校移动应用与无线网络安全实践案例

1. 案例描述

某高校移动应用平台是学校无线网络系统和 APP 业务集于一体的综合平台，于 2017 年开始建设，主要涵盖学校校园无线网络，提供学校师生无线上网、移动应用等服务。平台服务对象为全校师生、家属及部分外来临时人员。参照 2.5.1 节网络定级中“4. 教育系统网络定级”相关要求，该高校为重点建设类高校，同时该校高校移动应用平台提供无线接入和移动办公等服务，根据《定级工作指南》，安全保护等级为第三级。

该系统 APP 业务部分的数据服务为移动端，移动端数据服务采用 .Net+MySQL+MongoDB+Android 和 .Net+MySQL+MongoDB+iOS 的技术路线。数据安全保护方面，APP 除用于实名认证的手机号外，本身不采集敏感信息。登录通过验证码，不支持密码登录，也不存在弱密码问题，手机号脱敏后存入数据库，服务均使用 HTTPS 加密调取。

由于该平台涉及的 APP 业务属于移动互联安全扩展要求范畴，故在满足通用安全要求基础上，还需要按照移动互联安全扩展要求落实该信息系统的安全保护措施。如图 2-34 所示为移动互联系统等级保护安全技术设计框架。

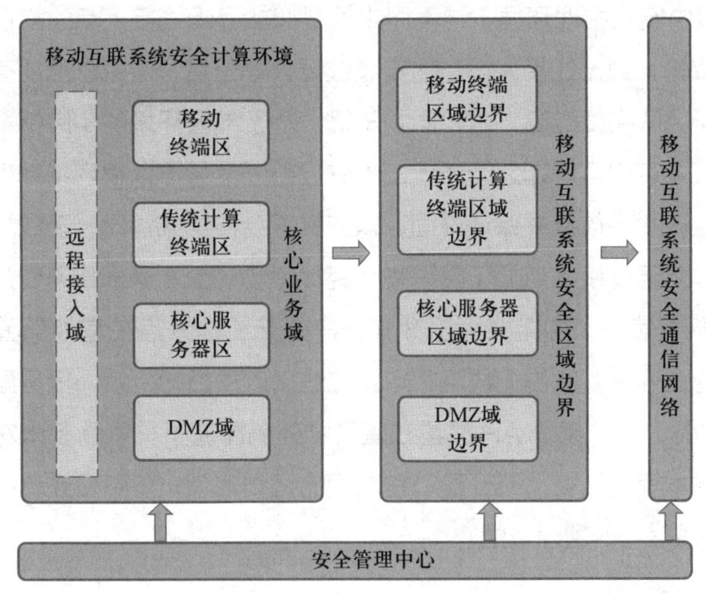

△ 图 2-34　移动互联系统等级保护安全技术设计框架

其中，安全计算环境由核心业务域、DMZ 域和远程接入域 3 个安全域组成，安全区域边界由移动互联系统安全区域边界、移动终端区域边界、传统计算终端区域边界、核心服务器区域边界、DMZ 区域边界组成，安全通信网络由移动运营商或用户自己搭建的无线网络组成。

（1）核心业务域：核心业务域是移动互联系统的核心区域，该区域由移动终端区、传统计算终端区和核心服务器区构成，完成对移动互联业务的处理、维护等。核心业务域重点保障该域内服务器、计算终端和移动终端的操作系统安全、应用安全、网络通信安全、设备接入安全。

（2）DMZ 域：DMZ 域是移动互联系统的对外服务区域，部署对外服务的服务器及应用，如 Wb 服务器、数据库服务器等，该区域和互联网相联，来自互联网的访问请求经过该区域中转才能访问核心业务域。DMZ 域重点保障的是服务器操作系统及应用安全。

（3）远程接入域：远程接入域主要由移动互联系统运营使用单位可控的、通过VPN 技术手段远程接入其网络的移动终端组成，完成远程办公、应用系统管控等业务。远程接入域重点保障远程移动终端自身运行安全、接入互联应用系统安全和通信网络安全。

2. 安全物理环境实践

该高校无线网和有线网是并行的两套网络，无线网和有线网的安全物理环境基本一致（同 2.6.1 节中安全物理环境），不同之处是增加了无线接入点的物理环境。主要考虑无线信号的传输，为无线接入设备的安装选择合理位置，避免过度覆盖和电磁干扰，过度覆盖是由于 AP 密度过高，引起同频干扰。基于部署环境的实际情况，选定合适的位置。让无线接入点和客户端之间通信的电磁波射频信号可以很容易地到达对方；无线接入点的安装应该水平放置并保证稳固，以使其不会摇摆或移动；无线接入点的部署应该远离金属物体；无线接入点低于障碍物，距障碍物至少 1 米远；无线接入点彼此之间（即使工作在不同信道）的距离大于 3 米；户外无线接入点在室外部署要考虑环境因素。在具体实施过程中，室内无线 AP 均固定在接近顶棚的位置，根据屋子的大小配置一到多个无线 AP，室外无线 AP 放置在建筑物外墙屋檐下，每隔 5 米左右部署一个，同时注意避开树木等遮挡物。对于建筑物之间的宽阔地带，单独设立支撑杆挂接室外无线 AP，确保无线信号的覆盖范围。

3. 安全通信网络实践

采用移动互联技术的等级保护对象的移动互联网部分由移动终端、移动应用和无线网络 3 部分组成，目前的无线网络和有线网络同等重要，只是相同交换机下不同的子网而已，故所有的安全通信网络配置和已有的有线网络安全通信网络配置基本相同，在满足通用要求的基础上，该高校按照 2.6.1 节的要求部署安全物理环境，同时移动终端（手机、平板或其他移动设备）通过连接无线接入设备接入无线网络（参考图 2-35），无线接入网关通过访问控制策略限制移动终端的访问行为，后台的移动终端管理系统（部署在服务器上）负责对移动终端的管理，包括向客户端软件发送移动设备管理策略、移动应用管理策略和移动内容管理策略等。所有接入的无线 AP 均配置了单独私有 IP，统一分发策略。出于安全考虑，管理员通过有线网使用 SSH 或者 HTTPS 方式管理所有移动互联设备，保证数据在传输过程中的完整性和保密性。

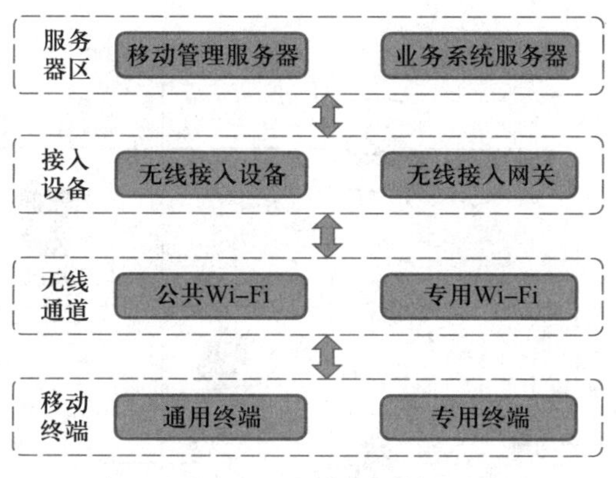

△ 图 2-35　移动互联接入模型

1）网络架构（参考图 2-36、图 2-37）

2）通信传输

在通信网络可信保护方面，该高校通过 VPDN（Virtual Private Dialup Networks，虚拟私有拨号网络）等技术实现基于密码算法的可信网络连接，通过对连接到通信网络的设备进行可信校验，确保接入通信网络的设备真实可信，防止设备的非法连接。如图 2-38 所示。

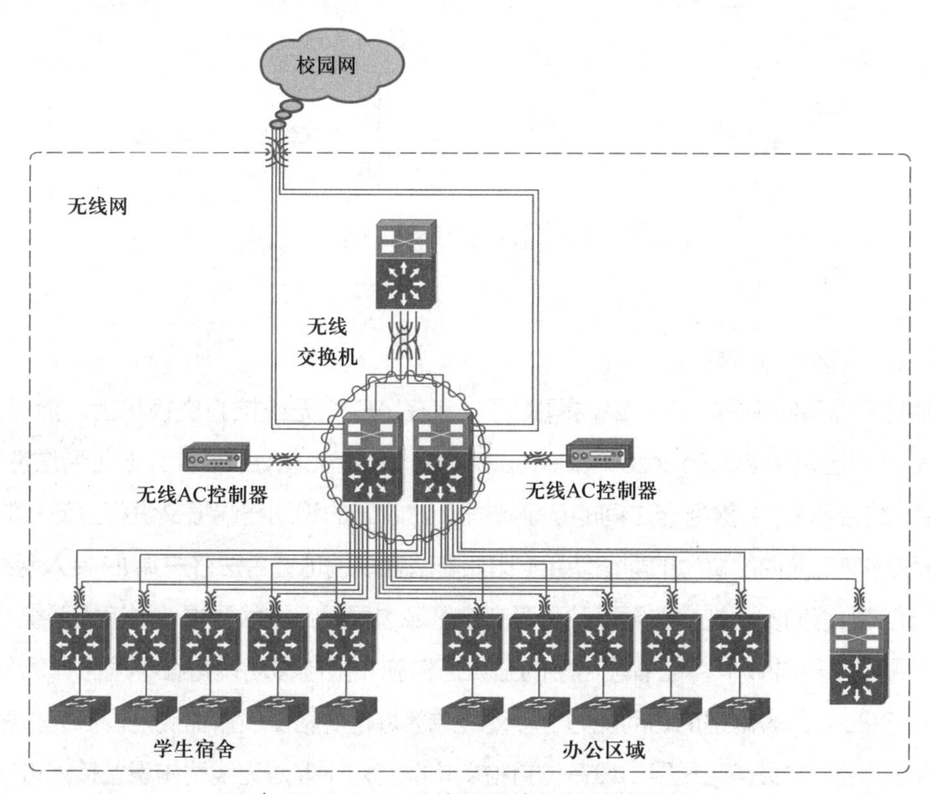

△ 图 2-36　无线网网络拓扑结构示例

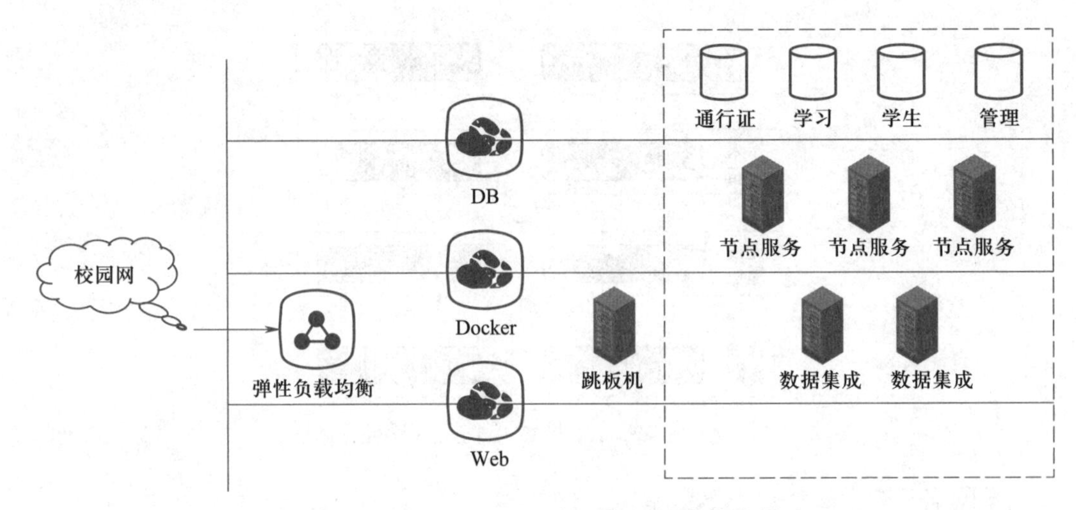

△ 图 2-37　APP 系统网络拓扑结构示例

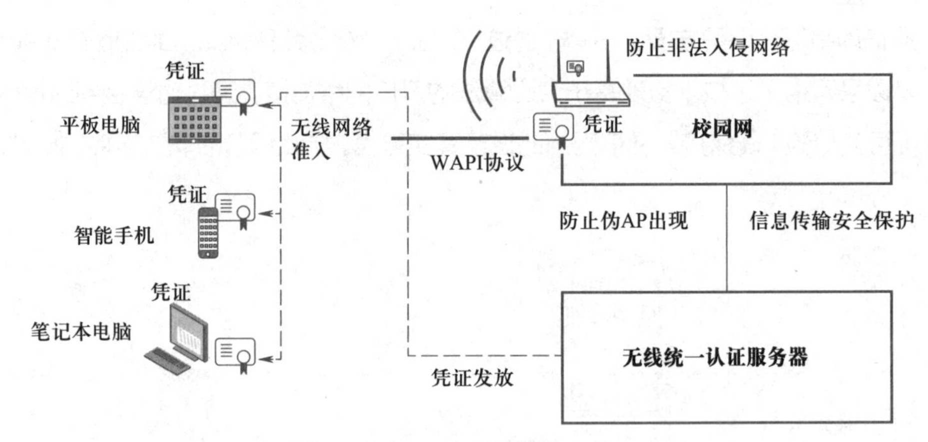

△ 图 2-38　校园无线网安全接入应用

4. 安全区域边界实践

根据无线网络规模，移动终端网关可放置在 AC 或无线核心交换机上，通过 IP 与 MAC 表项绑定、SAVI（Source Address Validation Improvements，源址合法性检验）等特性，结合与 AAA 服务器之间的认证流程，对收到的移动终端报文进行过滤控制，以防止非法客户端对网络资源的非法使用（比如非法客户端仿冒合法客户端 IP 接入网络），提高了无线网络的安全性。按照移动互联安全区域边界设计技术要求，对接入系统的移动终端，采取基于 SIM 卡、证书等信息的强认证措施，限制移动设备在不同工作场景下对 Wi-Fi、3G、4G 等网络的访问能力。移动终端区域边界检测设备监测范围应完整覆盖移动终端办公区，并具备无线路由设备位置检测功能，对于非法无线路由设备接入进行报警和阻断。

为实现移动终端的访问控制，开启了无线网络准入认证功能，考虑到安全性、便捷性等因素，无线网络通常采用 802.1X 和 Portal 两种认证方式。

802.1X 协议是一种基于端口的网络接入控制协议，即在局域网接入设备的端口上对所接入的用户和设备进行认证，以便控制用户设备对网络资源的访问。

Portal 认证通过 Web 页面接受用户输入的用户名和密码，对用户进行身份认证，以达到对用户访问进行控制的目的。Portal 认证通常部署在接入层以及需要保护的关键数据入口处实施访问控制。在采用了 Portal 认证的组网环境中，用户通过主动访问已知的 Portal Web 服务器网站进行 Portal 认证，同时用户在访问任意非 Portal Web 服务器网站时，被强制访问 Portal Web 服务器网站，继而开始 Portal 认证。

使用支持国密的无线 AP 和无线 AC 控制器，无线接入设备开启接入认证功能，并且禁止使用 WEP 方式进行认证，如使用口令，长度不小于 8 位字符。

做好入侵防范的设置，比如检测非授权无线接入设备和非授权移动终端的接入行为；检测针对无线接入设备的网络扫描、DDoS 攻击、密钥破解、中间人攻击和欺骗攻击等行为；检测无线接入设备的 SSID 广播、WPS 等高风险功能的开启状态；禁用无线接入设备和无线接入网关存在风险的功能，如 SSID 广播、WEP 认证等；禁止多个 AP 使用同一个认证密钥；阻断非授权无线接入设备或非授权移动终端。

5. 安全计算环境实践

在满足 2.4.1 节通用安全计算环境实践基础之上，移动互联系统安全计算环境增加了以下新的内容：

在用户身份鉴别方面，该高校通过对移动终端用户实现基于口令或解锁图案、数字证书或动态口令、生物特征等方式实现 MFA（Multi-Factor Authentication，多因子认证）身份认证。网络设备、安全设备、服务器和终端、系统管理软件 / 平台（堡垒机、日志审计系统、集中管控系统）、业务应用系统 / 平台和数据库均通过用户名、口令 + 动态口令（或 USB Key）等方式进行身份鉴别和标识，满足 16 位以上，包含大小写字母、数字和特殊字符，且要求每 90 天更改一次口令。

在标记和强制访问控制方面，该高校对设备均开启登录失败处理策略和超时登出策略；网络设备通过 SSH 协议远程管理，安全设备通过 HTTPS 协议远程管理，可保证传输数据的完整性和保密性；设备、应用系统、数据库根据业务需要创建不同的管理账户，并授予不同的权限（最小使用权限）；设备、数据库均开启了日志审计策略，可对设备重要事件及用户重要操作进行审计；通过安全策略限制仅堡垒机 IP 可以远程管理；建立管理员、审计员、安全员、操作员等账户，并根据业务需要设置各账户的权限。管理员每 3 个月对设备配置文件进行备份一次，定期对配置文件进行完整性校验。

在移动应用管控方面，该高校通过购置 MAM（移动应用管理）软件，确保本地用户可以选择应用软件安装并运行；提供应用程序签名认证机制，只允许指定证书签名的应用软件安装和运行，拒绝未经过认证签名的应用软件安装和执行。应用系统提供登录日志、跟踪日志模块，能够对重要的用户行为和重要安全事件进行审计；业务数据每天进行全量备份。

在安全域隔离方面，该高校通过为重要应用提供基于容器、虚拟化等系统级隔离的运行环境，保证应用的输入、输出、存储信息不被非法获取。

在移动设备管控方面，该高校拟后续通过利用 MDM（Mobile Device Management，移动设备管理）对移动终端管控，保证移动终端安装、注册并运行终端管理客户端软件；在开发移动终端时严格按照要求，采用移动终端管理服务端的设备生命周期管理、设备远程控制等。实行对移动设备全生命周期管控，保证移动设备丢失或被盗后，通过网络定位搜寻设备的位置、远程锁定设备、远程擦除设备上的数据、使设备发出警报音，确保在能够定位和检索的同时，最大限度地保护数据。

在数据保密性保护方面，该高校通过和《基本要求》的数据保密性保护相同方式做保护。

6. 安全管理中心实践

在实践中，这部分主要是实现 2.4.1 节通用安全要求内容，具体包括：

部署集中管控系统，对安全策略、恶意代码、补丁升级、安全审计等安全相关事项进行集中管理；对设备状态、攻击事件、网络流量异常等安全相关事项进行集中管理。通过独立的带外管理（out-of-band）系统来管控系统管理设备。通过 vCenter 进行服务资源管理，对应用系统服务器 CPU、内存、磁盘空间等状态进行监测，超过阈值产生报警日志。通过堡垒机进行统一身份认证后进行终端管理；外部管理通过 VPN 绑定账户、IP 地址进行远程管理；系统管理员通过用户名、口令 + 动态口令方式进行登录，系统口令长度 16 位，复杂度包含数字、大写字母、特殊字符组成；日志审计系统用于网络、安全、主机服务器等日志信息采集、管理，由安全运维人员负责审计信息查看，系统管理员通过用户名、口令 + 动态口令方式进行日志审计系统登录，系统口令长度 16 位，包含数字、大小写字母、特殊字符；堡垒机、VPN、日志审计系统均建立了安全管理员账户，并根据实际情况授予了相关权限。

2.6.4 高校一卡通安全实践案例

1. 案例描述

某高校一卡通信息系统平台是学校一卡通管理应用类平台，于 2010 年开始建设，主要涵盖学校校园一卡通应用，提供在食堂售饭、洗浴、考勤、门禁、教务服务、图书借阅、实验计费、医疗支付、学费缴付、奖学金发放、工资福利发放、科研经费核算和各种校园消费结算等多方面的应用。平台服务对象为全校师生、家属及部分外来临时人员。经过多年建设，目前该高校已实现实体卡 + 智慧校园虚拟校园卡的一卡通信息系统，尤其是虚拟校园卡完成一卡通系统所有涉及“无卡化”的功能，用户除了使用校园卡外，还可以使用手机识别、生物特征识别等，完成交易支付、身份识别等业务。借助 4G/5G 技术、聚合支付、生物特征识别、智能手机设备、校园 APP 等工具，虚拟校园卡提供满足学校个性管理、全业务场景覆盖的解决方案，让师生们在学校得到更好的生活和服务体验。

由于该信息系统涉及的一卡通业务属于物联网安全扩展要求范畴，故在满足通用安全要求基础上，还需基于物联网安全扩展要求落实该信息系统的安全保护措施。结合物联网系统的特点，构建在安全管理中心支持下的安全计算环境、安全区域边界、安全通信网络三重防御体系。安全管理中心支持下的物联网系统安全保护设计框架如图 2-39 所示，物联网感知层和应用层都由完成计算任务的计算环境和连接网络通信域的区域边界组成。

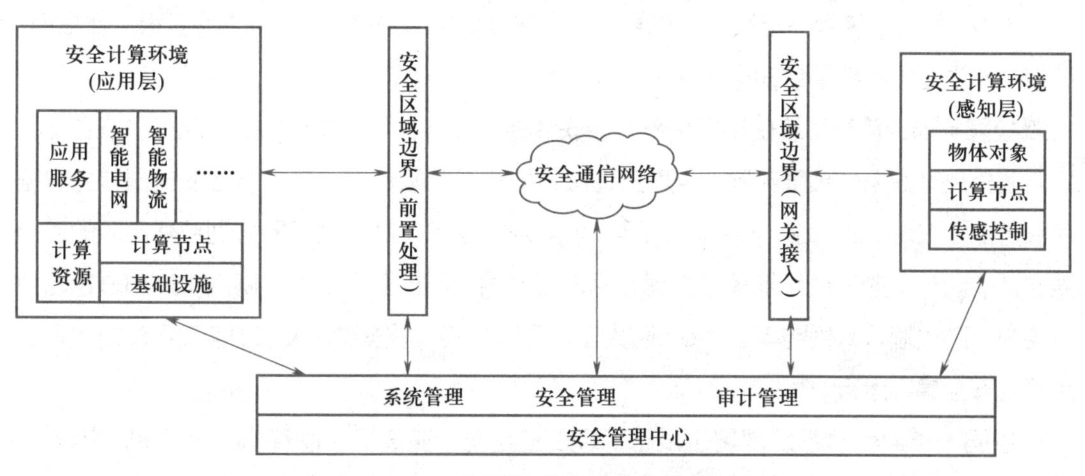

△ 图 2-39 物联网系统安全保护设计框架

基于物联网安全扩展要求落实该信息系统的安全保护措施。

（1）物联网的安全计算环境包括物联网系统感知层和应用层中对定级系统的信息进行存储，处理及实施安全策略的相关部件，如感知层中的物体对象、计算节点、传感控制设备，以及应用层中的计算资源及应用服务等。

（2）物联网的安全区域边界包括物联网系统安全计算环境边界，以及安全计算环境与安全通信网络之间实现连接并实施安全策略的相关部件，如感知层和网络层之间的边界、网络层和应用层之间的边界等。

（3）物联网的安全通信网络包括物联网系统安全计算环境和安全区域之间进行信息传输及实施安全策略的相关部件，如网络层的通信网络以及感知层和应用层内部安全计算环境之间的通信网络。

（4）物联网的安全管理中心包括对物联网系统的安全策略及安全计算环境、安全区域边界和安全通信网络上的安全机制实施统一管理的平台，包括系统管理、安全管理和审计管理 3 部分。

注意只有第二级及第二级以上的安全保护环境设计有安全管理中心。

该一卡通信息系统在物联网应用层、网络层和感知层各个层面采取了相应的安全防护措施。

该一卡通信息系统平台建立了一卡通物理专网，一卡通数据中心部署在学校中心机房中。该系统涵盖中心主机系统、信息同步系统、前置管理系统、远程监控系统、自助查询系统、Web 查询系统、校园卡管理系统、照片采集系统、商务消费管理系统、浴室节水控制系统、水表计费系统、财务收 / 缴费系统、门禁系统等，实现了与数字化校园系统、教务系统、多媒体教室管理系统、网络计费系统、图书馆系统等多个第三方系统的集成。与各大银行网银、微信支付、支付宝等接口合作，完成补助发放、代扣费等功能。参照 2.5.1 节网络定级中“4. 教育系统网络定级”相关要求，该高校为重点建设类高校，根据《定级工作指南》该校一卡通信息系统平台的安全保护等级为第三级。

校园一卡通信息系统使用多台服务器联合提供服务，出于安全考虑，配备了多台防火墙。此外还有数据采集服务器、自助查询服务器和工作站若干。其中 2 台服务器作为数据库服务器，安装 Linux 操作系统，部署 Oracle 数据库，其余服务器分别部署不同的应用服务。校园一卡通信息系统采用物理专网进行传输，与校园网隔离。网络中还部署链路负载均衡、防火墙、入侵防御、Web 防火墙，漏洞扫描、堡垒机、VPN 等安全设备保证应用系统安全稳定运行。

校园一卡通信息系统部署了刷卡 POS 机终端、充值机、圈存机、考勤机、电表、水控器、通道机等感知设备（以下统称感知设备），用于餐厅、校医院、公寓、机房、图书馆、体育馆、车库、大门等处使用，通过校园卡，手机主扫，手机被扫，HCE（Host Card Emulation，主机卡模拟），人脸识别，指纹识别等方式实现身份认证。

2. 安全物理环境实践

在满足通用要求的基础上，该高校按照 2.6.1 节中的要求部署了安全物理环境，同时专门为一卡通信息系统配置一台校园一卡通核心交换机、若干校园一卡通接入交换机，均放置在机房和网络设备间内，并按规定走线做标记；多台圈存机分别放置在服务大厅和食堂墙边；读卡器放置在柜台上；网络接口和电力供应均从墙内接入圈存机，外部裸露部分用铁盒加锁防护，避免被恶意使用。摄像头、消防探头和温 / 湿度检测系统的探头均固定在室内棚顶并加铁管保护连接线，避免阳光直射，也避免被挤压或者遭受强振动；考勤机均部署在楼宇内；通道机放置在岗亭内，上方配有遮雨棚，电力供应从棚顶走线，同时配有专人值守，确保设备安全。

3. 安全通信网络实践

1）网络架构

图 2-40 为一卡通信息系统拓扑图，系统中网络部分包括 1 台核心交换机、1 台边界接入交换机和若干接入交换机。

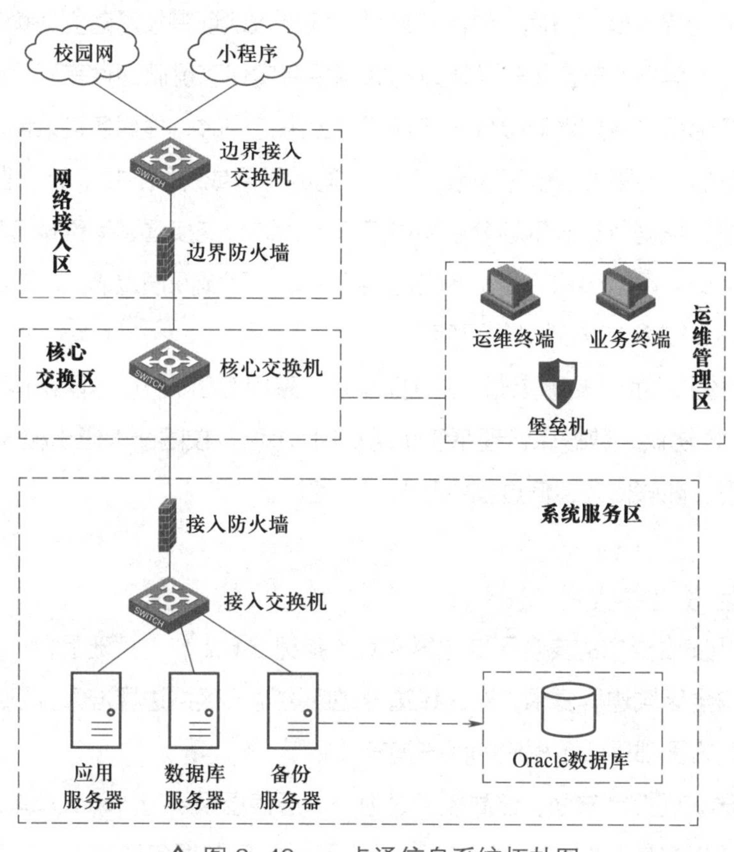

△ 图 2-40　一卡通信息系统拓扑图

2）通信传输

在满足通用安全要求的安全通信传输实践（参见 2.6.1 节）基础上，根据物联网系统安全通信传输设计技术要求，对感知层网络数据新鲜性保护和异构网安全接入保护都做了一定程度的实现。

在感知层网络数据新鲜性保护方面，该高校通过使用独立于校园网之外的专网进行数据传输，感知设备数据首先通过数据采集机采集到本地，加入了流水号和时间戳后再加密封装传输，通过 DataService、POSServer 服务及采集程序上传到 TradeServer 流水服务器，到达服务器后再按照序列重新组合，确保网络数据的新鲜性和真实性。虚拟校园卡使用的二维码采用 TOTP，并采用三层安全解码机制（密钥 24 小时更新，虚拟卡服务器后台 1 小时更新，校园 APP 1 分钟更新），辅以可靠的数据中心建设方案（应用服务器部署负载均衡，网络传输使用 TCP+Wi-Fi，高数据网关带载量），充分保证系统的安全性。

在异构网安全接入保护方面，该高校通过采取接入认证等技术建立异构网络的接入认证系统，保障控制信息的安全传输；通过物联网平台实现了屏蔽硬件差异化的功能，使得自采的硬件设备也可以自如地对接到一卡通平台上来。同时，根据各接入网的工作职能、重要性和所涉及信息的重要程度等因素，划分不同的子网或网段，并采取相应的防护措施。此一卡通信息系统根据业务应用划分了网络接入区、核心交换区、运维管理区、系统服务区，并为每个区域内设备分配了属于各自的网络地址；区域间通过防火墙设置访问控制策略和交换机划分 VLAN 等方式进行隔离。

在数据完整性方面，该高校通过主机操作系统采用 SSH 协议、网络设备及堡垒机采用 SSH/HTTPS 协议、数据库管理系统采用 SSL 协议，校园一卡通小程序采用 SSL 加密协议进行管理，能够保证通信过程中数据的完整性。

4. 安全区域边界实践

在满足通用安全要求的安全区域边界实践（参见 2.6.1 节）基础上，根据物联网安全扩展要求中的安全区域边界要求，对区域边界访问控制、区域边界准入控制和区域边界协议过滤与控制等方面都采取了相应的保护措施。

在区域边界访问控制方面，该高校通过为一卡通信息系统边界防火墙单独设置了访问控制策略，采用白名单机制，仅允许白名单中设定的 IP 数据包通过在指定数据端口进行通信，默认禁止所有流量通过，保证只有授权的感知设备可以接入。

在区域边界准入控制方面，该高校在一卡通信息系统在安全管理区域部署堡垒机，安全管理通过堡垒机进行，堡垒机对管理操作进行记录，审计管理员对操作信息进行查看、分析，仅限感知设备与后台数据库地址进行通信，阻止陌生地址的攻击行为。

在区域边界协议过滤与控制方面，该高校在网络边界处部署恶意代码防护措施，并及时对其恶意代码特征库进行升级。

5. 安全计算环境实践

在满足通用安全要求的安全计算环境实践（参见 2.6.1 节）基础上，根据物联网系统安全计算环境要求，对感知层设备身份鉴别和感知层设备访问控制都做了一定程度的实现。

在感知层设备身份鉴别方面，该高校在一卡通信息系统中，对 CPU 卡进行 PSAM 验证，同时，感知设备与后台通信的数据包采用加密方式处理，保证加密包 ID 的唯一，当设备与后台通信时需要先校验传输数据的完整性，再进行解密操作，完成交易的交互。

在感知层设备访问控制方面，该高校在一卡通信息系统中，感知设备访问后台需先在后台注册和根据下发参数进行配置。当双方通信时，需先验证该感知设备是否在后台注册并拥有访问权限，如未配置访问权限则不允许通信。同时，后台可根据下发参数的不同，控制不同的感知设备拥有不同的后台接口访问权限，无权限的访问都会被判断为无效连接。

2.6.5 管理体系实践案例

管理要求包括通用要求和扩展要求，其中通用要求包括安全管理制度、安全管理机构、安全管理人员、安全建设管理、安全运维管理 5 个部分，而扩展要求主要是对安全建设、安全运维两个方面提出针对性的要求。以第三级安全要求为例，云安全扩展要求和移动互联安全扩展要求在安全建设管理、安全运维管理两个部分提出相应要求，而物联网安全扩展要求对安全运维管理提出要求，工业控制系统安全扩展要求对安全建设管理提出要求。不管是通用要求还是扩展要求，管理要求与网络安全工作中各种角色参与的活动有关，主要通过控制各种角色的活动，从政策、制度、规范、流程以及记录等方面做出规定来实现。

1. 案例描述

× × 省教育厅在最近一次的网络安全等级保护测评活动中，以较低分数通过网络安全等级测评，主要是在安全管理制度、安全建设管理、安全运维管理上存在较多扣分项，主要问题包括：

（1）没有明确网络安全工作的总体方针，安全制度的制定、审定和发布没有经过严格的审批流程。

（2）对系统的重要操作，如设备加电、断电等未建立审批程序，已经建立审批程序的，未严格按审批程序执行。

（3）未书面规定外部人员离场后应及时清除其所有的访问权限，未提供访问权限清除时间记录。

（4）未对外部人员接入受控网络系统开设账户、分配权限后进行登记备案。

（5）信息安全资产清单不健全，未登记资产责任人、重要程序等内容。

（6）系统的日常记录、运维操作日志、参数设置和修改记录不完善。

（7）物理介质的管理不到位，未提供管理记录。

……

为改进单位的网络安全管理现状，提升网络安全管理水平，××省教育厅网信部门决定按《基本要求》等标准规范要求，全面进行网络安全管理建设。

2. 安全管理制度实践

首先，明确机构网络安全工作的总体方针和安全策略，确定机构安全工作的总体目标、范围、原则和安全框架等。通过制定《××省教育厅网络安全和信息化工作管理规定》文件，明确定义单位安全工作的总体目标、范围、原则、安全框架和需要遵循的总体策略等内容。其中网络安全工作的总体目标明确为：根据信息化整体规划与设计，建立网络安全保障体系，结合业务发展需要及信息系统的建设情况，依据网络安全相关政策、标准、规范，制定信息系统总体安全策略。总体安全策略包括合规性策略、安全组织架构策略、安全管理策略、安全技术策略、服务交付策略等方面内容。

其次，对安全管理活动中的各类管理内容，要建立安全管理制度，以制度规范管理活动的执行，对管理人员或操作人员执行的日常管理操作建立操作规程，并规范管理和操作过程中记录用的表单，形成由安全策略、管理制度、操作规程、记录表单等构成的全面的安全管理制度体系。××省教育厅建立专门工作小组，对网络安全管理活动进行充分的调研、分析和评估，在网络安全总体方针的指导下，构建以网络安全管理制度、操作规程、记录表单为内容的网络安全管理制度体系，如图2-41所示。安全管理制度覆盖资产管理、变更管理、事件报告、应急预案、员工管理、教育培训、职能职责等内容；活动操作规程根据安全管理制度要求，围绕日常管理操作制定对应的操作流程，相关文档包括系统运维手册、应急处理手册、配置规范、应急处置指南和用户操作手册等；活动记录表单主要是操作规范中规定的一些记录文档。

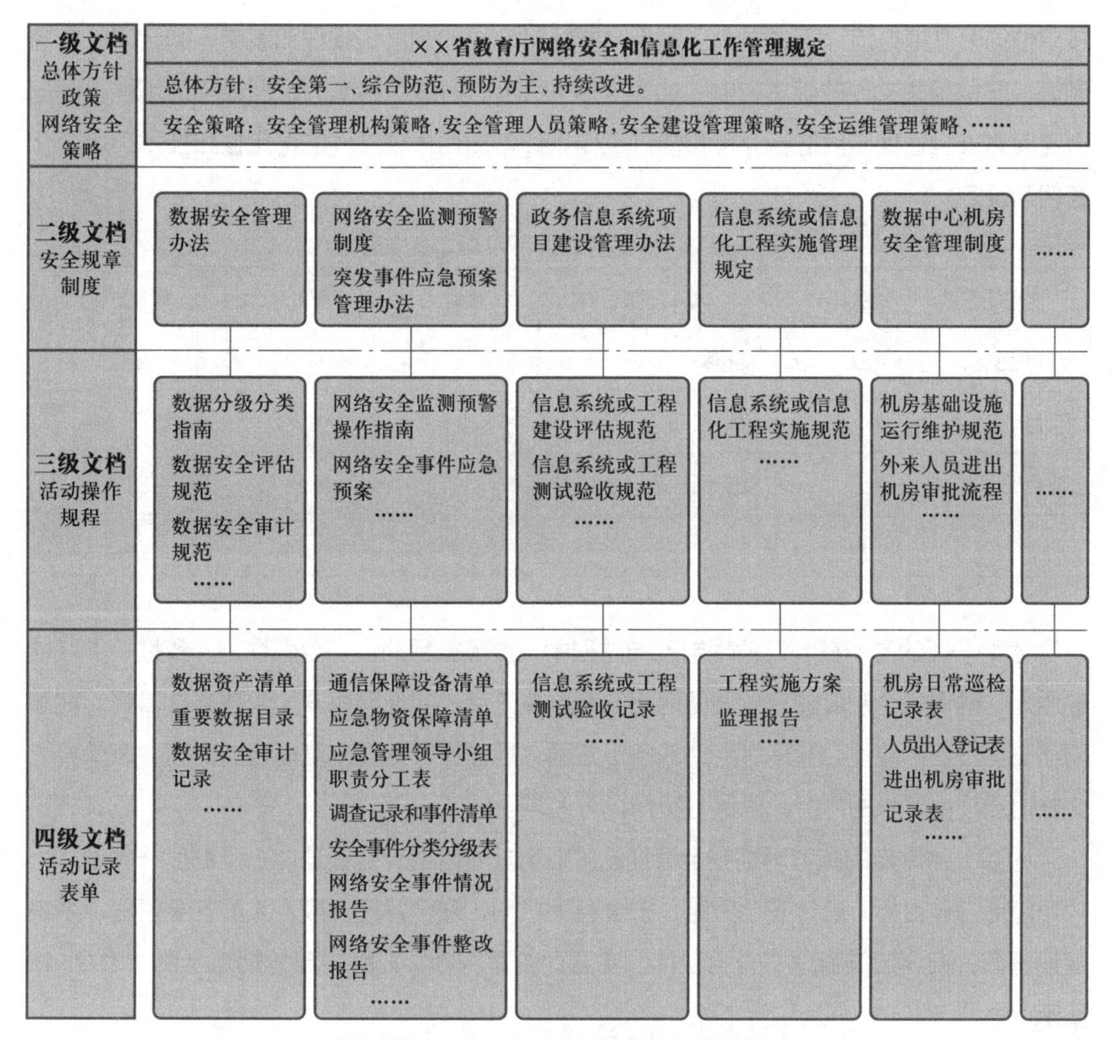

△图 2-41　安全管理制度实践示例

针对网络安全管理活动，制定覆盖物理环境、网络、主机系统、数据、应用、建设、运维、审计等领域的管理制度，如《网络安全人员管理制度》《外包人员管理制度》《机房出入管理制度》《信息资产管理制度》《移动介质安全管理制度》；如针对管理人员或操作人员执行的日常管理操作，建立了相应的操作规程，如《信息系统安全操作规程及规范》《堡垒机账号管理规范》《数据中心密码安全管理规范》。其中，《堡垒机账号管理规范》明确数据中心用于日常运维的堡垒机账号的管理要求，《数据中心密码安全管理规范》明确数据中心的各类设备及管理系统、信息系统（网站）的密码管理规范。制定各类操作手册，明确具体操作规程和记录表单，并通过线上办事大厅 OA 实现在线审批。

为确保制度能落地实施，保证制度的严肃性、有效性，在《××省教育厅网络安全和信息化工作管理规定》中明确，负责组织安全管理制度、安全操作规程的编制、发布、执行、监督、评审、修订工作的责任部门为网信办，安全管理制度和安全操作规程要严格按单位的公文拟办流程正式发布。对于需要经常变更的制度、规程和表单，制定了版本控制表，严格相关文件的版本控制，如表 2-11 所示。为确保制度的合理性和适用性，网信办定期对安全管理制度进行评审和修订工作，评审周期根据文件的稳定性和技术环境变化等因素设定。

▽ 表 2-11　安全管理制度版本控制示例

修订日期	版本号	修订内容	修订人	审批人	审批时间
年 月 日	1.0	发布稿	×××	×××	年 月 日
年 月 日	1.1	修订发布	×××	×××	年 月 日
年 月 日	1.2	变更责任人	×××	×××	年 月 日
……	……	……	……	……	……

值得一提的是，在制订管理制度的过程中，要遵循目的性、全面性、一致性、关联性的原则，确保各个制度能充分遵循网络安全总体方针，实现网络安全管理整体目标，覆盖网络安全设计、建设、管理等活动的各个方面，规程充分落实制度规定的内容，表单要能完整记录规程要求的内容，确保可操作、可追溯。

最后，将制定的整套网络安全管理制度汇编成《网络安全管理体系及制度一本通》，内容包括总体目标、总体安全策略、安全管理机构、安全管理制度、人员安全管理、系统建设管理、安全运维管理、安全设计、安全评价等内容。汇编中部分规定示例如表 2-12 所示。

▽ 表 2-12　网络安全管理制度、规程、表单示例

文档类别	序号	管理制度名称
安全策略及安全管理制度	1	××教育厅网络安全和信息化工作管理规定
	2	网络安全组织体系架构
	3	网络安全岗位职责规定
	4	网络安全人员管理制度
	5	网络安全人员考核制度
	6	网络安全应急预案管理规定
	7	外包运维安全管理规定
	8	主机安全管理制度
	9	数据中心管理制度

续表

文档类别	序号	管理制度名称
安全策略及安全管理制度	10	UPS 机房管理制度
	11	应用系统安全管理制度
	12	数据库安全管理制度
	13	网络安全检查管理办法
	14	人员培训管理办法
	15	外包人员管理办法
	16	供应链安全管理办法
	17	信息资产安全管理办法
	18	移动介质安全管理规定
	19	漏洞与风险管理办法
	20	应用开发安全管理制度
操作规程类文档	21	信息系统安全测试要求
	22	路由器设备配置规范
	23	交换机设备配置规范
	24	防火墙设备配置规范
	25	Linux 系统安全配置基线
	26	Windows 系统安全配置基线
	27	数据库安全配置基线
	28	系统数据备份与恢复操作规范
	29	信息系统安全实施规范
	30	信息系统安全验收标准
	31	信息安全软件开发规范
	32	信息安全岗位申请流程
	33	堡垒机账号管理规范
	34	安全事件处理流程
	35	信息系统安全操作规程及规范
	36	数据中心密码安全管理规范

续表

文档类别	序号	管理制度名称
活动记录表单	37	信息资产出入库登记表
	38	信息资产信息变更登记表
	39	机房出入登记表
	40	网络安全监测记录表
	41	重要时期值班日志记录表
	42	移动介质使用登记表
	43	网络安全责任承诺书
	44	数据安全保密协议
	45	重要操作变更记录表
	46	设备上下架记录表

教育部教育管理信息中心指导建设的教育网络安全服务平台（https://ecp.emic.edu.cn/），在“安全防护”中的“管理制度”栏目提供各类安全管理制度和规范、安全管理流程和表单的模板供参考。

3. 安全管理机构实践

实施有效的安全管理，需要有一个强有力的由决策层、管理层、执行层组成的安全管理组织，明确各层级的岗位和职责，为安全管理提供组织的保证。如图 2-42 所示，针对网络安全管理组织架构提出安全控制要求，涉及岗位设置、人员配备、授权和审批、沟通和合作、审核和检查等方面，明确岗位设置、人员配置和岗位内部工作机制。

在本案例中，根据《党委（党组）网络安全工作责任制实施办法》中提出“各级党委（党组）对本地区本部门网络安全工作负主体责任，领导班子主要负责人是第一责任人，主管网络安全的领导班子成员是直接责任人”的要求，印发《关于成立 ×× 省教育系统网络安全和信息化领导小组的通知》，明确由教育厅党组书记（厅长）担任组长，教育厅副厅长、高校工委副书记等担任副组长，由教育厅有关部门处室和直属事业单位（办公室、思政处、政法处、规划处、电化教育馆等）主要负责同志为成员的网络安全和信息化领导小组。领导小组要贯彻落实中央和本省的网络安全和信息化工作部署，统筹协调本省教育系统网络安全和信息化重大问题，研究制定本省教育系统网络和信息化发展规划和重大政策，推进本省教育信息化建设与发展。网络安全和信息化领导小组的主要职责如下：

● 确定网络与信息安全工作的总体方向、目标、总体原则和安全工作方法；

● 审查并批准的信息安全策略和安全责任；

● 分配和指导安全管理总体职责与工作；

● 在网络与信息面临重大安全风险时，监督控制可能发生的重大变化；

● 对网络安全领域的重大更改事项（例如：组织机构调整、关键人事变动、信息系统更改等）进行决策；

● 指挥、协调、督促并审查重大安全事件的处理，并协调改进措施；

● 审核网络安全建设和管理的重要活动，如重要安全项目建设、重要的安全管理措施出台等；

● 定期组织相关部门和相关人员对安全管理制度体系的合理性和适用性进行审定。

网络安全和信息化领导小组办公室（以下简称网信办）设在教育厅教育信息化管理处，网信办主任由教育信息化管理处主要负责同志担任。网信办是信息安全工作的日常执行机构，内设专职的安全管理组织和岗位，负责日常具体安全工作的落实、组织和协调。网信办的主要职责如下：

● 贯彻执行和解释网络安全和信息化领导小组的决议；

● 贯彻执行和解释国家主管机构下发的信息安全策略；

● 负责组织和协调各类信息安全规划、方案、实施、测试和验收评审会议；

● 负责落实和执行各类信息安全具体工作，并对具体落实情况进行总结和汇报；

● 负责内外部组织和机构的沟通、协调和合作工作；

● 负责制定所有信息安全相关的管理制度和规范；

● 负责针对信息安全相关的管理制度和规范具体落实工作进行监督、检查、考核、指导及审批，例如现有安全技术措施的有效性、安全配置与安全策略的一致性、安全管理制度的执行情况等。

各成员单位的职责需要分工明确，特别是作为网络安全和信息化建设技术支撑单位的电化教育馆。图 2-42 是网络安全管理组织架构示例图。

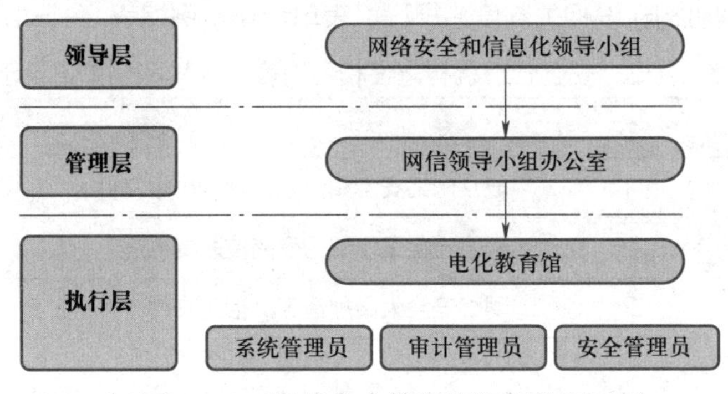

△ 图 2-42　网络安全管理组织架构图示例

电化教育馆设置了专职的安全岗位，具体负责网络安全工作的落实和执行，包括网络安全工作负责人、安全管理员、安全审计员、系统管理员、网络管理员等岗位，相关岗位的主要职责如下：

1）网络安全工作负责人

- 负责网络与信息安全的日常整体协调、管理工作；
- 负责组织人员制定信息安全管理制度，并对管理制度进行推广、培训和指导；
- 负责重大安全事件的具体协调和沟通工作。

2）安全管理员岗位

- 负责执行网络与信息安全工作的日常协调、管理工作；
- 负责日常的安全监控管理，并对上报和发现的各类安全事件进行处置；
- 负责系统、网络和应用安全管理的协调和技术指导；
- 负责安全管理平台安全策略制定，访问控制策略审核；
- 负责组织安全管理制度的推广和培训工作；
- 负责定期进行安全检查，检查内容包括系统日常运行、系统漏洞和数据备份等情况。

3）安全审计员岗位

- 负责安全管理制度落实情况的检查、监督和指导；
- 负责安全策略执行情况的审核。

4）系统管理员岗位

- 负责系统的日常管理工作，确保系统安全稳定运行；
- 负责保持系统的防病毒系统、系统补丁等保持最新，定期对系统进行安全加固，保持系统漏洞最小化。

5）网络管理员岗位

- 负责网络设备的日常管理工作，确保网络设备安全稳定运行；
- 负责保持网络设备的漏洞最小化，定期对系统进行安全加固；
- 负责保持网络路由和交换策略与业务需求保持一致。

有关安全管理机构建设相关制度、规程、表单记录示例如表 2-13 所示。

▽ 表 2-13　安全管理机构建设相关制度、规程和表单记录示例

文档类别	序号	文件
制度类	1	成立网络安全和信息化领导小组文件
	2	网络安全工作部门及岗位职责描述
	3	网络安全人员配备定义相关文件

续表

文档类别	序号	文件
制度类	4	网络安全活动审批制度文件
	5	安全审核和检查制度文件
规程类	6	网络安全活动审批规程
	7	网络安全检查操作规范
表单类	8	安全管理制度评审记录
	9	重要网络安全活动审批记录表
	10	网络安全检查记录表

4. 安全管理人员实践

人是网络安全管理中关键的能动因素，安全管理对安全队伍建设提出了安全控制要求，涉及人员录用、人员离岗、安全意识教育和培训、外部人员访问管理等方面。

本案例中单位人事管理部门负责人员录用工作。人事管理部门明确人员录用规则，并对人员技术能力等进行考核，制定《人员录用要求管理办法》《人员离岗管理办法》等，对工作人员离岗 / 离职时系统访问权限清除、各种证件回收等进行要求；制定《网络安全教育和培训管理制度》，组织开展经常性的网络安全宣传教育和培训工作；制定《人员培训考核管理规定》明确对不同岗位人员定期进行技能考核的机制，并每年开展培训考核工作。

对于外部人员访问，建立《外部人员访问管理制度》，明确进入数据中心应通过线上平台提出申请，经过审批后安排专人陪同进入数据中心。对于外部运维人员要接入数据中心维护网络的，也要按规定提出申请，经审批同意后，由数据中心安全管理人员开通堡垒机账号并分配权限；外部运维人员如需要访问系统重要数据的，要按规定签署保密协议。

安全管理人员建设相关制度、规程和表单记录示例见表 2-14。

▽ 表 2-14　安全管理人员建设相关制度、规程和表单记录示例

文档类别	序号	文件
制度类	1	人员录用要求管理制度文件
	2	人员离岗管理制度文件
	3	人员安全管理制度文件
	4	外部人员访问管理制度文件

续表

文档类别	序号	文件
制度类	5	人员培训、考核相关制度文件
	6	网络安全教育和培训管理制度
文档类	7	人员聘用、考核操作规范
	8	人员教育培训计划（总体、不同岗位）
	9	网络安全教育和培训年度计划
	10	外部人员访问重要区域规程
	11	外部人员接入受控网络规程
记录类	12	人员安全背景、资格审查记录
	13	人员技能考核文档（录用时、定期考核）
	14	与相关人员签署的保密协议
	15	与关键岗位人员签署的岗位责任协议
	16	人员调岗离岗安全处理记录文档
	17	人员调岗离岗手续记录
	18	网络安全教育培训记录
	19	外部人员保密承诺书
	20	外部人员安全审查记录
	21	外部人员访问重要区域审批记录
	22	外部人员接入受控网络审批记录

5. 安全建设管理实践

等级保护对象的建设过程包括定级备案、安全方案设计、产品采购和使用、自行软件开发、外包软件开发、工程实施、测试验收、系统交付、等级测评、服务供应商选择等方面。从网络安全管理与风险控制角度出发，需要建立完善的网络安全管理制度体系和过程控制安全机制，才能为系统的全生命周期的网络安全提供安全保障。

在本案例中，网信办对系统建设全过程进行安全管理制度建设，形成一整套的安全建设管理制度、规程和表单文件。制定《政务信息系统项目建设管理办法》，对信息系统的规划、建设和验收等过程提出总体意见，明确信息系统项目要经过安全设计方案的论证和审定，验收时应提供具有系统安全策略相关配套文件的合理性和正确性的论证和审定记录。制定《信息系统及信息化工程实施管理规定》《信息系统及信息化工程实施规范》等，明确信息系统在建设时，要对系统的安全体系结构及详细的安全工程实施方案进行设计，并在工程实施方案中要明确项目实施过程、方法、项目进度及项目质量管理等内容。制定《系统上下线管理制度文件》《信息系统或信息化工程验收规范》等，明确信息系统在交付上线前，由系统安全责任部门负责完成第三方安全性测试并提供测试报告，在系统交付前检测其中可能存在的恶意代码、Webshell等，防止带病上线运行。制定《外包软件开发管理制度文件》《安全服务商管理制度》《政务云服务管理办法》等，对外包软件开发、移动应用软件开发、安全服务供应商、云服务商选择、云服务供应链管理等提出明确要求。制定《等级测评管理制度》系列文件，明确规定信息系统按《教育行业信息系统安全等级保护定级工作指南（试行）》等相关文件规范的要求，完成等级保护定级工作，组织行业专家开展信息系统定级评审，报上级教育行政部门进行审核，并在30天内到公安机关办理备案手续。明确规定要依据等级保护要求部署相应的安全产品，开展等级测评工作，根据等级保护初测结果开展安全整改。根据等级测评、安全评估的结果，每年调整和修订总体安全策略、安全技术框架、安全管理策略、总体建设规划、详细设计方案等相关配套文件。

系统安全建设管理相关制度、规程、记录示例如表2-15所示。

▽ 表2-15　安全建设管理相关制度、规程、记录示例

文档类别	序号	文件
制度类	1	政务信息系统项目建设管理办法
	2	软件开发管理制度文件
	3	网络安全防护制度文件
	4	信息系统上下线管理制度文件
	5	信息系统或信息化工程实施管理规定
	6	外包软件开发管理制度文件
	7	产品测试验收管理制度文件
	8	政务云服务管理办法
	9	等级测评管理制度文件
	10	安全服务商管理制度

续表

文档类别	序号	文件
规程类	11	安全产品上下架操作规范
	12	代码编写安全规范
	13	软件开发测试规范
	14	信息系统或信息化工程实施规范
	15	信息系统或信息化工程验收规范
	16	产品采购操作规程
记录类	17	等级保护对象安全等级保护定级报告
	18	专家评审和论证记录文件
	19	主管部门和公安机关的备案证明
	20	安全规划设计方案
	21	整体安全规划和安全方案设计的专家论证文档和批准意见
	22	相关的计算机安全产品销售许可证
	23	密码产品的许可证明或批文、使用情况报告
	24	产品选型测评报告、候选产品清单、已定期更新产品列表
	25	软件设计相关文档和使用指南（如需求分析说明书、软件设计说明书等）
	26	软件源代码及其安全审查记录
	27	工程实施方案、监理报告
	28	安全性测试报告
	29	系统建设交付、培训相关文档
	30	服务供应商服务合同
	31	安全责任合同
	32	服务供应商服务报告
	33	系统或工程测试验收记录

6. 安全运维管理实践

安全运维管理是在等级保护对象投入运行后，对系统实施的维护管理，是保证系统在运行阶段安全的基础。安全运维管理包括环境管理、资产管理、介质管理、设备维护管理、漏洞和风险管理、网络和系统安全管理、恶意代码防范管理、配置管理、密码管理、变更管理、备份与恢复管理、安全事件处置、应急预案管理、外包运维管理等方面。

在本案例中，针对安全运维管理责任不清、安全运维工作量过大、安全运维操作流程不规范等问题，通过明确运维责任部门，制定维护管理全环节的制度和流程，加强安全运维管理培训等，全面强化安全运维管理工作。电化教育馆作为网络安全和信息化建设技术支撑单位，评估确定馆内的技术服务部门负责安全运维管理特别是数据机房的安全管理工作。并且每年通过招标形式采购第三方驻场服务，强化网络实时监控、网络巡检和应急响应等业务力量。围绕环境、资产和介质管理、设备维护管理、漏洞和风险管理、网络和系统安全管理、安全事件处置等方面，制定了《数据中心机房管理办法》《安全事件报告和处置管理制度》《网络安全应急处置指南》等一系列的管理制度和标准规范。对云计算安全、移动互联安全运维管理也做了相应规定，如在《云服务安全运维操作规范》中明确云计算环境的运维地点应位于中国境内，严禁使用境外服务器作为跳板机进行云计算环境运维。定期开展网络安全运维制度和标准落地宣贯工作，提升队伍的网络安全运维工作认识和工作能力。安全运维管理相关制度、规程、记录示例如表 2–16 所示。

▽ 表 2–16　安全运维管理相关制度、规程、记录示例

文档类别	序号	文件
制度类	1	数据中心机房管理办法
	2	办公环境安全管理制度
	3	资产管理相关制度
	4	移动介质管理相关制度
	5	设备维护管理相关制度
	6	安全事件报告和处置管理制度
	7	网络安全管理制度
	8	恶意代码防范管理制度
	9	数据备份与恢复管理制度
	10	应急演练管理制度

续表

文档类别	序号	文件
规程类	11	空调检查监测操作规程
	12	设备上下架操作规程
	13	设备维护操作规范
	14	数据备份恢复操作指南
	15	网络安全应急处置指南
	16	信息分级分类规范
	17	云服务安全运维操作规范
	18	移动互联环境运维操作指南
	19	物联网安全运维管理指南
	20	核心设备关键操作规程
记录类	21	机房出入记录、重点区域进出记录
	22	机房重点区域审批记录
	23	机房日常巡查记录
	24	机房设备设施维护记录
	25	机房资产清单
	26	介质管理记录清单
	27	漏洞扫描报告
	28	安全测评报告；安全整改方案、报告、工作总结等
	29	安全事件报告、整改记录
	30	外包运维服务单位资质证明文档
	31	网络设备配置文件备份文档
	32	网络安全审计日志记录
	33	恶意代码检测记录、病毒库升级记录
	34	应急预案培训记录、演练记录
	35	消防设施巡检记录
	36	变更分类表、申请单、记录表

2.7 本章小结

等级保护标准体系主要包括上位文件和标准、定级标准、建设整改标准、等级测评标准，分别对等级保护整体、定级、建设整改、等级测评环节进行指导。

等级保护工作的主要流程包括定级、备案、建设整改、测评和监督检查，分别由定级单位、公安机关、测评机构等主体来实施。

等级保护标准中安全保护要求分成技术要求和管理要求两部分，不管定级对象的具体形态如何，安全通用要求都应该满足，同时根据定级对象的具体形态（如云计算系统、移动 APP、物联网、工业控制网络）还需要满足安全扩展要求。

高等学校和教育行政部门如何落实等级保护各项工作，以及等级保护二级和三级系统保护要求的主要内容。

2.8 习题

一、单选题

1. 根据网络安全等级保护制度，公安机关对（　　）信息系统的网络运营者进行指导，对第三级、第四级网络运营者定期开展监督检查。

A. 第一级　　B. 第二级　　C. 第三级　　D. 第四级

2. （　　）年发布的《中华人民共和国计算机信息系统安全保护条例》明确规定，计算机信息系统实行安全等级保护由公安部会同有关部门制定。

A. 1994　　B. 2003　　C. 2004　　D. 2017

3. 教育部印发的（　　）是目前指导和规范教育行业信息系统安全等级保护定级工作的主要行业指南。

A.《教育部办公厅关于开展信息系统安全等级保护工作的通知》

B.《教育部办公厅关于进一步加强网络信息系统安全保障工作的通知》

C.《教育部关于加强教育行业网络与信息安全工作的指导意见》

D.《教育行业信息系统安全等级保护定级工作指南（试行）》

4. 根据《计算机信息系统安全保护等级划分准则》，规定了计算机信息系统安全保护能力分为（　　）个等级。

A. 2　　B. 3　　C. 4　　D. 5

5. 根据《教育部关于加强教育行业网络与信息安全工作的指导意见》要求，教育行业二级系统（　　）测评。

A. 部署后一次　　B. 两年一次　　C. 一年一次　　D. 半年一次

二、多选题

1. 国家实行网络安全等级保护制度，以下（　　）包含在等保制度要求里。

A. 对网络实施分等级保护、分等级监管

B. 对网络中使用的网络安全产品实行按等级管理

C. 对网络中发生的安全事件分等级响应、处置

D. 对从事网络安全工作的人员进行分等级管理

2. 网络安全等级保护实施过程中应遵循的基本原则有（　　）。

A. 自主保护原则　　B. 重点保护原则

C. 同步建设原则　　D. 动态调整原则

3.《网络安全等级保护基本要求》中“一个中心、三重防护”的防护理念包括（　　）。

A. 安全通信网络　　B. 安全区域边界

C. 安全计算环境　　D. 安全管理中心

4.《网络安全等级保护基本要求》中安全扩展要求包括（　　）。

A. 云计算安全扩展要求　　B. 移动互联安全扩展要求

C. 大数据安全扩展要求　　D. 工业控制系统安全扩展要求

5. 网络安全等级保护工作的环节包括（　　）。

A. 定级　　B. 备案　　C. 测评　　D. 建设整改

三、简答题

1. 简要描述网络安全等级保护的工作流程，以及具体由哪些主体开展。

2. 简要介绍《教育行业信息系统安全等级保护定级工作指南（试行）》的定级思路。

3. 简要介绍网络安全等级保护标准体系的基本组成内容和具体指导领域。

参考答案

一、单选题

1. B　　2. A　　3. D　　4. D　　5. B

二、多选题

1. ABC　　2. ABCD　　3. ABCD　　4. ABD　　5. ABCD

三、简答题

1. 答题要点

网络安全等级保护工作主要分为5个环节，分别是定级、备案、建设整改、测评、监督检查。定级单位定级，定级单位到属地公安机关备案，定级单位开展建设整改，测评机构进行建设整改，公安机关全过程监督检查。

2. 答题要点

在信息系统分类的基础上，参照国家对信息系统的安全保护等级标准的等级划分，形成教育行业信息系统安全等级划分建议。按主管单位不同，分别对部门信息系统和学校信息系统采取不同的思路进行分析，分别形成信息系统安全等级建议表。实际定级工作中，信息系统所定等级原则上不应低于建议等级。

3. 答题要点

安全等级确定由《网络安全等级保护定级指南》及所在行业的网络安全等级保护定级指南来指引，实施方法指导由《网络安全等级保护实施指南》和《网络安全等级保护安全设计技术要求》来指引，安全基线要求由《网络安全等级保护基本要求》及所在行业的网络安全等级保护基本要求细则来指引，安全现状分析由《网络安全等级保护测评要求》和《网络安全等级保护测评过程指南》来指引。

第 3 章 网络安全监测预警和信息通报

导 读

在教育系统加快推进信息化建设的进程中，建立健全网络安全监测预警和信息通报机制、推动常规化监测预警工作、及时通报安全信息是提高风险发现能力、提升网络安全与信息安全保障水平的基础。安全监测预警和信息通报从了解网络空间运行情况、发现安全隐患、预警研判安全问题、通报安全信息等几个方面，围绕网络安全的日常工作展开。

本章首先介绍网络安全监测预警和信息通报的基本概念，简要分析监测、预警、信息通报工作的重点和相互关系，解读与网络安全监测预警和信息通报工作相关的国家政策法规、教育系统政策要求。随后，介绍教育系统落实此项工作的工作机制和工作平台。围绕安全监测、安全预警和信息通报 3 个方面，从了解网络安全日常运行情况到安全事件发生、通报的各个环节重点介绍教育系统安全监测的工作要求、目标、内容、框架和全方位态势感知，与预警工作相关的安全事件定义、预警分级和研判发布机制，信息通报的工作机制、通报内容和方式、通报工作分类和信息主动报送。在安全监测和安全预警部分的最后分别介绍教育系统依托安管平台落实相关工作的举措。

3.1 基本概念和政策法规要求

网络安全已经上升到国家安全层面，习近平总书记在 2016 年 4 月 19 日网络安全和信息化工作座谈会上的讲话指出，维护网络安全，首先要知道风险在哪里，是什么样的风险，什么时候发生风险，正所谓“聪者听于无声，明者见于未形”。感知网络安全态势是最基本最基础的工作。并指出要全天候全方位感知网络安全态势，要建立统一高效的网络安全风险报告机制、情报共享机制、研判处置机制，准确把握网络安全风险发生的规律、动向、趋势。《网络安全法》第五十一条规定：国家建立网络安全监测预警和信息通报制度，网络安全监测预警和信息通报主要是围绕网络安全风险监测、预警和信息通报的全流程展开，是维护网络安全的核心技术和重要手段。

3.1.1 基本概念

1. 监测预警的意义

自网络诞生以来，网络安全问题便伴随而来，一方面，网络安全漏洞始终难以避免，“旧患”刚除，“新疾”可能随即出现，特别是近年来，新一轮科技革命和产业变革深入发展，互联网技术在各行各业大范围普及，移动互联网、大数据、云计算、区块链、人工智能等新技术新应用大规模发展，各种类型的网络安全漏洞层出不穷，网络、系统、应用、数据都有可能存在安全风险，从网络边界到个人终端，从应用系统到供应链侧，从业务流程到系统数据，新技术、新应用带来新问题、新风险。另一方面，攻击者利用网络安全漏洞开展的网络攻击持续增加，新型网络攻击技术与互联网技术同步发展，攻击工具逐步实现自动化、工业化和人工智能化，攻击目的逐步向数据窃取、挖矿等方面发展，攻击手段更加多元，攻击方式更加隐蔽，攻击领域逐步扩大，这对网络安全构成了极大的威胁。

为了保护网络中承载的业务和数据，避免网络安全事件爆发，减少损失，首先就要准确、及时地发现网络安全威胁和攻击，精准定位网络安全问题，这是网络安全的基础核心工作。因此，网络安全监测预警工作应运而生。网络安全监测预警着力于发现问题，以网络监测为基础，能够全面发现网络边界和关键区域的安全威胁；深入业务应用监测，能够精准定位应用安全问题；聚焦数据安全监测，能够保证核心数据使用有迹可循。由边界到核心，监测预警实现了网络、系统、应用、数据全覆盖，成为发现网络安全问题的关键手段。可以说，网络安全监测预警是网络安全最基础的工作，能够提前发现网络安全问题和及时发现网络攻击行为，预防和避免潜在的安全威胁。

2. 监测预警的概念

网络安全监测预警主要采用技术手段针对网络系统、网络流量和网络活动进行持续性监测，收集相关信息，并对监测数据以及收集的相关信息进行科学分析和研判，以发现潜在的安全威胁、异常行为或安全漏洞，对其中可能引起网络入侵、攻击的情况发出告警，以最大限度地降低网络与信息系统遭受攻击、入侵等网络安全事件造成的损害。

一些标准性文件将网络安全监测预警的定义进一步明确。《信息安全技术 网络安全监测基本要求与实施指南》（GB/T 36635—2018）中网络安全监测是指通过对网络和安全设备日志、系统运行数据等信息进行实时采集，以关联分析等方式对监测对象进行风险识别、威胁发现、安全事件实时告警及可视化展示。《信息安全技术 网络安全预警指南》（GB/T 32924—2016）中预警是指针对即将或正在发生的网络安全事件或威胁，提前或及时发出的警示。

从网络安全威胁和事件处置的时间先后顺序上来看，网络安全监测预警主要涵盖两方面的内容：一是在网络安全事件发生前对诱发因素，即网络入侵、攻击、漏洞等网络安全风险进行及时、动态以及持续的监测，收集相关信息和数据，并利用一定的技术和手段对收集的信息进行分析和风险评估的过程；二是在识别发现网络安全风险发生后，根据研判的结果确定预警级别，向有关部门和社会公众发出相关警示信息和通报的过程。

根据数据来源的不同，网络安全监测的内容包括以下几个方面：一是来自实时监控。网络安全监测需要实时对网络系统和网络流量进行监控，以及时发现异常情况和潜在的安全威胁。通过使用监控工具和技术，可以对网络中的各个节点、设备和通信进行持续的监测。二是来自漏洞扫描和评估。网络安全监测包括对网络系统和应用程序进行漏洞扫描和评估，以发现存在的安全漏洞和弱点。这有助于及早修补漏洞，提高系统的安全性。三是来自运行日志。网络安全监测需要对网络设备和系统生成的日志进行分析，以了解网络活动和行为。通过分析日志，可以发现潜在的入侵行为、异常的网络流量和其他安全事件。四是来自威胁情报。网络安全监测可以结合威胁情报，对已知的威胁和攻击进行监测和分析。威胁情报可以来自内部的安全团队、第三方安全机构或公共的威胁情报来源，用于提前预警和应对潜在的威胁。

3. 监测、预警和信息通报之间的关系

网络安全的核心工作是发现问题和解决问题，并循环演进。如图 3-1 所示，从网络安全威胁和事件的闭环管理体系来说，网络安全监测、预警和信息通报是该闭环管理体系的关键环节，为网络安全处置奠定了基础。

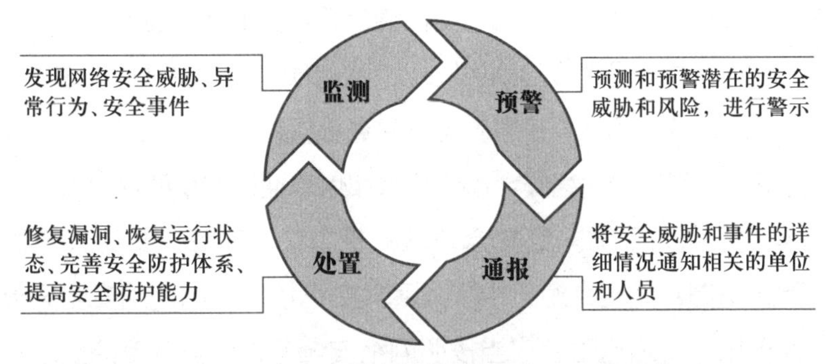

△ 图 3-1　网络安全威胁和事件闭环管理体系

其中，网络安全监测是整个过程的起点。网络安全监测工作利用安全监测平台，建立资产库、事件库、威胁情报库，对网络系统、应用程序和数据进行实时或定期的监控和检测，以发现异常行为、安全事件或威胁。通过监测网络流量、日志、事件和系统状态等信息，可以及时发现潜在的安全威胁和漏洞。网络安全监测提供了数据基础，为后续的预警和信息通报提供支持。

网络安全预警是在网络安全监测的基础上，通过对收集到的威胁情报和异常行为进行分析和评估，提前预测和预警潜在的安全威胁。根据预设的规则和策略，产生警报和通知，

通知相关人员采取相应的措施来应对威胁。预警是在监测的基础上进行风险评估和警示，提醒相关人员注意，更加强调事前的警觉和预防。

网络安全信息通报主要是将预警信息和安全事件的相关情况及时通知给相关人员或组织。通报的目的是确保信息的及时传递和共享，以便相关人员能够了解当前安全威胁和风险，并采取相应措施来应对。狭义上的信息通报一般包括风险预警、漏洞通知、攻击事件报告等形式，通常通过正式通报、工作平台、电子邮件、内部通信工具、会议等方式进行传达，通报一般会提供详细信息，以便被通报单位全面了解情况。而监测预警与信息通报机制中信息通报的涵义更加广泛，还包括网络安全态势、政策要求、标准规范、工作部署等内容，并强调各个单位和部门之间的信息共享以及下级部门对上级部门的主动上报。

综上所述，网络安全监测提供了数据基础，网络安全预警通过分析和评估提前预测和警示潜在威胁，网络安全信息通报及时传达相关信息和要求。这些环节相互依赖、相互支持，为各单位及时处置网络安全事件、发现网络安全薄弱环节、提高网络安全防护能力提供了重要保障。

3.1.2 国家监测预警相关政策法规

网络安全监测预警和信息通报是网络安全工作的重要组成部分，早在 2012 年，国务院发布的《关于大力推进信息化发展和切实保障信息安全的若干意见》中，就强调要提升网络与信息安全监管能力，提高风险隐患发现、监测预警和突发事件处置能力，加强信息共享和交流平台建设，健全网络与信息安全信息通报机制。在国家网络安全相关法律法规还有待完善的情况下，明确了网络安全监测预警和信息通报的重要性。

《网络安全法》作为我国网络安全领域的基本法，其第一章第五条即强调，国家采取措施，监测、防御、处置来源于中华人民共和国境内外的网络安全风险和威胁，第三章第二十一条指出，网络运营者应当按照网络安全等级保护制度的要求，采取监测、记录网络运行状态、网络安全事件的技术措施。同时，《网络安全法》专门在第五章用一整章来明确我国网络安全监测预警与应急处置的相关规定，说明监测预警是网络安全工作的重点，开展网络安全监测，处置网络安全风险和威胁是规定动作。其中，第五章第五十一条明确指出，国家建立网络安全监测预警和信息通报制度。网络安全监测预警和信息通报工作上升到了国家制度建设层面。同时指出，国家网信部门应当统筹协调有关部门加强网络安全信息收集、分析和通报工作，按照规定统一发布网络安全监测预警信息。

根据国家的总体部署，国家网络安全监测预警和信息通报机制由公安部统筹协调。

2020 年公安部印发的《贯彻落实网络安全等级保护制度和关键信息基础设施安全保护制度的指导意见》（以下简称《指导意见》）明确要求公安机关要加强网络与信息安全信息通报预警机制建设和力量建设，不断提高网络安全通报预警能力。随着互联网技术的不断发展，网络空间日益复杂，要监测日益庞大的网络空间体系，及时发现网络空间内的异常和薄弱环节，除了国家网信部门的统筹，还需要各部门、各地区、各行业，甚至各组织协同联动才能充分发挥效果。

对于需要重点保护的关键信息基础设施，《网络安全法》和《关键信息基础设施安全保护条例》都明确强调，关键信息基础设施保护工作部门应当建立健全本行业、本领域的关键信息基础设施网络安全监测预警制度，及时掌握本行业、本领域关键信息基础设施运行状况、安全态势，预警通报网络安全威胁和隐患，指导做好安全防范工作。

对于各个行业来说，《指导意见》中强调，行业主管部门、网络运营者与公安机关要密切协作，大力开展安全监测、通报预警、应急处置、威胁情报等工作。行业主管部门、网络运营者要依托国家网络与信息安全信息通报机制，加强本行业、本领域网络安全信息通报预警力量建设，及时收集、汇总、分析各方网络安全信息，加强威胁情报工作，组织开展网络安全威胁分析和态势研判，及时通报预警和处置。各单位、各部门要全面加强网络安全监测，对关键信息基础设施、重要网络等开展实时监测，发现网络攻击和安全威胁，立即报告有关部门并采取有效措施处置。

对于具体的网络运营者和行业组织，《网络安全法》第三章第二十九条指出，国家支持网络运营者之间在网络安全信息收集、分析、通报和应急处置等方面进行合作，提高网络运营者的安全保障能力。有关行业组织建立健全本行业的网络安全保护规范和协作机制，加强对网络安全风险的分析评估，定期向会员进行风险警示，支持、协助会员应对网络安全风险。

在数据安全保护方面，《数据安全法》第三章第二十二条规定，国家建立集中统一、高效权威的数据安全风险评估、报告、信息共享、监测预警机制。国家数据安全工作协调机制统筹协调有关部门加强数据安全风险信息的获取、分析、研判、预警工作。

为了预防网络安全事件的发生，防患于未然，《网络安全法》要求，国家网信部门协调有关部门建立健全网络安全风险评估和应急工作机制，制定网络安全事件应急预案。2017 年 6 月，中央网信办公布了《国家网络安全事件应急预案》，对网络安全监测预警提出了明确要求。要求各单位按照“谁主管谁负责、谁运行谁负责”的要求，组织对本单位建设运行的网络和信息系统开展网络安全监测工作。重点行业主管或监管部门组织指导做好本行业网络安全监测工作。各省（区、市）网信部门结合本地区实际，统筹组织开展本地区网络和信息系统的安全监测工作。网络安全应急预案以及应急处置的相关内容将在

第 4 章详细阐述。

综上，在公安部的全力推动下，在国家各部门、各地区、各行业的大力支持和配合下，国家网络安全监测预警和信息通报机制已建立起来。2023 年 7 月，公安部召开新闻发布会，表示已经建立了国家网络与信息安全信息通报机制，指导、监督并组织实施网络安全实时监测、信息共享、通报预警、应急处置等工作，形成立体化、实战化的网络与信息安全通报预警工作体系。公安部大力加强部、省、市三级网络与信息安全信息通报机制建设，持续深化与各重要行业部门、关键信息基础设施运营使用单位的信息通报工作机制，不断整合各科研院所、高校和网络安全企业的资源力量，强化落实网络安全事件报告制度，建成并不断完善纵横联通、协同配合的网络安全通报预警体系。并表示，公安机关将继续全面加强网络安全监测预警、信息通报和应急处置，不断完善与各重要行业部门、关键信息基础设施运营单位和社会资源力量的协同配合、协调联动工作机制，及时发现、防范、化解网络安全风险隐患，切实提升重要网络系统和数据的安全防护能力。

3.1.3 教育系统政策要求

近年来，教育部深入贯彻落实党中央、国务院关于网络安全的重大决策部署，教育系统网络安全防护能力显著提高。

在网络安全监测预警与信息通报方面，教育部明确提出了增强安全预警、应急处置和灾难恢复能力等网络安全工作目标，并要求各单位大力提升网络与信息安全技术防护能力，实现安全防护、监测预警等功能，建立健全网络与信息安全应急处置和通报机制。建立重大网络与信息安全事件处置和报告制度，确定报送范围、规范报告格式、建立报送流程、明确报送时间。发生事件后，信息系统运维单位应当按照应急处置程序立即向有关部门报告，做到应急处置迅速，报告及时。

2016 年，教育部启动教育系统信息系统（网站）安全监测工作，依托教育系统网络安全管理平台（以下简称安管平台），从教育部机关司局、直属单位、部属高校的重要信息系统开始，开展网络安全监测工作，对安全隐患通知与整改、安全威胁预警、安全监测提出具体要求，拉开了教育系统最高层面网络安全监测预警和信息通报工作的序幕，此后，该项工作的覆盖面不断扩大，工作流程不断完善。

2017 年，教育部继续加强教育系统网络安全监测预警和信息通报工作，明确要求深入分析支撑教育行业重要业务管理、教育教学活动中使用范围较广的应用软件产品的安全性，通过测试发掘软件存在的安全缺陷、漏洞等风险隐患，告知开发单位及时采取补救措施，并尽快协助教育行业用户完成软件的升级和修复。还要求各级教育行政部门及其有条件的直属单位、高校全面监测网络安全威胁，对本地区、本单位主管的信息系统（网站）开展常态化监测，发现存在漏洞、后门、暗链、弱口令等安全威胁的信息系统（网站），应及时通报、限时修复、跟踪核查整改结果，尽快消除安全隐患。

2018年，根据《网络安全法》《国家网络安全事件应急预案》的要求，教育部印发《教育系统网络安全事件应急预案》，从组织机构与职责、监测与预警、应急处置、调查与评估、预防工作、工作保障6个部分全面规范了教育系统网络安全事件工作流程。教育系统网络安全事件应急预案对网络安全事件进行了分级，并按照网络安全事件的紧急程度、发展态势和可能造成的危害程度，对网络安全事件进行预警分级，详细规范了预警研判和发布工作、安全监测渠道和信息共享机制，并要求各单位加强网络安全日常管理、网络安全监测预警和通报等。

2021年，为落实《数据安全法》等法律法规，建立健全教育系统数据安全治理体系，保障师生切身利益，发挥数据生产要素作用，教育部联合国家相关部门加强教育系统数据安全工作，同时要求省级教育行政部门加强与网络安全职能部门、专业机构、行业协会和企业的合作，建立数据安全监测预警通报机制，通过远程监测、信息共享等方式，及时发现和处置数据安全威胁。

从教育部发布的教育系统网络安全政策文件中可以明显看出，教育部高度重视网络安全监测预警和信息通报相关工作。同时，在教育部近年来的教育信息化和网络安全工作要点中，均有网络安全监测预警和信息通报相关工作的部署。《2017年教育信息化工作要点》要求增强网络安全监测预警和应急响应能力，健全教育行业信息系统名录，通过大数据的方式研究教育行业网络安全形势，探索建立教育行业态势感知工作机制；进一步加强信息系统（网站）安全监测，加强与网络安全职能部门、专业机构、高校组织和企业的合作，形成安全威胁信息共享机制，通过实时通报、限期整改、跟踪核查，确保安全威胁修复。《2018年教育信息化和网络安全工作要点》要求持续推进教育系统网络安全监测预警，健全网络安全威胁通报机制，优化监测服务流程，提高通报整改质量，强化数据统计分析能力；有序推进教育系统通用软件检测工作，建立常态化的通用软件检测机制。探索建立基于大数据的教育系统网络安全预警机制，提高信息收集、分析、研判能力。《2019年教育信息化和网络安全工作要点》要求持续推进网络安全监测预警通报机制，建立常态化的通用软件安全评估机制；完善网络安全信息通报机制，加强与省级教育行政部门的信息共享，提高安全威胁信息的质量和针对性。《2020年教育信息化和网络安全工作要点》强调持续开展网络安全监测预警，提高数据分析和态势感知能力，完善教育系统网络安全通报机制建设。

从时间线可以看出，教育系统从2016年启动信息系统安全监测工作以来，从健全资产名录、建立信息共享机制、开展通报、限期整改，到提高信息收集、分析、研判能力，提高安全威胁信息质量，持续推进网络安全监测预警通报机制，开展网络安全监测预警，网络安全监测预警和信息通报工作的要求越来越高，工作越来越细，工作模式逐渐固定成型，成为网络安全常态化工作之一，网络安全监测预警和信息通报始终是教育系统网络安全工作的重要环节。

3.2 教育系统监测预警和信息通报工作

为贯彻落实国家关于建立网络安全监测预警和信息通报机制的总体部署，教育系统明确行业工作要求，建立了本行业网络安全监测预警和信息通报工作机制。

3.2.1 工作机制

监测预警和信息通报制度是指各级政府部门制定的一套标准程序和方法，对网络安全各类事件和危险因素进行监测和预警，及时向有关部门和广大群众发布相关信息和预警信息。网络安全监测预警和信息通报涵盖从了解网络安全日常运行情况到安全事件发生和信息通报的各个环节，包括全面了解、事前监测（风险监测、攻击面评估），事中研判、预警通报，形成覆盖安全威胁发现、校核、通报各个过程的管理机制。网络安全监测预警和信息通报是网络安全管理工作的重点。

教育系统的网络安全监测预警和信息通报工作围绕教育系统的网络安全工作目标，根据教育系统网络安全工作机制开展，各单位加强网络安全监测预警和信息通报，及时发现并处置安全威胁。如图 3-2 所示，教育部网络安全和信息化领导小组统筹协调教育系统网络安全监测预警和信息通报工作；教育部科学技术与信息化司（以下简称科技司）统筹建立教育系统网络安全监测预警和信息通报制度，指导各级教育行政部门和各级各类学校建立本单位、本地区的网络安全监测预警和信息通报制度，同时与中央网信办、公安部等国家网络安全职能部门建立信息通报渠道和实时联络机制。根据“行业统筹、行业监管；省级统筹、省级监管”的原则，省级教育行政部门全面掌握本地区信息系统（网站）情况，统筹建立本地区教育系统的网络安全监测预警和信息通报制度，并指导、监督本地区教育机构及时修复安全威胁，全面排查安全隐患，提高发现和应对网络安全事件的能力。

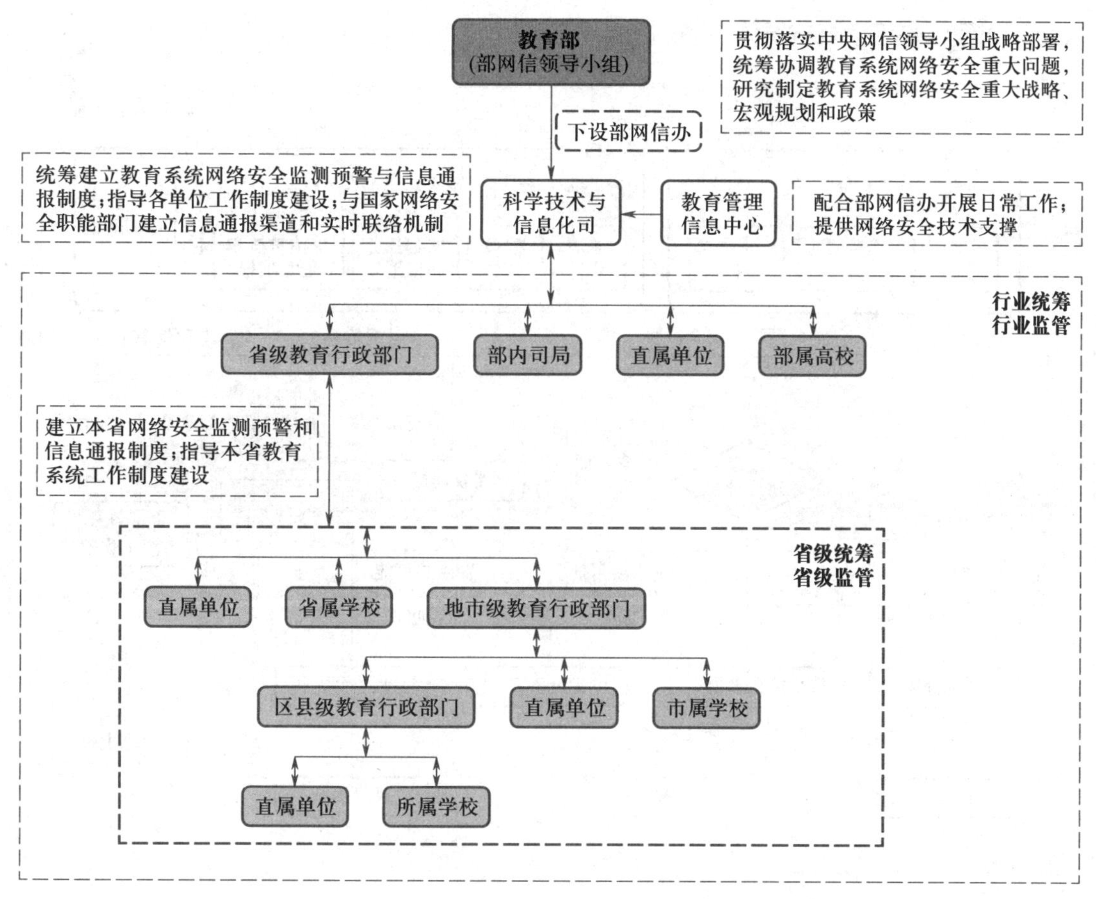

△ 图 3–2　教育系统网络安全监测预警和信息通报工作机制

图 3–3 反映了教育系统网络安全监测预警和信息通报工作流程。教育部持续增强网络安全监测预警和态势感知能力，汇聚多方情报，对教育系统进行网络安全监测和信息通报，做到早发现、早预警、早通报、早响应。根据监测预警工作情况，教育部以网络安全综合治理考核为抓手，通过信息通报工作机制，将常规监测预警信息和专项信息以通报函件、安管平台通知公告等形式通知到各级教育行政部门和各级各类学校，确保监测预警信息、安全事件、安全威胁第一时间通知到涉事单位，确保安全情报第一时间在教育系统各单位之间共享。各地各校根据接收的通报内容和单位自身监测到的信息，对单位的网络安全情况进行分析研判，根据教育系统网络安全事件应急预案中的规定和流程，依据发生或可能发生的事件级别发布对应级别的安全预警，并及时向教育部反馈安全事件、安全威胁的监测预警情况、排查处置情况。涉事单位应立即处置安全事件、安全威胁，排查事件发生的原因，分析产生的影响，及时采取措施阻断攻击行为、修复漏洞、安全加固，并进一步总结验证、举一反三，优化单位的网络安全防护技术措施和管理机制。同时，根据教育部的总体部署，按照综合治理考核要求，各单位每年应将单位网络安全工作组织情况、保障情况等上报教育部，此外，各单位自主发现的安全事件和处置情况也应及时上报。详细

规范和流程将在后续章节具体描述。

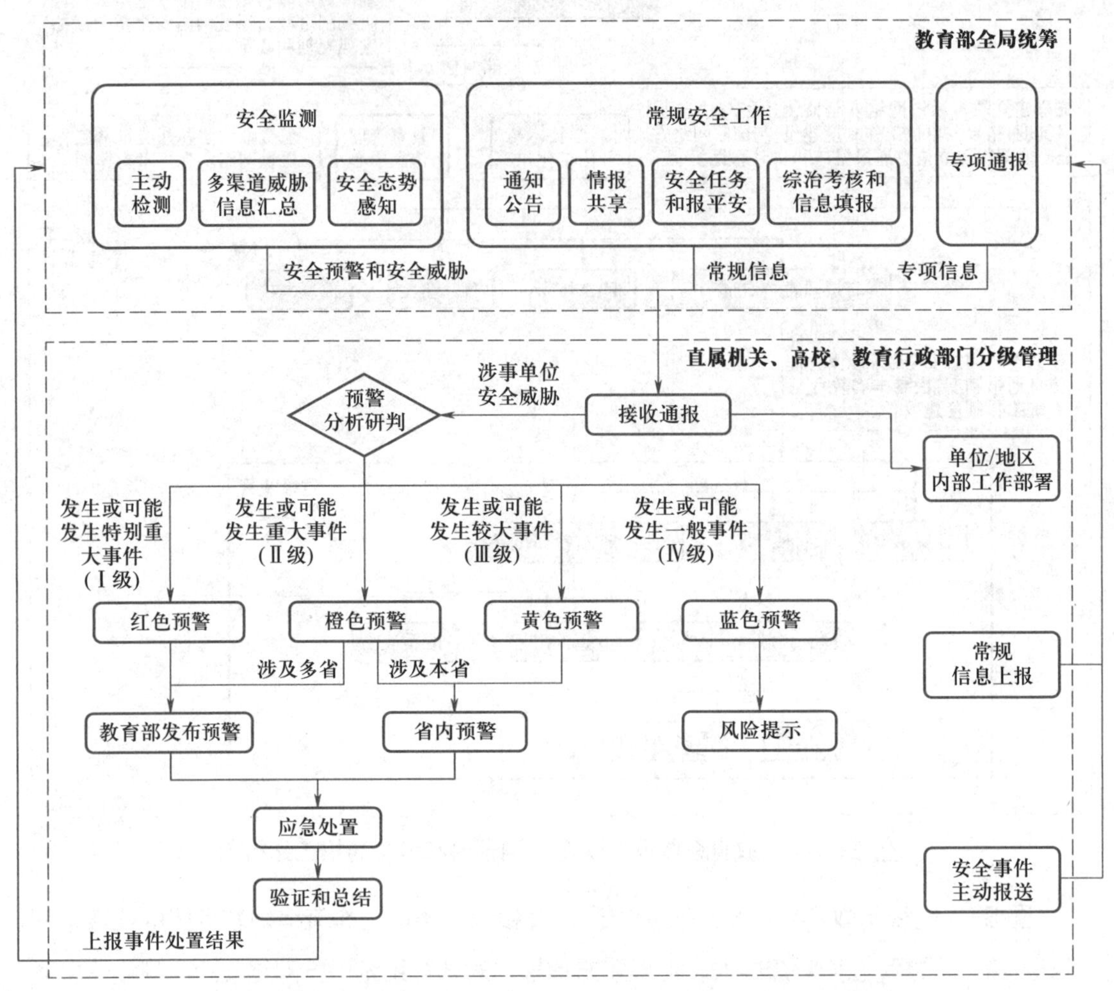

△ 图 3-3　教育系统网络安全监测预警和信息通报工作流程

3.2.2　工作平台

为加强对部属单位信息系统（网站）的安全防护和监督检查，2016 年教育部组织建设教育系统信息技术安全工作管理平台（https://xxaq.moe.edu.cn），对部内司局、直属单位、部属高校的信息系统开展安全监测，及时发现存在的安全隐患，对新的安全威胁进行预警。对监测发现的信息系统安全隐患，通过信息技术安全工作管理平台自动通知相关信息系统的主管单位。此后，教育系统信息技术安全工作管理平台经过多次迭代升级，正式更名为“教育系统网络安全工作管理平台”（以下简称“安管平台”），逐步实现了教育系统信息资产梳理、安全威胁和漏洞的自动分发和跟踪管理，通过信息化手段支持网络安全检查、考核评价、信息报送等工作，为教育系统网络安全监测预警和信息通报工作提供了强有力的平台支撑，大大提高了教育系统网络安全工作效率。2022 年 10 月，根据国家教育数字化战略行动统一部署，安管平台进行了进一步升级，能够监测教育系统全行业的网络安全总体状况，并实现了两方面的目标，一是深度整合当前安管平台的各项功能，构建覆盖网络安全业务全链条的管理平台，全面支撑教育系统网络安全业务的线上办理；二是深化拓展网络安全监测预警的能力，构建网络流量和远程扫描相结合的监测网络，建立资产探测、情报采集、指纹匹配的安全威胁主动发现机制，探索教育系统网络安全态势感知体系。

目前，安管平台已逐步建成由“一台、一网、一图”组成的，集业务管理、监测预警、应急处置、指挥调度为一体的教育系统网络安全工作管理平台。“一台”为“安管平台”，全面支撑网络安全管理的各项工作，汇集单位数据、资产数据、漏洞数据、情报数据、业务数据，实现教育安管业务的一网通办。“一网”为“态势感知网”，结合业务汇总的静态数据和安全监测生成的动态数据，感知覆盖教育信息系统的网络安全态势，通过对数据进行捕获、存储、回溯、挖掘，建立安全大数据分析机制，发现网络攻击行为，全面掌握安全现状。“一图”为“安全态势图”。基于网络安全态势分析指标和模型形成网络安全态势云图，展示安全风险态势、安全工作短板、预警可疑行为、通报重大事件、评估安全趋势，从宏观到微观、从整体到局部，为快速发现教育系统内的网络安全隐患提供直观、有力的决策支撑。

安管平台汇总信息资产数据、安全威胁数据、情报数据等各类数据，以综合安全态势云图、资产态势云图、威胁分析态势云图、指挥调度态势云图的形式呈现教育系统网络安全全貌。如图 3–4 所示，安管平台由安全门户、单位管理、资产管理、威胁管理、应急管理、合规管理、任务管理、评价管理、情报管理等功能模块组成，为教育系统网络安全监测预警和信息通报工作的高效开展，为安全威胁的及时处置提供了基础的技术支撑。同时，平

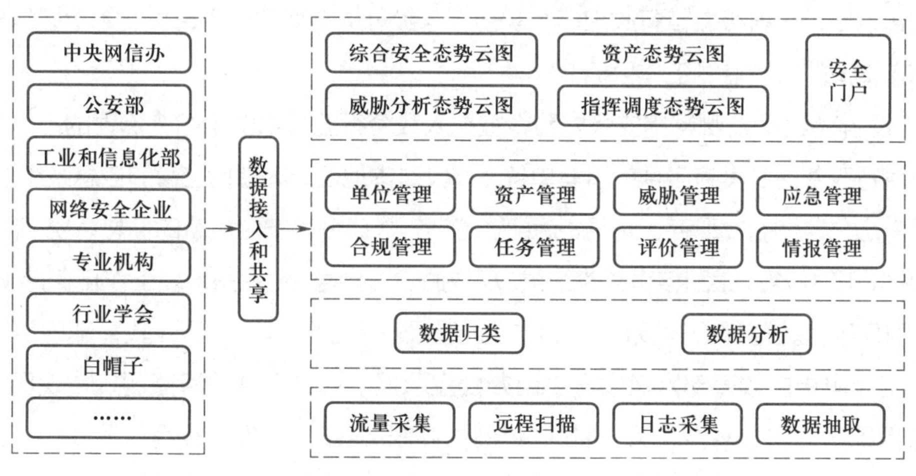

△ 图 3–4　教育系统网络安全工作管理平台主要功能框架

台加强与中央网信办、公安部、工业和信息化部等网络安全职能部门，网络安全企业、网络安全专业机构、行业学会、互联网白帽子等的合作，对接汇总了相关部门的监测预警信息，共享安全情报信息，建立网络安全威胁信息共享机制和网络安全事件的快速发现和协同处置机制。

3.3 安全监测

教育系统依托安管平台全面监测教育行业网络安全态势，同时与国家网络安全职能部门、网络安全专业机构、行业白帽子等加强网络安全信息共享，多渠道整合教育系统网络安全情报和威胁情报，将被动应对多方通报的局面转变为主动收集多方威胁信息，统一建立威胁台账，筛除冗余告警。

3.3.1 监测工作的要求

遵照“统一监测、全局管理”的原则，2016 年教育部组织建设安管平台的前身——教育系统信息技术安全工作管理平台，开始对部内司局、直属单位、部属高校的信息系统开展安全监测，经多年的建设完善和功能迭代，逐步成为教育系统“统一监测、全局管理”的主要支撑平台。该平台监测教育系统全行业的网络安全状况，将发现的安全威胁自动分发到事件发生单位，大大提高了事前风险感知能力，做到安全事件及时发现、尽早处理，降低安全事件对业务正常运行的影响。教育部逐步将加强网络安全监测、建立网络安全监测机制、及时发现安全威胁、提高发现网络安全事件的能力逐级落实到部直属机关、部属高校和省、市、县各级教育行政部门，实现了各级机构全面掌握本单位、本地区信息系统（网站）情况的安全监测工作目标。

2017 年“全面监测网络安全威胁”被纳入教育行业网络安全综合治理的工作内容。各级教育行政部门及其有条件的直属单位、高校对本地区、本单位主管的信息系统（网站）开展了常态化监测，发现存在漏洞、后门、暗链、弱口令等安全威胁的信息系统（网站），及时通报、限时修复、跟踪核查整改结果，尽快消除安全隐患。目前该项工作正在持续推进。

2018 年，教育部面向教育系统全行业部署安全监测具体工作。教育部网络安全应急办（工作职责由教育部网信领导小组办公室承担）通过多种渠道监测、发现已经发生的教育系统网络安全事件，第一时间将掌握的情况通知相关省级教育行政部门。各单位对本地区、本单位网络和信息系统（网站）的运行状况进行密切监测，一旦发生网络安全事件，立即通过电话等方式向上级教育行政部门报告，不得迟报、谎报、瞒报、漏报。部网络安全应急办组织对教育系统网络安全威胁进行监测、建立多方协作的信息共享机制，通过多种途径监测、汇聚漏洞、病毒、网络攻击等网络安全威胁信息，依托教育系统网络安全工作管理平台实现安全威胁信息的收集、校验、发布、跟踪。各单位加强对本地区、本单位网络和信息系统（网站）的网络安全威胁监测，对发生的威胁及时进行处置和上报。

3.3.2 监测工作的目标和内容

网络安全监测的目标是了解网络和信息系统的运行情况，采用某种技术或方法对某些对象的某些内容进行常规或者专项监测，收集信息资产、运行数据、安全威胁等监测信息；采用一定的技术和方法分析数据，发现网络攻击和潜在安全威胁，感知整体安全态势。

监测对象包括网络链路、网络通信、主机系统 / 数据库 / 中间件等信息系统运行环境，可包括数据、Web 服务等信息系统运行条件，也可包括云计算、移动互联、物联网等信息系统运行形态。

监测内容包括链路 / 网络的通断、延时、传输质量，也包括主机系统 / 数据库 / 中间件 / 应用系统的服务通达、资源使用、恶意代码，数据的传输、存储、使用、完整性、保密性，云计算的算力、存储、虚拟隔离和迁移，移动互联的接入、终端 / 应用的管控，物联网的感知、网关节点运行状况，还包括运行日志、网络流量（如 netflow 流量、全流量等）、漏洞扫描结果等。

监测技术可以是日志分析和审计、漏洞扫描、netflow 流分析、全流量分析等单一对象监测技术，也可以是采用各种数据联合方法交叉分析流量异常、DDoS 攻击、网络攻击、异常用户行为、异常 API 调用、key 泄露、网络攻击、信息失窃、信息破坏、有害程序、权限失控等异常行为，以及个人信息被窃取、认证绕过、植入木马 / 病毒 / 广告、数据篡改、键盘劫持、界面劫持、流量劫持、越权访问、程序伪造等移动应用安全风险。可以是主动的信息采集，或者采用漏洞扫描、DDoS 检测等方式主动检测安全状况，也可以是流量分析、日志分析等对已产生数据的被动监测。

监测方法可以是通过 SNMP 协议采集链路、网络、系统各层面的运行信息，采用专用工具检测链路 / 网络的通断、延时、质量，也可以是通过服务端口探测、应用访问过程模拟等方式检测应用是否正常，借助专用工具检测 Web 漏洞、网站暗链、黑页等 Web 服务威胁。可以是依据一定的监测频率和监测深度对某些监测对象的某些内容进行常态化基线监测，如 Web 漏洞监测、系统漏洞检测、篡改监测、暗链监测、流量监测等，也可以通过使用漏洞扫描工具、部署流量探针等方式掌握系统、Web 服务健康状况等。可以是围绕某一具体目标或者为了排查某一问题的需要，在一段时间内对某些对象的某些内容进行重点监测和专项动态监测，也可以是结合教育行业和单位自身情况开展专项监测，如邮箱安全、挖矿病毒检测、内部演练等。

常用的监测工具包括漏洞扫描、流量分析设备、网络探针、开源网络安全软件等。

除了通过自主监测获取的运行数据之外，监测数据还包括通过其他监测手段获取的单位相关互联网区域资产，以及来自国家安全职能部门（中央网信办、公安部等）发布的预警信息，国家网络安全专业机构（国家信息安全漏洞共享平台、国家互联网应急中心等）提供的威胁数据，教育白帽子、地方教育机构、网络安全服务商、互联网白帽子提交的漏洞等，如图 3-5 所示。

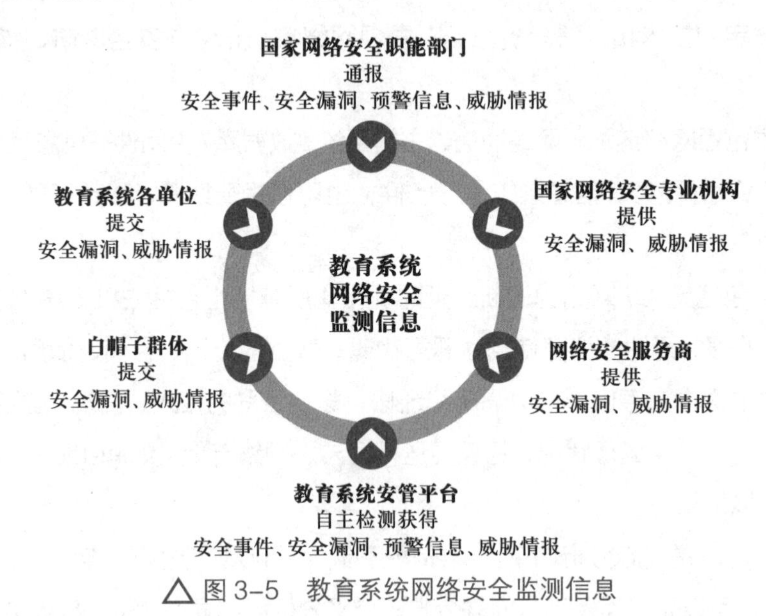

△ 图 3-5　教育系统网络安全监测信息

综合以上监测因素，安全监测方式可划分为常态化基线监测、利用外部监测能力和专项动态监测。常态化基线监测为日常的基线监测，采用固定的监测方法和技术对某些监测对象和内容设置监测周期、监测阈值，发现可能存在的安全威胁。图 3-5 所示方式为利用外部监测数据提升教育系统安全监测能力。专项动态监测是结合教育行业和单位自身情况开展的专项监测，如邮箱安全监测、钓鱼邮件演练等。

3.3.3　安全监测框架

《信息安全技术　网络安全监测基本要求与实施指南》（GB/T 36635—2018）描

述了网络安全监测框架，围绕监测数据的采集、存储、分析、展示与告警 4 个步骤对监测对象实施监测的整个过程中所涉及的各个环节以及所采用的方法和技术进行了进一步的规范，如图 3-6 所示。

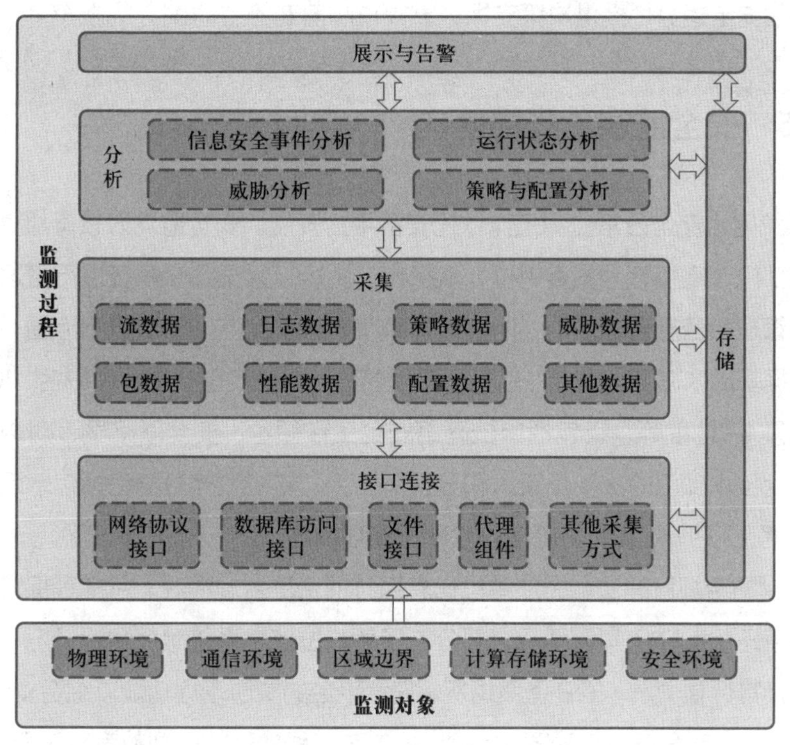

△ 图 3-6　网络安全监测框架

3.3.4　态势感知和安全监测

感知网络安全态势是做好网络安全工作的基础。维护网络安全，首先要知道风险在哪里、是什么样的风险、什么时候发生风险，做到“聪者听于无声、明者见于未形”。发现力也是一种震慑力，不能谁进来了不知道，是敌是友不知道，干了什么也不知道。

安全态势感知是网络安全监测过程和监测结果的一种综合体现，以安全大数据为基础，通过一个平台汇集某个网络或业务范围内信息资产、拓扑、网络、主机、中间件、数据库、应用系统等各个维度的监测数据，综合分析，清晰呈现网络安全状况，是目前发现安全威胁、全面评估安全能力的一种重要方式，这既是一种常态化全方位安全监测工具，又是分析回溯安全风险的辅助平台。

安全态势感知平台通常以人工汇总或者自动发现的在线信息资产为对象开展常态监测，动态生成并汇总日志、流量或通过监测、扫描等工具获得的监测数据。基于数据收集、存储、检索、挖掘等大数据技术，采用时序分析、时空对比分析、多维交叉分析、多源关联分析、机器学习等方法深度分析数据、发现安全威胁，溯源威胁根源，以安全态势云图等直观简洁的呈现方式多维度展示安全状态全景、预警可疑行为、洞悉安全风险、挖掘攻击线索、评估安全趋势、提供决策支撑、掌握攻防博弈的主动权。

3.3.5 安全监测工作的落实

教育系统网络安全日常监测工作依托安管平台开展。安全监测以教育部直属机关、各级教育行政部门、高校等为重点单位，从机构、资产、人员几个角度进行管理，通过安管平台的单位管理和资产管理功能，明确教育系统网络安全监测的对象和范围，为网络安全监测奠定数据基础。其中，单位信息包括单位名称、单位类型、主网站域名、ICP 备案号、出口运营商及 IP 地址等，还包括单位网络安全工作领导、安全联络员、网络安全职能部门和网络安全技术部门的主要负责人和分管负责人。单位资产数据包括信息系统、等保备案、ICP 备案、APP 备案、关键信息基础设施情况等。

安管平台的合规管理功能关注单位信息系统的合法合规情况，包括等保管理、关键信息基础设施管理、ICP 备案管理几个部分，了解单位信息系统等保测评情况、关键信息基础设施系统及其评估情况、ICP 备案情况。安管平台的威胁管理功能以综合安全态势云图、资产态势云图、威胁分析态势云图、指挥调度态势云图的形式呈现教育系统网络安全全貌，以统一渠道汇总、去重后通报国家安全职能部门（中央网信办、公安部等）发布的预警信息，国家网安专业机构提供的威胁数据，教育白帽子、地方教育机构、安全厂商、互联网白帽子提交的漏洞。

教育系统各单位建立本单位、本地区网络安全监测机制，制定本单位、本地区的监测预警通报工作相关制度，开展网络安全监测预警工作，鼓励建设网络安全威胁通报平台。

各单位需首先建立健全网络安全组织领导体系、工作架构和工作分工，明确本单位、本地区的网络安全和信息化领导小组、网络安全职能部门、技术支撑单位的组成、工作目标和工作内容。以制度文件的形式指导本单位、本地区的监测预警通报工作，包括网络安全组织领导体系和单位分工制度、网络安全规划和管理制度、等保工作要求、安全监测预警通报制度、网络安全应急处置预案、队伍建设和人员培训制度等。这些制度或直接或间接指导网络安全监测预警通报工作。

网络安全和信息化领导小组是网络安全的决策机构，领导本单位、本地区的网络安全工作，包括网络安全监测预警通报工作。网络安全职能部门统筹协调单位网络安全重要事项，对落实情况进行监督检查。技术支撑单位负责网络安全技术相关工作。网络安全职能部门和技术支撑单位分工合作共同做好本单位、本地区的网络安全监测工作。

资产管理系统作为网站和信息系统资产的综合管理平台，主动登记、自动发现信息资产，记录信息系统负责人、管理员、操作系统、中间件、数据库、应用系统、主要服务端口等基本信息。

根据信息系统的重要程度和影响力，各单位确定实时监测和定期监测的内容和所采用的技术手段。实时监测核心资产的网络联通状况、端口开通情况、服务提供情况等业务运行信息，整合网络设备运行监测、网管系统运行监测的监测结果和采用较短周期获取的漏洞扫描结果，形成针对核心资产的立体监测。定期监测一般资产的服务运行情况，结合较长周期获取的漏洞扫描形成针对一般资产的多维监测。资产管理系统联动单位内部组织工作和人事系统实时更新二级单位网络安全第一责任人、安全工作分管领导、安全联络员信息。联动漏洞扫描系统，定期发现系统漏洞和Web服务漏洞，记录信息系统漏洞扫描历史，追踪信息系统安全能力发展路径。联动防火墙等设备，批量实施访问控制策略。资产管理系统对监测到的核心资产和一般资产的安全问题进行通报。根据发现威胁的程度，采取邮件、电话等方式通知到人，采用涉事单位自行解决、技术支撑单位协助解决、安全服务公司协助解决等方式，按照规定时间排除风险，降低事件影响。

有条件的单位可考虑建设安全态势感知平台，汇总来自多种渠道的监测结果和运行日志，以及网络流量、防火墙等安全设备日志、安全威胁等预警信息，多视图、多角度、多形式全面展示单位网络安全总体态势。

各单位可根据本单位、本地区实际情况，建立单独的网络安全威胁通报平台或者将网络安全威胁通报功能整合到统一安全管理平台或者安全态势感知平台，根据通报目标和不同授权模式面向本单位某些部门或者本地区某些单位通报安全威胁，汇总安全事件处置情况。与教育部安管平台对接，共享威胁信息。

3.4 安全预警

《信息安全技术　网络安全预警指南》（GB/T 32924—2016）明确了预警是指针对即将或正在发生的网络安全事件或威胁，提前或及时发出的警示。为了预防和减少网络安全事件的损失和危害，维护教育系统安全稳定，需坚持事件处置和预防工作相结合，做好事件的预防、预判、预警工作。网络安全监测和预警相辅相成，监测是预警的前提和基础，预警是监测的目标和结果。根据网络安全监测阶段获取的信息，各单位对监测结果进行分析研判，判断发生安全事件的可能性及其可能造成的影响，以采取对应的应急措施。

为了做好网络安全预警工作，对监测信息进行准确分析研判，首先要了解教育系统对网络安全事件的定义和事件预警分级。

3.4.1 安全事件的定义

《国家网络安全事件应急预案》明确了网络安全事件是指由于人为原因、软硬件缺陷或故障、自然灾害等，对网络和信息系统或者其中的数据造成危害，对社会造成负面影响的事件，可分为有害程序事件、网络攻击事件、信息破坏事件、设备设施故障、灾害性事件和其他事件。

3.4.2 事件预警分级

按照安全事件的紧急程度、发展态势和可能造成的危害程度，教育部建立教育系统网络安全事件预警制度，将教育系统网络安全事件预警等级分为4级，由高到低依次用红色、橙色、黄色和蓝色标识，分别对应发生或可能发生教育系统特别重大、重大、较大和一般网络安全事件。

3.4.3 研判发布机制

各级教育行政部门对监测信息进行研判，对发生网络安全事件的可能性及其可能造成的影响进行分析评估。各省级教育行政部门可根据监测研判情况，发布本地区的橙色以下（含橙色）预警。教育部网络安全应急办研判，提出发布红色预警和涉及多地区预警的建议，报部网信领导小组批准后统一发布。除了对安全事件进行预警之外，对达不到预警级别但又需要发布警示信息的，教育部网络安全应急办和各省级教育行政部门可发布风险提示信息。预警信息包括预警级别、起始时间、可能影响的范围、警示事项、应采取的措施、时限要求和发布机关等。

3.4.4 预警发布工作的落实

教育系统安管平台向教育系统各单位发布网络安全预警信息和需处置安全威胁、共享安全情报，如图3-7所示。

安全预警	【[illegible]】关于[illegible]的提示	20[illegible]年[illegible]月09日	浏览量：2071
安全预警	【[illegible]】关于[illegible]高危漏洞相关报平安等工作的通知	20[illegible]年[illegible]月04日	浏览量：134
安全预警	【[illegible]】关于[illegible]设备存在高危漏洞的预警通报	20[illegible]年[illegible]月10日	浏览量：96
安全预警	【[illegible]】[illegible]防范[illegible]攻击的预警通报	20[illegible]年[illegible]月27日	浏览量：17
安全预警	【[illegible]】关于[illegible]漏洞的预警通报	20[illegible]年[illegible]月20日	浏览量：15
安全预警	【[illegible]】关于[illegible]存在安全风险可致[illegible]代码泄漏的预警通报	20[illegible]年[illegible]月17日	浏览量：2
安全预警	【[illegible]】关于[illegible]存在高危漏洞的预警通报	[illegible]年[illegible]月17日	浏览量：6
安全预警	【[illegible]】关于[illegible]攻击而关闭的情况通报	[illegible]年[illegible]月17日	浏览量：9
安全预警	[[illegible]]关于[illegible]老旧漏洞待修复的风险提示	[illegible]年[illegible]月16日	浏览量：1
安全预警	关于[illegible]未授权访问漏洞的风险提示	[illegible]年[illegible]月14日	浏览量：4

△图 3–7　安管平台发布安全预警信息

3.5
信息通报

发布监测预警信息、加强网络安全预警通报、及时处置安全威胁是网络安全工作顺利开展的几个关键环节。教育系统依托国家网络与信息安全信息通报机制，及时收集、汇总、分析、处置来自国家、行业和地方的网络安全预警通报信息，加强威胁情报信息共享，不断提高网络安全通报预警能力。同时，各省级教育行政部门建立本地区的网络安全信息通报机制，并指导、监督本地区教育部门和学校及时修复安全威胁，全面排查安全隐患，提高应对网络安全事件的能力。

3.5.1　信息通报的工作机制

教育系统网络安全信息通报按照“统一领导、分工负责、协同配合、资源共享、闭环管理”的工作原则，以风险预警、情报共享、应急处置为重点，收集、分析、通报和报告网络安全信息，迅速研判和有效应对教育系统网络安全风险。各单位落实教育部网信办关于信息通报工作要求，直属单位、部属高校建立覆盖本单位的信息通报工作机制，省级教育行政部门建立覆盖辖区内地市级以上教育行政部门、本部门所属单位和内设机构的信息通报工作机制。各单位建立收发登记机制，确保通报信息及时传达至本单位及下级教育行政部门，实现安全信息及时共享、监测预警信息及安全事件有效处置，充分发挥网络安全信息通报机制的作用，做好信息通报内容的保密工作，同时确保通报信息的全面、准确、完整。

如图 3-8 所示，安全预警信息一般通过行政机制进行通报转发，教育部科技司向部直属机关、部属高校和各省教育厅发送信息通报，同时根据具体情况，可将通报信息直接下达具体涉事单位、学校；省教育厅根据本省信息通报工作机制向地方高校和地市教育局发送信息通报，地市教育局向基础教育机构和区县教育局发送信息通报。目前，各单位的信息通报方式有两种：① 以信息化手段实现通报直达，采用单位在工作平台预留的人员联系方式，用安管平台、邮件、手机短信的方式直接通知到人。② 部分基层，如地市教育局到区县教育局或基础教育机构，采用线下方式转发通报。

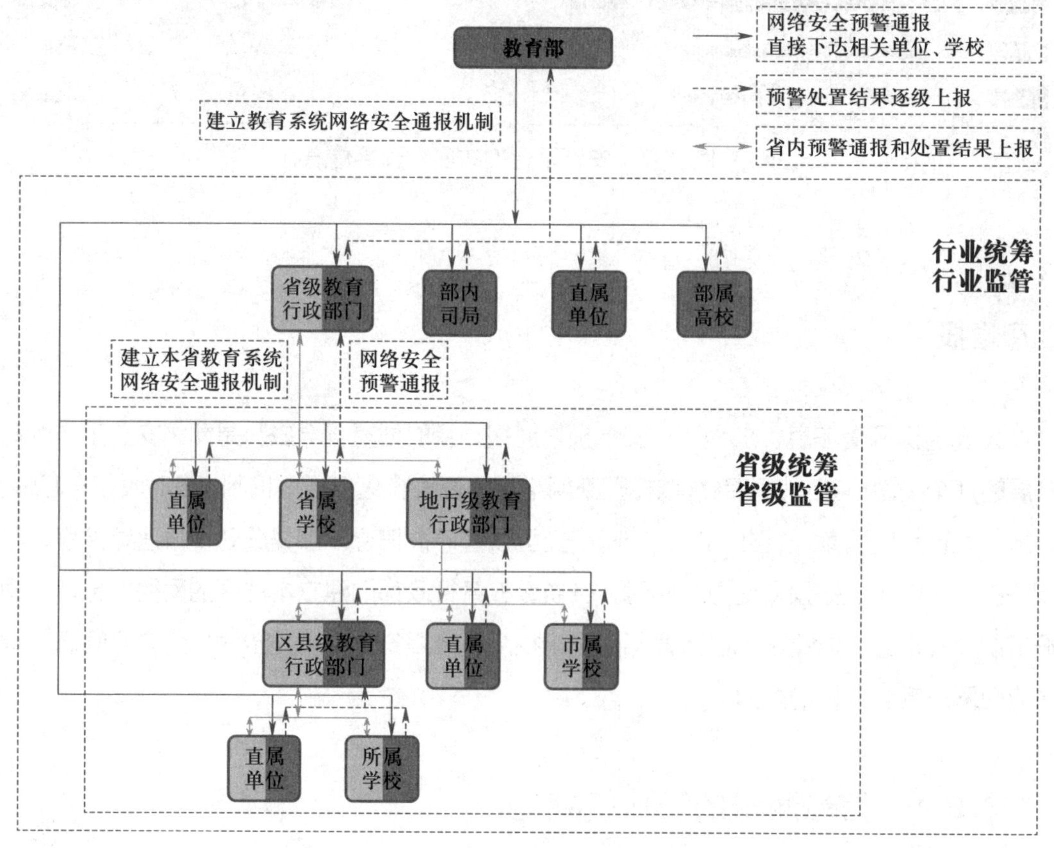

△ 图 3-8　教育系统信息通报工作体系

3.5.2　信息通报的内容和方式

1. 信息通报内容

（1）中央对于教育系统网络安全工作的决策部署、部领导对于网络安全工作的重要指示和批示精神，教育系统网络安全政策文件、标准规范、重要工作部署和开展情况。

（2）教育系统网络安全态势、网络安全动态以及形势分析研判情况、网络安全专题研究情况。

（3）风险预警、情报共享与事件处置情况。

（4）重要时期和重大活动期间网络安全情况。

（5）国内外网络安全情报信息、网络安全新技术、新应用的发展趋势。

（6）其他网络安全情况。

2. 信息通报的方式

目前，教育部主要依托安管平台进行教育系统网络安全信息通报工作，以实现信息通报工作的自动化，能够将通报信息直接下达相关涉事单位、学校，大大提高信息通报效率，方便各地各校及时接收通报信息，处置网络安全事件和威胁。特殊情况下教育部网信办和各单位、学校可采用电话、邮件、传真和公文等形式通报、报送。

3.5.3 信息通报工作的分类

1. 安全威胁通报

常规信息通报首先是发送给涉事单位的安全威胁，如疑似的网络攻击、木马病毒、个人隐私信息泄露、未授权访问、系统漏洞、SQL 注入、暗链后门等。这类威胁信息根据系统服务或业务信息重要性的不同可能涉及对国家安全、社会秩序、公共利益、公民、法人和其他组织的合法权益造成不同程度的损害，需要涉事单位第一时间对通报信息进行研判，必要时启动应急响应和处置机制。安管平台中的详细通报情况如图 3-9 所示。

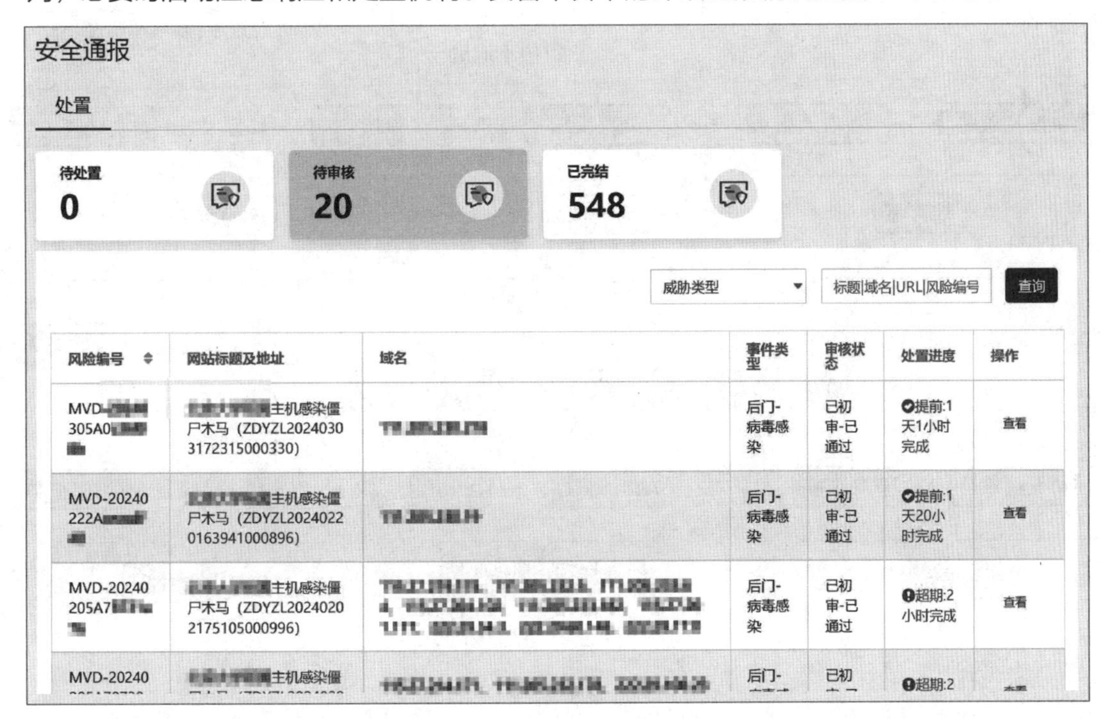

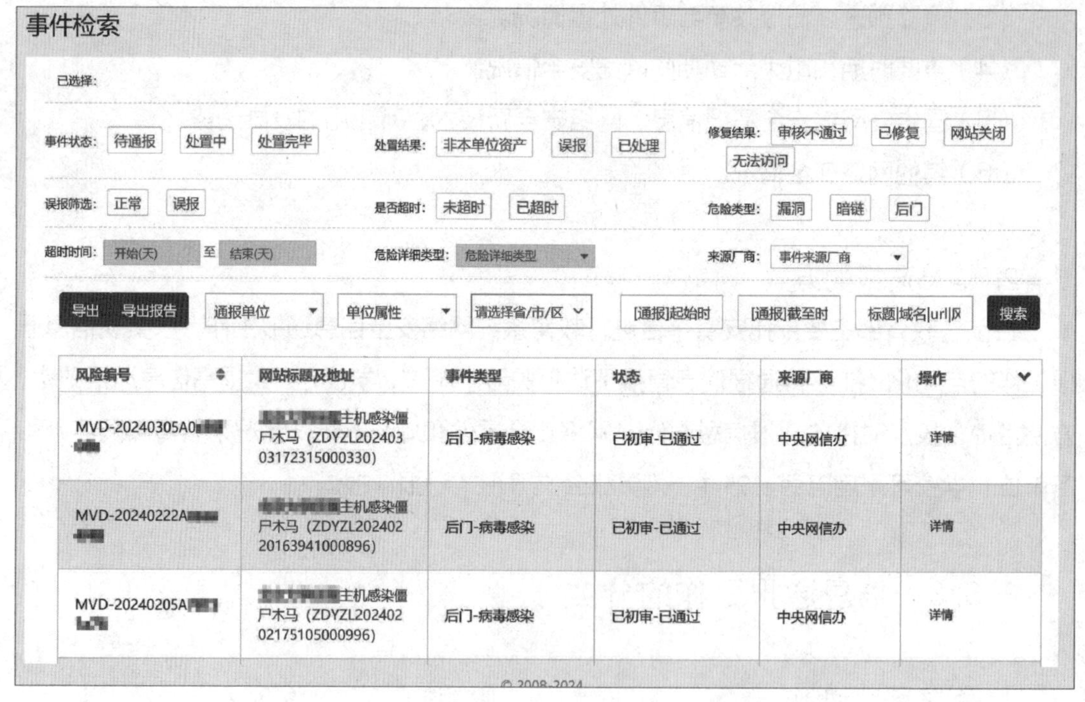

△ 图 3–9　安管平台安全事件和安全威胁通报

针对此类信息通报，教育部要求涉事单位在 3 个自然日内上传处置结果，每周五将针对超时 3 个自然日未处置的威胁，发送纸质函件通报。其中，来源为中央网信办的网络安全威胁提示信息须在 3 个自然日内完成处置并通过安管平台反馈。各省厅未完成初审的

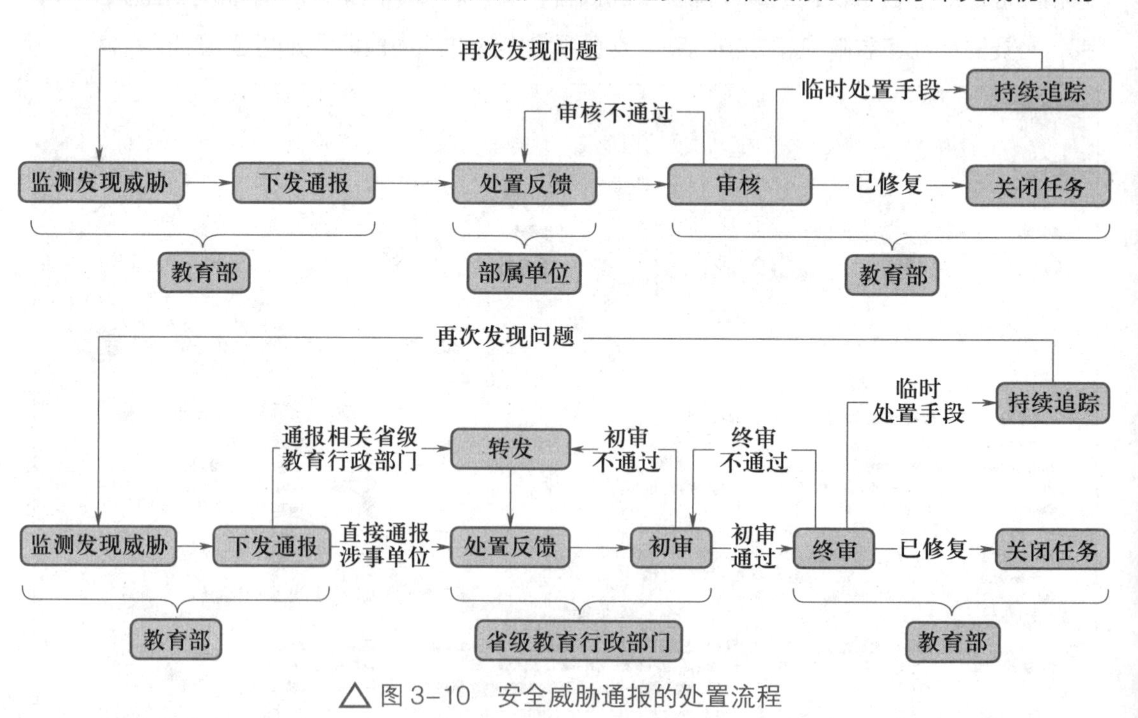

△ 图 3–10　安全威胁通报的处置流程

也将被视为未完成处置。超时 15 个自然日未处置，相关单位的综合治理考核会扣分，每个威胁扣 1 分，总分扣完为止。对于关闭网站处置的威胁，安管平台将自动跟踪监测 1 年，若恢复访问而漏洞未修复，则再次通报。处置流程如图 3-10 所示。

针对每个通报，各单位应根据实际情况及时、准确、全面地反馈。确认是本单位安全威胁的，应及时堵塞安全漏洞、消除安全隐患，通过平台进行反馈时，选择“已修复”选项，并根据具体通报要求反馈整改报告；对于安全威胁所属信息资产不属于本单位资产的情况，可选择“非本单位资产”选项进行反馈，不应选择“已修复”选项，同时要在说明中描述具体情况；对于误报的安全威胁，选择“误报”选项即可。

2. 安全预警类信息通报

网络安全预警类信息通报，主要通报重要软件的最新漏洞、新发现的病毒、木马及国内外最新安全动态、安全资讯、最近发生的重大信息技术安全事件、风险预警等。各单位根据安全预警信息进行信息技术安全形势研判，对最新发现的漏洞进行摸底自查，及时发现并消除安全威胁。安全预警类信息通报主要包括以下内容：

（1）大范围使用的应用组件、框架、程序、操作系统发现漏洞。

（2）发现的恶意域名、恶意 IP 地址、恶意邮箱账号、恶意程序下载地址、恶意样本特征、钓鱼邮件案例特征、IP 回连地址信息等。

（3）涉及网络安全、数据安全、信息内容安全的情报信息。

（4）国内外网络安全、数据安全、信息内容安全动态以及形势分析研判情况。

（5）网络新技术、新应用、新业态安全分析评估。

（6）网络违法犯罪活动以及相关网络技术、方法和手段等情况，以及利用网络从事违法犯罪活动情况或线索。

（7）近期国家发生的网络安全事件及原因分析，以警示各单位加强防范，监测发现黑客重点发起网络安全攻击的目标、常用攻击手法。

（8）网络安全、数据安全、信息内容安全专题研究情况等。

（9）网络安全态势综合分析等。

3. 工作通知类信息通报

工作通知类信息通报主要包括网络安全工作部署、培训会议通知、网络安全工作表扬奖励及责任追究情况等，安管平台中工作通知类信息通报如图 3-11 所示。

△图 3-11　安管平台工作通知类信息通报

4. 专项通报

在重大活动和重要时期，教育部科技司按照国家和教育部有关要求，组织各单位开展专项通报工作。专项通报工作期间，科技司指导各单位加强网络安全防范和监测预警，建立应急联络渠道，执行每日零事件报告制度。

3.5.4　安全信息报送

常规信息报送和安全事件的主动报告主要是指下级单位根据上级单位的要求报送并实时更新的单位情况、信息资产、安全保障工作情况、网络安全动态等信息，以及下级单位发现本单位发生安全事件时主动报告的威胁信息、工作进展、安全动态、情报信息等。属于本单位自身问题的网络威胁，应当立即进行处置。

1. 常规安全信息报送

常规安全信息是指省级及以下行政部门、各类学校报告的工作动态、提交的工作材料、上报的预警信息和事件处置情况等。这类信息不涉及对国家安全、社会秩序、公共利益、公民、法人和其他组织的合法权益造成损害，一般不需要应急处置。省级教育行政部门、部属高校、直属单位报送的主要内容包括：

（1）本地区、本单位网络安全和数据安全保障工作总体情况。包括重点工作措施，网络安全和数据安全状况，发生、发现网络安全和数据安全事件及威胁总体情况、网络安全动态，以及其他重要工作开展情况等，定期向科技司报送，每年报送本地区、本单位年度网络安全和数据安全保障工作情况及下一年度工作计划。

（2）本地区、本单位重要网络安全和数据安全动态。包括制度建设、保障措施、能力建设、安全事件和重要活动、安全技术以及安全情报信息等。

（3）其他网络安全和数据安全情况信息。

安管平台的任务管理功能支持下级单位向上级单位报送材料，如报平安功能实现重要时期网络安全事件报告，有事件报事件，无事件报平安。任务填报根据上级部门的任务填报要求，如工作通知、安全承诺书、会议总结、安全检查工作文件等。

2. 安全事件主动报告

网络安全特别重大事件（Ⅰ级）、重大事件（Ⅱ级）、较大事件（Ⅲ级）的报告与处置分为3个步骤：事发紧急报告与处置、事中情况报告与处置和事后整改报告与处置。应急事件的报告编制和事件主动报告、处置流程详见第4章。

一般安全事件（Ⅳ级）的报告和处置机制是：发生一般安全事件，应及时、主动组织应急处置工作，在事件处置完毕后7天内将整改报告报送给教育部科技司（或上级主管部门）。报告内容包括联系人、事件分类、分级、概况、信息系统基本情况、事件发生的最终判定原因、事件的影响与恢复情况、安全整改措施、存在问题及建议等。

安全事件可通过安管平台应急管理中的事件上报功能进行上报，威胁情报可通过安管平台威胁上报功能进行上报。

3. 预警类信息的响应

各单位按时、按要求完成来自国家、地方有关网络安全职能部门以及教育部通报的预警类信息的响应工作。预警响应方式详见第4章。处置完成后，按要求形成书面报告，报送教育部科技司或上一级主管部门。可通过安管平台应急管理功能进行上报。

3.6 本章小结

本章首先介绍了安全监测预警的意义、概念以及二者和信息通报之间的关系，与此项工作相关的国家政策法规如《网络安全法》《数据安全法》《贯彻落实网络安全等级保护制度和关键信息基础设施安全保护制度的指导意见》《国家网络安全事件应急预案》和教育系统政策要求。教育系统落实此项工作的工作机制是教育部网信领导小组统一领导，科技司统筹建立相关制度、指导各单位工作、与国家相关职能部门建立工作联系，各级教育行政部门统筹管理本地区工作。工作原则是“行业统筹、行业监管；省级统筹、省级监管”，工作平台是“教育系统网络安全工作管理平台”。

其次，围绕了解网络安全日常运行情况的各个环节重点介绍了安全监测的工作要求是“统一监测、全局管理”“全面监测网络安全威胁”，工作目标是了解网络和信息系统的运行情况，监测框架包括监测数据的采集、存储、分析、展示与告警 4 个步骤中所涉及的环节以及所采用的方法和技术，态势感知是以安全大数据为基础对多维度的监测数据进行综合分析，以直观的方式总体呈现安全状况。安全监测工作依托安管平台落实执行。

再次，详细介绍了预警工作相关的安全事件定义、分别对应发生或可能发生教育系统特别重大、重大、较大和一般网络安全事件的红色、橙色、黄色、蓝色 4 种预警分级。安全预警工作依托安管平台落实执行。

最后，介绍了信息通报的工作原则是“统一领导、分工负责、协同配合、资源共享、闭环管理”，通报内容和方式包括自上而下的信息通报和自下而上的信息报送两种。自上而下的信息通报分为安全事件和安全威胁通报、安全预警类信息通报、工作通知类信息通报和专项通报四类。自下而上的信息报送分为常规信息报送、安全事件主动报告和预警类信息的响应 3 类。信息通报工作依托安管平台落实执行。

3.7 习题

一、单选题

1.《信息安全技术　网络安全预警指南》中关于预警的准确定义是指（　　）。

A. 针对正在发生的网络安全事件或威胁，发出的警示

B. 针对即将发生的网络安全事件或威胁，提前发出的警示

C. 针对已经发生的网络安全事件或威胁，发出的警示

D. 针对即将或正在发生的网络安全事件或威胁，提前或及时发出的警示

2. 除了安全监测、预警和信息通报，网络安全闭环管理体系的另一个关键环节是（　　）。

A. 处置　　B. 应急　　C. 研判　　D. 培训

3. 教育系统网络安全监测预警和信息通报的工作平台是（　　）。

A. 教育系统网络安全运维平台　　B. 教育系统网络安全工作管理平台

C. 教育系统网络安全工作平台　　D. 教育系统安全态势感知平台

4. 以下选项中，不属于自上而下信息通报工作的是（　　）。

A. 安全事件和安全威胁通报　　B. 安全预警类信息通报

C. 工作通知类信息通报　　D. 安全事件主动报告

二、多选题

1.《信息安全技术　网络安全监测基本要求与实施指南》中对网络安全监测的定义包含以下哪几个方面？（　　）

A. 对网络和安全设备日志、系统运行数据等信息进行实时采集

B. 对用户界面操作进行实时采集

C. 以关联分析等方式对监测对象进行风险识别、威胁发现、安全事件实时告警

D. 以关联分析等方式对监测对象进行可视化展示

2. 根据“行业统筹、行业监管；省级统筹、省级监管”的原则，省级教育行政部门的工作职责包括（　　）。

A. 全面掌握本地区信息系统（网站）情况

B. 统筹建立本地区教育系统的网络安全监测预警和信息通报制度

C. 指导、监督本地区教育机构及时修复安全威胁，全面排查安全隐患

D. 指导、监督本地区教育机构提高发现和应对网络安全事件的能力

3. 关于安全态势感知，以下哪些描述是准确的？（　　）

A. 以安全态势云图等直观简洁的呈现方式多维度展示安全状态全景

B. 是网络安全监测过程和监测结果的一种综合体现

C. 可以不采用大数据技术

D. 是目前发现安全威胁、全面评估安全能力的一种重要方式

4. 网络安全事件产生的原因包括（　　）。

A. 人为原因　　B. 软硬件缺陷

C. 自然灾害　　D. 不可预测原因

5. 网络安全事件可以对以下哪些对象造成危害或影响？（　　）

A. 网络　　B. 信息系统　　C. 数据　　D. 社会

6. 以下法律法规或政策文件中提到了网络安全监测预警和信息通报工作的有（　　）。

A.《网络安全法》

B.《数据安全法》

C.《个人信息保护法》

D.《关于大力推进信息化发展和切实保障信息安全的若干意见》

三、简答题

1. 简述教育系统安全监测预警和信息通报工作机制。

2. 教育系统安全事件预警分为几级？用什么颜色标识？分别对应哪些安全事件？

3. 安全信息报送中的常规安全信息报送主要是指什么？这类报送信息的特点是什么？

参考答案

一、单选题

1. D　2. A　3. B　4. D

二、多选题

1. ACD　2. ABCD　3. ABD　4. ABC

5. ABCD　6. ABD

三、简答题

1. 答题要点

教育系统安全监测预警和信息通报工作机制是指教育部网络安全和信息化领导小组统筹协调教育系统网络安全监测预警和信息通报工作，教育部科技司统筹建立教育系统网络安全监测预警和信息通报制度，指导各级教育行政部门和各级各类学校建立本单位、本地区的网络安全监测预警和信息通报制度，同时与中央网信办、公安部等国家网络安全职能部门建立信息通报渠道和实时联络机制。根据“行业统筹、行业监管；省级统筹、省级监管”的原则，省级教育行政部门全面掌握本地区信息系统（网站）情况，统筹建立本地区教育系统的网络安全监测预警和信息通报制度，并指导、监督本地区教育机构及时修复安全威胁，全面排查安全隐患，提高发现和应对网络安全事件的能力。

2. 答题要点

教育系统安全事件预警分为 4 级，用红色、橙色、黄色和蓝色标识，分别对应发生或可能发生的教育系统特别重大、重大、较大和一般网络安全事件。

3. 答题要点

常规安全信息是指省级及以下行政部门、各类学校报告的工作动态、提交的工作材料、上报的预警信息和事件处置情况等。这类信息不涉及对国家安全、社会秩序、公共利益、公民、法人和其他组织的合法权益造成损害，一般不需要应急处置。

第 4 章 网络安全应急处置

导 读

网络安全应急处置是在网络安全事件发生后，为了尽快控制和缓解事件影响，恢复系统正常运行而采取的一系列紧急措施，是防止网络安全事件进一步恶化，确保业务连续性的最后一道防线。为了妥善处置和应对可能发生的网络安全事件，减轻和预防网络安全事件造成的损失和危害，需要建立完善的网络安全应急响应机制，并定期开展网络安全应急演练。本章首先介绍网络安全应急处置相关的基本概念、国家相关政策法规和教育系统政策要求。其次，介绍网络安全应急机制和应急预案的编制，围绕组织机构、应急响应流程和具体的处置要求等三方面详细阐述了应急机制；并通过预案的产生过程和组成内容，重点介绍应急处置中的关键环节和处置方法。最后，通过网络安全应急演练对应急预案进行检验，增强队伍的应急处置能力。

4.1 基本概念与政策法规要求

当前，世界各国纷纷将网络空间安全纳入国家安全战略，制定和完善网络空间安全战略规划和法律法规。我国高度重视网络空间安全，习近平总书记明确提出，没有网络安全就没有国家安全。网络安全应急工作是网络安全的最后一道防线。《网络安全法》中对应急处置提出了明确要求，《国家网络空间安全战略》对完善网络安全重大事件应急处置机制进行了部署。在国家网络安全政策法规中，应急响应能力建设提升到新的高度。

4.1.1 基本概念

1. 网络安全事件

网络安全事件是指由于人为原因、软硬件缺陷或故障、自然灾害等，对网络和信息系统或者其中的数据造成危害，对社会造成负面影响的事件，可分为有害程序事件、网络攻击事件、信息破坏事件、信息内容安全事件、设备设施故障、灾害性事件和其他事件。

2. 网络安全应急处置

网络安全应急处置，是指发生网络安全事件后，依照有关法律、法规、规章的规定采取的应急处置措施。

3. 网络安全应急响应

网络安全应急响应，是指组织为应对突发的重大信息安全事件所做的准备，以及在事件发生后所采取的措施。

4. 网络安全应急预案

应急预案是指各级人民政府及相关部门、基层组织、企事业单位和社会组织等为依法、迅速、科学、有序应对突发事件，最大限度地减少突发事件及其造成的损害而预先制定的方案。网络安全应急预案则是应对网络安全事件，减少网络安全事件及其造成的损害而预先制定的方案。

5. 网络安全应急演练

网络安全应急演练，是指为训练有关人员和提高应急响应能力而根据应急预案和应急响应计划所开展的活动。

6. 网络安全应急机制

网络安全应急机制，是指在网络安全事件事前、事发、事中、事后全过程中采取的各种制度化、程序化的应急管理方法和措施。

4.1.2 国家应急处置相关法律法规

随着网络安全战略、政策、法律、法规体系的不断健全，工作体制机制的日益完善，国家制定出台了《国家网络空间安全战略》《网络空间国际合作战略》等规划，颁布了《网络安全法》《数据安全法》《个人信息保护法》《关键信息基础设施安全保护条例》等法律法规，将应急响应能力建设提升到了新的高度。各项法律法规从不同角度对网络安全应急体系进行了丰富和完善，具体情况如下。

2016年发布的《国家网络空间安全战略》提出，建立完善国家网络安全技术支撑体系。将夯实网络安全基础作为九大战略任务之一，要求完善网络安全重大事件应急处置机制。2017年《网络空间国际合作战略》将推动加强各国在应急响应等方面合作列为加强全球信息基础设施建设和保护的行动计划之一。

2017 年施行的《网络安全法》在第三章网络运行安全中要求，网络运营者要有针对性地制定应急预案，也要定期开展应急演练；并且支持网络运营者间应急处置的合作，提高安全保障能力。关键信息基础设施运营者要制定应急预案并定期演练；国家网信部门要统筹协调关键信息基础设施网络安全应急演练和网络安全应急处置的措施。在第五章监测预警与应急处置中要求，由国家网信部门协调有关部门（尤其是关键信息基础设施安全保护工作的部门）建立健全网络安全风险评估和应急工作机制，制定网络安全应急预案，并定期组织演练，对网络安全事件进行分级并规定相应的应急处置措施；并且规定了在发生网络安全事件时网络运营者所应采取的应急处置措施。

2021 年施行的《数据安全法》规定，国家建立数据安全应急处置机制，有关部门依法启动应急预案，采取相应的应急处置措施。《个人信息保护法》要求，个人信息处理者应对个人信息实行分类管理，制定并组织实施个人信息安全事件应急预案。

2021 年施行的《关键信息基础设施安全保护条例》明确要求，关键信息基础设施运营者要按照相关网络安全应急预案，制定本单位应急预案，定期开展应急演练，处置网络安全事件。

4.1.3 教育系统政策要求

2014 年，教育部就加强教育行业网络与信息安全工作提出了具体的要求，各单位应制定网络安全应急预案，明确应急处置流程和权限，落实应急处置技术支撑队伍，开展网络安全应急演练，提高网络与信息安全应急处置能力；应建立重大网络与信息安全事件处置和报告制度，确定报送范围、规范报告格式、建立报送流程、明确报送时间要求等。事件发生后，信息系统的运维单位应当立即采取措施降低损害程度和影响范围，防止事件扩大，保存相关记录；并立即向有关部门报告网络安全处置进展，做到应急处置迅速，报告及时。

同年，《教育部办公厅关于印发〈信息技术安全事件报告与处置流程（试行）〉的通知》明确了网络安全的应急处置基本流程和处置时限要求。

为落实中央网信办印发的《国家网络安全事件应急预案》，健全完善教育系统网络安全应急工作机制，提高教育系统网络安全应急处置能力，教育部于 2017 年 3 月 15 日印发行动方案，要求有序推进测评整改，健全网络安全应急响应机制；2018 年 6 月 11 日制定印发了《教育系统网络安全事件应急预案》，要求按照“统一指挥、密切协同。分级管理、强化责任。预防为主、平战结合”的工作原则，从安全监测、日常管理、应急演练、应急响应、工作培训、机构人员、技术支撑、专家队伍、信息共享与应急合作、经费保障、责任与奖惩、预案管理等方面细化工作安排。

同时，教育部以网络安全综合治理考核为抓手，将网络安全应急处置纳入考核指标。在历年配合公安机关的网络安全现场检查中，教育部也按照《教育系统网络安全事件应急预案》要求修订和完善本地区（单位）网络安全事件应急预案，应急预案中各类安全事件的覆盖情况、应急处置流程及开展应急演练的频次（每年至少一次）纳入检查范围。

4.2 网络安全应急机制

网络安全事件发生后，及时启动应急预案是确保损失最小化的重要举措，协调有力的应急组织机构和完善的应急程序是应急预案有效执行的保障。网络安全事件应急处置可能涉及单位内部多个部门、同系统多家单位甚至跨行业多家机构，既要明确统筹协调机构的职责，也要有明确其他机构的配合机制。发生网络安全事件，为确保及时报告和启动应急预案，必须明确处置流程和责任主体，避免相互推诿、贻误时机。严格按照应急预案和有关管理文件要求执行应急处置措施，是实现网络安全应急处置有力、有序、有效的保障。

4.2.1 应急组织机构

1. 国家应急组织机构

按照《国家网络安全事件应急预案》的规定，在中央网络安全和信息化领导小组的领导下，中央网络安全和信息化领导小组办公室统筹协调组织国家网络安全事件应对工作，建立健全跨部门联动处置机制，工业和信息化部、公安部、国家保密局等相关部门按照职责分工负责相关网络安全事件应对工作。必要时成立国家网络安全事件应急指挥部，负责特别重大网络安全事件处置的组织指挥和协调。国家网络安全应急办公室设在中央网信办，具体工作由中央网信办网络安全协调局承担。

中央和国家机关各部门按照职责和权限，负责本部门、本行业网络和信息系统网络安全事件的应急处置工作。各省（区、市）网信部门在本地区党委网络安全和信息化领导小组统一领导下，统筹协调组织本地区网络和信息系统网络安全事件的应急处置工作。

2. 教育系统应急组织机构

2018 年，教育部按照《网络安全法》和《国家网络安全事件应急预案》的要求，面向教育系统全行业部署网络安全事件应急工作。教育部网络安全和信息化领导小组（以下简称部网信领导小组）统筹协调教育系统全局性网络安全事件应急工作，指导各级教育行政部门、各级各类学校网络安全事件应急处置。在发生特别重大网络安全事件时，部网信领导小组负责组织指挥和协调事件处置，根据实际情况吸纳相关单位成立应急工作组，参加应对工作。

部网信领导小组下设教育部网络安全应急办公室（以下简称部网络安全应急办，工作由部网信领导小组办公室承担）负责网络安全应急管理事务性工作，与国家互联网应急中心和网络安全职能部门进行对接，向部网信领导小组报告网络安全事件情况，提出特别重大网络安全事件应对措施建议，指导网络安全支撑单位做好应急处置的技术支撑工作。

省级教育行政部门负责统筹协调组织本地区网络安全事件应急工作。省级以下（含省级）教育行政部门、学校按照“谁主管谁负责、谁运维谁负责”的原则，参照行业预案制订本单位应急预案，承担各自网络安全责任，全面落实各项工作。

4.2.2 网络安全应急响应流程

网络安全事件应急管理的对象是“安全事件”；应急管理的主要目标是“预防和减小安全事件发生所造成的损失”。全过程的应急管理工作则应当囊括事前预防、事发应对、事中处置、事后总结所有的应急管理环节。

1. 事前预防

事前预防是网络安全应急管理时间最长、应急资源要素最多、任务最繁杂的阶段。需要各单位提前做好应急保障、安全监测预警和信息通报等相关工作（详见第2章），针对即将或正在发生的网络安全事件或威胁，提前或及时发出安全预警（详见第2章）；制定应急预案（详见本章4.3节）；开展应急演练（详见本章4.4节）；进行常态化安全运营（详见第6章），开展网络安全检查、隐患排查、风险评估、容灾备份、宣传、培训等日常预防工作。

在应急保障方面，各单位应建立必要的网络安全物资保障机制，做好网络和系统相关文档管理工作，包括使用手册、配置信息、网络拓扑图、工作流程等，制定物资储备清单和相关单位、部门及人员联系方式清单；应配备必要的应急装备、工具，针对关键或易损设备，配备必要的备机、备品、备件以及其他必需的物资，确保网络安全事件发生时有关物资的保障。另外，还需提供必要的经费保障，支持网络安全应急处置、应急技术支撑队伍建设、专家队伍建设、基础平台建设、监测通报、宣传教育培训、预案演练、物资保障等工作开展。

2. 事发应对

在网络安全事件发生时，事件发生单位在按照主管部门要求上报事件信息的同时，应立即启动应急预案，组织本单位、应急处置技术支撑队伍、专业机构等根据不同的事件类型和事件原因，采取科学有效的应急处置措施，尽最大努力降低或减缓事件影响。同时根据事件已造成或可能造成的影响和危害进行事件级别研判，按主管部门要求，视具体情况逐级报告本单位或上级单位网络安全与信息化工作领导小组（委员会）。

3. 事中处置

网络安全事件发生后，安全事件发生单位应根据事件发生的原因，协同应急队伍或专业机构有针对性地制定解决方案，进行威胁根除、服务恢复、调查取证、信息发布、次生事件处置等工作，尽快消除隐患，恢复系统正常运行。

威胁根除：通过对网络安全事件的深入分析和研究，开展溯源等工作，从源头上根除安全威胁，防止类似的网络安全事件再次发生。

服务恢复：采用备份数据恢复、设备重置、升级补丁、启用备用服务等方式恢复通信网络和信息系统的服务。

调查取证：事件处置人员在处置过程中，应注意保留网络攻击、网络入侵或网络病毒等证据，以备相关人员开展问题定位和溯源追踪工作。

信息发布：对可能涉及的信息发布，由各单位主管部门或上级主管部门批准后组织开展。未经批准，任何人员不得擅自发布相关信息。

次生事件处置：对于引发或可能引发的其他网络安全事件，安全事件发生单位应及时按照程序上报事件信息，并在事件处置过程中，做好协调配合工作。

4. 事后总结

事件发生单位完成应急处置后，应启动网络安全事件的调查处理和总结评估工作，对安全事件的起因、性质、影响、责任等进行分析评估，提出处理意见和改进措施。网络安全事件的调查处理和总结评估工作应在应急响应结束后 5 天内完成。

4.2.3 网络安全事件处置要求

按照《信息技术安全事件报告与处置流程（试行）》《教育系统网络安全事件应急预案》

等文件要求，当发生《教育系统网络安全事件应急预案》规定的较大以上级别网络安全事件时，各部属单位（教育部机关、直属单位和部属高等学校）分事发、事中和事后三个步骤做好事件处置并及时向教育部网信办报告相应情况。教育系统其他单位按照“谁主管谁负责、谁运维谁负责”的原则，按照上一级网信职能部门要求，参照其他相关要求及时处置网络安全事件。

1. 事发紧急报告与处置

信息系统主管单位一旦发现较大以上级别安全事件，应根据实际情况第一时间采取断网等有效措施进行处置，将损害和影响降到最小，保留现场，同时以口头方式将相关情况通报至教育部 24 小时值班电话（010-66096817）。涉及人为主观破坏事件应同时报告当地公安机关。紧急报告内容包括安全事件的事发时间地点、简要经过、事件类型与分级、影响范围、危害程度、初步原因分析和已采取的应急措施等。对于在京部属单位，教育部教育管理信息中心负责立即组织相关技术力量赶赴现场进行协助处置工作；京外部属单位须自主组织本单位技术力量会同当地公安机关等做好应急处置工作。出现新的重大情况应及时补报。

2. 事中情况报告和处置

信息系统主管单位应在安全事件发现后 8 小时内以书面报告的形式进行报送《信息技术安全事件情况报告》（详见图 4-1）。信息技术安全事件情况报告由部属单位的安全负责人组织相关部门、运维单位共同编写，由本单位主要负责人审核后，签字并加盖公章报送教育部网信办。安全事件的事中处置包括：及时掌握损失情况、查找和分析事件原因，修复系统漏洞，恢复系统服务，尽可能减少安全事件对正常工作带来的影响。如果涉及人为主观破坏的安全事件应积极配合公安机关开展调查。

《信息技术安全事件情况报告》需填写基本信息（联系人信息、事件分类分级、概况、信息系统的基本情况）、网络安全事件信息（事件发现与处置的简要经过、事件初步估计的危害和影响、事件原因的初步分析）、应急信息（已采取的应急措施、是否需要应急支援及需支援事项），填写说明如下：

联系人：一般为本单位的网络安全工作负责人或安全联络员，联系人需保持通信联络畅通。

事件分类：按照《信息安全技术　网络安全事件分类分级指南》（GB/T 20986—2023），根据实际情况选填一个或多个除信息内容安全事件以外的类别，如“信息破坏事件”。

信息技术安全事件情况报告

单位名称:　　　　　(公章)　事发时间:____年__月__日__时_分

<table>
<tr><td rowspan="2">联系人姓名</td><td rowspan="2"></td><td>手机</td><td></td></tr>
<tr><td>电子邮箱</td><td></td></tr>
<tr><td>事件分类</td><td colspan="3">□ 有害程序事件　□ 网络攻击事件
□ 信息破坏事件　□ 设备设施故障
□ 灾害事件　　　□ 其他________________</td></tr>
<tr><td>事件分级</td><td colspan="3">□Ⅰ级　□Ⅱ级　□Ⅲ级　□Ⅳ级</td></tr>
<tr><td>事件概况</td><td colspan="3"></td></tr>
<tr><td>信息系统的基本情况(如涉及请填写)</td><td colspan="3">1. 系统名称:____________________
2. 系统网址和IP地址:________________
3. 系统主管单位/部门:________________
4. 系统运维单位/部门:________________
5. 系统使用单位/部门:________________
6. 系统主要用途:____________________
7. 是否定级　□是　　□否，所定级别:___
8. 是否备案　□是　　□否，备案号:__-__
9. 是否测评　□是　　□否
10. 是否整改　□是　　□否
11. 是否有24小时值守　□是　　□否
12. 是否具有安全预案　□是　　□否</td></tr>
<tr><td>事件发现与处置的简要经过</td><td colspan="3"></td></tr>
<tr><td>事件初步估计的危害和影响</td><td colspan="3"></td></tr>
<tr><td>事件原因的初步分析</td><td colspan="3"></td></tr>
<tr><td>已采取的应急措施</td><td colspan="3"></td></tr>
<tr><td>是否需要应急支援及需支援事项</td><td colspan="3"></td></tr>
<tr><td>单位安全负责人意见(签字)</td><td colspan="3"></td></tr>
<tr><td>单位主要负责人意见(签字)</td><td colspan="3"></td></tr>
</table>

△ 图 4–1　信息技术安全事件情况报告

事件分级：按照《教育系统网络安全事件应急预案》，视信息系统重要程度、损失情况以及对工作和社会造成的影响自主判定安全事件等级并进行选填，如“Ⅳ级(一般事件)”。

事件概况：按照《教育系统网络安全事件应急预案》，跟踪事态发展，简述网络安全事件情况，说明时间、内容、采取的应急处置措施和事件造成的影响等情况，如“××××年××月××日××时××分，发现xx系统页面被篡改，学校迅速组织力量进行跟踪排查，锁定问题点和相关证据链，并保存好现场，没有造成实质性的损失”。

信息系统的基本情况：若安全事件涉及信息系统，需填写系统名称、网址和IP地址、主管单位、运维单位、适用单位、主要用途及该系统的真实网络安全等级保护相关情况，不得谎报和瞒报。

事件发现与处置的简要经过：简述网络安全事件发现的过程或通报来源及初步处置措施，如“××××年××月××日××时××分，接××（单位）安全事件通报，我校××系统服务器向境外IP传输数据。接到通报后，我校第一时间启动应急预案，于××时××分关闭了服务器（IP：×.×.×.×），同时向上级主管部门紧急汇报有关情况”。

事件初步估计的危害和影响、事件原因的初步分析：采取各种技术措施（例如对涉事信息系统的日志、流量数据等进行关联，并结合威胁情报、资产信息、漏洞信息等）对安全事件进行初步分析，填写安全事件涉及的范围、造成的影响及产生的原因。如“经人工查证我校部署的安全设备，初步分析涉事服务器于××××年××月××日××时××分至××时××分共向境外（IP：×.×.×.×）传输了××M数据后，被我校安全设备自动阻断封禁。经关联系统服务日志和人工检测，初步判断为系统后台管理口令被黑客爆破，进而被植入木马程序”。

已采取的应急措施：说明针对安全事件所采取的应急措施，如“我校第一时间将服务器下线，安排值班人员24小时关注态势感知系统及时处置异常告警”。

是否需要应急支援及需支援事项：按照《教育系统网络安全事件应急预案》要求，根据实际情况向教育部网络安全应急办公室或向所属省级教育行政部门申请应急支援，需明确说明支援的事项，如“需要网络安全技术专家协助，根据现有线索追溯问题源头”。

3. 事后整改报告和处置

信息系统主管单位应在安全事件处置完毕后5个工作日内以书面报告的形式报送《信息技术安全事件整改报告》（详见图4-2）。信息技术安全事件整改报告由本单位主要负责人审核后，签字并加盖公章报送教育部网信办。安全事件事后处置包括：进一步总结事件教训，研判安全现状、排查安全隐患，进一步加强制度建设，提升安全防护能力。如涉及人为主观破坏的安全事件应继续配合公安机关开展调查。

信息技术安全事件整改报告

单位名称: (公章) 事发时间:_____年__月__日__时_分

联系人姓名		手机	
		电子邮箱	
事件分类	□ 有害程序事件 □ 网络攻击事件 □ 信息破坏事件 □ 设备设施故障 □ 灾害事件 □ 其他________________		
事件分级	□Ⅰ级 □Ⅱ级 □Ⅲ级 □Ⅳ级		
事件概况			
信息系统的基本情况(如涉及请填写)	1. 系统名称:____________________ 2. 系统网址和IP地址:_______________ 3. 系统主管单位/部门:_______________ 4. 系统运维单位/部门:_______________ 5. 系统使用单位/部门:_______________ 6. 系统主要用途:__________________ 7. 是否定级 □是 □否，所定级别:___ 8. 是否备案 □是 □否，备案号:__-__ 9. 是否测评 □是 □否 10. 是否整改 □是 □否		
事件发生的最终判定原因			
事件的影响与恢复情况			
事件的安全整改措施			
存在问题及建议			
安全负责人意见(签字)			
主要负责人意见(签字)			

△图 4-2 信息技术安全事件整改报告

《信息技术安全事件整改报告》需填写基本信息（联系人信息、事件分类分级、概况、信息系统的基本情况）、网络安全事件信息（事件发生的最终判定原因、事件的影响与恢复情况、事件的安全整改措施）、存在的问题及建议。填写说明如下：

联系人信息、事件分类分级、事件概况、信息系统的基本情况的填写说明详见《信息技术安全事件情况报告》的填写。

事件发生的最终判定原因：填写安全事件发生的最终判定原因，如“经对我校相关网络、服务器和安全设备排查，网络攻击者在植入木马程序后对操作系统内的各类日志信息进行了清除，而在出口安全设备等日志中未发现异常日志信息，判定该攻击者利用系统漏洞通过网络 80 端口获取管理员权限后上传木马”。

事件的影响与恢复情况：说明安全事件造成的实际影响与涉事对象的恢复情况，如“经我省教育系统网络安全事件应急工作组专家对我校保存流量回溯分析认定，向境外传输数据来源非我校信息系统，未造成我校数据泄露（分析报告结论页专家签字截图）。我校 ×× 系统，在进行备份取证后，针对潜在可能被黑客利用的漏洞进行系统修补和升级，并进行离线安全漏洞测试，没有发现遗留漏洞和安全隐患。根据我校所在地网安部门要求，将在对系统服务器和代码进行深度分析、确认该系统无问题后，整理系统备案上报材料，报请学校常委会讨论决定该系统何时恢复”。

事件的安全整改措施：按照时间顺序说明对安全事件所涉及设备、信息系统等恢复和改进的措施，及在技术、管理方面开展的工作，如“×× 月 ×× 日上午 ×× 时，主管校长紧急召集相关部门负责人会议听取有关情况汇报后，商讨解决思路，要求我校技术支撑单位全力配合有关部门做好调查取证，在修补系统漏洞的基础上，彻查与涉事系统同网段所有信息系统和主机安全风险；×× 月 ×× 日上午 ×× 点，我校校长紧急召开学校网络安全与信息化领导小组会议，听取有关情况汇报，商讨后续工作，责成主管校领导紧急召开全校各部门负责人专题工作会议，部署网络安全管理工作，要求学校各部门加大监管力度和技术措施，彻查网络安全隐患，确保网络安全。要求我校主管校领导牵头组织专家组对泄露数据进行排查，厘清泄露范围。×× 月 ×× 日，我校召开所有二级学院和部处参加的网络信息安全工作会，要求所有部门从管理上明确网络信息安全责任、清查所属网站和信息系统情况、建立健全安全制度等。从技术层面要求所有部门安装主机安全软件，统一查杀木马病毒等，并向技术支撑部门报送对外通信清单，未报对外通信的 IP 一律进行封禁；要求 ×× 学院对涉事系统及其所属其他信息系统进行安全排查和整改，切实落实学校《×× 关于加强网络与信息安全工作的指导意见》，做好网络信息安全制度建设和日常管理工作”。

4.3 网络安全应急预案

根据《网络安全法》《国家网络安全事件应急预案》要求，为健全完善网络安全事件应急工作机制，规范网络安全事件处置工作流程，提高网络安全应急处置能力，教育系统各单位需编制网络安全应急预案。本节详细介绍网络安全应急预案的编制流程与框架内容，再通过某高校网络安全应急预案的实例，介绍如何为本单位编制一套科学、有效、可操作的网络安全应急预案。

4.3.1 预案编制流程

编制科学、有效的网络安全应急预案是提高各单位网络安全应急处置能力，预防和减少网络安全事件造成的损害，维护各单位安全稳定的重要保障。

网络安全应急预案的编制工作一般由以下环节组成：编制前准备、预案编制、推演论证、预案评审、批准发布。其中，编制前准备可细分为成立预案编制工作组、资料收集、风险分析评估和应急资源调查。预案编制工作各环节如图 4-3 所示。

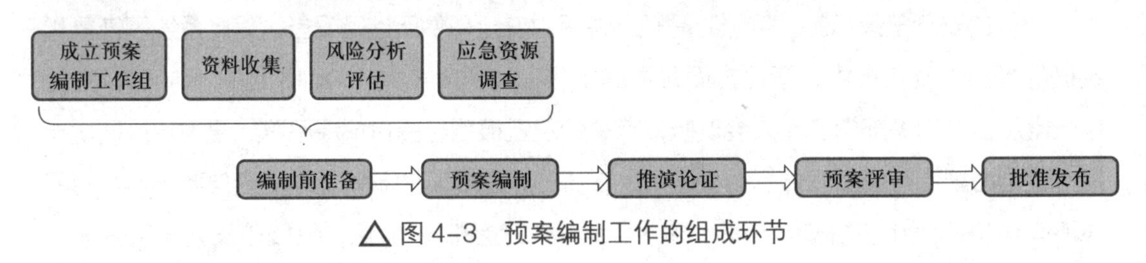

△ 图 4-3 预案编制工作的组成环节

1. 成立预案编制工作组

网络安全应急预案的编制单位应根据本单位的机构设置和部门分工，成立网络安全应急预案编制工作组。编制单位的网络安全职能部门相关负责人担任预案编制工作组组长。预案编制工作组应吸收网络安全应急工作相关职能部门人员，以及有网络安全应急处置经验的人员参加。预案编制工作组要明确工作职责与分工，制定预案编制工作计划，组织开展预案的编制工作。

2. 资料收集

在网络安全应急预案编制的准备阶段，预案编制工作组应收集与预案编制工作相关的法律法规、技术标准，收集国内外相关行业单位的网络安全事件和应急处置资料，同时梳理本单位过往发生的网络安全事件与存在的隐患、网络信息系统设备、人员素质能力、自然灾害影响等有关资料。

3. 风险分析评估

对本单位（本地区）过往发生的网络安全事件与处置情况进行统计，分析潜在的网络安全隐患，主要内容包括：

（1）根据单位所处行业背景和自然环境情况，分析存在的网络安全风险因素，确定本单位可能发生的网络安全事件的类型。

（2）分析各类网络安全事件发生的可能性，结合本单位的业务职能与社会影响力评估事件的性质、影响和危害程度，确定事件的级别。

（3）针对可能发生的网络安全事件的类型及特点，识别网络安全风险的危害因素，分析各类事件可能产生的直接后果及次生、衍生后果，评估各种后果的危害程度和影响范围，提出网络安全事件的防范与处置措施。

4. 应急资源调查

全面调查本单位与网络安全应急处置有关的人员队伍、硬件设备、软件工具、场所设施等应急资源状况，以及可协调使用的社会资源状况，评估单位现有网络安全风险控制与应急处置措施存在的问题与不足。分析评估网络安全应急资源可能受网络安全事件影响的情况，并提出补充网络安全应急资源、完善应急保障的措施。

5. 预案编制

网络安全应急预案的编制单位应在完成本单位网络安全事件风险评估和网络安全应急资源的调查后，依据评估结果和调查情况，结合本单位的组织管理体系、网络信息服务对象等具体情况，合理确立本单位网络安全应急预案的框架体系。编制单位应根据本单位的部门业务职能划分，科学设定本单位的网络安全应急工作组织架构，明确组织架构内各部门的应急处置职责与领导协同机制。

预案编制单位要根据本单位可能发生的网络安全事件的危害程度和影响范围，合理确定本单位的网络安全事件等级和监测预警等级内容，结合本单位现有网络安全应急处置权限和能力，清晰界定本单位的网络安全应急处置分级标准，科学制定应对不同级别网络安全事件的响应处置措施。

预案编制单位要按照上级部门关于网络安全应急处置的规定和要求，确定信息报告、响应分级、应急处置、总结通报等方面的内容，落实与相关单位网络安全应急预案的衔接与协调。

6. 推演论证

网络安全应急预案编制完成后，需对预案的及时性、有效性、完备性和可操作性进行推演论证。按照应急预案确定的各部门和人员职责分工，以及预案规定的流程和步骤，相关部门及人员可采取实战演练、沙盘推演等形式，模拟网络安全事件发生后预案启动和响应过程，逐步检验预案确定的响应流程和处置措施是否科学合理，能否有效预防和减少网络安全事件造成的损失与危害，能否满足网络安全事件应急处置的时限要求，并根据推演情况对预案进行完善优化。

7. 预案评审

网络安全应急预案编制完成后，可通过组织内部或外部评审的方式对预案进行评估审议。内部评审可以由编制单位的网络安全职能部门组织，外部评审可以邀请网络安全行业专家、上级主管部门或同级网络安全主管部门等参加，通过对预案内容的全面检查推演，及时发现问题并提出改进意见，确保应急预案科学、有效、可执行。

预案的评审应当基于预案编制单位的网络安全风险评估和网络安全应急资源调查的结果，从预案目标任务的针对性、应急工作组织体系的科学性、应急处置程序和措施的及时性与有效性、应急保障措施的可行性、应急预案的衔接性等方面进行评审。

网络安全应急预案的评审程序包括以下步骤：

（1）评审准备。成立网络安全应急预案评审工作组，确定参加评审的单位和人员。将预案文本内容、预案编制说明、网络安全风险评估报告、网络安全应急资源调查报告及其他有关资料在评审前送达参加评审的单位或人员。

（2）组织评审。评审一般采取现场会审形式，首先由参与评审的专家共同推选出评审专家组组长，评审会由专家组组长主持；评审会应形成评审意见（经评审组组长签字），附参与评审的全部专家签字；评审会后应形成会议纪要，并作为评审意见的附件。

（3）修改完善。预案编制工作组应认真研究预案评审会的意见，按照评审意见对预案进行完善。评审不通过的，预案编制工作组应在充分调研的基础上，对预案存在的问题进行修正，再重新组织专家评审。

8. 批准发布

预案评审通过后，由预案编制单位主要负责人签发实施，并按规定报有关部门备案。

9. 预案的修订完善

预案发布实施后，应当根据实际需要和网络安全情势变化，定期对预案进行评估，原则上每年评估一次，并适时修订应急预案。因重要信息系统发生重大调整变化，造成与现有预案内容不一致时，要及时修订预案相应内容。预案修订工作由各单位网络安全职能部门和技术支撑部门共同组织完成。

4.3.2　预案框架内容

网络安全应急预案对本单位处置突发网络安全事件的工作流程作出详细安排，明确在突发网络安全事件的事前、事中、事后，应该做什么，何时做，谁来做，怎么做。网络安全应急预案一般由预案总则、组织机构及职责、监测预警、应急处置、调查评估、预防工作、保障措施、预案管理 8 个部分组成。各单位在编制预案时，可根据实际情况对预案内容框架进行适当调整。

1. 预案总则

预案总则主要阐述预案编制的目的、依据、适用范围、工作原则、网络安全事件分级等内容。

1）编制目的

应急预案的编制目的应简要阐述此预案的意义和作用，以及预案实施后希望达到的目标。如完善本单位网络安全工作机制、规范管理流程、提高应急保障和网络安全事件处置能力、有效预防和应对突发事件、减少危害及保障安全等。各单位预案的编制目的原则上应遵循上级单位网络安全应急预案的编制目的，可结合本单位实际情况阐述预案的预期目标，但须与上级单位预案的有关内容和要求保持协调一致。

2）编制依据

预案编制的依据一般为国家关于应急响应和网络安全方面的相关法律、法规、政策规定，国家、上级部门发布的网络安全事件应急预案，以及教育行业关于网络安全工作的指导性文件。

应急预案的编制依据通常包括：《中华人民共和国突发事件应对法》《网络安全法》等法律法规，《国家突发公共事件总体应急预案》《突发事件应急预案管理办法》《国家网络安全事件应急预案》《信息安全技术　网络安全事件分类分级指南》等文件。

3）适用范围

应急预案的适用范围应明确规定预案实施生效的某个或某些具体部门、机构或区域，应对何种类型的网络安全突发事件，并对此作出反应。预案应当只在规定的单位、机构或区域，针对指定事件适用，因此有关适用范围和网络安全事件类型的表述应当清晰明确、针对性强。

4）工作原则

应急预案编制的工作原则应规定预案实施过程中，各环节工作遵循的指导思想和根本方法，其表述应当明确、具体、简练。如统一指挥、分级管理，职责明确、规范有序，反应灵敏、运转高效，整合资源、信息共享，预防为主、快速处置，各司其职、密切协同等。

对工作原则的各项内容应作出具体解释和说明，以利于网络安全应急工作的相关部门和人员能够准确把握“工作原则”的要求，并在应急处置的各具体环节中予以贯彻落实。

5）事件分级

对网络安全事件进行准确、合理地分级，是编制一部科学的网络安全应急预案的基础，也是做好网络安全应急工作的重要前提。网络安全事件分级要统筹考虑诸多因素，直观展示网络安全事件的风险程度，为后续处置工作提供重要参考。

预案编制单位应参照《信息安全技术　网络安全事件分类分级指南》和《国家网络安全事件应急预案》对网络安全事件分级的规定，根据教育系统的特点和本单位实际，科学评估本单位发生网络安全事件时可能造成的危害，可能发展蔓延的趋势，可能造成的社会影响等，通过全面分析和评估，确定本单位的网络安全事件分级办法。教育部颁布的《教育系统网络安全事件应急预案》从国家教育管理部门的层面对教育系统网络安全事件进行了分级，各级教育行政部门和学校也应对本单位网络安全事件进行分级，各预案编制单位在确定本单位的事件分级方法时要与教育部及有关上级部门的网络安全事件分级情况紧密衔接、协调一致。

网络安全事件的分级主要考虑三方面因素：一是网络信息系统的重要程度，二是业务遭受损失的严重程度，三是网络安全事件造成社会危害的严重程度。

网络信息系统的重要程度，是指所承载的业务对国家安全、经济建设、社会生活的重要性，以及业务对信息系统的依赖程度。一般划分为特别重要信息系统、重要信息系统和一般信息系统。

业务遭受损失，是指由于网络安全事件对信息系统的软 / 硬件、功能及数据的破坏，导致系统业务中断，从而给事发组织所造成的损失，其大小取决于恢复系统正常运行和消除安全事件负面影响所需付出的代价。一般划分为特别严重的业务损失、严重的业务损失、较大的业务损失和较小的业务损失。具体内容如下：

（1）特别严重的业务损失：造成系统大面积瘫痪，使其丧失业务处理能力，或系统关键数据的保密性、完整性、可用性遭到严重破坏，恢复系统正常运行和消除安全事件负面影响所需付出的代价十分巨大，对于事发组织是不可承受的。

（2）严重的业务损失：造成系统长时间中断或局部瘫痪，使其业务处理能力受到极大影响，或系统关键数据的保密性、完整性、可用性遭到破坏，恢复系统正常运行和消除安全事件负面影响所需付出的代价巨大，但对于事发组织是可承受的。

（3）较大的业务损失：造成系统中断，明显影响系统效率，使系统业务处理能力受到影响，或系统重要数据的保密性、完整性、可用性遭到破坏，恢复系统正常运行和消除安全事件负面影响所需付出的代价较大，但对于事发组织是完全可以承受的。

（4）较小的业务损失：造成系统短暂中断，影响系统效率，使系统业务处理能力受到影响，或系统重要数据的保密性、完整性、可用性遭到影响，恢复系统正常运行和消除安全事件负面影响所需付出的代价较小。

社会危害的严重程度，根据对国家安全、社会秩序、经济建设和公众利益等方面的危害程度，划分为特别重大的社会危害、重大的社会危害、较大的社会危害和一般的社会危害。具体内容如下：

（1）特别重大的社会危害：波及一个或多个省市的大部分地区，危害到国家安全，引起社会动荡，对经济建设有极其恶劣的负面影响，或者特别严重损害公众利益。

（2）重大的社会危害：波及一个或多个地市的大部分地区，影响到国家安全，引起社会恐慌，对经济建设有恶劣的负面影响，或者严重损害公众利益。

（3）较大的社会危害：波及一个或多个地市的部分地区，不影响国家安全，但是扰乱社会秩序，对经济建设或者公众利益造成一般损害，对相关公民、法人或其他组织的利益造成严重损害或特别严重损害。

（4）一般的社会危害：波及一个地市的部分地区，不影响国家安全、社会秩序、经济建设和公众利益，但是对相关公民、法人或其他组织的利益会造成一定的损害。

《教育系统网络安全事件应急预案》将教育系统网络安全事件分为四级：特别重大网络安全事件、重大网络安全事件、较大网络安全事件、一般网络安全事件。事件分级情况如表4-1所示。

▽ 表4-1 教育系统网络安全事件分级情况

事件分级	系统级别	影响范围	业务损失	危害性
特别重大（Ⅰ级）	国家级重要教育信息系统（如全国教育网、关键信息基础设施、.edu.cn域名权威系统）	全国或多个省份大量用户	大范围无法上网，系统大面积瘫痪，病毒大爆发，核心系统重要敏感信息或关键数据丢失、被篡改等	特别严重
重大（Ⅱ级）	国家或省级重要教育信息系统（如一省教育网、关键信息基础设施）	一省内	一个省份大量用户无法上网，系统瘫痪，病毒大爆发，核心系统重要敏感信息或关键数据丢失、被篡改等	严重
较大（Ⅲ级）	某单位重要信息系统（如单位内网、重要业务系统）	一个或多个单位	单位内大量用户无法上网，系统业务明显影响，病毒多个单位传播，重要系统信息或数据丢失、被篡改等	较大
一般（Ⅳ级）	其他一般信息系统	单位内	各类破坏	一般

预案编制单位应当根据本单位网络安全工作的实际情况和应急处置工作的要求，在教育部确定的教育系统网络安全事件分级方法的基础上，对本单位网络安全事件分级情况进行调整、扩展与细化，形成符合本单位网络安全保障要求的科学分级方法。

2. 组织机构及职责

网络安全应急预案应当对编制单位网络安全事件应急工作的领导机构、工作机构作出规定，明确各部门、处（科）室在网络安全事件监测预警和应急处置中的职责与分工。其目标是建立统一、有序、高效的网络安全应急工作指挥和运行机制。具体要求如下：

（1）确定网络安全应急工作的领导机构，明确机构的责任和职权。网络安全应急工作的领导机构通常为预案编制单位的网信工作领导小组，负责单位网络安全应急工作的组织、决策、指挥和协调。发生重大网络安全事件时，事发单位可根据危害程度和应急处置工作需要设置相应的应急工作组。

（2）确定网络安全应急工作的日常办事机构，规定其职权和义务。网络安全应急工作日常办事机构（以下简称网络安全应急办）一般落在单位的网信领导小组办公室，负责单位网络安全应急管理事务性工作，对接上级网信主管部门和其他单位网络安全职能部门，提出网络安全事件应对措施建议，统筹组织网络安全监测工作，指导网络安全支撑单位做好应急处置的技术支撑工作。

（3）明确网络安全应急工作的协调联动部门及其职责任务。确定网络安全应急工作的协调联动部门可从“纵向”与“横向”两方面进行考虑。纵向是指按编制单位的组织机构、职能分工、业务层级，自上而下梳理网络安全应急工作的联动部门；横向是指按网络安全应急工作的准备、保障、善后、监督等环节确定联动部门。预案编制单位应当根据自身情况，全面、科学地确定本单位网络安全应急工作的协调联动部门。

3. 监测预警

网络安全应急预案应对本单位网络安全事件与威胁的预警分级、安全监测、预警发布、预警响应、预警解除作出具体要求，通过建立网络安全事件的监测预警机制，及时发现潜在的网络安全漏洞隐患，预报可能发生的网络安全突发事件，并有针对性地做好应急响应准备。

1）预警分级

《教育系统网络安全事件应急预案》规定了教育系统网络安全事件的预警级别，以及预警期间应当采取的措施及应急准备。按照紧急程度、发展态势和可能造成的危害程度，教育系统网络安全事件预警分为四级，由高到低依次用红色、橙色、黄色和蓝色表示，分别对应发生或可能发生的教育系统特别重大、重大、较大和一般网络安全事件。

2）安全监测

应急预案应对本单位网络安全事件预警信息监测、收集、报告和发布的方法、程序做出规定。各单位网络安全应急办承担本单位网络与信息系统的安全威胁预警监测，负责建立与相关单位的网络安全威胁信息共享渠道和工作机制。一旦监测发现已经发生网络安全事件，网络安全应急办应当立即对事件进行分析研判，对需要上报的事件要立即向上级部门及其他教育行政部门和网信部门报告，不得迟报、谎报、瞒报、漏报。

3）预警发布

《教育系统网络安全事件应急预案》对教育系统各单位可以发布的网络安全事件预警的级别和内容也有明确规定：红色预警和涉及多地区预警，由教育部网络安全应急办报部网信领导小组批准后发布；各省级教育行政部门经研判，可发布本地区的橙色以下（含橙色）预警；对达不到预警级别但又需要发布警示信息的，部网络安全应急办和各省级教育行政部门可发布风险提示信息。

预警信息内容应包括预警级别、起始时间、可能影响范围、警示事项、应采取的措施、时限要求和发布机关等。

4）预警响应

教育系统各单位应当在《教育系统网络安全事件应急预案》的指导下，建立本单位网络安全事件的监测预警机制，细化并落实本单位网络安全预警的响应措施。具体措施可包括：加强事件监测和信息搜集，跟踪研判事态发展，研究制定应对方案，组织人员 24 小时值守，技术保障队伍进入待命状态，检查应急设备工具确保处于良好状态等。

5）预警解除

网络安全应急预案应当对预警解除的条件、预警解除信息的发布时间和发布方式做出具体规定。

4. 应急处置

应急处置是网络安全应急预案的关键内容。一套科学、有效的应急预案应对事件发生后采取的应急处置措施做出全面、细致的规定。预案中应急处置环节一般包括以下几方面内容：

（1）初步处置。预案应对事件发生后，事发部门首先应对事件采取的初步处置措施和流程做出规定。具体内容包括：立即启动应急预案，立即组织本部门的应急队伍和工作人员根据事件类型和事件原因，采取科学有效的应急处置措施，阻止事态发展、蔓延，尽最大努力将影响降到最低，并注意保存网络攻击、网络入侵或网络病毒等证据。同时，对事件进行分析研判，初判为本单位特别重大、重大网络安全事件的，应立即报告单位网络安全应急办；对于人为破坏活动，应同时报当地网信部门和公安机关。经单位网络安全应急办研判，认定为本单位特别重大网络安全事件的，按相关规定报告上一级网络安全应急办。

（2）分级响应。根据本单位网络安全事件分级标准，在确定事件等级后，需启动相应级别的应急响应行动。应急预案应明确各级别响应启动的条件、相应级别指挥机构的工作职责和权限。《教育系统网络安全事件应急预案》将教育系统网络安全事件应急响应分为Ⅰ级、Ⅱ级、Ⅲ级、Ⅳ级，分别对应教育系统特别重大、重大、较大和一般网络安全事件。预案编制单位可根据自身网络安全事件发生情况和应急响应能力，确定本单位的分级响应机制。预案应根据不同响应级别，对事件响应处置过程进行科学划分，有针对性地制定响应流程和处置措施。

（3）信息报告。预案应规范网络安全事件发生后相关信息报告制度，确定报告的部门、程序、时限、方式、内容等，确定事件发生后的通报方式、渠道等，确定应急响应相关单位和人员的联络方式等。

（4）指挥协调。预案应明确各级响应的指挥机构及其职能与任务，建立应急响应决策和协调机制，如明确规定何种级别成立应急工作组，何种级别需召集专家、技术团队建立会商机制等。

（5）处置措施。预案应制定详细、科学的网络安全事件应急处置方案和措施，确定需要协调其他单位或专业技术力量配合的情况，明确应急响应各相关单位和人员之间的协作程序，针对可能发生的停机、数据丢失、数据篡改等情况从操作措施、现场保护、事态控制等方面制定具体处置方案。预案还应根据单位网络安全风险分析评估的情况，对发生可能性较大的典型网络安全事件制定专门的应对处置措施。

（6）信息发布与管理。预案需对网络安全事件发生后相关信息的发布进行管理和规范，明确信息发布的机构、原则、内容、格式和审批程序等。

（7）应急结束。预案应明确网络安全应急响应状态解除或应急处置措施终止的发布机构及程序。

5. 调查评估

对网络安全事件进行调查分析，回溯事件发展的过程，查明事件的起因，评估应急处置措施的效果，是适应网络安全形势发展变化，持续改进和优化应急响应机制，不断提高应急处置能力的重要手段。

各单位在预案编制中，应对调查评估的开展和报告的起草上报做出具体规定。预案要明确网络安全事件调查评估的组织单位，要根据网络安全事件级别确定调查评估的对象、方法和流程，要明确调查评估报告的上报时限和格式规范。调查评估报告应对网络安全事件发生的起因、性质、影响、责任等进行分析评估，提出处理意见和改进措施。网络安全事件的调查处理和总结评估工作应在应急响应结束后 5 个工作日内完成。

6. 预防工作

应急预案应对编制单位各部门针对网络安全事件采取的日常预防工作做出具体要求。预防工作通常包括以下四个方面内容：

（1）日常管理。预案编制单位的各部门应按职责做好网络安全事件日常预防工作，例如网络安全检查、隐患排查、风险评估和容灾备份等，要健全网络安全信息通报机制，及时采取有效措施，减少和避免网络安全事件的发生及危害，提高应对网络安全事件的能力。

（2）监测预警和通报。预案编制单位的各部门应加强网络安全监测预警和通报，及时发现并处置安全威胁。编制单位为地方教育行政部门的，应要求下级部门全面掌握本地区信息系统（网站）情况，建立本地区的网络安全监测预警和通报机制，并指导、监督本地区教育机构及时修复安全威胁，全面排查安全隐患，提高发现和应对网络安全事件的能力。

（3）应急演练。预案编制单位应根据自身实际，定期组织本单位的网络安全事件应急演练，检验和完善预案，提高实战能力。

（4）宣传培训。预案编制单位应结合实际，充分利用各种传播媒介和宣传形式，加强突发网络安全事件预防和处置的有关法律、法规和政策的宣传，开展网络安全基本知识和技能的宣传活动。预案编制单位要将网络安全事件的应急知识列为领导干部和有关人员的培训内容，加强网络安全特别是网络安全应急预案的培训，提高网络安全意识及防范技能。

7. 保障措施

网络安全应急预案要对各单位网络安全应急工作的保障措施提出具体要求。应急保障措施通常包括以下七个方面内容:

（1）机构和人员。应急预案应对单位落实网络安全应急工作责任制提出具体要求，把网络安全应急工作责任落实到具体部门、具体岗位和个人，建立健全应急工作机制。

（2）技术支撑。应急预案应根据单位实际对网络安全技术支撑队伍建设和网络安全应急工作物资保障提出要求，确保做好网络安全事件的监测预警、预防防护、应急处置、应急技术支援工作。

（3）专家队伍。有条件的单位可考虑建立本地区或单位的网络安全专家咨询队伍，为网络安全事件的预防和处置提供技术咨询和决策建议，从而提高应急保障能力。

（4）基础平台。应急预案应对本单位网络安全检测通报和应急管理平台建设提出要求，以利于教育系统内各平台间的数据和信息共享，做到对网络安全威胁早发现、早预警、早响应，提高应急处置能力。

（5）信息共享与应急合作。应急预案应对单位建立网络安全威胁信息共享机制和网络安全事件快速发现和协同处置机制提出要求，加强各单位与网络安全职能部门、专业机构、业内相关单位的合作。

（6）经费保障。应急预案应对网络安全应急工作的经费保障做出明确规定，有关部门要利用现有政策和资金渠道，支持网络安全应急技术支撑队伍建设、专家队伍建设、基础平台建设、监测通报、宣传教育培训、预案演练、物资保障等工作开展。

（7）责任与奖惩。各单位可对在网络安全事件应急工作中做出突出贡献的先进集体和个人给予表彰和奖励；对不按照规定制定预案和组织开展演练，迟报、谎报、瞒报和漏报网络安全事件重要情况或者在应急工作中有其他失职、渎职行为的，依照相关规定对有关责任人给予处分；构成犯罪的，依法追究刑事责任。

8. 预案管理

预案管理主要包括网络安全应急预案的评估与修订，并对编制单位网络安全应急预案的起草和上报提出要求。各单位网络安全应急预案原则上每年评估一次，根据实际情况适时修订。修订工作由预案编制单位网络安全应急办组织。

4.3.3 应急预案编制案例

某高校网络安全应急预案

1. 总则

1.1 编制目的

健全学校网络安全应急工作机制，提高网络安全事件应急处置能力，降低网络安全事件造成的损失与影响，维护校园正常秩序，营造健康的网络环境。

1.2 编制依据

《中华人民共和国突发事件应对法》《网络安全法》等法律法规，《国家突发公共事件总体应急预案》《突发事件应急预案管理办法》《国家网络安全事件应急预案》《关于加强教育行业网络与信息安全工作的指导意见》《信息安全技术 网络安全事件分类分级指南》《教育系统网络安全事件应急预案》等文件。

1.3 适用范围

本预案适用于全校范围内网络与信息系统安全突发事件的应急处置。按照《国家网络安全事件应急预案》《教育系统网络安全事件应急预案》规定，本预案所指网络安全事件是指由于人为原因、软/硬件缺陷或故障、自然灾害等，对网络和信息系统或者其中的数据造成危害，对社会造成负面影响的事件，可分为有害程序事件、网络攻击事件、信息破坏事件、设备设施故障、灾害性事件和其他事件。

1.4 工作原则

统一指挥、快速响应、科学处置、密切协同。

1.5 事件分级

学校网络安全事件依据影响范围、严重程度，可分为以下四级：特别重大网络安全事件（Ⅰ级）、重大网络安全事件（Ⅱ级）、较大网络安全事件（Ⅲ级）、一般网络安全事件（Ⅳ级）。

（1）符合下列情形之一的，为特别重大网络安全事件：

① 校园网络核心设施出现特别严重故障，校园网络全面瘫痪，全校师生无法上网。

② 网络病毒在全校范围内大面积爆发。

③ 学校核心业务信息系统（网站）遭受特别严重损失，系统大面积瘫痪，丧失业务处理能力。

④ 学校核心业务信息系统（网站）的重要敏感信息或关键数据丢失或被窃取、篡改。

⑤ 其他对学校安全稳定和正常秩序构成特别严重威胁、造成特别严重影响的网络安全事件。

（2）符合下列情形之一的，为重大网络安全事件：

① 校园网络核心设施出现严重故障，校园网络大面积瘫痪，大量师生无法上网。

② 网络病毒在全校多区域大面积传播。

③ 学校核心业务信息系统（网站）遭受严重损失，业务处理能力受到重大影响。

④ 学校核心业务信息系统（网站）的重要信息或数据丢失或被窃取、篡改。

⑤ 其他对学校安全稳定和正常秩序构成严重威胁、造成严重影响的网络安全事件。

（3）符合下列情形之一且未达到重大网络安全事件的，为较大网络安全事件：

① 校园网络重要设施出现故障，校园网络多个区域部分师生无法上网超过 12 小时。

② 网络病毒在校内某个区域内广泛传播。

③ 学校重要业务信息系统（网站）遭受较大损失，明显影响系统效率，业务处理能力受到影响。

④ 学校重要业务信息系统（网站）的信息或数据丢失或损坏。

⑤ 其他对学校稳定和正常秩序构成较大威胁，造成较大影响的网络安全事件。

（4）一般网络安全事件：

除上述情形外，对学校安全稳定和正常秩序构成一定威胁、造成一定影响的网络安全事件，为一般网络安全事件。

具体分级情况，如表 4–2 所示。

▽ 表 4–2　某高校网络安全事件分级

事件分级	系统级别	影响范围	业务损失	对学校危害性
Ⅰ级	学校网络或核心信息系统	全校	全校用户长时间无法上网，核心系统业务瘫痪，病毒在全校爆发，重要敏感信息或关键数据丢失、被篡改等	特别严重
Ⅱ级	学校网络或核心信息系统	全校	大量用户长时间无法上网，核心系统业务明显影响，病毒在全校传播，重要信息或数据丢失、被篡改等	严重
Ⅲ级	校内部分区域网络或重要信息系统	部分区域	校内部分区域用户无法上网超 12 小时，病毒在校内某个区域传播，重要系统业务受影响，重要信息或数据丢失或损坏等	较大
Ⅳ级	其他网络信息系统	其他	除以上情形外，对学校安全稳定和正常秩序构成一定威胁、造成一定影响的网络安全事件	一般

2. 组织机构与职责

2.1 领导机构与职责

校网络安全与信息化建设领导小组（以下简称“校网信领导小组”）统筹协调学校网络安全应急工作，指导各单位进行网络安全事件应急处置。发生特别重大、重大网络安全事件时，可成立学校网络安全事件应急工作组，负责组织指挥和协调事件处置，并根据情况吸纳相关单位参加应对工作。

2.2 办事机构与职责

在校网信领导小组的领导下，成立校网络安全应急办公室负责网络安全应急管理事务性工作，对接上级网信主管部门和其他单位网络安全职能部门，提出网络安全事件应对措施建议，统筹组织学校网络安全监测工作，指导学校网络安全支撑单位做好应急处置的技术支撑工作。

2.3 信息化中心职责

负责学校网络安全工作统筹规划、建设、管理，做好网络安全事件的预防、监测预警、报告和应急工作，为学校网络安全事件应急处置提供决策支持和技术支撑。

2.4 党委宣传部

负责学校网络安全相关舆情监测和舆情事件应对工作，对于涉及师生政治思想方面的预警性、倾向性、苗头性问题进行分析研判，并妥善有效应对。

2.5 党委保卫部

密切联系公安部门，协助校网络安全应急办做好网络安全事件的处置工作。

2.6 总务部

负责网络安全应急处置的后勤保障，包括供水、供电、场地保障等。

2.7 其他单位职责

各单位承担本单位网络安全主体责任，在校网信领导小组统一指挥下，配合完成学校各项网络安全事件应急工作。

3. 监测与预警

3.1 安全监测

信息化中心应通过多种渠道监测收集各类网络安全威胁信息，并及时通报相关单位。校内各单位应对本单位网络和信息系统（网站）的运行状况进行密切监测，一旦发生网络安全事件，应立即通过电话等方式向校网络安全应急办报告，不得迟报、谎报、瞒报、漏报。信息化中心对监测信息进行研判，对发生网络安全事件的可能性及其可能造成的影响进行分析评估，认为需要立即采取防范措施的，应及时通知有关单位；认为可能发生校定重大以上（含重大）网络安全事件的信息，应立即向校网信领导小组报告。

3.2 预警分级

教育系统网络安全事件预警等级分为四级，由高到低依次用红色、橙色、黄色和蓝色表示，分别对应发生或可能发生教育系统特别重大、重大、较大和一般网络安全事件。红色预警由教育部统一发布，橙色以下（含橙色）预警由省级教育行政部门发布。

3.3 预警响应

3.3.1 红色预警响应

（1）校网络安全应急办启动应急预案，协调调度各方资源，做好各项应急准备，联系有关部门、专业机构和专家，对事态发展进行跟踪研判，情况随时报校网信领导小组。

（2）信息化中心对安全风险进行跟踪和分析研判，密切关注事态发展，做好监测分析和信息搜集工作；党委宣传部密切关注舆情动态，加强教育引导，采取有效措施管控风险。

（3）各有关单位实行24小时值守，相关人员保持通信联络畅通。

（4）信息化中心及相关技术人员进入24小时待命状态，研究制定应对方案，检查设备、软件工具等，确保处于良好状态。

3.3.2 橙色预警响应

（1）校网络安全应急办启动应急预案，做好各项应急准备，对事态发展情况进行跟踪研判，重要情况报校网信领导小组。

（2）信息化中心密切关注事态发展，做好监测分析和信息搜集工作。

（3）信息化中心及相关技术人员进入24小时待命状态，研究制定应对方案，检查设备、软件工具等，确保处于良好状态。

3.3.3 黄色及蓝色预警响应

（1）校网络安全应急办启动应急预案，做好风险评估、应急准备和风险控制工作。

（2）信息化中心密切关注事态发展，有关情况及时通报相关单位。

（3）信息化中心及相关技术人员保持联络畅通，检查应急设备、软件工具等，确保处于良好状态。

4. 应急处置

4.1 初步处置

网络安全事件发生后，事发单位应立即启动应急预案，立即组织本单位相关人员采取科学有效的处置措施，尽最大努力将损害和影响降到最低，并注意保存网络攻击、网络入侵或网络病毒等证据，并报告本单位安全责任人和校网络安全应急办；对于人为破坏活动，应同时报当地网信主管部门和公安机关。经校网络安全应急办分析研判，初判为特别重大、重大网络安全事件的，应立即报告校网信领导小组。对于认定为特别重大网络安全事件的，报告上级网信主管部门。

4.2　应急响应

网络安全事件应急响应分为Ⅰ级、Ⅱ级、Ⅲ级、Ⅳ级，分别对应特别重大、重大、较大和一般网络安全事件。

4.2.1　Ⅰ级响应

（1）学校网络安全应急办成立应急工作组并进入应急状态，应急工作组按照应急预案要求统一领导、指挥、协调应急处置工作，校网络安全应急办及事件相关单位24小时值守。

（2）应急工作组按上级部门网络安全事件定级标准及时填写网络安全事件情况报告，报上级网信主管部门。

（3）应急工作组及时召集有关单位、专家、应急技术支撑队伍进行会商，研究处置措施。

（4）处置中需要上级部门给予支持的，由校网络安全应急办予以协调。

4.2.2　Ⅱ级响应

（1）校网络安全应急办成立应急工作组并进入应急状态，应急工作组按照应急预案要求统一领导、指挥、协调应急处置工作，应急工作组安排必要单位24小时值守。

（2）应急工作组按学校网络安全事件定级标准及时填写网络安全事件情况报告，报校网信领导小组。

（3）处置中需要上级部门给予支持的，由校网络安全应急办予以协调。

4.2.3　Ⅲ级响应

（1）信息化中心与事发单位进入应急状态，按照相关应急预案做好应急处置工作。

（2）事发单位按学校网络安全事件定级标准及时填写网络安全事件情况报告，报校网络安全应急办。

（3）处置中需要校内其他单位配合支持的，由校网络安全应急办统一指挥、协调。

（4）有关单位结合各自情况有针对性地加强防范，防止造成更大范围的影响和损失。

4.2.4　Ⅳ级响应

（1）事发单位按相关预案进行应急响应。

（2）事发单位按学校网络安全事件定级标准及时填写《网络安全事件情况报告》，报校网络安全应急办。

4.3　具体应对措施

（1）有害程序事件。确定有害程序的名称、类型、来源，查明传播途径和影响范围，通过关停必要的设备或系统尽力限制有害程序的传播蔓延，使用安全工具和软件清除有害程序，修复受损的系统和网络。

（2）网络攻击事件。识别攻击来源和攻击手段，分析攻击路径，切断攻击源与攻击目标间的网络连接，清除恶意软件，修复系统漏洞，恢复受损数据。

（3）信息破坏事件。通过关停系统等方式停止被损坏信息的发布，阻止其传播，查找修复系统漏洞，恢复受损数据，消除虚假信息。

（4）物理破坏事件。保存设备或系统遭破坏的证据，联系学校保卫部门并报公安机关和网信主管部门，修复或替换受损设备或系统，恢复服务。

（5）设备设施故障。判断故障原因和影响范围，及时替换问题设备。如故障设备为大型核心网络交换机、机房空调、供配电设施等短期无法替换的设备，为保障关键系统和关键服务，可关停部分次要设备与系统，并积极修复故障设备。

（6）灾害性事件。在保障人身安全的前提下，尽可能保护关键备份数据，减少数据和设备受损。

5. 应急结束

Ⅰ级、Ⅱ级响应结束，由校网络安全应急办提出建议，报应急工作组批准后，及时通报有关单位。

Ⅲ级响应结束，由校网络安全应急办根据情况决定并通报有关单位。

Ⅳ级响应结束，由事发单位在完成应急处置后自行解除。

6. 调查与评估

特别重大、重大网络安全事件由校网络安全应急办组织有关单位开展调查处理和总结评估工作。重大网络安全事件的调查评估结果报校网信领导小组，特别重大网络安全事件的调查评估结果经校网信领导小组审议通过后，报上级网信主管部门。

较大和一般网络安全事件由事发单位自行组织开展调查处理和总结评估工作，并将调查评估结果汇总上报校网络安全应急办。网络安全事件总结调查报告应对事件的起因、性质、影响、责任等进行分析评估，提出处理意见和改进措施。

网络安全事件的调查处理和总结评估工作应在应急响应结束后5天内完成。

7. 预防工作

7.1 日常管理

校内各单位应做好网络安全事件日常预防工作，结合本单位情况制定专项应急预案和配套的管理制度，建立本单位应急管理制度。做好网络安全检查、风险评估和数据备份，加强信息系统的安全保障能力。

7.2 监测预警和通报

信息化中心负责建立学校网络安全监测预警和通报机制，并指导、监督各单位及时修复安全威胁，全面排查安全隐患，提高发现和应对网络安全事件的能力。

7.3 应急演练

校网络安全应急办每年组织有针对性的网络安全应急演练，检验和完善预案，提高实战能力，校内各单位应积极参与配合。

7.4 宣传培训

信息化中心不定期组织校内各单位网络安全责任人、各单位网络安全技术人员开展网络安全培训，加强突发网络安全事件预防和处置的有关法律、法规、政策、技能的培训。校内各单位要定期开展网络安全基本知识和技能的宣传活动，提高全校师生的网络安全意识。

7.5 重点保障

在重大节日、活动、会议期间，校网络安全应急办负责督促指导校内各单位加强网络安全事件的防范和应急工作，校内重点单位安排专人进行24小时网络安全值班。

8. 工作保障

8.1 机构和人员

校内各单位应落实网络安全应急工作责任制，按照“谁主管谁负责”的原则，把网络安全应急工作责任落实到具体部门、具体岗位和个人，建立健全应急工作机制。校内各二级单位应选派专人担任本单位网络安全与信息化专员，在学校网络安全应急办的指导下开展本单位的网络安全应急工作。

8.2 技术支撑

信息化中心应统筹学校网络安全应急技术支撑队伍建设和网络安全物资保障，做好学校网络安全事件的监测预警、预防防护、应急处置、应急技术支援工作。

8.3 基础平台

信息化中心应加强学校网络安全监测能力建设，加强教育系统内各平台间的信息共享，做到早发现、早预警、早响应，提高应急处置能力。

8.4 经费保障

信息化中心应根据学校网络安全工作的需要，制定网络安全设备、工具、服务的采购计划，纳入学校信息化建设年度预算，由学校给予资金保障。

8.5 责任与奖惩

学校对网络安全事件应急工作中做出突出贡献的先进集体和个人给予表彰和奖励；对不按照规定制定预案和组织开展演练，迟报、谎报、瞒报和漏报网络安全事件重要情况或者在应急工作中有其他失职、渎职行为的，学校对相关单位责任人给予处分；构成犯罪的，依法追究刑事责任。

9. 附则

9.1 预案管理

本预案原则上每年评估一次，根据实际情况适时修订。修订工作由校网络安全应急办组织。

9.2 预案解释

本预案由校网络安全应急办负责解释。

9.3 预案实施时间

本预案自下发之日起实施。

4.4 网络安全应急演练

在网络应急预案编制完成后，一般应组织相应的网络安全应急演练，通过网络安全应急演练对应急预案进行检验，同时通过网络安全应急演练对应急人员的执行能力进行检验。应急演练是指各行业主管部门、各级政府及其部门、企事业单位、社会团体等（以下称演练组织单位）组织相关单位及人员，依据网络安全应急预案，开展应对网络安全事件的活动。

4.4.1 目的和原则

通过组织应急演练，可以有效检验制约组织网络安全事件应急能力的不利因素，并为消除或减少这些不利因素提供有价值的参考信息。应急演练作为检验、评价和维持组织应急能力的一个手段，可以检验应急预案体系的完整性、应急预案的操作性、机构和应急人员的执行和协调能力、应急保障资源的准备情况等，从而有助于提高整体应急能力。

应急演练目的主要包括：

- 检验预案：发现应急预案中存在的问题，提高应急预案的科学性、实用性和可操作性。
- 完善准备：完善应急管理和应急处置技术，补充应急装备和物资，提高其适用性和可靠性。
- 锻炼队伍：熟悉应急预案，提高应急人员在紧急情况下妥善处置事故的能力。
- 磨合机制：完善应急管理相关部门、单位和人员的工作职责，提高协调配合能力。
- 宣传教育：普及应急管理知识，提高参演和观摩人员风险防范意识。
- 发现其他需要解决的问题。

应急演练原则主要包括：

- 结合实际，合理定位：紧密结合应急管理工作的实际需求，明确演练目的，根据资源条件确定演练方式和规模。
- 着眼实战，讲求实效：以提高应急指挥机构的指挥协调能力和应急队伍的实战应变能力为着眼点。重视对演练流程及演练效果的评估、考核，总结推广好的经验，对发现的问题及时整改。

• 周密部署，确保安全：围绕演练目的，精心策划演练内容，科学设计演练方案，周密部署演练活动，制定并严格遵守有关安全措施，确保演练参与人员及演练设施安全。

• 统筹规划，厉行节约：统筹规划应急演练活动，“演”与“练”有效互补，适当开展跨行业、跨地域的综合性演练，充分利用现有资源，提升应急演练效益。

4.4.2 分类和形式

应急演练可以从不同角度进行分类。一般来说组织可以根据演练目的与绩效目标，结合演练规模与重要程度，确定演练类型。以下为常见的演练类型：

• 预警演练：该演练通过对相关参与者发出预警，诱发其做出响应来测试组织机构及预警机制。主要应用于组织的内部人员，也可适用于其他情境。

• 响应启动演练：该演练用于测试与培养启动响应的能力。该方法通常基于预警演练，测试组织被触发响应的速度，以及触发后执行指定任务的速度。

• 决策演练：该演练用于练习组织内部的决策过程，包括做出及时决策的能力，协调各责任方与其他利益相关方的能力，在进行决策演练时应考虑时间限制。

• 危机管理演练：该演练模拟危机状况，为参与者实践和熟悉危机管理预案中确定的职责分工提供机会。

演练方法可分为讨论型演练和实操型演练两类。

讨论型演练是指演练能够帮助参与者熟悉当前计划、政策、协议与程序。此类演练也称作“困境演练”，可用于制定新的计划、政策、协议与程序。常见的讨论型演练包括：

• 小型研讨会：是一种非正式讨论，由经验丰富的主持人引导学员熟悉新计划、政策或程序，不受事件发展的限制。组织修改或制定计划和方案时，可首先采用这种演练方法，例如评审或修订在近期实际破坏性事件中被证明难以实施的程序。

• 专题研讨会：该方法类似于小型研讨会，但增加了参与者之间的互动，强调演练的产出，如新的标准操作程序，应急计划，多年度计划或改进计划。该方法也经常采用专题研讨会的形式编写演练绩效目标和演练情景。

• 桌面推演：是关键人员在非正式场合讨论模拟情景的演练方法，作为一种工具来培养能力，支持已修订的计划或程序，评审计划、政策和程序，评估响应意外情形需采用的过程和系统。参与者讨论模拟事件产生的问题，按步骤作出解决问题的决策。可要求参与者限时快速作出决策，也可不限时深入探讨与制定解决方案。通常先使用不限时演练，再进行限时演练。

实操型演练用于验证计划、政策、协议与程序的有效性，明确队伍职责。通过模拟真实环境下的演练活动，此类演练有助于识别演练中的不足。实际演练中通常采用其中一种方法，该方法应建立在另一种方法基础之上。实操型演练通常以讨论型演练为基础而去真实生产环境模拟突发事件场景，完成判断、决策、处置等环节的应急响应过程，检验和提高相关人员的临场组织指挥、应急处置和后勤保障能力。常见的实操型演练包括本组织内部开展的实战型攻防演练、参加上级部门或者行业等组织的各类攻防演练。

4.4.3 组织机构

为了保证应急演练的有效性，一般在应急演练开始前，需要根据应急演练的目标和形式构建应急演练的组织机构。在组织机构中，应包括参与应急演练的各类人群，通过应急演练使得各类人群明确在应急演练中的工作目标、内容和具体操作。由于每次应急演练的内容、范围不同，应急演练的组织机构一般是根据应急演练的需要临时组建的。

应急演练组织机构一般由应急演练领导小组、应急演练管理小组、应急演练技术小组、应急演练评估小组、应急响应实施小组等组成，如图 4-4 所示。

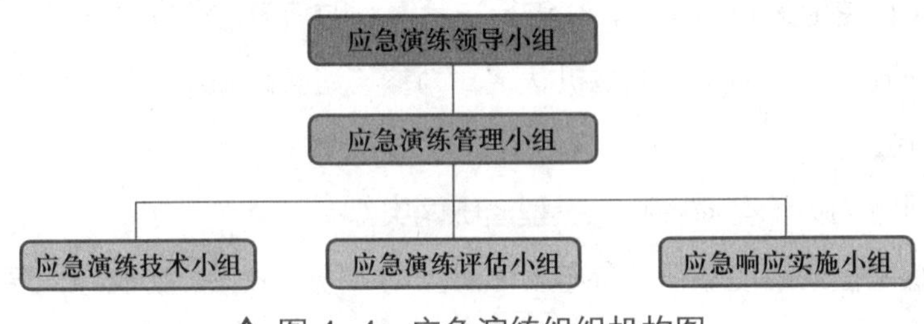

△ 图 4-4　应急演练组织机构图

应急演练领导小组是网络安全应急演练工作的组织领导机构，组长一般由组织最高管理层成员或其上级单位负责人担任，例如由网络安全与信息化领导小组组长或成员担任。领导小组的职责是领导和决策网络安全事件应急演练的重大事项，主要包括：对应急演练工作的承诺和支持，包括发布正式文件、提供必要资源（人、财、物）等；审核并批准应急演练方案；部署、检查、指导和协调应急演练各项筹备工作；审批决定应急演练重大事项。

应急演练管理小组是网络安全应急演练工作的组织、策划、指挥者，组长一般由组织信息化负责人担任，作为应急演练工作的总指挥。管理小组的主要职责包括：策划、制定应急演练工作方案；组织、协调应急演练准备工作；总体指挥、调度应急演练现场工作；总结应急演练效果。

应急演练技术小组是网络安全应急演练工作的技术支撑者，负责应急演练实施工作，其主要职责包括：制定技术方案和实施方案；根据应急演练工作方案拟定应急演练脚本；模拟网络安全事件；应急演练涉及的通信、调度等技术支撑系统的技术保障工作。

应急演练评估小组是网络安全应急演练的过程和结果评估者，评估小组可由组织自行建立，也可由组织的上级部门组织，或邀请第三方专家或机构负责组织。其主要职责包括：根据应急演练工作方案，制定评估工作方案；记录演练过程与应急动作；发现应急演练中存在的问题，及时向相关小组提出意见或建议；评价演练结果和演练过程动作要领。

应急响应实施小组一般由网络安全事件应急预案规定的相关应急管理部门或小组组成。应急响应实施组承担网络安全事件应急演练具体任务，针对突发事件模拟场景做出应急响应行动。应急响应实施组根据应急演练工作方案及实际处置工作需要制定现场处置工作程序，并按照管理小组的指令组织参演人员按照网络安全事件应急预案和现场处置工作程序做出应急响应行动。

4.4.4 演练流程

应急演练工作一般分为演练准备、演练实施、演练总结和成果运用四个阶段，如图4-5所示。

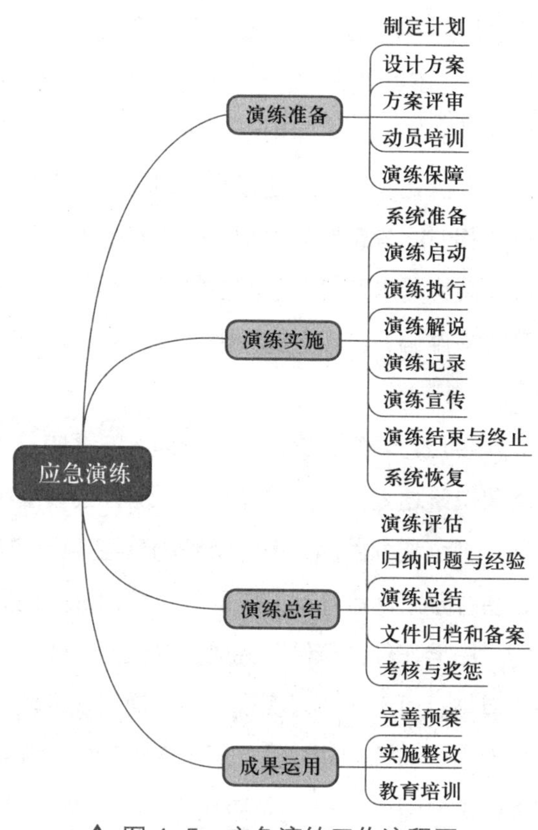

△ 图4-5 应急演练工作流程图

演练准备阶段是确保演练成功的关键。包括制定计划、设计方案、方案评审、动员培训、演练保障等几个方面。

演练实施阶段是演练的实际操作阶段，包括系统准备、演练启动、演练执行、演练解说、演练记录、演练宣传、演练结束与终止、系统恢复几个方面。

演练总结阶段是对演练的全面回顾，归纳问题和经验，包括演练评估、演练总结、文件归档和备案、考核与奖惩几个方面。

演练成果运用是在演练总结的基础上，对问题和经验的运用，包括完善预案、实施整改、教育培训等。

1. 演练准备

演练准备阶段一般是指各组织或者地区根据实际情况，依据相关法律法规和应急响应预案的规定，对一定时期内各类应急演练活动做出总体计划安排，包括应急演练的频次、规模、形式、时间地点等。一般来说，演练准备阶段应考虑演练计划、演练方案的设计、应急演练保障几个部分。

演练计划由应急演练管理小组组织各参演单位制定并报领导小组批准，一般需要包括演练的目的、演练的需求、演练的范围、安排演练的准备和实施的日程计划，同时需要预算应急演练的经费。确定演练目的是指明确开展应急演练的原因、演练要解决的问题和期望达到的效果。分析演练需求是在对事先设定事件场景风险和应急预案认真分析的基础上，结合年度内发生网络安全事件的情况，梳理和查找薄弱环节，确定需调整的演练人员、需锻炼的技能、需检验的设备、需完善的应急处置流程和需进一步明确的职责。然后，需要根据演练需求、经费、资源和时间等条件的限制，确定演练事件类型、等级、地域、参演机构及人数、演练方式等。演练需求和演练范围往往互相影响。之后安排演练准备与实施的日程计划，包括各种演练文件编写与审定的期限、信息系统及技术物资准备的期限、演练实施的日期等。

在明确演练计划后，需要进行演练方案的设计。演练方案由总指挥部策划小组组织各参演单位编写，演练参演单位策划人员承担具体编写任务，经参演单位评审后报演练领导小组批准。主要内容包括：确定演练目标、设计演练场景与实施步骤、设计评估标准与方案、编写演练方案文件、演练方案评审几部分内容。演练目标是需完成的主要演练任务及要达到的效果，一般说明“由谁在什么条件下完成什么任务，依据什么标准，取得什么效果”。演练目标应明确、具体、可量化、可实现。演练情景要为演练活动提供初始条件，还要通过一系列的情景事件引导演练活动继续，直至演练完成。演练情景包括演练场景概述和演练场景清单。演练评估是通过观察、体验和记录演练活动，比较演练实际效果与目标之间的差距，总结演练成效和不足的过程。演练评估应以演练目标为基础。每项演练目标都要设计合理的评估项目方法、标准。根据演练目标的不同，可以用选择项（如是否判断，多项选择）、主观评分（如 1—差、3—合格、5—优秀）、定量测量等方法进行评估。演练方案文件是指导演练实施的详细工作文件。根据演练类别和规模的不同，演练方案可以编为一个或多个文件。编为多个文件时可包括演练人员手册、演练宣传方案、演练剧本等，分别发给相关人员。对涉密应急预案的演练或不宜公开的演练内容，还要制定保密措施。对综合性较强、风险较大的应急演练，组织单位要对演练方案进行评审，确保演练方案科学可行，以确保应急演练工作的顺利进行。

应急演练保障是演练顺利进行的基础，主要包括人员保障、经费保障、场地保障、基础设施保障、通信保障和安全保障。人员保障是指演练组织单位和参演单位应合理安排工作，保证相关人员参与演练活动的时间，确保所有参演人员已经参与过演练培训，明确职责分工。经费保障是指演练组织单位每年要根据应急演练规划编制应急演练经费预算，纳入该单位的年度财政（财务）预算，并按照演练需要及时拨付经费。场地保障是指根据演练方式和内容，经现场勘察后选择合适的演练场地。桌面推演一般可选择会议室或应急指挥中心等；实战演练应选择与实际情况相似的机房或其他地点。基础设施保障包括根据需要配置必要的基础设施，包括但不限于电力、设备、物资、通信器材等。应急演练过程中总指挥部、应急指挥中心及各下设演练场地、参演人员之间要有及时可靠的信息传递渠道。安全保障是指演练组织单位要高度重视演练组织与实施全过程的安全保障工作。尤其是大型或高风险演练，要按规定制定专门应急预案，采取预防措施，并对关键部位和环节可能出现的突发事件进行针对性预演。

2. 演练实施

正式演练开始后，一般分为系统准备、演练启动、演练执行、演练解说、演练记录、演练宣传、演练结束与终止、系统恢复 8 个阶段。系统准备阶段主要工作是各参演单位在演练前对即将进行演练的系统采取系统备份等相应的安全保护措施，并于演练正式开始之前向总指挥部确认。演练启动阶段一般要举行简短的仪式，由演练总指挥宣布演练开始并启动演练活动。演练执行阶段是演练正式开始后，演练总指挥负责演练实施全过程的指挥控制。各应急指挥中心根据总指挥部下达的演练指令，按照演练方案指挥进行事件场景模拟。演练过程中，演练单位应指定专人按照应急预案要求对网络安全事件的发现及处置情况向总指挥部报告。演练解说是指演练组织单位可以安排专人对演练过程进行解说。演练记录将对演练过程采用文字、照片和音像等手段记录。同时，指挥部策划小组按照演练宣传方案做好演练宣传报道工作。演练结束与终止阶段由总指挥部下达演练结束指令，各相关部门停止动作。系统恢复是指演练结束后，各参演单位应及时对演练各系统进行认真恢复，并向总指挥部书面报告系统恢复情况。

3. 演练总结

演练结束后，由演练策划组根据演练记录、演练评估报告、应急预案、现场总结等材料，对演练进行系统和全面的总结，并形成演练总结报告。演练参与单位也可对本单位的演练情况进行总结。

演练总结阶段一般包括演练评估、演练总结、文件归档、考核与奖惩和演练成果运用几个部分。演练评估报告的主要内容一般包括演练执行情况、预案的合理性与可操作性、应急指挥人员的指挥协调能力、参演人员的处置能力、演练所用设备装备的适用性、演练目标的实现情况、演练的成本效益分析、对完善预案的建议等。演练总结报告的内容一般包括演练目的、时间和地点、参演单位和人员、演练方案概要、发现的问题与原因、经验和教训，以及改进有关工作的建议等。演练组织单位在演练结束后应将演练计划、演练方案、演练评估报告、演练总结报告等资料归档保存。同时，演练组织单位应该对演练参与单位及人员进行考核与奖惩。

4. 成果运用

演练完成后，一般需要对演练暴露出来的问题进行总结，参演单位应当及时采取措施予以改进，建立改进任务表。对演练中积累的经验，参演单位也要积极加以运用。问题总结和经验的运用，包括修改完善应急预案、有针对性地加强应急人员的教育和培训、对应急设施有计划地更新等，要持续跟进监督检查，形成闭环。

4.4.5 应急演练案例

演练目的：为落实国家网络安全法律法规和政策要求中关于应急演练的相关要求，某高校计划修订现有网络安全应急预案并开展应急演练，从而验证预案有效性、锻炼队伍、磨合机制，从而为进一步提升安全应急处置能力和安全防护水平做好准备。

演练对象：该高校某二级信息系统（场景 1），某内部网络系统（场景 2）。

演练形式：场景 1 采用讨论型演练，场景 2 采用实操型演练。

演练内容：场景 1 中演练网站页面篡改，场景 2 中演练网络拒绝服务攻击。

某大学网络安全应急演练实施方案

一、概述

为落实国家网络安全法律法规和政策要求中关于应急演练的相关要求，某高校计划修订现有网络安全应急预案并开展应急演练，从而验证预案有效性、锻炼队伍、磨合机制，从而为进一步提升安全应急处置能力和安全防护水平做好准备。

目前已完成《某高校网络安全事件应急预案》及《某网络安全应急演练工作方案》，某第三方 A 公司将协助某高校开展网络安全应急演练的实施。

二、演练对象和时间计划

演练对象为该高校某二级信息系统，某内部网络系统。

时间计划定为 ×× 月 ×× 日至 ×× 月 ×× 日之间。

三、应急演练内容

结合某高校实际需求，选取演练科目见表 4-3。

▽ 表 4-3 应急演练科目表

序号	安全层面	演练科目名称	演练内容
1	应用层面	网站应用页面篡改	某二级信息系统应用层面存在高危漏洞，被利用后，获取应用权限或进行网站页面篡改
2	网络层面	网络拒绝服务攻击	通过攻击软件发送大量恶意数据包，对服务器进行攻击，使得网站及特定网络出现异常

四、应急演练场景说明

（一）场景 1：网站页面篡改

攻击目标：某高校某二级信息系统，A 公司协助搭建模拟系统。采用某 CMS 7.6 版作为门户网站的管理系统，部署在 Windows 平台，并使用 Administrators 权限运行，管理后台对公网开放访问。但该系统留言板功能存在多字段 SQL 注入漏洞，管理后台存在文件上传漏洞。

攻击者：A 公司安全人员作为攻击方。

攻击方式：攻击方利用留言板 SQL 注入漏洞，获取网站后台管理员用户名和 MD5 编码的密码信息，经过彩虹表解码获得明文密码。攻击者访问网址管理后台，利用文件上传漏洞上传木马文件，从而获取服务器权限并对官网首页图片进行了篡改。

攻击效果：服务器 Administrators 权限被攻击者获取，网站首页被篡改，添加图片“您的网站已被我们控制”。

采用工具：某 CMS 7.6 源代码，编制的 WebShell 上传文件。

（二）场景 2：网络拒绝服务攻击

攻击目标：某高校网络系统。

攻击者：公网匿名攻击者。

攻击方式：Memcached服务1.56之前的版本存在流量放大漏洞，可被利用于分布式DDOS攻击，攻击者利用多台暴露在公网未做安全配置的Memcached服务器进行IP欺骗，对某网站形成流量反射攻击。

攻击效果：某网站对外网络端口被挤占，无法正常访问。

所需工具：Memcached反射DDoS攻击脚本，多台部署了低于1.56版本未做安全配置的Memcached服务器。

五、应急演练组织形式

本次应急演练计划包括二级信息系统页面篡改（场景1，Ⅱ级事件），以及网络拒绝服务攻击（场景2，Ⅲ级事件）。

其中Ⅱ级事件需经学校信息化工作办公室向学校网络安全和信息化领导小组报告，Ⅲ级事件需要遭受攻击单位向信息化工作办公室报告。具体组织形式包括如下两种：

1. 场景1

演练参与方，包括网络安全和信息化领导小组、信息化工作办公室、信息中心、二级单位人员。相关人员各自在自己岗位上，开展事件发现、分析、上报、研判和处置，演练结束后对各岗位人员进行调研和过程评判，形成总结报告。

2. 场景2

演练参与方，包括网络安全和信息化领导小组、信息化工作办公室、信息中心、二级单位人员。相关人员集中在统一的会议室或报告厅，现场相关人员事件发现、分析、上报、研判和处置。沟通和分析过程以现场播报、大屏展示等方式，向参会人员展示。会后形成总结报告。

六、演练实施

1. 网站页面篡改（Ⅱ级事件响应）

预置场景：某高校某二级信息系统部署于某高校××内部网络区域，违规对外开放互联网访问；系统存在命令执行漏洞，导致被攻击者上传木马文件，并篡改首页。

涉及人员：某高校网络安全和信息化领导小组成员。

实施场景：

（1）场景准备

A公司协助在某高校测试网络中搭建模拟网站信息系统；预置安全漏洞或木马文件；明确攻击测试方网络环境，保证网络可达；明确参与人员；明确应急预案。

（2）攻击实施

攻击测试方根据预置的漏洞或木马程序，对模拟网站信息系统开展安全攻击；篡改网站首页面，实现首页图片替换；（可投屏展示攻击效果）。

（3）应急响应

某高校二级单位发现安全事件，根据应急预案要求立即上报信息化工作办公室（二级单位人员 A 报告信息化工作办公室人员 B）。

信息化工作办公室判定事件为Ⅱ级，启动应急响应程序；信息化工作办公室请示领导小组（信息化工作办公室人员 B 报告领导小组成员 C）后，会同信息中心、事发单位人员组成应急工作组。

工作组开展安全事件分析处理，通过对网络日志、流量分析，判定安全事件攻击来源，系统漏洞等，明确事件发生原因和影响；工作组组织删除木马文件，会同系统开发商弥补漏洞，撰写安全事件报告；应急工作组向领导小组报告事件已处置，请求恢复网站访问；领导小组同意恢复网站访问。（可现场以通话方式实现相关汇报和下达指示，事件分析和恢复过程可投屏展示。）

（4）演练总结

演练组织方宣布应急演练圆满完成，提醒大家注意网络安全重要性，对演练做简单总结，提出下一步工作要求。

2. 拒绝服务攻击（Ⅲ级事件响应）

预置场景：某高校某网络遭拒绝服务攻击，且时长已超过 6 小时。

应急演练实施场景：

（1）场景准备

针对某高校某内部网络区域，具备网络流量监控措施。

（2）攻击实施

攻击测试方通过部署的攻击软件，针对特定网络发起 SYN FLOOD 攻击，同时叠加针对网络内某重要服务器的 CC 攻击（可投屏展示攻击效果）。

（3）应急响应

某高校信息中心发现网络拒绝服务攻击事件，且持续攻击，现有技术措施无法有效处置（可投屏展示网络流量监控效果）；根据应急预案要求立即上报信息化工作办公室（信息中心人员 A 报告信息化工作办公室人员 B）。

信息化工作办公室判定事件为Ⅲ级，启动应急响应程序；信息化工作办公室请示领导小组后（信息化工作办公室人员 B 报告领导小组成员 C），会同信息中心人员、外部供应商（如运营商或教育网人员）组成应急工作组。

工作组开展安全事件分析处理，通过流量分析，判定拒绝服务攻击类型；通过运营商流量清洗实现抗 DDoS 攻击防护，通过防火墙启用抗 CC 攻击模块，实现对 CC 攻击防护；

应急工作组向领导小组报告事件已处置，并撰写事件处置报告。（可现场以通话方式实现相关汇报和下达指示，事件分析和恢复过程可投屏展示。）

（4）演练总结

演练组织方宣布应急演练圆满完成，提醒大家注意网络安全重要性，对演练做简单总结，提出下一步工作要求。

4.5 本章小结

本章首先介绍了网络安全应急处置、应急预案、应急演练等概念和网络安全相关政策法规，如《网络安全法》《国家网络安全事件应急预案》、教育系统网络安全应急预案等。

其次，为实现“预防和减小网络安全事件发生所造成的损失”的主要目标，围绕“事前、事中、事后”三个阶段，重点做好“事前预防、事发应对、事中处置、事后总结”，熟练掌握事件报告要求，并按要求落实上报及处置工作。

再次，要能够做到科学高效地组织开展网络安全应急处置，则需编制本单位的应急预案，建立组织结构，明确分工职责，结合单位实际，做好事件分级，并围绕事件级别，规划设置本单位的监测预警、应急处置、调查评估等工作，同时结合日常工作加强预防，做好保障措施和预案管理。

最后，在网络应急预案基础上，熟悉网络安全应急演练的目的、原则、分类和形式，学习应急演练的组织机构和演练的整体流程，并通过高校案例了解和掌握网络安全应急演练工作。

4.6 习题

一、单选题

1.《中华人民共和国网络安全法》在网络运行安全一般规定中要求，网络运营者要有（　　）制定应急预案，也要定期开展应急演练。

A. 针对性地　　B. 个性化地　　C. 大而全地　　D. 最小化地

2. 应急预案发布实施后，应当定期对预案进行评估，原则上（　　）评估一次，并适时修订应急预案。

A. 每年　　B. 每两年　　C. 每三年　　D. 每四年

3. 网络安全应急工作的领导机构负责应急工作的组织、决策、指挥和协调，通常为

单位的（　　）

A. 网信工作领导小组　　B. 网信办

C. 应急办　　D. 网络信息中心

4. 网络安全事件的调查处理和总结评估工作应在应急响应结束后（　　）内完成。

A. 2天　　B. 3天　　C. 5天　　D. 7天

5. 在网络安全应急演练流程中，以下属于演练实施环节的是（　　）。

A. 演练宣传　　B. 设计方案　　C. 演练评估　　D. 完善预案

二、多选题

1.《信息安全技术 网络安全事件分类分级指南》中网络安全事件包括（　　）。

A. 恶意程序事件　　B. 网络攻击事件

C. 信息内容安全事件　　D. 设备设施故障事件

2. 编制网络安全应急预案时，编制前的准备环节一般包括（　　）。

A. 成立预案编制工作组　　B. 资料收集

C. 风险分析评估　　D. 应急资源调查

3. 应急预案中总则部分主要阐述预案的（　　）。

A. 编制目的和依据　　B. 适用范围

C. 工作原则　　D. 网络安全事件分级

4. 对网络安全事件进行分级，主要考虑（　　）。

A. 网络信息系统的重要程度　　B. 业务遭受损失的严重程度

C. 网络安全事件造成社会危害的严重程度　　D. 用户对网络信息系统的依赖程度

5.《教育系统网络安全事件应急预案》对教育系统各单位可以发布的网络安全事件预警的级别和内容做了明确规定，主要包括：（　　）。

A. 红色预警和涉及多地区预警，由教育部网络安全应急办报部网信领导小组批准后发布

B. 各省级教育行政部门经研判，可发布本地区的橙色以下（含橙色）预警

C. 蓝色预警可由各单位网络安全应急部门自行发布

D. 对达不到预警级别但又需要发布警示信息的，部网络安全应急办和各省级教育行政部门可发布风险提示信息

6. 网络安全应急演练主要原则包括（　　）。

A. 着眼实战，讲求实效　　B. 统筹规划，厉行节约

C. 结合实际，合理定位　　D. 宣传教育，锻炼队伍

三、简答题

1. 按照《信息技术安全事件报告与处置流程（试行）》《教育系统网络安全事件应

急预案》的要求，当发生内容篡改、数据泄露等较大以上级别网络安全事件后，简要叙述应采取的措施。

2. 网络安全事件发生后，事发部门对事件采取的初步处置措施包括哪些？

3. 简要描述网络安全应急演练流程的4个阶段以及4个阶段的主要工作。

参考答案

一、单选题

1. A　2. A　3. A　4. C　5. A

二、多选题

1. ABCD　2. ABCD　3. ABCD　4. ABC　5. ABD　6. ABC

三、简答题

1. 答题要点

省级教育行政部门、部属高校、部直属单位等在做好的事件处置的同时应及时向教育部网信办报告事件情况，教育系统其他单位应及时向上一级网络安全职能部门报告事件情况，包括事发紧急报告与处置、事中情况报告与处置和事后整改报告和处置。

2. 答题要点

措施包括：立即启动应急预案；立即根据事件类型和事件原因，采取措施阻止事态发展、蔓延，尽最大努力将影响降到最低，并注意保存网络攻击、网络入侵或网络病毒等证据；对事件进行分析研判，初判为特别重大、重大网络安全事件的，应立即报告单位网络安全应急办；对于人为破坏活动，应同时报当地网信部门和公安机关；经单位网络安全应急办研判，认定为特别重大网络安全事件的，按相关规定报告上级主管部门。

3. 答题要点

网络安全应急演练工作一般分为演练准备、演练实施、演练总结和成果运用4个阶段，演练准备阶段包括制定计划、设计方案、方案评审、动员培训、演练保障5个阶段。演练实施阶段一般分为系统准备、演练启动、演练执行、演练解说、演练记录、演练宣传、演练结束与终止、系统恢复8个方面。演练总结阶段是根据演练情况对演练进行系统和全面的总结，包括演练评估、演练总结、文件归档和备案、考核与奖惩几个方面。成果运用阶段是在演练总结的基础上，对问题和经验的运用，包括完善预案、实施整改、教育培训等。

第 5 章 网络攻击与防御技术

导 读

随着我国信息化建设的持续推进和不断深化，网络空间已成为人们工作与生活中不可或缺的基础架构。在这个高度网络化的环境中，个体与组织的数据资产、信息系统和各类资源安全保障的战略重要性日益凸显。网络攻击者利用各种手段，尝试突破安全防线，窃取、篡改或破坏目标系统和数据，导致财产损失、隐私泄露等问题。为了有效应对这些威胁，了解和掌握网络攻击与防御技术变得至关重要。本章参考网络杀伤链和 ATT&CK 模型并结合历年教育系统网络安全攻防演习实战经验，从攻击和防护两个方面详细介绍不同阶段、不同类型的网络安全攻击手段并探讨对应的防护技术，为教育系统各单位构建更为全面和有效的安全策略提供参考。

5.1 网络攻击概述

5.1.1 网络攻击的概念

在《信息安全技术 网络攻击定义及描述规范》（GB/T 37027—2018）中，网络攻击是指通过计算机、路由器等计算资源和网络资源，利用网络中存在的漏洞和安全缺陷实施的一种行为。

随着网络和信息技术的发展，现阶段任何以干扰、破坏网络系统为目的的非授权行为都被视为网络攻击。这些攻击一般由个体、组织或国家发起，旨在利用网络系统、应用程序或设备中的漏洞和弱点，为了达到其特定目的，可能由政治、经济或其他因素如报复、炫耀技术等进行驱动。

5.1.2 网络攻击参考模型

网络攻击模型是用于描述网络攻击的各个阶段以及攻击者使用的战术的框架，通过它能够有助于理解和分析复杂多变的网络攻击行为，是常用的网络攻击分析与应对工具之一。网络杀伤链（Cyber Kill Chain）和 MITRE

的 ATT&CK 是分析网络攻击事件的常见参考模型。

1. 网络杀伤链

网络杀伤链是美国国防承包商洛克希德 · 马丁（Lockheed Martin）公司借鉴军事领域“杀伤链”的概念，提出的描述网络攻击各个阶段的模型。如图 5-1 所示，该模型从攻击者视角对外部威胁和攻击行为进行 7 个阶段的解析和描述，具体包括目标侦察、武器构造、载荷投送、漏洞利用、安装植入、指挥控制、目标行动。

目标侦查 (Reconnaissance)	武器构造 (Weaponization)	载荷投送 (Delivery)	漏洞利用 (Exploitation)	安装植入 (Installation)	指挥控制 (Command and Control)	目标行动 (Actions on Objectives)
寻找可能的目标，并收集相关的信息。例如利用爬虫获取网站信息。获取电子邮件地址、社交关系或特定有关技术的信息等	将恶意软件放入有效的载荷(如Adobe PDF和Microsoft Office文件)中，确定攻击方式，完成攻击准备	把武器化有效载荷投送到目标环境，常见的投送方式包括利用电子邮件附件、网站和USB可移动介质	利用漏洞或缺陷触发恶意代码，并获得系统控制权限	在受害者目标系统上安装远程访问的特洛伊木马或后门程序，以持久性地控制目标系统	与外部C2服务器建立通信连接，并用Web、DNS、邮件等协议来隐藏通信通道	开展直接的入侵攻击行为，窃取数据、破坏系统运行，或者在内部网络进一步横向移动
1	2	3	4	5	6	7

△ 图 5-1　网络杀伤链模型

2. ATT&CK

ATT&CK（Adversarial Tactics，Techniques and Common Knowledge），即对抗战术、技术和常识，它是一个站在攻击者的视角来描述攻击中各阶段用到的技术模型。如图 5-2 所示，主要包含前期侦察、资源开发、初始访问、执行、持久化、权限提升、防御逃避、凭据访问、探测发现、横向移动、信息收集等 14 个战术阶段，操作系统、云、网络等 7 个子矩阵和网络安全红蓝对抗模拟、网络安全渗透测试、网络防御差距评估、网络威胁情报收集等若干应用场景。

3. 模型应用

网络杀伤链和 ATT&CK 两种模型在网络安全领域有着广泛的应用。例如在威胁检测与防御中，可以通过识别杀伤链中的各个环节，更好地理解攻击者的入侵路径，从而在关键节点设置防御措施，阻断或减轻攻击。杀伤链模型有助于预测和识别潜在的攻击模式，提前做出防御准备。ATT&CK 模型提供的对抗战术和技术知识库，帮助人员收集和分析威胁情报，从而更好地了解攻击者的行为模式和手段。同时，在红蓝对抗演练中，可以利用 ATT&CK 模型来设定攻击场景和防御策略，提升安全团队的实战能力。

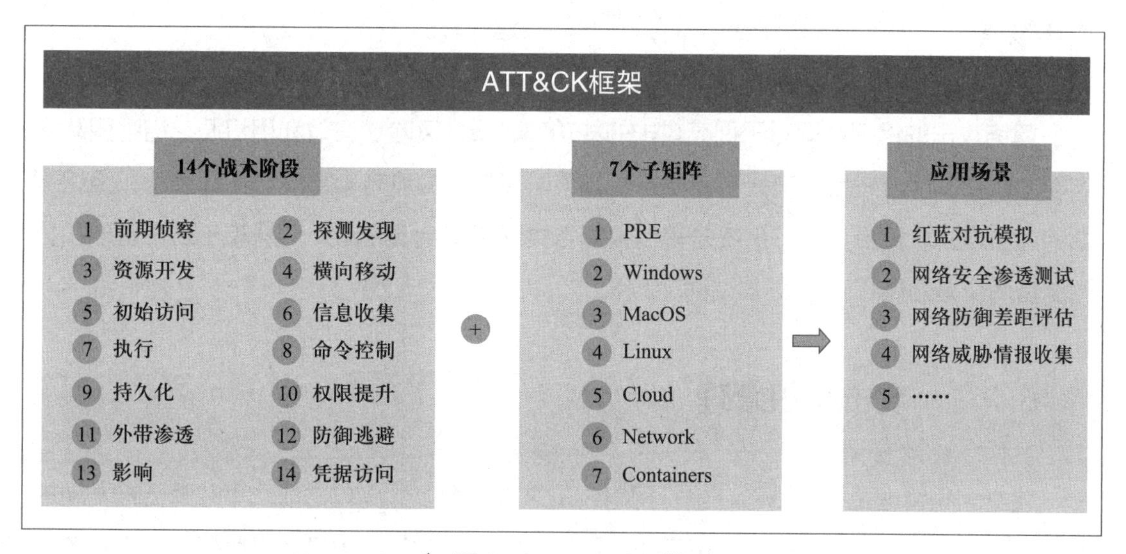

△ 图 5-2 ATT&CK 模型

5.1.3 网络攻击模型实践探索

攻击和防护始终是网络安全的核心命题，深入了解和掌握各种攻击模式和手段是对抗攻击的重要手段。正所谓“未知攻，焉知防”，我们基于教育系统历年网络安全攻防演练和专项任务的实践基础，并结合上述两个模型的特点，从实际操作的角度尝试将网络攻击模型简化为攻击准备、信息收集、边界突破、权限提升和内网渗透 5 个阶段，如图 5-3 所示。接下来将详细介绍这 5 个阶段，并说明一些特别值得关注的、新型的攻击。同时，还将探讨一些有效的防护技术，供教育系统各单位参考。

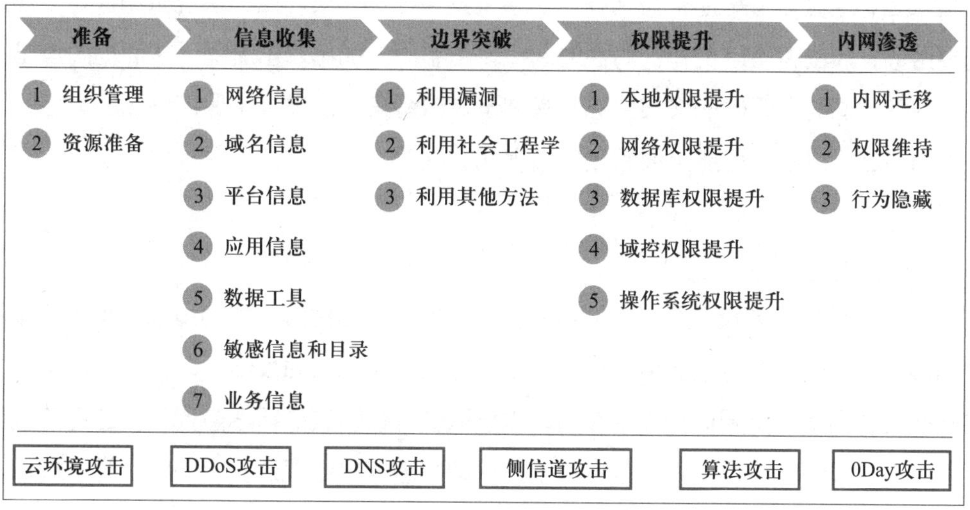

准备	信息收集	边界突破	权限提升	内网渗透
1 组织管理	1 网络信息	1 利用漏洞	1 本地权限提升	1 内网迁移
2 资源准备	2 域名信息	2 利用社会工程学	2 网络权限提升	2 权限维持
	3 平台信息	3 利用其他方法	3 数据库权限提升	3 行为隐藏
	4 应用信息		4 域控权限提升	
	5 数据工具		5 操作系统权限提升	
	6 敏感信息和目录			
	7 业务信息			

云环境攻击　DDoS攻击　DNS攻击　侧信道攻击　算法攻击　0Day攻击

△ 图 5-3 网络攻击简化模型

5.2 攻击准备

网络攻击的组织管理对于提高攻击的成功率、降低风险、有效利用资源、增强团队协作能力以及确保合法合规都具有重要意义。该阶段通常由具有丰富攻击实战经验和组织能力的人员或团队负责，教育系统各单位参加各类网络安全演习时，可从攻击组织管理和资源准备两个方面做好组建攻击队前期工作。

5.2.1 攻击组织管理

攻击组织管理是指攻击者在进行网络攻击之前，为了提高攻击成功率并降低被发现的风险，所进行的一系列组织和管理工作，包括确定攻击对象、明确成果目标、进行有效分工与协作、选择战术战法等。这些工作既是实施攻击不可或缺的一部分，也是网络安全对抗中保持优势的重要手段。

1. 确定攻击对象

攻击对象可以是个人、某个组织或者是特定的计算机系统。为了实施有效的攻击，攻击者会对这些目标进行详尽的调查，深入了解其内部结构、技术架构以及可能存在的安全漏洞。同时，还会评估攻击对象的潜在价值，以决定是否值得投入时间和资源进行攻击。

2. 明确成果目标

成果目标包括获取敏感信息、在目标系统安装插件、破坏目标系统可用性等。通过明确成果目标，攻击者可以更有针对性地选择攻击手段，优化攻击流程，从而提高攻击的成功率和效率。同时，明确的成果目标也有助于攻击者在攻击过程中保持清晰的思路，及时调整攻击策略，以应对可能出现的变化和挑战。

3. 进行有效的分工与协作

通常，网络攻击涉及多个成员的协同作战，他们各自扮演不同的角色并承担特定的任务。例如，有的成员专门负责搜集和分析目标的相关信息，为攻击行动提供情报支持；有的成员擅长利用系统漏洞进行技术渗透，以获取非法权限或执行恶意代码；还有的成员精通社会工程学技巧，通过诱导、欺骗等手段获取敏感信息或绕过安全防线。为了确保团队成员间的有效沟通与协作，攻击组织往往会采用专用的即时通讯工具，并采用加密技术来保护通信内容的安全，防止第三方窃取其攻击计划和敏感信息。

4. 选择战术战法

攻击者会根据攻击目标的特点和条件，精心选择最适宜的战术和战法，最大程度地达成预期的攻击成果。这些战术和战法包括钓鱼攻击、水坑攻击、恶意软件传播等。在攻击过程中，攻击者会密切关注攻击效果，根据实际情况灵活调整战术和战法，确保攻击行动的高效性和隐蔽性，从而顺利实现预期的攻击成果目标。

当前，攻击的组织管理常用工具有：

- Tanggo。是一款为网络安全领域的从业人员提供一个全面、高效且易用的国产工作平台，它通过集成多种工具、支持团队协同工作、提供远程部署和环境共享功能，显著提升了工作效率和质量。
- Dradis。这是一个专为安全检测团队设计的信息共享框架，它提供了一个集中的信息仓库，用于标记已完成的工作和下一步计划。团队成员可以通过它进行协作，所有项目信息都可以在同一个地方进行标记和查找，从而提高团队的工作效率和协作能力。

5.2.2 攻击资源准备

攻击者为了进行有效的攻击，需要精心准备各种软硬件资源，并考虑攻击过程中的各种因素，以确保攻击行动的成功和安全性。

首先是攻击设备的准备，包括一系列的攻击工具及配置，例如各种扫描器和木马，以便对目标进行全面的探测和入侵。

其次，邮箱与虚拟手机账号的准备也至关重要。攻击者通常利用这些邮箱和账号进行目标网站的注册、接收验证码、发送钓鱼或勒索信息。因此，必须准备足够数量的新邮箱和虚拟手机账号，以便随时进行各种操作。

再次，IP 资源和虚拟服务器的准备同样必不可少。这些 IP 资源主要用作跳板或在扫描阶段使用的 IP 池，在一组 IP 被封禁时也能保证访问目标的能力。攻击者还需准备一些公网 IP 和虚拟服务器，以便与目标系统进行有效的反连。

然后，是技术与业务漏洞的准备。通过工具扫描或人工分析获取目标对象的技术漏洞和业务逻辑漏洞，并利用这些漏洞生成 0Day 和社会工程学方法。

最后，免杀工具的准备也是必不可少的环节。这些工具主要是用来应对防御系统的绕过和行为隐藏。免杀工具通常采用以下几种方式：

（1）多次加密。通过多层加密和混淆代码，使得木马的特征难以被杀毒软件检测到。

（2）变形代码。不断改变木马的代码结构和特征，使得杀毒软件难以识别和检测。

（3）自修改代码。木马具备自我修改能力，可以在不同系统环境下自行修改代码，以逃避杀毒软件的检测。

（4）针对性定制。根据目标系统的特点和杀毒软件的检测规则，定制特定的免杀木马，使其能够绕过杀毒软件的检测。

5.3 信息收集

信息收集是网络攻击中不可或缺的一环。通过信息收集，攻击者可以更好地了解目标的结构、技术架构、弱点和潜在价值，从而发现并利用目标的漏洞，提高攻击的成功率。同时，信息收集也有助于攻击者制定更加精确和有效的攻击策略，降低被发现的风险。本节重点对常用的信息收集方法和对应的防御进行说明。

5.3.1 常见信息收集

信息收集是指对攻击目标实施攻击之前，通过各种途径获取目标及其供应链的相关信息，以便更好地了解目标并制定攻击策略。信息收集是攻击成功的重要前提，可帮助攻击者发现目标对象的漏洞和弱点。常见的信息收集内容包括：

（1）网络信息。服务器 IP 地址、DNS 域名、开放的端口号及对应的服务等。

（2）域名信息。域名的注册信息，包括注册人、注册时间、到期时间、子域名等。

（3）平台信息。云、容器、操作系统类型及版本等。

（4）应用信息。Web 服务的服务器软件类型及版本、Web 应用程序类型及版本、Web 应用程序的开发工具及版本、Web 应用程序架构（例如是静态的 HTML 页面，还是使用 PHP、ASP、JSP 等技术生成的动态页面）、API 接口、移动办公平台（如微信公众号、钉钉小程序）等。

（5）数据信息。数据库管理系统的类型及版本、数据存放方式以及是否采用完整性和保密性措施等。

（6）敏感信息和目录。数据库文件、服务器配置信息等。

（7）业务信息。目标对象业务的内部流程、涉及人员、涉及供应链、主管部门、自主运维还是外包运维等。如为外包运维，运维方人员信息、系统信息等。

当前，信息收集常用的方法有：

（1）针对域名信息：通过域名系统可以获取服务器信息和注册人的个人信息等。常见的查询方式包括通过在线网站（如站长之家、阿里云域名查询等）或使用命令行工具 whois 进行查询。

（2）针对备案信息：通过网站备案信息可以了解网站的背景和关联资产。常见的查询方式包括在工业和信息化部备案管理系统进行查询或使用第三方工具（如天眼查等）。

（3）针对敏感信息：敏感信息是指与目标相关的敏感数据，如用户名、密码、应用程序编程接口、密钥、业务流程等。常见的获取方式包括利用搜索引擎、社交媒体、公开数据库等。

（4）利用测绘工具：网络空间测绘就是利用技术手段或者工具探测、分析和绘制目标的各种资产与资源，从而识别和发现网络安全薄弱环节。常用的工具包括 FOFA、Shodan、钟馗之眼等。

5.3.2 信息收集的防御方法

针对信息收集的防御应该从多个方面入手，包括隐藏信息、加密信息、访问控制和安全审计等。通过采取综合措施，可以有效地保护目标的安全，避免信息泄露和系统被攻击者利用。以下是一些常用的防御措施：

（1）隐藏信息。为了避免被攻击者直接获取敏感信息，可以将敏感信息隐藏在代码或配置中，如将敏感信息存储在加密的配置文件中，或者将加密过的敏感数据存储在数据库中；也可以采用修改服务端口的办法隐藏服务信息，如将 http 缺省端口修改为非 80 端口，将 Windows 系统远程桌面服务端口修改为非 3389 端口等。

（2）加密信息。对敏感信息进行加密存储和传输，可以保护信息的安全。例如，使用对称加密算法或非对称加密算法等对数据进行加密，并使用安全的密钥管理方式保护密钥安全。

（3）混扰信息。对敏感信息进行信息混扰，使得攻击者获得失真或者错误的信息，进而增加其攻击成本，增强对核心资产的保护。同时通过混扰信息可以将攻击者引导进入预设区域进行有效监管和取证。

（4）访问控制。实施严格的访问控制策略，限制对敏感信息的访问权限，可以避免信息泄露。例如，使用身份验证和授权机制来控制对敏感信息的访问权限，并定期审计访问日志以发现异常行为。

（5）安全审计。定期进行安全审计，及时发现和处理潜在安全风险。例如，对系统进行漏洞扫描和安全审计，发现并修复潜在的安全漏洞；对网络设备进行安全审计，发现并修复配置错误或安全漏洞等。

（6）信息清理。定期进行公开数据的清理工作。如通知公告类文件，在告示期结束后进行下线处理等。

此外，Web 应用防火墙和态势感知系统也是防御网络信息收集的重要工具。这些系统可以阻止未经授权的扫描和侦察活动，同时记录检测到的潜在攻击行为。这些系统能够及时发出警告，为各单位及时采取防御措施提供了宝贵的时间。

5.4 边界突破

网络空间中，边界是内部安全网络与外部非安全网络之间的分界线。在网络攻击中，边界突破是至关重要的一步，它不仅是完成从外部进入内部的关键环节，也是攻击者扩大攻击范围、提升权限、窃取或篡改数据的重要前提，还是绕过安全防御、建立持久性访问的关键环节。因此，本节对边界突破的思路、方法、工具及防御方法进行说明。

5.4.1 边界突破思路

边界突破是指通过各种手段和方法突破系统或网络的边界，进入目标系统或网络的过程。常见的边界突破手法包括利用常规技术漏洞直接针对相关的网络资产进行攻击，或利用钓鱼攻击等社会工程学手段针对特定人员进行攻击。另外，先针对目标的供应商、上下游单位进行供应链攻击，然后再迂回到目标单位，也是近几年常见的突破手法之一。

5.4.2 利用漏洞突破

由于设计或实现上的缺陷、缺乏充分的测试以及修复工作不及时等诸多原因，软硬件漏洞的存在成为无法完全避免的现实。这些漏洞不仅影响了系统的稳定性和安全性，也成为攻击者重点关心和利用的焦点。云服务、操作系统、数据库、Web 服务器和 Web 应用通常暴露在攻击面上，其相关的漏洞已成为重要的突破口。同时，由于种种原因（如忽视、修复成本高等），常见已经公开的 1Day 和 NDay 漏洞，尽管有对应的修补方法，但仍未得到及时修复，这也为攻击者提供了持续利用的机会。

1. 常见漏洞

1）操作系统漏洞

- 权限提升漏洞。这类漏洞允许攻击者利用系统中的某些功能缺陷或配置错误，获得高于其本应拥有的权限级别。攻击者可能会利用这类漏洞，执行只有高级用户或系统管理员才能进行的操作，如安装恶意软件、访问或修改敏感数据等。

- 缓冲区溢出漏洞。当操作系统或其上的应用程序在处理用户输入时，如果没有对输入数据进行适当的检查和边界控制，就可能导致缓冲区溢出。攻击者通过构造特定的输入数据，触发缓冲区溢出，可能进一步在目标系统上执行恶意代码，从而控制系统。

- 内核漏洞。操作系统的内核是系统的核心部分，负责管理硬件资源、执行进程和提供系统服务。如果内核中存在漏洞，攻击者可能利用这些漏洞执行任意代码、获取系统权限或导致系统崩溃。内核漏洞通常较难发现和修复，因此具有很高的风险。

- 服务漏洞。操作系统通常包含许多内置服务，如文件服务、打印服务、远程访问服务等。这些服务在提供便利的同时，也可能存在安全漏洞。攻击者可以利用这些漏洞，未经授权地访问服务、执行恶意操作或窃取敏感信息。

- 配置和管理漏洞。操作系统的安全性和稳定性在很大程度上取决于其配置和管理方式。如果配置不当或管理不严格，就可能暴露系统漏洞，给攻击者提供可乘之机。例如，默认密码、未及时更新补丁、不必要的服务开启等都可能成为攻击者的目标。

2）数据库相关漏洞或缺陷

- 默认、空白及弱用户名 / 密码。数据库使用默认管理员用户名或弱密码，容易被攻击者猜出或破解，进而获得对数据库的访问权限。

- 权限管理不当。数据库权限设置过于宽松，导致不必要的用户或应用程序拥有过高的权限，增加了被滥用的风险。

- 缓冲区溢出。数据库软件中的缓冲区溢出漏洞可能导致攻击者执行任意代码，获得对系统的完全控制。

3）Web 服务漏洞

- 物理路径泄露漏洞。攻击者通过技术手段，比如提交一个超长的请求或精心构造的特殊请求，导致 Web 服务器处理用户请求出错，进而使得 Web 应用存储的物理路径暴露。

- 目录遍历漏洞。攻击者尝试访问 Web 服务器上的目录结构，可能导致敏感信息泄露。

- 执行任意命令漏洞。攻击者利用漏洞执行任意操作系统命令，控制服务器。

- 缓冲区溢出漏洞。Web 服务没有正确处理用户提交的超长请求，导致溢出漏洞。

- 会话管理不当。Web 应用的会话管理机制存在缺陷，如会话 ID 预测、会话固定等，可能导致攻击者能够伪造或窃取用户的会话信息。

4）Web 应用漏洞

- 注入攻击。特别是 SQL 注入，当不可信的数据被作为命令或查询的一部分发送到解释器时，注入攻击就可能发生。攻击者发送的恶意数据可以欺骗解释器执行非预期的命令。
- 失效的身份认证。通常出现在用户认证信息（如密码、会话令牌等）没有被妥善保护，或者身份验证过程存在逻辑错误时。
- 敏感数据泄露。未加密的敏感数据（如用户密码、信用卡信息等）在传输或存储过程中可能被窃取。
- XML 外部实体。当应用程序错误地配置 XML 解析器时，可能会导致应用程序解析外部实体引用，从而暴露敏感数据或服务拒绝等问题。
- 失效的访问控制。当应用程序未正确实施访问控制策略时，攻击者可能会访问到未经授权的功能或数据。
- 越权漏洞。指用户访问、修改或删除他们本不应该能够接触的数据，甚至可能允许他们执行管理员级别的操作。包括水平越权和垂直越权。水平越权指的是攻击者可以访问或操作与他具有相同权限级别的其他用户的资源。垂直越权也称为权限提升，指的是攻击者能够获得比其原本权限更高的访问级别。
- 安全配置错误。包括不安全的默认配置、不必要的开放端口、未打补丁的系统等，都可能导致系统易受攻击。
- 跨站脚本攻击。当应用程序未对用户输入进行充分验证和转义时，攻击者可以在页面中注入恶意脚本，窃取用户数据或执行其他恶意操作。
- 不安全的直接对象引用。当应用程序直接使用用户可控的引用来获取对象时，攻击者可能通过修改引用来访问其他用户的对象。
- 使用已知存在漏洞的组件。如果应用程序使用了已知存在漏洞的库、框架或其他组件，那么攻击者可能会利用这些漏洞来攻击系统。
- 未经验证的重定向和转发。如果应用程序未对用户输入进行充分验证，攻击者可能会构造恶意的重定向 URL，将用户引导到恶意网站或执行钓鱼攻击。
- 文件上传漏洞。Web 应用允许用户上传文件时，若没有对上传的文件进行严格的验证和过滤，可能导致攻击者上传恶意文件。

目前，利用漏洞进行边界突破的常用工具有：

- Metasploit。是一款流行的开源渗透测试框架，它本身附带数百个已知软件漏洞的专业级漏洞工具。通过它可以很容易地获取、开发并对计算机软件漏洞实施攻击。

- Nessus。是一款流行的漏洞扫描程序，该工具提供完整的漏洞扫描服务，能够快速识别网络上的各种漏洞和安全问题。
- Burp Suite。用于发现和利用 Web 应用程序漏洞。它提供了一套强大的功能，包括代理、扫描和攻击模块。
- Acunetix。用于发现和利用 Web 应用程序漏洞。它提供了一套全面的功能，包括漏洞扫描、报告生成和自动化测试。

2. 常见漏洞防御

了解常见漏洞防御方法对于保障网络安全具有重要意义。

1）云漏洞的防御

- 加强云服务器的配置管理。确保云服务器的操作系统、应用程序和防火墙等组件都得到正确的配置和更新。
- 实施最小权限原则。为每个用户或应用程序分配必要的最小权限，避免权限过大导致的安全风险。
- 使用安全的 API。对 API 进行严格的身份验证和访问控制，确保只有授权的用户才能访问和操作。
- 技术更新和修补。及时关注虚拟化、容器化等技术的安全漏洞，并应用相应的补丁和更新。

2）操作系统漏洞的防御

- 针对权限提升漏洞。遵循最小权限原则，确保每个用户和服务只拥有执行任务所需的最小权限；定期进行权限审查，确保没有过度授权；使用强制访问控制（mandatory access control，MAC）或基于角色的访问控制（role-based access control，RBAC）来细化管理权限；及时更新和修补系统，以防止已知的权限提升漏洞被利用。
- 针对缓冲区溢出漏洞。对用户的输入进行严格的验证和过滤，确保输入数据在预期的范围内；使用安全的编程实现，如避免使用不安全的函数（如 strcpy、sprintf 等），改用安全的替代函数（如 strncpy、snprintf 等）；启用堆栈保护机制，如 StackGuard、StackShield 等，以减少缓冲区溢出风险；使用地址空间布局随机化（address space layout randomization，ASLR）和数据执行防止（data execution prevention，DEP）等技术来增加攻击难度。
- 针对内核漏洞。及时更新操作系统和内核，以修补已知的内核漏洞；限制对内核模块的修改和加载，防止恶意代码的注入；使用内核地址空间布局随机化（kernel ad-

dress space layout randomization，KASLR）等技术来增加内核的安全性；监控和记录内核级别的活动，以便及时发现和响应潜在的安全事件。

- 针对服务漏洞。禁用或限制不必要的服务，减少攻击面；对必须开放的服务进行安全配置，如使用强密码、限制访问权限等；及时更新和修补服务相关的软件，以防止已知的服务漏洞被利用；使用防火墙和入侵检测系统（IDS）来监控和阻止对服务的恶意访问。

- 针对配置和管理漏洞。遵循安全的配置和管理最佳实践，如使用非默认密码、定期更新补丁等。

- 使用自动化工具进行配置审核和安全扫描，确保系统配置的安全性；限制对配置文件的访问权限，防止未经授权的修改。

3）数据库漏洞或缺陷的防御

- 设置强密码和增强认证机制。要求用户设置复杂且不易猜测的密码，并采用多因素认证等方式增强安全性。

- 实施最小权限原则。为每个用户或应用程序分配必要的最小权限，确保他们只能执行其职责范围内的操作。

- 更新和修补程序。定期更新数据库软件，及时修补已知的安全漏洞，以减少被攻击的风险。

- 使用安全的数据库配置。禁用不必要的服务和功能，限制远程访问等，减少潜在的安全风险。

4）Web 服务器漏洞的防御

- 输入验证和过滤。对用户输入进行严格的验证和过滤，确保输入数据的合法性和安全性。

- 限制目录访问。合理配置 Web 服务器的目录访问权限，禁止目录遍历。

- 错误处理和日志记录。合理处理 Web 服务器的错误信息，并记录详细的日志，便于及时发现和应对攻击。

- 更新和补丁管理。定期更新 Web 服务器软件及其相关组件，及时修补已知的安全漏洞。

- 使用 WAF 和安全设备。部署防火墙和安全设备，对 Web 服务器的访问进行过滤和监控，阻止恶意请求。

- 会话管理。使用安全的会话 ID 生成机制，避免可预测性。定期更换会话 ID，防止会话固定攻击；使用 HTTPS 进行会话信息的传输，确保信息的机密性和完整性。

- 最小权限原则。为 Web 服务器分配必要的最小权限。

5）Web 应用漏洞的防御

（1）针对注入攻击（如 SQL 注入）。

- 使用预编译语句。
- 制定严格的白名单校验机制，加强对用户输入的校验。
- 限制数据库用户的权限，避免使用超级用户或具有过多权限的用户来连接数据库。

（2）针对失效的身份认证。

- 使用强密码策略，并强制用户定期更换密码。
- 实施多因素身份验证，提高账户安全性。
- 会话令牌使用安全的随机数生成，并确保令牌在使用后失效或定期更换。

（3）针对敏感数据泄露。

- 对所有敏感数据进行加密存储和传输，如使用 TLS/SSL 加密通信。
- 避免在日志、错误消息或前端代码中暴露敏感数据。
- 定期对数据进行备份，并安全地存储备份数据。

（4）针对 XML 外部实体（XXE）。

- 禁用 XML 外部实体的解析，或配置 XML 解析器以防止 XXE 攻击。
- 使用安全的 XML 处理库，并确保其更新到最新版本。

（5）针对失效的访问控制。

- 实施基于角色的访问控制（RBAC）来管理用户权限。
- 在服务器端验证用户的访问权限，而不仅仅依赖前端控制。
- 记录并监控所有访问尝试，以便及时发现未经授权的访问。

（6）针对越权漏洞。

- 对于水平越权，确保每个用户只能访问自己的资源，通过用户 ID 或其他唯一标识符来验证资源所有权。
- 对于垂直越权，严格实施权限分离，确保用户只能执行其角色允许的操作。

（7）针对安全配置错误。

- 定期审查和更新系统配置，以确保其安全性。
- 关闭不必要的服务和端口，减少攻击面。
- 及时应用安全补丁和更新。

（8）针对跨站脚本攻击（XSS）。

- 对用户输入进行适当的过滤和转义，防止恶意脚本注入。
- 设置正确的 HTTP 响应头，如 X-Content-Type-Options: nosniff 和 Content-Security-Policy。

- 使用安全的跨域策略。

（9）针对不安全的直接对象引用。

- 使用间接对象引用，如通过数据库 ID 或哈希值来引用对象，而不是直接使用用户提供的引用。
- 验证用户提供的引用是否有效，并确保用户有权访问该对象。

（10）针对使用已知存在漏洞的组件。

- 定期更新和修补所有使用的库、框架和组件。
- 订阅安全公告和漏洞数据库，以便及时了解并应对新发现的漏洞。

（11）针对未经验证的重定向和转发。

- 对所有重定向和转发的 URL 进行验证，确保它们指向安全的、预期的目标。
- 避免使用用户提供的输入来构造重定向 URL，或使用白名单机制来限制重定向的目标。

（12）针对文件上传漏洞。

- 文件上传的目录设置为不可执行。通过将文件上传目录设置为不可执行，即使攻击者上传了脚本文件，服务器也不会执行这些文件，从而保证了服务器的安全。这是防止文件上传漏洞被利用的重要措施之一。
- 严格的文件类型和内容检查。在文件上传前，应对文件的类型、大小、名字和内容进行严格的检查。可以结合使用 MIME Type、后缀检查等方式来判断文件类型。推荐使用白名单方式，避免黑名单方式的不可靠性。对于图片的处理，可以使用压缩函数或者 resize 函数，在处理图片的同时破坏图片中可能包含的恶意代码。
- 使用随机数改写文件名和路径。通过使用随机数改写上传文件的文件名和存储路径，可以增加攻击者访问和利用上传文件的难度。
- 单独设置文件服务器的域名。利用浏览器同源策略，通过单独设置文件服务器的域名，可以防止一系列客户端攻击，如上传 crossdomain.xml、包含 Javascript 的 XSS 利用等。
- 服务器配置。服务器应进行合理配置，如去掉非必要目录的执行权限，将上传目录设置为只读等，以减少潜在的安全风险。

5.4.3 利用社会工程学方法突破

网络安全领域，至今还没有公认的对“社会工程学”的严格定义。业内一般认为，社会工程学的概念是凯文·米特尼克（Kevin David Mitnick）于 2002 年在《反欺骗的艺术》

一书中提出来的，有学者将其总结为“社会工程学是通过自然的、社会的和制度上的途径，利用人的心理弱点以及规则制度上的漏洞，在攻击者和被攻击者之间建立起信任关系，通过多次信息互动，诱导被攻击者有意无意地协助攻击者一步步地逼近攻击者最终目标的一种行为”。这种攻击不同于传统的技术型攻击，它更注重对人类心理和业务逻辑的操控和利用。

1. 常见的社会工程学攻击方法

- 引诱。通过设计陷阱，利用人们的贪婪、恐惧等心理，诱导他们提供个人信息或执行某些操作。例如，网络钓鱼就是一种常见的引诱方法，通过伪造合法的网站或服务，诱骗用户输入敏感信息或下载恶意软件。
- 伪装。通过伪造身份、冒充他人等手段，欺骗目标以获取信息或权限。例如，网络诈骗就是一种常见的伪装方法，通过冒充银行、政府机构或其他组织，骗取用户的个人信息或资金。
- 说服。通过人际交流的方式，利用目标内部人员或相关人员的心理弱点，说服他们提供敏感信息或执行某些操作。例如，电信诈骗团伙通过电话、短信、社交媒体等渠道，冒充受害者的亲友或同事，骗取他们的个人信息或资金。

2. 常见的社会工程学方法防御

防御社会工程学攻击可以采取以下几种措施：

（1）提高安全意识。了解社会工程学攻击的常见手段和方式，掌握防范技巧，提高自身的安全意识。

（2）保护个人信息。不轻易泄露个人信息，包括姓名、地址、电话号码、邮箱地址等，避免成为攻击者的目标。

（3）确认身份信息。在处理个人信息或执行操作之前，确认对方的身份信息，避免被伪装成他人进行攻击。

（4）警惕陌生链接。不随意点击陌生链接，特别是那些带有诱人奖励或提示的链接，以免被诱导泄露个人信息或下载恶意软件。

（5）定期更换密码。定期更换密码可以减少被攻击者破解的可能性，提高账户的安全性。

（6）避免贪图小利。不要因为贪图小利而轻信陌生人，特别是那些要求提供个人信息或资金的请求。

（7）学习社交技巧。了解基本的社交技巧和沟通方法，提高人际交流的能力和识别伪装的能力。

（8）做好安全审计。定期进行安全审计和检查，及时发现和处理潜在的安全隐患和漏洞，以避免被攻击者利用。

当前，社会工程学常用的工具有：

- Gophish。是一个开源的网络钓鱼框架，能够快速创建网络钓鱼活动，部署复杂的网络钓鱼模拟。
- Social-Engineer Toolkit（SET）。是一个开源的社会工程学工具包，由多个工具组成，旨在进行渗透测试。SET 能够创建各种类型的社会工程学攻击，如鱼叉式钓鱼攻击、网站攻击等。主要包括：

（1）Spear-Phishing Attack Toolkit。是用于执行鱼叉式钓鱼攻击，通过发送伪造的电子邮件来诱骗目标点击恶意链接或下载恶意附件。

（2）Infectious Media Generator。是用于创建带有恶意代码的介质（如 USB 驱动器或光盘），当目标插入这些介质时，恶意代码会自动执行。

（3）QRCode Generator Attack Tool。是用于生成恶意的二维码来诱骗用户扫描，从而执行恶意代码或重定向到恶意网站。

（4）Arduino-Based Attack Tool。是利用 Arduino 等开源硬件平台进行攻击，例如伪装成键盘输入恶意指令，或者通过物理接触目标系统进行渗透。

5.4.4 利用其他方法突破

1. 其他方法

1）利用远程控制服务攻击

远程控制服务攻击是指在未经授权的情况下，通过攻击目标服务器的漏洞或获取管理员权限，实现对目标服务器的控制和操作。具体的常见方法如下：

（1）利用 Telnet 协议漏洞。Telnet 协议是用于远程登录到服务器或计算机的一种协议，然而，其安全问题却不容忽视。Telnet 通信时，配置信息以明文形式传输，攻击者可轻松截获并篡改这些信息。此外，Telnet 协议还易受到拒绝服务攻击，攻击者可以发送大量无用数据帧以阻塞连接。

（2）利用 SSH 协议漏洞。SSH（Secure Shell Protocol，安全外壳协议）是一种加密的网络传输协议，常用于远程登录到服务器或计算机。中间人攻击（Man-in-the-MiddleAttack，MITM）可能会干扰和破坏加密通信，访问加密内容，甚至可以修改或篡改数据传输，或者窃取传输中的数据。

（3）利用 RFB 协议（VNC 协议）漏洞。RFB（Remote Frame Buffer）是一种远程图形用户界面协议，常用于远程桌面连接。攻击者可以利用这些漏洞来实施拒绝服务、系统故障以及未经授权访问用户信息等恶意活动。

（4）利用 RDP 协议漏洞。RDP（Remote Desktop Protocol，远程桌面协议）可以让用户远程登录到其他计算机。有一个被称为 BlueKeep 的漏洞可能允许恶意软件（如勒索软件）通过易受攻击的系统传播。BlueKeep 漏洞允许攻击者连接到 RDP 服务，然后执行命令，以窃取或修改数据，安装危险的恶意软件，甚至进行其他恶意活动。这个漏洞的利用无需用户身份验证，甚至无需用户点击任何内容即可激活。

2）利用域控服务攻击

域控服务是管理一个或多个网络域的用户账户、计算机账户、组策略、安全认证、目录服务和资源访问权限等关键任务。攻击者通过域控制器的漏洞、配置弱点以及其他相关服务的漏洞来扩大权限，最终获得整个域环境甚至组织的完全控制权。其主要方法如下：

（1）利用身份验证漏洞。

- Kerberos 协议漏洞，如 Golden Ticket、Silver Ticket 攻击，攻击者可以伪造票据以冒充任何用户或服务账户。
- LDAP 注入漏洞，可能允许攻击者检索、修改或删除目录信息。

（2）利用服务和协议漏洞。

- Netlogon 协议漏洞，如 Zerologon（CVE-2020-1472），允许攻击者无需凭据即可更改域控制器的计算机账户密码。
- SMB 协议漏洞，可能导致远程代码执行或信息泄露。

3）利用堡垒机服务攻击

堡垒机是连接到内部网络的关键入口，一旦攻击者成功入侵堡垒机，他们可以通过它深入内部网络，获取更多敏感信息或控制其他主机。其主要攻击方法如下：

- 利用远程命令执行漏洞：攻击者通过利用堡垒机软件的远程命令执行漏洞，发送特制的指令获取服务器的执行权限，进而进行渗透。
- 认证绕过：利用堡垒机的认证模块漏洞，绕过正常的认证流程，直接获取登录权限。
- 权限提升：通过堡垒机存在的权限提升漏洞，从普通用户权限上升至管理员权限。

4）利用 VPN 服务攻击

VPN（Virtual Private Network，虚拟专用网络）通过在公共网络之上创建一个加密的、虚拟的专用网络隧道，通过该隧道用户可以直接连到内部网络。因此，它是重要的边界突破通道。在实际攻防中，利用 VPN 漏洞进行渗透的方式主要有以下几种：

- 认证绕过：攻击者可能利用 VPN 服务器的认证机制漏洞，通过猜测或破解弱口令、利用默认凭据、旁路身份验证过程等方式，绕过认证环节进入内部网络。

- 利用协议自身漏洞：利用 VPN 协议本身的安全漏洞，如 OpenVPN、IPSec、PPTP 等协议的已知安全问题进行攻击。
- 利用配置错误：利用 VPN 服务器配置错误，如未限制特定端口、未加密敏感数据传输、过度权限分配等漏洞。
- 中间人攻击：利用不安全的网络环境，对 VPN 通信链路进行监听或篡改，执行中间人攻击。
- 利用配客户端漏洞：利用 VPN 客户端软件的安全漏洞，植入恶意软件或进行其他形式的攻击。

2. 其他防御方法

（1）限制远程访问。通过限制远程访问的 IP 地址、端口号等，减少远程控制服务攻击的机会。

（2）强用户、强密码策略。避免使用 admin、root 等缺省用户名，使用足够复杂的密码，避免使用默认口令，并定期更换密码，启用多因素身份验证。

（3）验证远程用户。对远程用户进行身份验证，确保只有授权的用户可以访问远程服务。

（4）最小权限原则。仅向必要用户提供权限，并且仅分配完成任务所需的最低权限。仅启动必要的服务。

5.5 权限提升

网络攻击中，权限提升是获取主机或者服务器控制权限的重要操作，是进入内网获取更多系统资源、数据和功能的重要前提。因此，本节重点对权限提升方法、工具及防御方法进行说明。

5.5.1 常见权限提升方法

权限提升是在已经获得对目标系统某种级别访问权后，通过各种手段进一步获取更高级别权限的过程。在网络攻击中，权限提升通常用于从低权限用户状态提升至更高权限状态，如管理员或系统级别，这样攻击者便能执行更多破坏性的操作。以下是一些常见的权限提升技术方法：

（1）本地权限提升。通过利用系统漏洞或者应用程序漏洞，攻击者可以获得本地权限，进而进行更深入的攻击。本地权限提升的方法包括使用恶意文件、利用系统漏洞、社会工程学攻击等。

（2）网络权限提升。攻击者通过渗透测试目标网络中的某个节点，如服务器、路由器、交换机等，获得对整个网络的访问权限。网络权限提升的方法包括利用漏洞扫描、密码猜测、网络钓鱼等。

（3）数据库权限提升。攻击者通过利用数据库管理系统的漏洞或者应用程序的数据库访问权限，提升自己的权限。数据库权限提升的方法包括使用恶意 SQL 语句、利用数据库管理工具、密码猜测等。

（4）域控权限提升。攻击者通过渗透测试目标域中的某个节点，如域控制器、成员服务器等，获得对整个域的访问权限。域控权限提升的方法包括利用漏洞扫描、密码猜测、域控制器权限提升等。

（5）操作系统权限提升。攻击者通过利用操作系统或者应用程序的漏洞，获得更高的权限。漏洞利用的方法包括利用缓冲区溢出、格式化字符串漏洞、越权访问等。

当然，除了技术提权以外，社会工程学方法也常常被使用。攻击者通过欺骗用户提供敏感信息或执行恶意操作，获得更高的权限。社会工程学方法包括利用假冒身份、诱惑性链接、恶意附件等。

当前，权限提升常用的工具有：

• PEASS-ng。是一个适用于 Windows 和 Linux/UNIX 的权限提升工具。可以搜索本地权限提升路径，并以可视化 UI 输出，便于轻松识别错误配置。

• Traitor。是一个自动化提权工具，使用 Golang 编写。可以通过查找潜在漏洞并尝试利用每个漏洞来提升权限。

• Juicy Potato。是 Windows 平台上的一个综合提权包，可以通过拦截加载 COM 组件加载前后的 NTLM 认证数据包进行攻击。

• MDUT。是一个支持 MSSQL、MySQL、Oracle、PostgreSQL、Redis 数据库，可以进行文件管理、组件激活、命令执行、清理痕迹、UDF 提权等操作。

5.5.2 常见权限提升防御

针对以上常见的权限提升方法，防御方法包括：

1. 针对本地权限提升的防御

- 及时更新系统和软件补丁，堵住漏洞。
- 限制应用程序的权限，避免给予不必要的权限。
- 实施安全的密码策略，避免使用弱密码。
- 定期进行安全审计和漏洞扫描，及时发现和处理潜在的安全风险。

2. 针对网络权限提升的防御

- 实施安全的网络访问控制策略，例如防火墙、入侵检测系统等。
- 使用强密码和多因素身份验证，避免密码被猜出或窃取。
- 对服务器和网络设备进行安全配置和审计，避免未经授权的访问和攻击。
- 定期进行网络漏洞扫描和安全审计，及时发现和处理潜在的安全风险。

3. 针对数据库权限提升的防御

- 严格控制数据库访问权限，避免过度授权。
- 使用强密码和多因素身份验证，避免密码被猜出或窃取。
- 对数据库进行安全配置和审计，避免未经授权的访问和攻击。
- 定期进行数据库漏洞扫描和安全审计，及时发现和处理潜在的安全风险。
- 定期清理或禁用应用程序不使用的危险函数及组件。

4. 针对域控权限提升的防御

- 严格控制域控制器和成员服务器的访问权限。
- 使用强密码和多因素身份验证，避免密码被猜出或窃取。
- 对域控制器进行安全配置和审计，避免未经授权的访问和攻击。
- 定期进行域控制器漏洞扫描和安全审计，及时发现和处理潜在的安全风险。

5. 针对操作系统权限提升的防御

- 及时更新系统和软件补丁，堵住已知漏洞。
- 使用安全配置和审计策略，限制攻击者的活动空间。
- 对重要数据和系统进行备份和恢复策略，防止数据被篡改或丢失。

5.6
内网渗透

网络攻击中，攻击者一旦侵入内网，他们可以利用内网中的漏洞、弱点和信任关系，通过横向渗透、IPC 共享、系统漏洞利用、流量监听等手段，不断获取更多系统的权限，从而控制整个内网。内网渗透是进一步扩大攻击范围、提升攻击效果以及获取更多敏感信息和控制权的重要阶段。因此，本节重点就内网渗透的迁移、权限维持和行为隐藏的主要方法、工具及防御方法进行说明。

5.6.1 内网迁移与防御

内网迁移是指在已经攻入内网的情况下，通过利用漏洞、攻击、渗透等手段，不断扩大战果，获取更多的系统权限，从而控制整个内网。

1. 常见内网迁移的方法

（1）横向渗透 . 通过已经攻陷的“肉鸡”作为跳板，不断获取更多的系统权限，从而控制整个内网。

（2）利用 IPC。IPC（Internet Process Connection，互联网进程连接）是共享“命名管道”的资源，它是为了实现进程间通信而开放的命名管道。通过 IPC 可以与目标机器建立连接。

（3）利用系统漏洞。根据补丁信息，利用常规系统漏洞对整个网段进行扫描并利用。

（4）流量监听。监听网段内未加密的服务协议获取信息，如服务连接密码、网站登录密码、敏感数据等，进一步通过远程连接和控制更多的设备。

2. 内网迁移的防御

（1）配置安全策略。在防火墙和入侵检测系统中配置安全策略，特别是内网服务器之间的安全策略，例如限制访问、监控异常行为等，以减少潜在的攻击行为。

（2）定期更新和升级软件。定期更新和升级内网中的软件和操作系统，以修复已知的漏洞和弱点。

（3）启用强密码策略。强制要求所有用户使用强密码，并定期更换密码，以减少被破解的风险。

（4）关闭不必要的服务和端口。关闭不需要的服务和端口，以减少潜在的攻击点。

（5）部署终端安全软件。部署终端安全软件，例如杀毒软件、防火墙等，以保护终端设备的安全性。

（6）建立访问控制策略。建立严格的访问控制策略，例如基于角色的访问控制（RBAC）、基于属性的访问控制（attribute-based access control，ABAC）等，以确保只有授权的用户可以访问相应的资源。

（7）实施加密措施。对于需要传输的数据，实施加密措施，例如 SSL/TLS 等，以确保数据传输安全。

（8）定期进行安全审计和检查。定期进行安全审计和检查，以发现潜在的安全隐患和漏洞，并及时修复。

当前，内网渗透常用的工具有：

- fscan。是一个内网综合扫描工具，可以一键自动化、全方位漏洞扫描。该工具支持主机存活探测、端口扫描、常见服务的爆破、ms17010、Redis 批量写公钥、计划任务反弹 shell、读取 win 网卡信息、Web 指纹识别、Web 漏洞扫描、NETBIOS 探测、域控识别等功能。
- Wireshark。是一个网络协议分析工具，它可以捕获并分析内网中的数据包，主要完成网络流量和通信模式的分析。
- Metasploit。是一个用于开发、测试和执行漏洞利用代码的框架，它也可以用于内网渗透中，通过漏洞利用提升权限或进行横向移动。
- Nps。是一个轻量级、高性能的内网穿透代理服务器，它支持 TCP、UDP 等多种协议，可以实现从外网访问内网资源。
- Cobalt Strike。是强大的渗透攻击框架，可用于后渗透阶段维持访问权限、横向移动、执行进一步的攻击活动，以及收集目标环境中的关键信息。
- Responder。是一个 LLMNR、NBT-NS 和 mDNS 投毒者，一个 SMB 和 HTTP/SMB 捕获器，通常用于获取内网中的敏感信息和凭证。
- Ettercap。是一个基于 ARP 地址欺骗方式的网络嗅探工具，主要适用于交换局域网络，用于检测网络内明文数据通信的安全性，及时采取措施，避免敏感的用户名 / 密码等数据以明文的方式进行传输。
- Mimikatz。是一个从内存中提取明文密码、哈希、PIN 码和 Kerberos 票据的工具，对于内网渗透中的凭证收集非常有用。

5.6.2 权限维持与防御

权限维持是指攻击者在已经获得一定权限的情况下，如何维持对目标系统的控制权及隐匿控制行为。这通常涉及攻击者通过各种手段，避免控制方式被发现或被清除，以确保持续攻击或窃取数据。

1. 常见权限维持的方法

（1）后门技术。攻击者通过在目标系统中安装后门程序，以便在需要时通过后门重新获得对系统的控制权。常见的后门技术包括远程控制工具、木马程序、Webshell 等。

（2）持久化方式。攻击者将恶意程序或命令以持久化的方式保存在目标系统中，以便在系统重启或重新登录后仍然能够运行。这可以通过修改系统配置、注册表、文件等方式实现。

（3）密码窃取。攻击者通过各种手段窃取用户的密码，登录系统并维持对系统的控制。

（4）账户操作。创建新的用户账户或修改现有账户的权限，使其具有管理员权限。攻击者也可能窃取合法用户的凭证，以维持访问权限。

（5）社会工程学。攻击者利用人类的心理和社会行为，诱骗用户提供敏感信息或执行恶意操作，以达到维持对系统的控制权的目的。

2. 权限维持的防御

（1）资源动态变化。不定期对如 IP、域名、安全策略等进行变化，以打断攻击路径。

（2）启用多因素身份验证。使用多因素身份验证可以增加攻击者获取权限的难度，例如使用手机令牌、指纹识别等技术。

（3）限制用户权限。将用户权限限制在最低需要的范围内，避免给予用户过多的权限。

（4）监控异常行为。使用入侵检测系统等工具监控网络流量和系统活动，及时发现异常行为并采取相应措施。

5.6.3 行为隐藏与防御

1. 行为隐藏

在攻防实践中，攻击者会通过各种技术手段来隐藏自己。通常包括隐藏攻击源、隐蔽攻击行为和清除攻击痕迹 3 种方式。

1）隐藏攻击源

攻击者的第一步是入侵目标系统。为了逃避追踪，攻击者需要隐藏攻击源，使其真实 IP 地址和位置难以追踪。以下是一些常用的隐藏攻击源的方法：

（1）使用代理服务器。攻击者使用代理服务器来隐藏真实的 IP 地址。通过使用代理服务器，攻击者可以将自己的 IP 地址伪装成代理服务器的 IP 地址，使活动更加隐蔽。

（2）使用虚拟专网（VPN）。攻击者使用 VPN 来隐藏其真实 IP 地址和位置。利用 VPN 的加密传输工作机制隐藏攻击者的真实 IP 地址和位置，也隐藏了攻击者的网络流量。

（3）使用洋葱路由器（The Onion Router，TOR）网络。TOR 网络是一种匿名的网络服务，它可以隐藏用户的 IP 地址和位置。攻击者使用 TOR 网络来隐藏其真实 IP 地址和位置，从而逃避溯源。

2）隐蔽攻击行为

攻击者在入侵目标系统后，采用各种攻击行为来获取敏感信息或者控制系统。为了逃避追踪，攻击者需要隐蔽其攻击行为，常用的隐蔽攻法有：

（1）加密通信。攻击者使用加密通信来保护其攻击行为不被检测。攻击者使用加密通信协议，如安全外壳协议（SSH）、安全套接字层（Secure Sockets Layer，SSL）等，将其攻击行为加密传输，从而避开检测。

（2）隐藏文件和目录。攻击者将其攻击行为所涉及的文件和目录隐藏起来，使得其攻击行为更加隐蔽。攻击者使用一些工具，如隐写术、文件隐藏将文件和目录隐藏起来。

（3）使用远程控制软件。攻击者使用远程控制软件来控制受感染的计算机，以避免在目标计算机上留下痕迹。

（4）无文件执行。攻击者将恶意代码或攻击载荷直接注入正在运行的进程内存中，而不是写到硬盘上的文件中，避免了在目标系统上留下痕迹。

（5）数据混淆。攻击者使用特定的软件或协议来混淆或伪装其网络流量，使得流量隐藏在正常的 HTTPS 流量或其他常见的网络通信中。

3）清除攻击痕迹

为了逃避追踪，攻击者需要清除攻击痕迹。以下是一些常用的清除攻击痕迹的方法：

（1）删除日志文件。攻击者删除目标计算机上的日志文件，以避免被发现。攻击者使用一些工具，如 LogCleaner 等，将日志文件删除。

（2）修改系统时间。攻击者修改系统时间，以混淆攻击时间和真实时间。这样可以使得攻击者的活动更加难以追踪。

（3）清除注册表。攻击者清除注册表中与其攻击行为相关的记录，以避免被追踪。攻击者使用一些工具，如 Registry Cleaner 等，清除注册表中的记录。

（4）覆盖痕迹。攻击者使用一些工具，如 Eraser、CCleaner 等，覆盖其留下的痕迹。这些工具可以帮助攻击者覆盖目标计算机上的文件和目录等信息。

2. 行为隐藏的防御

可以采取一系列综合措施和方法防御行为隐藏：

1）隐藏攻击源的防御

（1）网络层面。

① 防火墙与访问控制。设置严格的防火墙规则，只允许合法来源的流量进入网络，过滤异常或未知的源 IP 地址，实施 IP 黑名单机制。

② 深度包检测。采用深度包检测技术来检查进出网络的数据包，识别并阻断包含攻击特征或者可疑代理流量。

③ 采用反向代理或负载均衡。隐藏内部服务器的真实 IP 地址，使其不可直接访问。

（2）日志审计与监控。

① 全面的日志记录。确保所有网络设备和系统都开启详细的日志记录，以便追踪潜在的攻击源。

② 实时分析与预警。利用安全信息与事件管理系统对日志数据进行实时分析，发现异常 IP 地址和行为模式。

2）隐藏攻击行为的防御

（1）用户行为分析。监控用户及系统的行为模式，检测异常行为如非正常时间段登录、异常命令执行等。

（2）应用层防护。部署应用程序防火墙，监测并阻止针对应用层的隐蔽攻击。

（3）端点防护。使用 EPP（Endpoint Protection Platforms，端点保护平台）和 EDR（Endpoint Detection and Response，端点检测与响应）工具监视端点活动，及时发现隐藏的进程、文件篡改等行为。

（4）操作系统层防护。定期对操作系统进行重装和应用重新部署。

3）清除攻击痕迹的防御

（1）强化日志留存与完整性保护。

① 日志集中存储。确保所有系统日志集中、完整、不可篡改地存储，即使攻击者尝试清除痕迹也能恢复。

② 系统事件通知。配置关键系统事件自动通知机制，一旦发生重要变更或日志删除，立即触发警报。

（2）即时备份与快照。定期对系统状态进行备份，并在关键时段拍摄系统快照，以便在遭受攻击后迅速恢复至未受损害的状态。

（3）实施入侵检测与响应。建立入侵检测系统，结合自动化响应机制，当检测到攻击企图或正在进行的痕迹清除活动时，立即隔离受影响系统并通知安全团队。

5.7 云环境攻击

在教育系统中，云服务已经得到了大量应用。而在网络攻击中，云服务也成为主要的攻击对象。云服务之所以重要，是因为云服务中聚集了大量的用户和数据资源，一旦受到攻击，其影响范围广泛。云上集中了多个租户，如何安全隔离这些租户之间的信息资源，成为云计算安全的突出问题。云服务一般都在公网运行，传统的安全防御机制难以有效保护云服务尤其是云环境自身的安全。攻击者可能利用云服务的特殊性，绕过传统防护机制，实施攻击，攻击面大且长期存在。因此，本节重点对云服务的攻击方法、工具及防御方法进行说明。

1. 常见的云环境攻击方法

1）利用云服务认证 Key 泄露

云服务认证 Key 是云服务提供商分配给租户的唯一标识符，用于访问和控制云服务资源。如果云服务认证 Key 泄露，攻击者就可以通过云服务公开 API/SDK 访问和控制云服务资源。

2）利用云上租户的云服务不安全配置

提供公共访问的云存储是云服务中常见的不安全配置之一。如果租户将敏感凭证存储在公共访问的云存储中，攻击者就可以通过爆破等方式获取敏感凭证，进而访问和控制云服务资源。

3）利用云主机中 Web 应用自身漏洞

Web 应用自身的漏洞也是攻击者获取云服务认证 Key 的重要途径之一。主要包括：

- 不当配置暴露。开发人员有时会在代码仓库、配置文件、环境变量或者日志中错误地暴露这些密钥。
- 权限提升与本地文件包含。攻击者通过 Web 应用漏洞获得低权限 shell 后，进一步寻找存储 AK/SK（Access Key/Secret Key，访问密钥 / 安全密钥）的本地文件，利用本地文件包含漏洞读取这些文件内容。
- 后台管理界面漏洞。若后台管理系统存在弱口令、默认账户、未授权访问等问题，攻击者可借此登录后台，直接查看或下载包含 AK/SK 等敏感信息的文件。

4）利用容器逃逸

攻击者可以利用容器逃逸漏洞，从共享容器逃逸到宿主机，进而访问同一宿主机上的其他租户容器。常见的利用方式包括：

- 利用容器逃逸漏洞。攻击者可以利用容器逃逸漏洞，从容器中逃逸到宿主机。
- 利用宿主机目录挂载（/var/run/docker.sock）。攻击者可以利用宿主机目录挂载漏洞，获取宿主机的 Docker 控制权限。
- 利用特权容器。攻击者可以利用特权容器漏洞，获取宿主机的控制权限。
- 利用 Kubernetes 安全漏洞。攻击者可以利用 Kubernetes 安全机制漏洞，获取宿主机的控制权限。

5）利用虚拟机逃逸

攻击者可以利用虚拟机逃逸漏洞，从弹性云主机逃逸到宿主机，进而访问同一宿主机上的其他弹性云主机。常见的利用方式为：

- 利用内存损坏漏洞。利用虚拟机内部应用程序或操作系统的内存破坏漏洞，篡改虚拟机管理程序（hypervisor）的内存结构或代码，从而执行恶意代码。
- 利用共享资源。利用虚拟机与宿主机共享资源（如 CPU、内存、I/O 设备）时的漏洞，通过精心构造的数据或指令，穿透虚拟化层，影响宿主机。
- 利用设备驱动漏洞。利用虚拟设备驱动程序中的漏洞，跨越虚拟化层，执行宿主机上的代码。
- 利用管理接口漏洞。利用虚拟机管理工具或 API 的漏洞，直接或间接获取宿主机的控制权。
- 利用内核漏洞。利用虚拟机内核的安全漏洞，通过修改内核代码或数据结构实现逃逸。

当前，云环境攻击常用的工具有：

- Kube-bench。一个检查 Kubernetes 是否安全配置的工具。
- Scout2。针对 AWS 环境的安全审计工具，能够检查 AWS 的配置安全性。
- Pacu。一个 AWS 开发框架，允许枚举权限、列出 AWS 资源以及进行权限升级攻击。
- CloudSploit。扫描 AWS 账户的安全配置，发现安全风险。

2. 云环境攻击防御

对于上述描述的云环境攻击方法，现给出一些对应的防御策略。

1）云服务认证 Key 泄露的防御

- 定期更换密钥。定期更换访问密钥，即使密钥被泄露，也能减小损失窗口。
- 密钥加密存储。不要在代码库、配置文件或日志中明文存储密钥，而是将其加密存放在安全的地方，如密钥管理服务中。

• IAM 策略与角色。尽可能使用基于角色的访问控制（RBAC）和 IAM（identity and access management，身份识别与访问管理）策略，而非直接使用长期密钥。

2）云上租户的云服务不安全配置的防御

• 默认设置调整。初始化存储桶时，务必关闭公共访问权限，除非业务明确需要。

• 对象级别 ACL 检查。审查对象级别的访问控制列表（access control list，ACL），避免因个别对象配置不当而导致数据泄露。

• 使用预设策略模板。使用云服务商提供的安全模板创建存储桶，确保遵循最佳安全实践。

3）云主机中 Web 应用自身漏洞的防御

• Web 应用防火墙。部署 Web 应用防火墙（WAF）来过滤恶意输入和阻止常见攻击模式。

• 依赖性管理。确保使用的库和依赖性是最新的，并没有已知的安全问题。

• 使用受信任的容器映像。只使用经过验证的、受信任的容器映像。

4）容器逃逸的防御

• 安全配置。合理配置容器的挂载点，避免将宿主机敏感目录（如/proc、/sys、/dev等）直接挂载到容器内部，尤其是禁用或限制对宿主机文件系统的直接访问。

• 命名空间和控制组。正确配置和使用命名空间，确保容器内的进程在各自的命名空间范围内运行，无法影响宿主机或其他容器。通过限制容器资源使用，防止利用资源耗尽攻击等方式逃逸。

• 系统调用拦截与白名单机制。监控并限制容器的系统调用行为，只允许容器使用经过验证的必要系统调用，实施系统调用白名单策略。

• 容器镜像安全。使用官方或可信渠道提供的安全镜像，对镜像进行扫描以发现潜在漏洞，并避免使用包含特权或多余功能的镜像。

• 运行时安全工具。使用专门的安全工具或安全容器技术，如 seccomp、AppArmor、SELinux 等，它们能进一步限制容器的系统调用能力和文件系统访问权限。

• 网络隔离。实施网络层面的隔离策略，如通过网络策略控制器进行容器间网络流量控制，避免攻击者通过网络途径横向移动。

5）虚拟机逃逸的防御

• 硬件加固。启用 I/O MMU（如 Intel 的 VT-d 和 AMD 的 IOMMU）来提供更好的设备隔离。I/O MMU 技术允许硬件直接管理和隔离虚拟机对设备的访问。

• 隔离网络。使用虚拟局域网（Virtual Local Area Network，VLANs）或其他网络隔离技术来隔离虚拟机流量。

- 保持软件更新。确保虚拟化软件（如 Hyper-V、VMware、KVM、Xen 等）始终为最新版本，并及时应用所有的安全补丁。

5.8 DDoS 攻击

分布式拒绝服务攻击（Distributed denial of service attack，DDoS）是网络安全性的一大威胁，这种攻击通过发送大量的请求到目标系统，将目标系统的带宽或资源耗尽，导致目标系统不胜负荷以至于瘫痪而不能提供正常的服务。攻击者可以通过 DDoS 攻击来破坏或干扰教育行业应用系统的正常运行。例如，他们可能试图通过攻击在线学习平台或教育资源网站，来影响学生的学习进程或造成社会不稳定。

1. 常见的 DDoS 攻击方法

（1）带宽消耗攻击。

- SYN Flood 攻击。攻击者发送大量伪造的 SYN 请求，却不完成 TCP 三次握手，导致服务器维持大量半连接，占用大量资源直至带宽耗尽。
- UDP Flood 攻击。发送大量无用的 UDP 数据包，消耗网络带宽资源。

（2）资源耗尽攻击。

- ICMP Flood 攻击。利用大量 ICMP 请求冲击服务器，占用服务器处理能力。
- HTTP Flood 攻击（GET/POST Flood）。通过发起大量看似合法的 HTTP 请求，耗尽服务器处理请求的能力。
- Connection Exhaustion Attack（连接耗尽攻击）。如 TCP 全连接攻击，通过建立大量 TCP 连接耗尽服务器的连接池资源。

（3）反射放大攻击。

- DNS Amplification 攻击。利用 DNS 查询的放大效应，将小请求转化为大响应，成倍增加流量。
- NTP Amplification 攻击。利用 NTP（Network time protocol）协议中的 Monlist 功能或其他漏洞，将小数据包请求转换为大量数据响应。

（4）协议层攻击。

- Slowloris 攻击。通过长时间维持少量 HTTP 连接，缓慢发送请求头，耗尽服务器连接资源。
- Application Layer Attacks（应用层攻击）。针对特定应用漏洞发起攻击，如

WordPress XML-RPC 洪水攻击。

当前，DDoS 攻击常用的工具有：

• LOIC。是一款开源工具，允许用户通过发送大量的请求来攻击目标服务器。它可以由单个用户或多个用户协同工作，形成分布式攻击，从而增加攻击的威力。

• HOIC。是 LOIC 的升级版本，具备更强的攻击能力。与 LOIC 不同，HOIC 能够利用多个代理服务器隐藏攻击者的真实 IP 地址，增加了追踪和阻止攻击的难度。

• ICMPflood。利用 Internet 控制消息协议 ICMP 发动 DDoS 攻击。它们通过发送大量的 ICMP 回显请求（ping 请求）使目标服务器资源耗尽。

• GoldenEye。利用 TCP 协议的漏洞，发送大量的 TCP 连接请求（SYN 包），但不发送确认包（ACK 包），从而耗尽目标服务器的连接队列。

• FloodUDP。通过发送大量的 UDP 数据包到目标服务器的特定端口，导致服务器无法处理其他合法的请求。

2. DDoS 攻击的防御

• 流量清洗。一般从网络运营商处获得专业的 DDoS 防护服务，这些服务通常具有分布式的网络清洗中心，可以实时检测并过滤异常流量，只将合法流量转发到目标服务器。

• 带宽冗余与扩展。提供足够的带宽容量以吸收短期的大规模攻击流量，避免网络饱和导致正常服务中断。

• 流量整形与限速。通过对网络入口处的流量进行速率限制，限制每秒处理的请求数量或数据包速率，有助于缓解攻击影响。

• 分布式防御架构。使用分布式集群防御技术，将流量分散到多个节点，每个节点都能够承受一定的攻击流量，通过动态路由调整将攻击流量分散到不同的服务器群组。

• CDN 加速与防御。使用 CDN（Content Delivery Network）服务，其本身的分布式特性可以分散攻击流量，同时 CDN 服务商通常具备一定的防御 DDoS 的能力。

5.9 DNS 攻击

DNS 攻击是指利用 DNS 系统中的弱点或漏洞发起的攻击。攻击者可以利用各种方式进行这种非接触性攻击，以获取敏感信息、篡改域名解析记录或进行其他恶意活动。

1. 常见的 DNS 攻击方法

- DNS Floods。这种攻击利用 DNS 查询过程基于 UDP 协议的无连接状态，攻击者可以控制僵尸网络向 DNS 服务器发送大量不存在的域名的解析请求，导致缓存服务器因为处理这些 DNS reply 报文而资源耗尽，影响正常业务。
- DNS 缓存投毒。攻击者通过篡改 DNS 服务器的缓存信息，使得名称解析请求被错误地重定向到恶意站点。这种攻击不仅可以导致用户访问到钓鱼或恶意网站，还可能被用来拦截用户数据。
- DNS 重定向。攻击者通过将用户的 DNS 查询重定向到恶意服务器，从而获取用户的敏感信息或进行其他恶意操作。
- DNS 劫持。攻击者通过控制用户的网络设备或中间网络设备，将用户的 DNS 查询篡改为恶意 IP，从而获取用户的敏感信息或进行其他恶意操作。
- DNS 隧道。攻击者通过将 DNS 查询流量引导到一个加密通道中，从而可以隐藏真实的查询内容和目的，以避免被检测和阻断。

当前，DNS 攻击常用的工具有：

- Dnsmap。一个被动 DNS 网络映射器，它可以通过嗅探网络流量来识别由本地网络中设备产生的 DNS 查询，并将查询的结果与常见的信息源进行对比，从而识别出网络的结构。
- DNSRecon。一个多线程工具，支持爆破、多种 DNS 记录查询、域传送漏洞检测、IP 范围查询、NS 服务器缓存检测等功能。

2. DNS 攻击的防御

- DNS 服务器加固。避免让 DNS 服务器递归解析来自互联网的任何查询，以减少放大攻击的风险。定期更新和升级 DNS 软件和服务，以修复已知的漏洞和弱点。
- DNS 缓存保护。采用 DNSSEC（DNS 安全扩展）签名验证，防止缓存中毒攻击。缩短 DNS 记录的 TTL（生存时间），减少恶意信息在缓存中的存活时间。
- DNS 请求验证。对 DNS 请求进行身份验证，例如使用 TSIG（Transaction SIGnature）或 SIG（Signature）记录，确保查询来源可靠。
- 使用多层次的防御策略。例如使用多个 DNS 服务器、部署负载均衡器等，以分散和减少潜在的攻击风险。

5.10
侧信道攻击

侧信道攻击是一种利用密码设备实际工作时所释放的侧信道信息，恢复敏感安全参数或者密钥信息，展开攻击的过程。这类攻击在教育系统中，一般是针对涉及敏感信息的系统发起。侧信道信息可以是功耗、电磁辐射、电脑硬件运行时发出的声音等。

1. 侧信道攻击的方法

- 能量分析。利用密码芯片在实际运行中产生的能量消耗信息，分析出密码算法的密钥等信息。
- 电磁分析。采集密码芯片运行期间产生的电磁辐射信息，分析出密码算法的密钥等信息。
- 时钟攻击。利用密码芯片执行密码算法的运行时间信息，分析出密码算法的密钥等信息。
- 声音攻击。收集密码芯片计算时的声波信息，分析出密码算法的密钥等信息。
- 故障分析。通过分析密码设备在实际运行中出现的故障情况，推断出密码算法的密钥等信息。
- 碰撞分析。通过不断尝试不同的输入，观察密码设备对于不同输入的反应情况，从而恢复出密码算法的密钥等信息。

2. 侧信道攻击的防御

- 减少侧信道信息的泄露。优化密码算法的实现，减少运行过程中产生的侧信道信息，例如降低功耗、电磁辐射、电脑硬件运行时发出的声音等。
- 密码实现中插入随机伪操作或增加噪声。将有用信息“淹没”在噪声中，提高密码实现的实际安全性。
- 采用掩码对策和隐藏对策。通过引入随机数将密钥分解为多个分组来消除侧信息与密钥的依赖性来增强抵抗侧信道攻击的能力；采用平均化“0”和“1”对应侧信息的差别来降低通过侧信息区分对应数据的可能性，即降低数据的可区分度来抵抗侧信道攻击。
- 定期进行安全审计和检查。及时发现异常情况并进行处理。

5.11 算法攻击

算法攻击是指通过对算法本身进行针对性的攻击，从而影响其性能、准确性或安全性的一种行为。在教育系统中，随着数字化应用的深度普及，尤其是人工智能在教育系统垂直应用的增加，算法攻击也越来越多。这种攻击通常针对特定算法的弱点或漏洞进行利用，以达到攻击系统服务的目的。

1. 算法攻击的方法

- 暴力破解攻击。通过尝试各种可能的输入或参数组合，来破解算法的密钥或找到有效的解决方案。
- 统计分析攻击。通过分析算法的输出结果，发现其中的规律或模式，从而推断出算法的密钥或参数。
- 时间差攻击。通过测量算法执行所需的时间，来推断出算法的密钥或参数。
- 格式化字符串攻击。通过构造恶意的输入数据，来导致算法在执行过程中出现异常或崩溃，从而获取系统权限或进行其他恶意操作。

2. 算法攻击的防御

- 设计安全的算法。在设计算法时，应该考虑算法的安全性，尽可能减少漏洞和弱点。
- 对输入数据进行验证和过滤。对输入数据进行严格的验证和过滤，以防止恶意输入数据的攻击。
- 对输出数据进行加密和隐藏。对输出数据进行加密和隐藏，以防止泄露敏感信息。
- 进行安全审计和检查。定期检查系统日志和网络流量日志，及时发现异常情况并进行处理。

5.12 0Day 攻击

0Day 攻击，又被称为“零日漏洞攻击”或“零时差攻击”，指的是攻击者利用软件或硬件中存在的尚未知晓或已经知晓但还未公开并且尚未发布补丁的安全漏洞发起的攻击。由于漏洞是不可避免，所以，0Day 攻击在教育系统中必然存在。

为了防御 0Day 攻击，可以采取以下几种措施：

- 增加动态性。通过对攻击面的要素信息，如IP、域名、系统指纹信息等进行动态变化。
- 增加异构性。在云、操作系统、Web 服务器、数据库、应用、协议等层面进行异构化处理。
- 增加冗余性。对保护的目标对象进行如双机热备、两地三中心等冗余处理。
- 增加自愈性。对保护对象进行定期或不定期的重装操作，确保环境的健康稳定。

通过对保护对象进行动态、异构、冗余和自愈的组合式重构和改造，能有效地提高攻击成本，进而在特定的资源环境下实现网络的相对安全。同时，也通过构建弹性的网络空间，一方面可以减少 0Day 攻击的出现，另一方面可以缓解因 0Day 攻击造成的危害并从中快速恢复，提高网络空间的安全韧性。

5.13 本章小结

本章节首先对常规攻击路径进行了说明和技术讲解，包括前期准备、信息收集、边界突破、权限提升和内网渗透等几个关键步骤，并对应地提出具体的防御方法。

其次，对云环境攻击进行了说明，重点从技术角度讲解针对云服务平台和租户应用的攻击。同时，为防范云环境攻击，从保护云服务认证 Key 的安全、安全配置和租户应用的安全角度提出了防御方法。

随后，对远程控制服务渗透进行了说明。同时，为防范远程控制服务渗透，限制远程访问的权限和范围，从加密技术、用户的身份和权限验证的角度提出了防御方法。

最后，除了对以上常见的攻击方式外，还对 DDoS 攻击、DNS 攻击、侧信道攻击、算法攻击和 0Day 攻击等其他非常规攻击手段进行了简要的说明。同时，对应于这些攻击，从流量清洗、DNS 安全防护、物理隔离等方面提出了具体的防御方法。

5.14 习题

一、单选题

1. 对于网络安全中的攻击组织管理，以下选项中不是主要工作的是（　　）。

A. 明确攻击目标　　B. 明确预期成果

C. 人员分工和管理　　D. 准备各种软硬件资源

2. 以下选项中不是常见的边界突破手法的是（　　）。

A. 利用常规技术漏洞直接针对相关的网络资产进行攻击

B. 利用钓鱼攻击等社会工程学手段针对人员进行攻击

C. 利用微信红包吸引用户点击进行攻击

D. 先针对目标的供应商、上下游单位进行攻击，然后再迂回到目标单位

3. 在复杂的网络攻击场景中，攻击者可能会采用多种技术来提升自己的权限。在进行权限提升时攻击者不大可能采用的方法是（　　）。

A. 利用漏洞扫描发现并利用目标系统的安全漏洞

B. 升级目标系统的硬件以提高其性能

C. 使用跨站脚本攻击（XSS）进行会话劫持

D. 通过社交工程手段诱骗用户泄露敏感信息

4. 在攻防实践中，攻击者会通过各种技术手段来隐藏自己，通常不包括以下的(　　)。

A. 保护攻击工具　　B. 隐蔽攻击行为　　C. 清除攻击痕迹　　D. 隐藏攻击源

5. 远程控制服务渗透通常涉及以下（　　）方式。

A. 利用远程控制服务漏洞进行攻击　　B. 利用域控漏洞进行攻击

C. 利用堡垒机与安全设备漏洞进行攻击　　D. 所有上述选项

二、多选题

1. 针对信息收集的方法，通常会使用以下的（　　）。

A. 域名信息收集　　B. whois 查询　　C. 备案信息查询

D. 敏感信息收集　　E. 从文献中收集

2. 针对防护社会工程学攻击，通常可采用以下措施（　　）。

A. 提高安全意识　　B. 保护个人信息　　C. 确认身份信息

D. 警惕陌生链接　　E. 定期更换密码　　F. 避免贪图小利

G. 做好安全审计

3. 内网迁移的方法包括以下（　　）。

A. 横向渗透　　B. 系统漏洞　　C. 流量监听　　D. 社工渗透

4. 为了防护网络攻击中的权限维持，可以采取以下措施（　　）。

A. 定期更新和升级软件　　B. 启用多因素身份验证

C. 限制用户权限　　D. 监控异常行为

E. 提高员工安全意识　　F. 部署安全防护措施

G. 安装杀毒软件　　H. 定期进行安全培训

5. 常见的 DDoS 攻击方法有（　　）。

A. SYN 洪水攻击　　B. UDP 洪水攻击　　C. ICMP 洪水攻击

D. HTTP(S) 攻击　　E. DNS 攻击　　F. NTP 攻击

G. SSDP 攻击

三、简答题

1. 在信息收集阶段，有哪些方法可以获取有价值的信息？

2. 当前应用程序漏洞有哪些？如何进行防护？

3. 云环境面临哪些特有的攻击风险？需要采取哪些防护措施？

参考答案

一、单选题

1. D　2. C　3. B　4. A　5. D

二、多选题

1. ABCD　2. ABCDEFG　3. ABCD　4. ABCEF　5. ABCDEFG

三、简答题

1. 答题要点

在信息收集阶段，为了获取有价值的信息，可以采用多种方式。首先，可以查询域名的注册信息，包括域名系统（DNS）服务器信息和注册人的个人信息等，以了解域名的归属和相关情况。其次，可以利用 whois 查询工具（这是一种标准的互联网协议），用于收集网络注册信息，如注册的域名、IP 地址等。通过查询这些信息，可以了解域名服务商、域名拥有者以及他们的邮箱、电话、地址等。此外，还可以查询网站的备案信息，了解网站的背景和合法性。另外，敏感信息的收集也是非常重要的，可以通过搜索引擎、社交媒体、公开数据库等途径获取用户名、密码、API 密钥等敏感数据。最后，还可以通过其他途径获取目标的其他信息，了解目标的背景、历史和相关人员等信息。

2. 答题要点

应用程序的安全漏洞主要分为五大类：输入验证和过滤漏洞、权限和认证漏洞、信息泄露漏洞、文件上传和执行漏洞以及其他漏洞。这些漏洞各自有着不同的攻击方式和危害，其中，输入验证和过滤漏洞是最常见的安全问题之一，攻击者通过输入恶意数据绕过应用程序的验证机制，如跨站脚本漏洞（XSS）和 SQL 注入漏洞，可能导致数据泄露或系统被恶意控制。权限和认证漏洞涉及应用程序的权限管理和认证机制，攻击者利用权限越权漏洞和鉴别信息残留漏洞获取不应有的权限或访问敏感信息，可能导致敏感数据泄露或系统被非法控制。信息泄露漏洞涉及敏感信息的泄露，攻击者利用敏感信息泄露漏洞获取敏感信息或进行未授权的操作，可能导致用户隐私泄露或系统被恶意利用。文件上传和执行漏洞涉及文件上传和执行，攻击者利用文件上传漏洞和弱口令漏洞在服务器上上传和执行恶意文件，可能导致系统被恶意控制或数据被篡改。其他漏洞类别包括跨站请求伪造（CSRF）漏洞等，虽然也涉及恶意请求，但其核心是伪造请求而不是输入验证或文件上传等。为了保护应用程序的安全，开发人员需要深入了解这些漏洞的原理和攻击方式，并采取相应的防范措施，如输入验证、权限控制、加密通信、文件校验等。同时，定期进行安全审计和漏洞扫描也是必要的，以确保系统的安全性。

3. 答题要点

云环境面临的多重攻击风险包括多租户环境下的数据安全风险，攻击者可能利用数据隔离和访问控制的漏洞窃取其他租户的数据或破坏数据完整性。不安全的API和SDK访问也存在风险，攻击者可利用这些接口的漏洞获取敏感数据或控制云服务资源。此外，云环境的身份认证和访问控制机制如果不健全，也可能导致未经授权的访问。不安全的配置和服务管理也是一个风险点，例如公共存储桶的配置错误可能导致敏感数据泄露。另外，虚拟化技术的安全风险也不容忽视，例如容器逃逸和虚拟机逃逸攻击，攻击者可利用这些漏洞获取其他租户或弹性云主机的访问权限。为了应对这些风险，需要加强身份验证和访问控制、安全配置和管理、虚拟化技术安全等方面的措施，并持续监测和响应安全事件，确保云环境的安全性。

第6章 网络安全运营实施

导 读

随着信息技术的迅猛发展，教育系统各单位面对的网络安全威胁不断升级，攻击手段也在不断演变。重建设轻运营的网络安全建设模式已经不适应快速变化的安全形势，唯有通过持续监控、深度分析和灵活应对，采用体系化的运营手段，才能保障信息系统的稳健运行，业务服务的顺利开展。网络安全运营通常参照一定的模型，在满足合规性要求的基础上，从管理和技术两个方面进行规划、建设、运营和验证，确保信息系统的网络环境、主机系统、业务应用及相关数据的安全。

本章首先介绍网络安全运营的概念、组成要素和相关模型，介绍网络安全运营规划、建设、常态化运营和安全运营有效性验证等具体实施内容。安全运营规划包括现状评估、需求分析、确定目标、规划方案以及项目计划等5个主要步骤。网络安全运营建设介绍构建安全运营体系的常规方法，包括运营团队建设、制度流程建设、安全产品选择和安全服务选择等，同时展望安全运营的未来发展。常态化安全运营从一个单位内部的角度出发，以WPDRRC（Warning、Protection、Detection、Response、Recovery、Countermeasure，即预警、保护、检测、响应、恢复和反击）模型的6个阶段为主线进行介绍，与前面章节的监测预警通报和应急响应相互补充。安全运营有效性验证在等保建设和常态化安全运营基础上，针对安全防护和监测等措施的有效性，从单点到整体进行验证。

6.1 安全运营概述

网络安全运营是指基于网络安全风险管理，通过建设安全运营团队，运用各种不同能力方向的网络安全技术和方法，保障信息系统的持续稳定和信息资产安全的过程。网络安全运营是一项复杂的系统工程，其涉及面广，面对的风险和威胁持续动态变化，监管部门和运营者对安全的标准也在持续提高。为了保障系统的安全稳定运行，需要运营者具备较为全面的网络安全技能，不断更新和调整网络安全措施，调动运营者内部跨部门的协作，进行常态化监测、评估和优化。

6.1.1 安全运营三要素

网络安全运营是由人、工具和流程三个要素结合而成。在统一的工作目标和标准规范下，通过对现有的安全产品和安全服务所产生的数据进行有针对性的分析和处置，实现持续有效地防范网络安全威胁的目标。

人是安全运营的核心要素，是一切安全工作的执行者。在安全运营体系中，一般分为内部团队和外部团队，内部团队主要负责安全管理工作，外部团队主要提供能力支撑。但需要注意的是，人既是安全工作的执行者，又是整个体系中的薄弱点，需要持续不断地提升人员的网络安全运营意识、知识和技能。

工具是安全运营工作开展的基石。这里的工具是广义的，包括安全平台、安全设备和传统意义上的安全工具等。借助各类技术工具，运营人员能够高效地开展安全运营工作。不同技术工具的组合，能够覆盖从预警到反击的整个过程，帮助运营人员快速发现、快速响应、快速处置各类安全风险和事件。

流程将人和工具进行有效衔接，完成相应的运营工作。运营人员使用技术工具，遵循运营流程，完成各类安全运营工作。运营流程需要教育系统各单位基于自身的实际情况进行设计，并在流程实施过程中，根据具体情况适时更新优化，不断提高安全运营效能。

6.1.2 安全运营的三个特点

网络安全运营有动态、持续和可度量 3 个特点。

首先是动态性特点，一方面随着网络安全威胁形势的不断升级，国家监管部门对网络安全要求的不断加强，以及教育系统各单位网络安全管理范围的不断变化，推动着网络安全运营工作做出相应调整。另一方面，新兴技术的不断涌现和教育信息化的深入发展也给网络安全运营带来了新的挑战，使得运营体系的组织结构、技术应用、管理流程等方面需要进行更新升级，以适应不断变化的网络安全环境和安全运营范围。

持续性特点指的是网络安全运营工作并非一次性的工作，而是需要持续不断地开展。正如动态性特点所述，随着内、外部环境的不断变化，安全运营工作需要持续不断地适应动态变化，才能保证整体安全水平维持在一个相对较好的水平。安全运营工作亦是逆水行舟，不进则退。

此外，网络安全运营者需要持续性地对安全运营工作进行度量，以验证安全运营工作的成效。只有持续不断地度量安全运营工作，才能从指标变化的趋势中分析出安全运营工作的问题和不足，进而采取针对性的改进措施，确保安全体系的有效性和适应性。通过对安全运营工作的度量，也能较为直观地呈现安全运营工作的价值。

6.1.3 安全运营与安全运维的区别

运维是运行维护的简称。《信息技术服务分类与代码》（GB/T 29264—2012）对运行维护服务的定义是：采用信息技术手段及方法，依据需求方提出的服务级别要求，对信息系统的基础环境、硬件、软件及安全等提供的各种技术支持和管理服务。运维是被动式维持，强调的是稳定可用。

运营则侧重于管理和维护服务或产品的日常运作，包括规划、部署、监控、调整和优化等各个方面。运营的目标是确保服务或产品按时、高效、稳定地运作，并符合预期的质量标准和业务需求。运营是主动经营，更强调质量和业务效益。

在网络安全领域，运维和运营也存在较大不同。以教育系统某单位为例，该单位负责运行维护教务系统。

在安全运维方面，该单位会定期对教务系统进行巡检，确保硬件设备的正常运行。当教务系统出现性能问题或服务中断时，安全运维团队将会介入，负责开展硬件故障排除、系统修复或补丁更新等工作，维护业务正常开展和系统正常运行。

而在安全运营方面，该单位将更为主动地制定策略和采取措施来保障教务系统的安全性。他们通过提前规划各项工作，利用相关工具，结合运行过程收集到的各类数据进行分析决策，通过不断优化调整系统安全基线，持续保障业务安全稳定运行，防止发生数据泄露、网络入侵等网络安全事件，保障单位价值目标的顺利达成。

6.1.4 安全运营参考模型

网络安全模型是对网络安全活动及最佳实践的总结和抽象。因此，网络安全运营工作通常参考一定的网络安全模型开展。在网络安全发展的历程中，人们根据当时的认知水平提出了多种网络安全模型，这些模型从不同的角度反映了网络安全活动的规律。这些模型主要包括 PDR 及衍生模型、IATF 模型、滑动标尺模型、IPDRR（Identify、Protect、Detect、Respond、Recover，即识别、保护、检测、响应和恢复）模型以及 ATT&CK 模型等。

1. PDR 及衍生模型

1）PDR 模型

PDR（Protection、Detection、Response，即保护、检测和响应）模型由美国国际互联网安全系统公司 ISS（后被 IBM 收购）提出，是最早的一种体现主动防御思想的网络安全运营模型。PDR 模型对网络安全运营三要素进行了抽象，包括保护、检测和响应，PDR 模型图如图 6-1 所示。

△ 图 6-1 PDR 模型图

● 保护（Protection）：采用与信息系统重要程度相当的安全措施来保护网络、系统以及信息的安全。安全措施包括技术和管理等方面。

● 检测（Detection）：通过不断地检测和监控网络系统，了解和评估网络和系统的安全状态，及时发现网络系统的弱点和入侵行为，为安全优化和安全响应提供依据。检测技术主要包括入侵检测、漏洞扫描、流量分析以及安全基线比较等技术。

● 响应（Response）：针对发现的异常和入侵行为，采取安全措施保障系统正常运行，减少安全事件对业务系统的影响。响应的常见措施包括备份恢复、安全事件确认、恶意代码清除、木马后门封禁等。响应对于保障业务系统的正常运行非常重要。

PDR 模型是一种基于时间的模型。PDR 模型认为，当保护时间 t_P 大于检测时间 t_D+响应时间 t_R 时，系统是安全的。当 $t_P<t_D+t_R$ 时，系统暴露时间 $t_E=(t_D+t_R)-t_P$，在暴露时间内，系统将面临较大的风险。

2）PPDR、PDRR 与 MPDRR 模型

（1）PPDR（Policy、Protection、Detection、Response，即策略、保护、检测和响应）模型是在 PDR 模型的基础上提出的动态网络安全模型。PPDR 模型在 PDR 模型的基础上增加了 Policy（策略），其 4 个组成部分包括 Policy（策略）、Protection（保护）、Detection（检测）和 Response（响应）。如图 6-2 所示。

△ 图 6-2　PPDR 模型图

● 策略（Policy）：定义了业务系统安全保护的目标，是开展安全保护、检测和响应活动的依据，是模型的核心。策略通常还包括业务连续性保障要求和安全运维要求等。

PPDR 模型的核心思想是根据统一安全策略要求，综合运用保护、检测和响应等措施，始终将系统的安全风险控制在预定的范围内，并且在发生安全事件后，及时进行响应。

2017 年 Gartner 在其发布的《应用保护市场指南》（Market Guide for Application Shielding, ID:G00337009）中，提出了由 Predict（预测）、Prevent（防护）、Detect（检测）、Response（响应）4 个阶段组成的新 PPDR 闭环安全模型。该模型在安全保护的不同阶段引入网络威胁信息、大数据分析等新技术和服务，构成一个能进行持续性威胁响应、智能化、协同化的安全保护体系。

（2）PDRR（Protection、Detection、Response、Recovery，即保护、检测、响应和恢复）模型是美国国防部（DoD）提出的，在 PDR 模型的基础上增加了恢复（Recovery）功能。在系统发生灾害性事件后或者通过应急响应难以在预定时间内处理的安全事件后，利用备份对系统进行恢复，以满足业务连续性要求。通常在对业务进行恢复后，还需按照当前系统的安全基线，对系统进行安全加固。恢复的前提是备份，备份策

略可分为系统备份、应用备份和数据备份等不同类型。

（3）MPDRR（Management、Protection、Detection、Response、Recovery，即管理、保护、检测、响应和恢复）模型是在 PDRR 模型的基础上，增加了管理（Management）要素。MPDRR 模型强调采用管理手段，对保护、检测、响应、恢复 4 个环节进行统一管理和协调，从而保障系统的安全。

3）PPDRR 模型

PPDRR（Policy、Protection、Detection、Response、Recovery，即策略、保护、检测、响应和恢复）模型对 PDRR 模型和 PPDR 模型进行了融合，其组成包括策略（Policy）、保护（Protection）、检测（Detection）、响应（Response）和恢复（Recovery）5 个部分。PPDRR 模型的核心思想是，在安全策略的统一指导下，综合运用保护、检测、响应和恢复等措施，构成一个完整的、动态的、自适应的安全闭环，保障组织的业务系统安全、稳定运行，满足业务连续性要求，如图 6-3 所示。

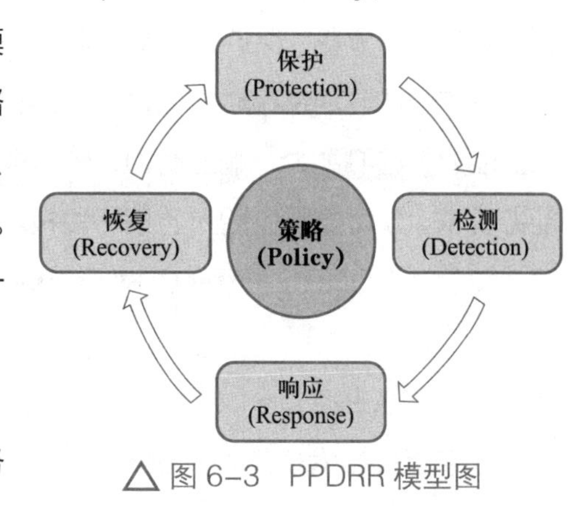

△ 图 6-3　PPDRR 模型图

PPDRR 模型的核心是信息安全策略。制定信息安全策略是组织建立整个信息安全体系的前提和基础。制定信息安全策略需要考虑组织的业务类型、业务重要性、业务连续性要求、网络安全保护等级、组织面临的安全威胁以及组织的网络安全能力，从技术、管理和运营等方面进行确定。

组织的信息安全策略相对比较稳定，但是也需要根据组织业务变化、架构变化以及外部威胁变化等进行更新，以保障组织业务安全稳定运行。

4）PDRRA 模型

PDRRA（Protection、Detection、Response、Recovery、Audit，即保护、检测、响应、恢复和审计）模型是在 PDRR 模型的基础上增加了审计（Audit）功能，其组成如图 6-4 所示。

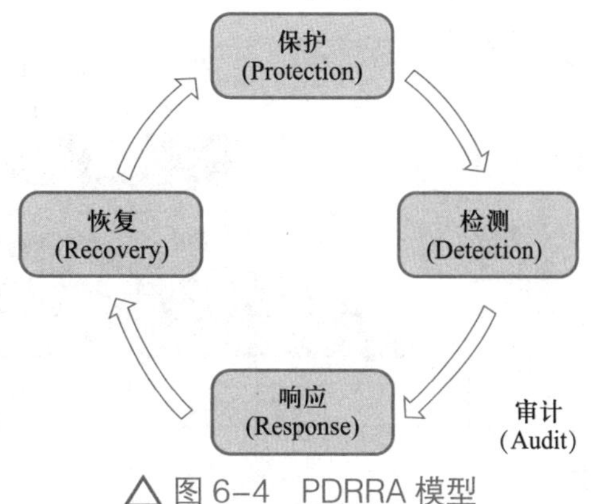

△ 图 6-4　PDRRA 模型

审计是利用数据统计、数据分析和数据挖掘等方法对系统中的各种日志信息进行综合分析，及时发现异常、可疑事件，以验证各种安全措施和安全配置的正确性、有效性以及与安全策略的符合程度等。审计的结果，可为组织安全策略的修正提供依据，也可为管理员更新优化安全配置提供依据，也可在发生安全事件后，作为确认事故责任和进行溯源的依据。

5）WPDRRC 模型

WPDRRC 安全模型是我国 863 信息安全专家组提出的一种信息安全模型。它是基于 PDR 模型、PPDRR 模型及 PDRR 模型等的一种动态安全模型，该模型在 PDRR 模型的基础上，新增了预警（Warning）和反击（Countermeasure）两个功能。如图 6-5 所示。

△ 图 6-5　WPDRRC 模型图

WPDRRC 模型的组成，包括 3 大要素 6 大环节。6 大环节包括预警、保护、检测、响应、恢复和反击，它们具有较强的时序性和动态性，能够较好地反映出信息系统安全保障体系方面的预警能力、保护能力、检测能力、响应能力、恢复能力和反击能力，体现了网络安全运营保护的过程能力要求。3 大要素包括人、策略和技术。人是核心，策略是桥梁，技术是保证。3 大要素落实在 WPDRRC 模型的 6 大环节的各个方面，将安全策略转化为安全能力。

2. IATF 模型

信息保障技术框架（Information Assurance Technical Framework，IATF）是美国国家安全局（National Security Agency，NSA）在 1999 年制定的，为保护美国政府和工业界的信息与信息技术设施提供技术指南。

1）IATF 模型核心要素

IATF 模型强调人（People）、技术（Technology）和操作（Operation）这 3 个网络安全运营核心要素，体现了人利用技术进行操作运营的思想。IATF 模型的结构如图 6-6 所示。

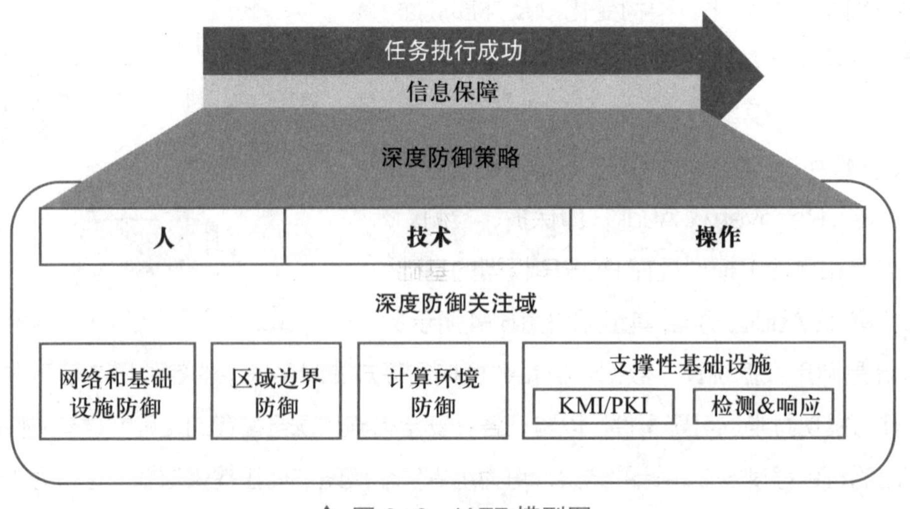

△ 图 6-6　IATF 模型图

● 人（People）是安全的第一要素，同时也是最脆弱的要素，防护措施包括雇佣优秀员工、制定人员管理策略和流程、进行培训和奖惩、进行安全意识培训、系统安全管理、物理安全策略、安全技术技能培训以及加强管理等。

● 技术（Technology）是实现信息保障的重要手段，采用通过评估认证的产品和解决方案，用于支持深度防御策略，防护措施包括确定信息安全保障框架、确定信息安全保障边界、技术产品集成以及系统风险评估等。

● 操作（Operation），也称为运营，是将各方面技术产品集成在一起，按照某种职责划分和流程实施强制安全策略，并快速响应入侵事件、恢复关键服务的过程，防护措施包括安全策略、安全管理、密钥管理、安全监控、恢复重建等。

IATF 模型还定义了网络安全保障的 4 个焦点领域，包括网络和基础设施防御、区域边界防御、计算环境防御和支撑性基础设施防御等。

2）IATF 模型核心思想

IATF 模型核心思想是纵深防御战略。纵深防御就是将信息网络安全运营防护措施有机组合起来，针对保护对象，在各层面部署合适的安全措施，形成多道防线，各安全保护措施能够相互支持和补充，尽可能地阻断攻击者的威胁。目前，安全业界认为网络需要建立 4 道防线：安全保护是网络的第一道防线，能够阻止对网络的入侵和危害；安全监测是网络的第二道防线，可以及时发现入侵和破坏；实时响应是网络的第三道防线，当攻击发生时维持网络“打不垮”；恢复是网络的第四道防线，使网络在遭受攻击后能够以最快的速度“起死回生”，最大限度地降低安全事件带来的损失。

3. 安全体系模型新趋势

随着人们对网络安全运营认识的不断深入以及新技术的不断发展，近几年一些新的网络安全模型被陆续提出，诸如滑动标尺模型、IPDRR 模型、ATT&CK 模型等，而且也逐步应用到安全运营活动中。

1）滑动标尺模型

网络安全滑动标尺模型（The Sliding Scale of Cyber Security）由美国系统网络安全协会于 2015 年提出。网络安全滑动标尺模型将安全能力按照递进的关系分为 5 个阶段，自左向右依次是架构安全（Architecture）、被动防御（Passive Defense）、主动防御（Active Defense）、威胁情报（Intelligence）以及进攻反制（Offense），如图 6-7 所示。其中，架构安全和被动防御属于基础保障，主动防御和威胁情报属于进阶保障，进攻反制属于高级保障。

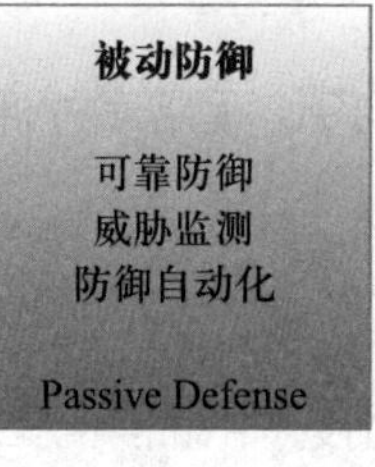

△图 6-7　滑动标尺模型图

- 架构安全。网络安全最重要的一个工作就是确保系统采用了合适的架构，这与组织的任务、资金和人员配备密切相关。架构安全是指在系统规划、建立和维护过程中，关注安全问题。确保在系统中设计了相关的安全特性，可为后续的网络安全工作奠定基础。此外，符合组织需求的适当的体系结构会使其他安全工作更有效，成本更低。例如，在一个糟糕的网络架构中，若未划分区域且未及时进行补丁维护，会给防御者造成极大的麻烦。一些防御者原本能识别的真正威胁，例如内网的攻击者等，被伴随的恶意软件和网络配置问题等安全噪声事件给淹没了。

- 被动防御。组织在架构安全阶段构建了适当的安全基础之后，就应当向被动防御阶段过渡。此阶段基于架构安全之上，可在无须人员介入的情况下，提供持续的威胁防御或威胁洞察力，限制或阻止已知安全漏洞被利用及已知安全风险的发生。被动防御更多依赖静态的规则，主要安全措施包括传统安全保护、收缩攻击面、消耗攻击资源、迟滞攻击等，需要持续地优化升级安全措施。

- 主动防御。分析人员对网络面临的威胁，进行监控、响应、深入学习（经验），并主动将所学知识和经验用于改善网络安全防御的过程。主动防御阶段注重人工的参与，人工结合工具对网络进行持续的监测与分析，对风险采用动态的分析策略，与实际网络态势、业务相结合，与攻击者进行能力对抗。

- 威胁情报。通过收集数据，将其转化为威胁情报信息，用于填补知识差距、实施网络安全评估及改进。威胁情报可为防护者提供关于攻击者、攻击行为、攻击能力以及攻击战术、技术与过程（Tactics，Techniques and Procedures，TTP）等相关信息，便于了解和更准确地识别攻击者，更有效地响应攻击活动。在使用威胁情报时，需要非常了解自身的网络现状、终端和服务器现状、业务现状、安全保护现状等信息，以便能更好地应用威胁情报。

- 进攻反制。进攻反制是滑动标尺模型的最后阶段，是对攻击者采取的进攻性行为。此处进攻性行为是“为自卫目的，针对友方系统之外的攻击者采取的法律对策和反击行动”。

进攻反制的代价是很高的。对攻击者实施反制行动，需要在前面各阶段提供的知识和技能的基础之上，选择良好的时机实施反击。根据国际法，基于报复或报仇的网络进攻行为都属于非法，绝不会视为自卫行为。

在滑动标尺模型中，通常组织的防护水平越靠左侧，防护成本越低，防护能力越弱；相反，越靠右侧，防护能力越强，防护成本越高，网络反击能力也越强，同时对组织的安全能力要求也越高。组织的网络安全建设，建议从左侧开始，逐渐向右侧过渡迁移，同时组织的网络安全能力和防护成本也不断提高。

2）IPDRR 模型

IPDRR 模型是美国国家标准与技术研究院（National Institute of Standards and Technology，NIST）提出的一个网络安全框架（Cyber Security Framework），非常适用于指导网络安全运营工作，因此可以参考此模型开展网络安全运营工作。此框架以风险为基础，由框架核心（the Core）、框架实现（Implementation Tiers）和概要（Profiles）3 个主要组件组成。

- 框架核心提供了一组网络安全活动和结果，用于指导组织强化现有网络安全和风险管理流程的方式来管理和降低其网络安全风险。
- 框架实现可帮助组织建立网络安全风险管理的背景以及网络安全能力水平，可用于确定组织的风险接受程度、任务优先级和预算等。
- 框架概要是根据组织的网络安全要求和目标、风险接受程度和资源等对框架核心进行调整，形成配置文件，可用于识别和发现改善组织网络安全能力的机会。

其中框架核心的主要功能包含风险识别（Identify）、保护（Protect）、检测（Detect）、响应（Respond）和恢复（Recover）5 个部分，如图 6-8 所示。

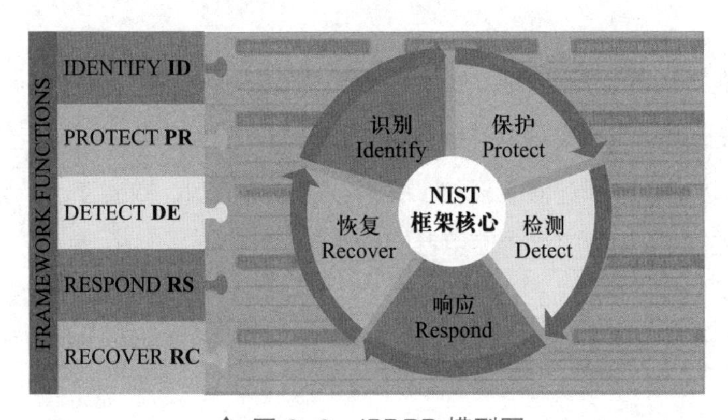

△ 图 6-8　IPDRR 模型图

- 识别：识别安全事件及安全风险。包括确定业务优先级、风险识别、影响评估、资源优先级划分。

● 保护：通过安全管理和技术措施，保证业务连续性。在受到攻击时，消除或限制安全事件对业务产生的影响。

● 检测：在攻击发生时即时监测，同时监控业务和保护措施是否正常运行。

● 响应：响应和处理安全事件，具体程序依据事件的影响程度来进行选择，主要包括事件调查、评估损害、收集证据、报告事件和恢复系统。

● 恢复：恢复业务及修复系统和应用的安全漏洞，将系统恢复至正常状态，同时找到事件的根本原因，并进行修复和加固，保证业务持续安全地运行。

IPDRR 模型是一种基于流程的网络安全模型，基本是按照应急响应的处理流程进行的，将管理与技术结合，通过持续的安全识别、保护、检测、响应和恢复等活动保障网络安全。

3）ATT&CK 模型

ATT&CK（Adversarial Tactics, Techniques and Common Knowledge，即对抗战术、技术和通用知识）框架模型是美国 MITRE 公司于 2013 年提出的。ATT&CK 模型的目标是建立一份已知的网络攻击战术和技术清单，为防守方提供明确的行动指导，可用于提升安全运营的针对性和效率。

该模型通过对现实世界中发生的网络攻击进行追踪，以攻击者视角来描述网络攻击的流程及所用到的技术，分析整个攻击过程及各阶段使用的方法。ATT&CK 框架将已知的网络攻击行为归纳为战术和技术，并与网络攻击进程关联。ATT&CK 模型提供了包含 14 种战术和 240 多种技术的详尽清单，并采用 STIX（Structured Threat Information Expression，即结构化威胁信息表述）和 TAXII（Trusted Automated eXchange of Indicator Information，即可信情报自动化交换协议）等可机读的威胁情报格式来描述。

战术是作战行动的目标纲领，战术中的技术与子技术则为具体的行动提供支持。ATT&CK 模型提供的 14 种战术，包括侦察、资源开发、初始访问、执行、持久化、权限提升、防御绕过、凭证访问、发现、横向移动、收集、命令与控制、数据渗出、影响等。作战行动所需要的技术的数量和顺序可由使用者自行决定。

6.1.5 安全运营的整体流程

网络安全运营通过已有的安全系统、工具来产生有价值的安全信息，用于将安全风险控制在合理范围内，从而保障相关业务系统安全稳定运行。为了实现这个目标，可按照以下几个步骤来开展网络安全运营。

1. 运营规划

运营规划是安全运营的前期准备活动。运营规划是在满足安全合规要求的前提下，为了提升网络安全运营活动的效率、增强网络安全运营的有效性和及时性，开展的人员、技术、资源和流程等方面的建设规划活动。

运营规划阶段的关键任务主要包括现状评估、需求分析、确定目标、规划方案、项目计划等。

2. 运营建设

运营建设是按照运营规划，对人员、技术、资源和流程等要素进行组合，为安全运营实施提供相应支撑。运营建设主要包括构建安全运营团队、建立安全运营制度、部署安全运营相关产品和服务等措施，并对安全运营活动进行监测、评估和改进等活动。

运营建设阶段的主要工作涉及运营团队建设、运营制度流程建设、运营技术体系建设，以及安全服务能力建设等多个方面。

3. 运营实施

运营实施是运营人员按照安全运营相关制度流程，利用安全运营工具或技术措施，将安全风险持续控制在预定范围内，并在运营过程中，对各种工具的效果进行验证、评估和改进。

运营实施主要包括常态化安全运营、重要时期安全保障等工作。

4. 运营验证

安全运营验证是对整体安全运营效果、安全运营流程及相关技术措施的有效性、合规性和一致性等进行验证和改进的过程。

安全运营验证主要包括安全运营成熟度评估、安全防御能力评估、结合监管单位的各项安全检查开展的安全能力验证以及内部红、蓝对抗演练和外部攻防演练等活动。

6.2 安全运营规划

网络安全运营规划以满足安全合规要求为前提，以提高网络安全运营效率、增强网络安全运营的有效性和及时性为目标，从人员、技术、资源和流程等方面进行建设规划。

安全运营规划工作可划分为 5 个阶段，主要包括现状评估、需求分析、确定目标、规划方案和项目计划，规划的内容主要包括管理、技术、运营、组织架构、工作流程等方面。通过合理地规划和实施，满足单位的网络安全保障需求。

6.2.1 现状评估

安全运营现状评估主要针对安全运营的效果进行评估和对安全运营过程的符合性进行评估。前者侧重于风险评估，后者侧重于过程评估。安全运营现状评估的主要依据包括合规要求和业务安全要求等，形式主要包括等保测评、风险评估、技术评估以及安全审计等。

安全运营现状评估主要包括安全运营管理评估和安全运营技术评估两方面。

安全运营管理评估，主要评估安全管理机构与职责、安全管理制度、安全管理人员、安全管理流程、应急响应管理和容灾备份管理等方面。安全运营管理评估，也可参考《信息技术 安全技术 信息安全管理体系 要求》（GB/T 22080—2016）和《信息安全、网络安全和隐私保护——信息安全控制》（ISO/IEC 27002：2022）等标准进行。

安全运营技术评估重点针对安全预警、保护、检测与响应等关键活动进行评估，包括评估安全设备、系统的安装部署、升级维护、策略调整、资产管理、脆弱性管理、安全加固、日志检测、流量检测、应急响应等评估对象和安全运营活动，可采用的评估方法包括安全漏洞扫描、安全配置核查、渗透测试、日志审计、流量分析等。

6.2.2 需求分析

通过现状评估，梳理出单位安全运营建设与合规要求之间的差距，需求分析是针对这些安全差距与问题，明确安全运营目标、安全运营服务内容、安全运营改进措施，最终形成安全运营需求清单的过程。

安全运营需求分析通常包括组织架构、岗位职责与工作内容、管理制度、运营流程、技术体系、管理框架、服务内容、运营活动等方面。

6.2.3 确定目标

安全运营以信息安全防御和安全风险管理为关键流程，依托安全运营技术支撑体系，结合技术、平台工具和运营团队，建立一套信息资产风险管理、日常操作和应急响应流程。

安全运营的核心目标是实现单位的业务持续、稳定、安全运行。

安全运营目标的确立，可依据网络安全等级保护建设要求，参考安全能力滑动标尺、IATF 等模型框架，对整体的安全能力进行恰当定位；可基于安全运营最佳实践，根据安全需求清单内容，从网络架构、边界保护、网络通信、计算环境、应用安全、身份认证等方面，对安全运营建设目标进行细化分解，确定具体的建设和优化改进任务。

在满足合规要求和业务安全要求的前提下，确定网络安全运营建设目标时，应满足 IT 业务安全运行的需要，同时兼顾成本与效率。单位在确定安全运营目标时，需要考虑业务重要性、数据敏感程度、业务安全要求等，进行综合定位。

6.2.4 规划方案

围绕确定的安全运营目标，规划安全运营方案，主要包括安全运营管理体系和安全运营技术体系等方面。

安全运营管理体系方面的规划，主要内容包括确定安全管理机构、明确各岗位及其工作职责、安全运营流程、人员能力要求及任职全周期管理等具体内容。安全管理机构可划分为决策层、管理层和执行层 3 个层级。安全运营管理制度明确各岗位安全工作职责及奖惩措施。网络安全运营管理文档体系可分为 4 级，最高级为单位的战略方针，第二级为管理制度规范，第三级为操作规程，第四级为记录表单。

安全运营技术体系方面的规划，围绕预警、保护、检测、响应、恢复和反击等安全运营关键流程，按照《网络安全等级保护基本要求》（GB/T 22239—2019）中对应级别的技术要求进行。通常可参考《网络安全等级保护安全设计技术要求》（GB/T 25070—2019）进行安全技术体系设计。

6.2.5 项目计划

网络安全运营规划蓝图的落地，通常采用项目的形式，需要制定项目计划。

安全运营项目计划，将规划方案中的具体安全要求转化为具体的网络安全产品及安全服务需求，推动安全运营项目的落地实施。

安全运营项目计划，需要综合考虑系统规模、经费来源、安全建设需求以及网络安全解决方案等因素，做好项目预算。项目计划完成后，即可组织专家进行评审。项目计划可根据业务变更、合规要求和威胁挑战等变化情况，进行定期或不定期更新。

教育系统应当建立网络安全运营资金保障制度，安排网络安全运营专项预算，确保网络安全经费投入不低于信息化总投入的 5%。一些重点行业、关键信息基础设施等重点领域的信息化建设项目中，网络安全运营投入占比应更高一些。

6.3 安全运营建设

网络安全运营建设主要包括安全运营管理建设和安全运营技术建设。安全运营管理建设包括运营团队建设和运营制度流程建设，运营团队建设主要是确定安全运营的岗位设置、岗位职责以及对岗位人员的能力要求，运营制度流程建设主要是将安全运营工作涉及的各项制度、规范、流程、过程表单模板等内容文档化、标准化，持续指导安全运营工作开展。安全运营技术建设以技术体系、安全产品和安全服务建设为主，主要是构建各项安全能力、提升已有安全能力的覆盖度和对已有安全能力的更新提升。

6.3.1 安全运营整体架构

安全运营整体架构示意图如图 6-9 所示。

整体架构以位于中间的安全运营体系为核心。在安全运营体系中，整体架构分为管理支撑、人员支撑、技术支撑、常态化运营和安全运营有效性验证几个部分，并初步展开了该部分的内容。在架构图的下方则是二级单位，是属于被本单位监管和协同的对象，通过数据的互通与共享，可以实现监管要求和联防联控。在架构图的上方则是云端支撑，借助外部的安全能力（如外部专家），协助本单位开展安全运营工作，为本单位提供云端能力支撑。

安全运营最核心的要素是“人”，因此在人员支撑中重点关注组织架构建设，明确岗位及岗位职能，并根据岗位工作内容确定人员的能力要求。此外还需开展教育培训工作，提升人员安全意识和安全技术能力水平。

技术支撑则是通过安全产品和安全服务共同来确保各项安全运营工作的常态化执行。其中安全产品在后文有详细的展开说明。各类安全产品在整个运营体系中大体可分为几个层面，首先是感知层，像是各类安全检测类设备基本上都属于感知层。其次是安全运营平台，这里所说的安全运营平台，是指具备数据采集、存储、分析和呈现功能的一套应用系统，它可以是市面上已经具有相关功能的产品，也可以是自己按需开发的具有相应功能的应用系统。最后是执行层，具备一定的防御和策略调整能

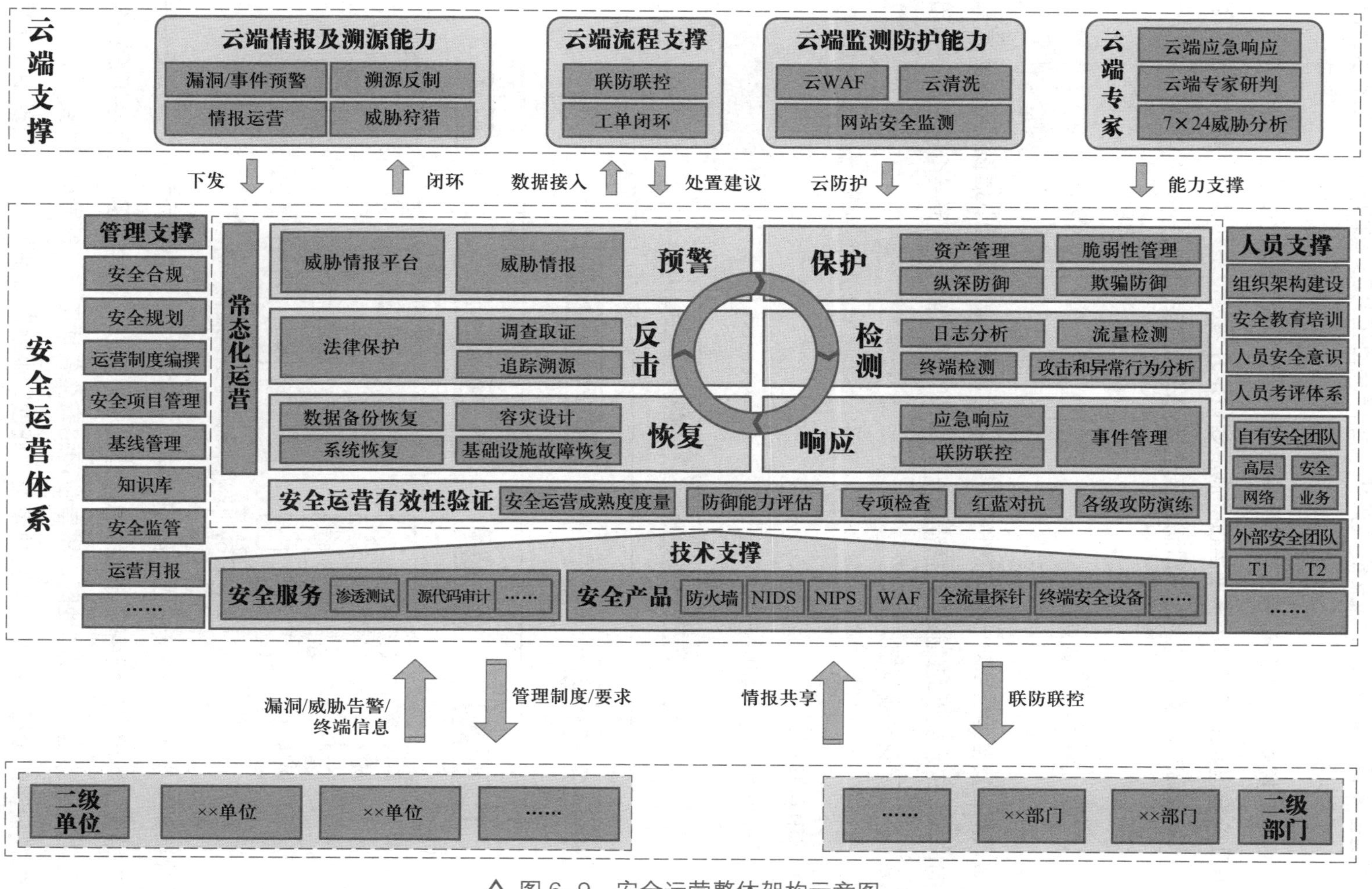

△图 6-9　安全运营整体架构示意图

力的产品基本属于这个层面。安全服务和安全产品互相补充，共同确保安全运营目标达成。

在管理支撑中，制度和流程规范能够有效地将运营人员和运营技术工具串联起来，来保障各项安全运营工作有条不紊地运行。制度建设，并通过一系列制度文档的管理规范，确保整个制度体系能够持续更新，以满足安全运营的动态变化。

6.3.2 运营团队建设

做好网络安全运营依赖一个高效的网络安全运营团队。运营团队建设是安全运营三要素中的“人”这个要素的建设，包括建设一个清晰的组织架构，明确各个岗位的职责和能力要求，并开展安全教育培训活动。

1. 组织架构

安全运营组织架构如图 6-10 所示。

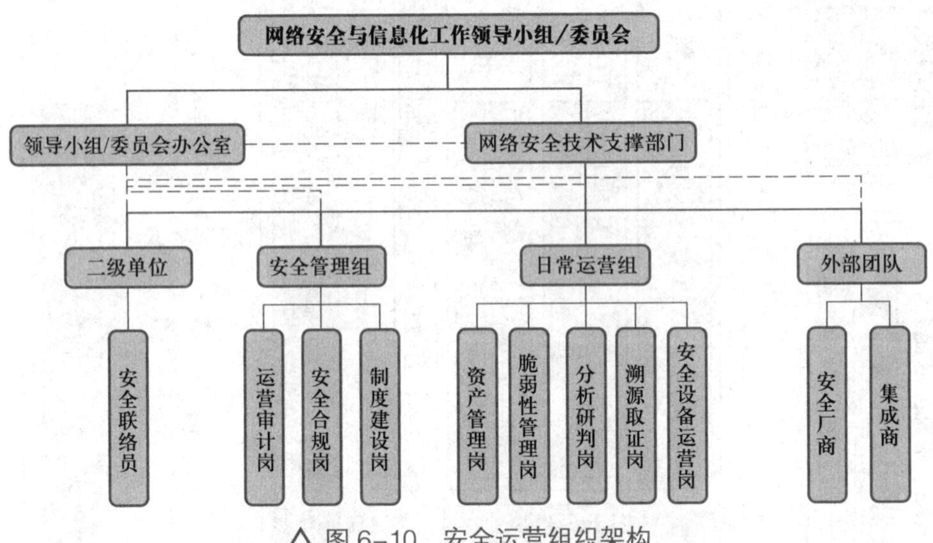

△图 6-10　安全运营组织架构

教育系统各单位一般会成立网络安全与信息化工作领导小组 / 委员会，负责领导、监督本地区、本单位的网络安全与信息化建设总体工作。领导小组 / 委员会下设办公室作为日常办事机构，落实本地区、本单位网络安全各项工作。领导小组 / 委员会办公室一般独立设置或设在本单位技术支撑单位。在领导小组办公室下，安全管理组主要负责安全合规、制度建设、运营管理和运营审计等各项工作，其下设制度建设岗、安全合规岗以及运营审计岗。日常运营组负责常态化开展各项安全运营工作，其下设资产管理岗、脆弱性管理岗、分析研判岗、溯源取证岗和安全设备运营岗。组织架构中还应建立安全联络员机制，确保本地区、本单位安全工作能够有效落实到下属各个二级单位。此外，还应包括外部团队，主要由安全厂商和集成商，提供外部能力，协助本单位开展安全运营工作。

教育系统各单位可参考上述组织架构建立本单位的安全运营组织架构。在建设过程中，无须对自身现有岗位进行调整，可将安全运营组织架构视为虚体组织，将现有的岗位和人员分别匹配至对应的组织架构，负责具体的各项安全运营工作即可。例如日常运营组的溯源取证岗，在本单位尚不具备相关能力人员的情况下，该岗位可由外部团队提供相应的能力，通过人员驻场的方式或采购安全服务的方式来完成。

组织架构建设还包括一项重要的工作，即组织沟通机制建设。沟通机制可划分为内部沟通与外部沟通，其中内部沟通包括内部各个团队之间的沟通、内部上下级之间的沟通以及与各下属二级单位的沟通；外部沟通包括与监管部门的沟通、与外部供应商的沟通以及与外部其他单位的沟通。不同的沟通机制，采用的沟通方式或有不同，但总的原则应当是“及时、顺畅、高效”，例如内部日常沟通多采用即时通信工具建立群组的方式进行沟通。对于较为正式的通知或文件发布，采用 OA 系统、公文交换系统等文件运转方式。紧急事件则直接电话沟通。另外通过组织例会、现场会议或线上会议方式，可以有效地同步信息，跟进运营工作闭环。应当鼓励本单位与外部团队积极交流，通过参加各类网络安全主题培训、会议、论坛等活动，关注网络安全主题公众号、服务号，获取前沿的行业信息，互相交流安全运营工作的经验教训，持续不断地提升本单位安全运营团队的能力。

2. 岗位职责和能力要求

安全运营中心岗位设置，以本单位实际安全运营工作内容为出发点，岗位涉及管理、执行和审计三大方面。管理岗位设置包括安全合规和制度建设，同时还考虑了对下属和二级单位的监管，以及对外部团队的管理。执行层面则主要是资产、脆弱性、威胁以及基础环境方面的工作，其中资产管理是整个运营中心的基础，解决“保护谁”的问题。脆弱性管理岗位则是在资产管理基础上，针对资产风险的识别与处置。威胁管理主要有分析研判和溯源取证两个岗位，负责实时监测各类威胁，并及时响应，做到“早发现、早报告、早处置”。基础环境岗位主要是及时维护基础环境，确保其运行稳定，并发挥预期的作用。运营审计岗位则主要是在运营工作执行过程中及执行完成后，对执行的规范性以及执行结果是否满足预期进行审计。岗位职责如表 6-1 所示。

▽表 6-1　岗位职责表

岗位名称	岗位职责	能力要求
安全合规岗	负责对国家法律法规、监管要求等进行分析，梳理合规要求，监督项目实施，确保本单位网络安全工作符合各项合规要求；评审安全运营标准化材料，反馈改进意见，确保标准化流程可执行、可发挥作用；组织开展内外部风险评估；作为安全运营中心对外出口，输出相关方安全需求、要求等；评估与优化安全架构，持续统筹规划安全管理、技术、运维手段，完善运营体系	熟悉常见的网络安全法律法规、标准及规范，并能够通过现状评估找出差距；具有安全运营流程框架的设计、修订能力，熟悉运营管理、安全管理、项目管理、人员管理等管理知识；具有较强的沟通和协调能力，对安全运营关键概念有基本理解；能够针对评估的差距提供可落地的改进方案；具备较强的标准、规范等文档编写能力
制度建设岗	负责制定安全运营中心各项规章制度和流程规范，保障安全运营中心各项工作机制正常运行（含各种例会）；制定内部安全培训计划，组织培训和考核工作，评估培训效果；承担内部的网络安全意识宣传工作；制定安全运营度量指标，评估安全运营工作效率和效果，并协助相关团队改进；信息安全知识管理，建立和维护内部安全知识库，组织相关人员完成知识积累，提高运营能力	具备较强的文档编辑能力，能够参考国家、行业相关法律法规和监管要求制定本单位的制度规范；具有安全运营流程框架设计、修订能力，熟悉运营管理、安全管理、项目管理、人员管理等管理知识；具有较强的沟通和协调能力，有一定的理解关键概念的能力
资产管理岗	负责信息资产台账管理。定期发起资产稽查，完成稽查结果梳理，并跟进稽查结果确认进展，及时更新资产台账；跟进资产上线流程，确保资产上线前完成各项安全检查与安全保护配置；对资产进行分类，并持续完善资产信息	熟悉资产管理的相关标准规范内容；具有良好的沟通能力和表达能力；能够熟练使用 Excel 等办公工具；具有较强的文档编写能力
脆弱性管理岗	负责脆弱性识别、确认、评估、修复跟进和闭环等工作，发起漏洞扫描、弱口令扫描、渗透测试等，提供漏洞修复建议，协助业务方修复漏洞；情报预警，接收外部威胁情报，跟进并闭环；验证扫描发现的漏洞，评估漏洞实际风险；脆弱性专项检查，在发现重大漏洞或存在重大安全隐患时，制定专项检查计划并跟进执行	熟悉 Web 安全和数据安全攻防原理，掌握常见安全技术，熟悉 Web 入侵检测、远程漏洞检测、抗 DDoS 攻击等原理，了解 OWASP（Open Web Application Security Project，开源 Web 应用安全项目）Top 10 常见 Web 漏洞或系统漏洞利用原理；熟悉 TCP/IP 四层协议，了解前端及 Web 开发等知识；了解各类 Web 服务、中间件、数据库的基本原理和搭建操作配置等；具有一定信息安全威胁分析和风险控制经验；可熟练使用 Python/JavaScript/Java 中的一种开发分析插件和工具；熟练使用正则表达式；具备基本的情报信息收集、关联分析能力

续表

岗位名称	岗位职责	能力要求
分析研判岗	负责威胁监测与分析研判，研判监测发现的威胁，判断影响，并发起应急响应，处置威胁并闭环；防护策略配置与优化，保证防护效果并避免误报影响业务和分析；自定义检测规则开发，提高防护、检测能力与业务的匹配度，提高准确度并发现更多威胁；威胁专项跟踪，跟进某些需要长期跟踪处理的威胁（如蠕虫）；将高级安全威胁或事件信息传递给溯源取证岗处置	熟悉 Web 安全和数据安全攻防原理，具有一定信息安全威胁分析和风险控制经验，掌握常见安全技术，熟悉 Web 入侵检测、远程漏洞检测、抗 DDoS 攻击等原理，了解 OWASP Top 10 常见 Web 漏洞或系统漏洞利用原理；熟悉 TCP/IP 四层协议，了解前端及 Web 开发等知识；可熟练使用 Python/JavaScript/Java 中的常见开发分析插件和工具；熟练使用正则表达式；了解各类 Web 服务、中间件、数据库的基本原理和搭建操作配置等；具备基本的情报信息收集、关联分析能力
溯源取证岗	负责高级威胁分析，处理分析研判岗无法分析的威胁；响应处置真实威胁事件，对受影响主机进行取证，根据已有检测手段告警溯源攻击者信息，并深入分析事件成因，提供解决建议；深入挖掘数据尝试发现可能长期潜伏的威胁；威胁建模与防护方案开发	熟悉主流攻击技术和过程，了解主流威胁检测技术原理，有安全架构经验；具备应急响应能力，熟悉不同操作系统的应急响应排查流程和命令；可熟练使用 Python/JavaScript/Java 中的常见开发分析插件和工具；熟练使用正则表达式；具备丰富的情报信息收集、关联分析能力，有 APT（Advanced Persistent Threat，高级可持续威胁攻击）分析经验者优先
运营审计岗	负责审计方案并实施审计，评估执行效果，并协同其他相关部门查处震慑；组织应急演练、红蓝对抗等安全演练活动，评估总体安全能力；负责专项检查工作，提供专项检查所需各项材料	具有一定的审计经验，熟悉审计工作开展流程；具有安全运营流程框架设计、修订能力，熟悉运营管理、安全管理、项目管理、人员管理等管理知识；具有较强的沟通和协调能力，理解安全运营相关概念；具备较强的文档编辑能力，能够制定相关的标准规范
安全设备运营岗	负责设备与平台巡检，定期查看各系统运行状态，及时发现故障和异常；设备与平台维护，确保功能 / 系统及时更新，在系统出现故障或异常时排查并恢复	熟练掌握 IDS/IPS/WAF 等设备的使用，如查看告警、策略配置；熟练掌握 IDS/ 日志审计等设备的使用，如查看告警、策略配置；熟练掌握堡垒机和 VPN 账号申请管理等平台的使用，如查看告警、策略配置；具备告警日志简单判断能力、告警信息收集及描述能力等；熟悉网络工程、操作系统、网络安全、Web 应用等基础知识

3. 安全教育培训

安全教育培训是提升安全运营人员安全意识和技能的重要手段，一般有技术能力培训、安全意识培训和安全宣传活动 3 种。该项工作是常态化开展的工作，需纳入年度安全运营工作计划中，以确保其持续性和系统性。为达到最佳效果，必须明确教育培训的目标，从而精准地满足安全运营人员的培训需求。制定详细的教育培训计划，包括培训内容、形式、时间安排等方面的详细规划，有助于提高培训的实效性。在教育培训活动完成之后，组织回访并积极收集学员的反馈意见，是优化培训计划和提升培训质量的有效途径。通过持续的教育培训，为安全运营人员提供坚实的安全意识和知识技能。

1）技术能力培训

技术能力培训致力于提升安全运营人员的专业技术知识，涵盖网络防护、入侵检测与防御、漏洞管理等关键领域，主要包括操作系统安全、数据库安全、中间件安全、恶意代码防范、Web 安全、DNS 系统的安全，无线安全、移动终端安全、典型网络攻击的安全防护，以及云计算、大数据、物联网、移动互联网、人工智能等新技术领域安全等。此外还包括 CTF 培训、安全运维技能培训、渗透测试技能培训、红蓝对抗专项培训、数据安全专项培训、等保测评专项培训、应急响应专项培训等常见技术能力培训。

2）安全意识培训

随着网络安全建设水平的持续提升，漏洞利用类的网络攻击方式入侵难度持续提升，攻击者将社会工程学逐步作为重要的攻击方式，由于安全意识不足而引发的各种网络安全事件愈演愈烈。信息安全意识是人们头脑中建立起来的在信息化工作处理过程中必要的观念，也是人们在信息化工作中对各种各样有可能对信息本身或信息所处的介质造成损害的外在条件的一种戒备和警觉的心理状态。薄弱的信息安全意识，往往会导致教育系统各单位和广大师生的个人信息被窃取、篡改或破坏，对其日常工作开展和广大师生的生活造成的影响不可估量。因此，信息安全意识的提高已经成为十分迫切的任务。信息安全意识教育与培训，需要教育系统所有用户的参与。

安全意识培训通过介绍新形势下的常见安全风险与威胁以及防范措施，建立正确的网络安全观，了解最新的信息安全发展现状，提升全员安全认知水平和防护能力。安全意识培训通常包括通用类培训、专题类培训、场景类培训等形式，可根据培训对象的具体实际需求，灵活组合设置。

专题类安全意识课程的培训对象是 IT 工作人员、信息安全工作人员，包括信息安全审计 / 开发 / 运维人员、网络安全工作人员；场景类安全意识培训课程，可针对网络安全运维人员来组织安全运维意识培训，针对重保时期的相关人员来设置重保安全意识培训，针对信息安全管理层相关人员组织安全管理培训；针对法律法规领域认知较薄弱的人员组织安全合规培训。

在安全意识培训中，可重点针对近期的一些热点安全事件来设计场景活动。例如可针对社会工程学攻击的常见形式、手段，结合典型案例来介绍防范策略；也可以通过邮件钓鱼实战演练活动，加强大家对邮件安全的重视与认知。钓鱼邮件可根据本单位办公习惯或业务特色，模仿日常的办公通知或政策通知内容，在钓鱼邮件内容中可加入诱导性内容，例如密码即将过期、邀请参加某会议等，群发邮件进行邮件钓鱼欺骗；然后统计点击链接或输入个人敏感信息的人员情况，评估本单位人员的安全意识情况。

3）安全宣传活动

网络安全宣传是安全工作中必不可少的一部分内容，宣传活动一般面向不同的群体，采取多种形式，开展宣传工作。安全宣传活动包括但不限于在本单位组织网络安全宣讲会、邀请外部单位培训、采用教育系统“两微一端”、高校新媒体矩阵、教育网络安全服务平台开展宣传教育活动，张贴宣传海报、滚动播放网络安全相关的短视频、公众号发文等。此外还可配合国家网络安全宣传周活动开展本单位的宣传工作。

国家网络安全宣传周活动是我国自 2014 年以来持续举办的全国性网络安全宣传教育活动，《网络安全法》第十九条明确规定“各级人民政府及其有关部门应当组织开展经常性的网络安全宣传教育，并指导、督促有关单位做好网络安全宣传教育工作”。

这些年来，各级教育行政部门、企事业单位等积极探索网络安全宣传形式，认真组织开展网络安全周活动，在详细制订本地网络安全宣传周工作方案的基础上，广泛开展网络安全进机关、进校园、进课堂、进家庭等活动，围绕网络安全展开一系列宣传、展示、教育、培训和演练等活动，传播网络安全理念，普及网络安全知识。

6.3.3 运营制度建设

安全运营流程制度设计整体遵循标准为《信息技术 安全技术 信息安全管理体系 要求》（GB/T 22080—2016），信息安全管理体系文件中一般会对资产、漏洞、信息安全事件、网络和系统安全等与运营工作有关的部分做出目标规范和基本要求。

安全运营制度总体分为 4 级文档体系，整体文档结构示意图如图 6-11 所示。

第一级是安全运营的方针、总则类材料。主要是纲领性质的文件，作为本单位整体网络安全的指引，如《× × 单位信息安全管理总则》。

第二级主要是各类管理规定。根据本单位的实际情况和网络安全运营工作内容，制定相关的管理规定，规范各类行为，可以作为管理依据，帮助推动管理要求落到实处，如《× × 单位文件控制管理规定》《× × 单位信息资产安全管理规定》《× × 单位脆弱性管理规定》《× × 单位信息安全事件管理规定》《× × 单位威胁管理规定》《× × 单位信息安全奖惩管理规定》《× × 单位信息安全目标及有效性测量制度》等。

第三级为实施细则、指南和流程。从落地执行角度，制定工作流程，编写工作规范和

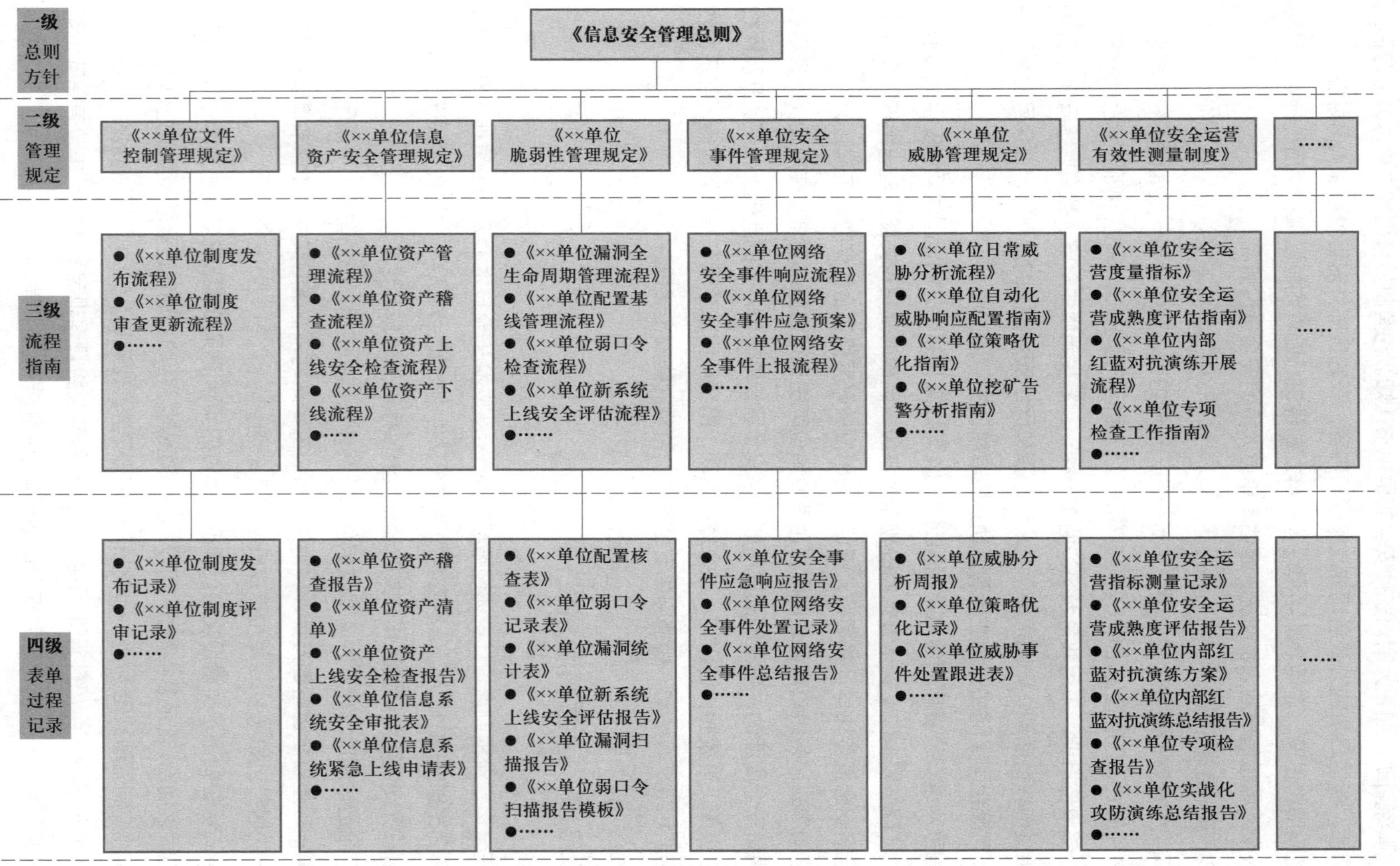

△图 6-11　文档结构示意图

指南，能够直接指导执行该项工作的人员按照规范落地执行，可以作为审计的依据，检查执行过程是否按照规范来执行，如《××单位文件编写规范》《××单位制度发布流程》《××单位资产管理实施细则》《××单位资产管理流程》《××单位脆弱性管理实施细则》《××单位漏洞全生命周期管理流程》《××单位威胁管理实施细则》《××单位自动化威胁响应配置指南》《××单位策略优化指南》《××单位安全设备管理实施细则》《××单位网络与信息安全整体应急预案》《××单位网络与信息安全应急预案专项场景预案－网页篡改事件应急预案》《××单位网络安全事件上报流程》《××单位安全运营度量指标》《××单位安全运营成熟度评估指南》《××单位内部红蓝对抗演练开展流程》《××单位专项检查工作指南》等。

第四级为运营过程记录、表单和模板等材料。各项工作执行过程中可能用到的表单、模板等内容，可以方便执行者快速上手，并避免因为对规范指南理解不一致导致的记录偏差。

第四级记录类如《××单位制度发布记录》《××单位制度评审记录》《××单位策略优化记录》《××单位安全运营指标测量记录》等。

第四级表格报告类如《××单位资产清单》《××单位应用系统信息表》《××单位资产稽查报告》《××单位资产上线安全检查报告》《××单位信息系统安全审批表》《××单位账号权限申请表》《××单位信息系统紧急上线申请表》《××单位漏洞统计表》《××单位配置核查表》《××单位安全设备信息表》《××单位弱口令记录表》《××单位漏洞扫描报告》《××单位威胁事件处置表》《××单位威胁事件处置跟进表》《××单位安全设备巡检表》《××单位设备维护记录表》《××单位失陷事件汇总表》等。

第四级模板类如《××单位弱口令扫描报告模板》《××单位漏洞预警响应报告模板》《××单位威胁分析周报模板》《××单位安全事件应急响应报告模板》《××单位网络安全事件总结报告模板》《××单位安全运营成熟度评估报告模板》《××单位内部红蓝对抗演练方案模板》《××单位内部红蓝对抗演练总结报告模板》《××单位专项检查报告模板》《××单位实战化攻防演练总结报告模板》等。

编写安全运营管理文档时应以本单位现有的网络安全管理体系文件中对于安全运营工作内容相关的规范和要求为大纲进行编写，不可脱离现有规范和要求。应切实考虑人员组织架构和其他部门的配合关系，确保流程制度编写完成后可落地。编写时应遵从本单位的管理文件命名规范，应套用已有制度文档模板。若制度文档中有涉及其他部门参与的部分，在编写前需要发起评审会议就相关部门需要配合的部分与部门领导达成一致后再进行编写，避免编写后由于其他相关部门不配合导致无法落地。存在对二级单位监管职责的单位在编写制度文档时，需要考虑监管通报下发方式、事件响应结果反馈及验证方式等场景。

在编写时需要对制度文档本身有一定的规范。对制度进行汇编时，必须保留各制度的版本控制信息；制度版本号的变更要求：如发生细节修订，变更小数点后的小版本号，如内容变更较多，修订后变更小数点前的大版本号；制度相关流程和表格以附件形式附在制度正文后；在制度文档中明确制度适用范围；制度标题遵循固定的命名规范；需要试运行的，必须在名称中增加“试行”字样，如《××单位××制度（试行）》；制度文档的文字表述应当准确、规范、简明易懂，语言风格前后一致。

1. 安全运营管理文档审查更新

安全运营管理文档应建立定期主动审查更新和事件被动触发审查更新机制，应当满足监管单位的监管要求，能够应对不同监管单位的监管要求。

领导小组/委员会办公室负责审定网络安全管理体系的框架、目标、策略以及网络安全管理制度，确保网络安全管理制度符合本单位业务和信息化发展战略。安全管理组负责组织编制网络安全管理制度，形成能够指导和管理网络安全规划、建设和运行的安全管理制度，有效合理控制网络安全风险。

单位应定期组织以评审会形式对制度文件进行评审和修订，修订其中的不足或需要改进的内容，制度的评审每年至少进行一次。根据等级测评、安全评估的结果，或当业务发生重大变化、组织架构出现重大调整及法律法规发生变化，以及系统发生重大安全事故、出现新的安全漏洞、技术基础结构发生变更时应酌情进行文件评审，根据需要对制度进行修订与更新。

如需更新或修订现有制度文件，应由安全管理组发起文件更新和修订工作，文件修订内容应通过相关部门评审，并由领导小组/委员会办公室审批同意，文件更新后应及时通知相关部门同步更新。当现行制度有下列情形之一时，必须及时修订：因法律、行政法规的变化需要修订的；当发生重大安全事件，暴露出制度存在漏洞和缺陷时；组织机构或生产系统进行重大调整和变更后；同一个事项在两个规章策略中规定不一致；其他需要修改制度的情形。

当现行制度存在下列情形之一时，必须及时予以废止：因法律、行政法规的修改或者废止，失去法律依据或者与现行法律、行政法规相抵触的；因有关制度或规定废止，使该制度或规定失去依据，或与现行上层策略相抵触；已被新的制度所替代，当废止的制度被新制度取代时，新制度必须注明被废止制度的相关文号等。

2. 安全运营管理文档发布机制

管理文档制定完成后，与相关部门负责人对管理文档的合理性和适用性进行论证。论证通过后经领导小组/委员会办公室审批同意，由安全管理组发布，发布范围及版本控制由领导小组/委员会办公室负责。安全运营管理文档需通过文件的方式发布，注明发布范围，并对收发文进行登记管理。

已发布的管理文档由安全管理组负责整理、保存、更新。为便于管理文档维护和管理，印发的管理文档原则上应一个文号对应一项管理文档，不得多项管理文档合并发布。管理文档修订后需要以正式文件的形式重新发布施行，修订后的策略也必须走相关流程审批。签署发布的规章策略必须标明该规章策略的施行日期。

3. 安全运营管理文档宣贯

管理文档正式发布之后，教育系统各单位可根据自身实际情况，采取多种渠道多种方式进行宣贯。例如在校园中召开宣贯会、张贴海报、制作宣贯视频等。

6.3.4 安全产品介绍

信息安全产品是专门用于保障信息安全的软件、硬件或其组合体。在《信息安全技术 信息安全产品类别与代码》（GB/T 25066—2020）中将信息安全产品分为了3级，其中一级包括6个类别：物理环境安全类、通信网络安全类、区域边界安全类、计算环境安全类、安全管理支持类和其他类。

在实际部署中，不同类别的信息安全产品能够单独或协同降低甚至消除某些层面的安全风险，这也是部署安全产品的真正价值所在。本章仅对市面上常见的、部署较多的产品，围绕产品的主要功能、部署使用方式进行介绍。

1. 通信网络安全类

▽ 表6-2 通信网络安全类产品

产品名称	主要功能	部署和应用
上网行为管理设备	审计和控制网络用户对网络的使用行为，进行网页访问过滤、网络应用控制、信息收发审计、用户行为分析等，目的是实时监控和管理网络资源使用情况，规范上网行为	1. 该类设备一般通过网桥部署、旁路部署和网关部署3种方式部署至内网环境中； 2. 该类设备在安全运营体系中，可作为检测探针使用，数据上传至安全运营平台进行集中分析； 3. 该类设备与安全运营平台联动，接收来自平台的指令，执行封禁域名、URL、访问源IP、特定应用等动作

续表

产品名称	主要功能	部署和应用
网络入侵检测设备（NIDS）	针对网络入侵进行监测，自动识别各种入侵行为并进行报警，目的是及时发现网络中违反安全策略的行为和被攻击的迹象	1. 网络入侵检测系统采用旁路部署方式，支持多个硬件监听口，实现对多网段的同时检测； 2. 在安全运营体系中，NIDS 设备主要作为威胁检测探针，数据上传至安全运营平台进行集中分析； 3. 可与防火墙等安全产品产生联动关系，阻断所发现的威胁流量
全流量检测设备	1. 全流量检测探针集成了 IDS、WAF、威胁情报、恶意文件和 Webshell 检测能力，能快速精准地发现威胁； 2. 对威胁进行研判和分析； 3. 进行流量采集、解析、存储、文件还原和威胁检测	1. 全流量检测探针支持软硬件两种形态，采用旁路部署方式； 2. 在大型学校或教育部门，可考虑分级部署全流量检测探针的方式，即分校区和二级单位按需部署全流量检测探针，通过公网 /VPN 专线 / 内网连接到校（单位）总部的分析平台； 3. 在安全运营体系中，全流量检测设备作为探针使用，将检测结果以及元数据汇总到大数据分析平台进行综合分析、研判和展示

2. 区域边界安全类

▽ 表 6-3　区域边界安全类产品

产品名称	主要功能	部署和应用
网络型防火墙	1. 对系统的网络数据流入 / 流出提供深度内容检测和防御，目的是阻止安全域外部连接的非授权进入内部或者是内部的异常行为或流量外发； 2. 访问控制	1. 网络型防火墙作为边界防护的重中之重，是必须配备的，而且一般在多个区域要配套多套作为冗余，比如在单位边界、数据中心边界、安全域边界等； 2. 网络型防火墙可通过串联或旁路接入的方式部署； 3. 该类设备可作为安全响应的执行设备，执行平台下发的指令，如封禁恶意 IP 地址
网络入侵防御设备（NIPS）	1. 准确监测网络异常流量，自动应对各层面安全隐患，第一时间将安全威胁阻隔在单位网络外部； 2. 提供动态的、深度的、主动的安全防御	1. NIPS 与 NIDS 的检测原理一致，额外增加了针对检测结果的阻断能力，因此一般部署在互联网边界区域，提供安全防护能力，最常见的方式是串联部署； 2. NIPS 支持多链路防护解决方案，一台 NIPS 可以同时防护多条链路； 3. NIPS 实时监测各种流量，提供从网络层、应用层到内容层的深度安全防护； 4. 在安全运营体系中，NIPS 设备可作为边界威胁检测探针设备，数据上传至安全运营平台进行集中分析； 5. 对于开启了防护功能的 NIPS 设备，可以和安全运营平台联动，接收来自平台的指令，执行封禁恶意 IP 地址、恶意域名等动作

续表

产品名称	主要功能	部署和应用
抗 DDoS 攻击设备（ADS）	本类产品用于识别和拦截消耗过量系统资源的攻击，保护系统可用性。其安全功能主要归纳为两个方面： 1. 当遇到大量用户请求时，可以识别出合法用户的请求而给予响应； 2. 当遇到大量用户请求时，可以动态分配资源从而保障通信顺畅	1. 在安全运营体系中，ADS 设备可以作为在边界的响应执行设备，可以采用串联方式或旁路流量注入方式进行部署，接收来自安全运营平台的指令，执行封禁恶意 IP 的动作； 2. 作为异常流量和 DDoS 攻击的检测设备和清洗设备； 3. 有些 DDoS 攻击 ADS 也无法应对，应寻求网络提供商的帮助，进行流量清洗等动作

3. 计算环境安全类

▽ 表 6-4　计算环境安全类产品

产品名称	主要功能	部署和应用
数据库审计设备	1. 采集数据库网络流量，基于数据库协议解析与还原技术进行安全审计； 2. 对数据库所有访问行为进行监控和审计，然后对其中的危险操作进行告警； 3. 对数据库访问行为进行多维度统计，并图形化展现，提供可靠数据库安全审计服务； 4. 提供语句、会话、IP、数据库用户、业务用户、响应时间、影响行数等多种维度的数据库操作记录和事后分析能力，可作为发生安全事件后的溯源依据和证据来源； 5. 可针对恶意入侵行为进行审计和告警； 6. 提供各种合规性报表和报表自定义能力，并支持定期报表推送	1. 数据库审计设备支持镜像旁路部署、软探针部署、分布式部署； 2. 在安全运营体系中，作为探针设备使用，数据上传至安全运营平台进行集中分析
数据库防火墙	1. 访问控制； 2. 入侵检测和防御； 3. 日志记录和报告	1. 数据库防火墙关注防御和限制对数据库的阻断，而数据库审计更注重记录和分析数据库操作，两者均可考虑部署，有些产品会整合两项功能。数据库防火墙可采用串联或旁路方式部署，串联部署能够实时检测并阻断，旁路部署则侧重于审计； 2. 数据库防火墙是主动的，审计产品更偏事后分析

续表

产品名称	主要功能	部署和应用
数据泄露防护产品	1. 基于网络协议分析与控制技术进行数据安全防护； 2. 集被动审计和主动防御于一体，通过镜像旁路或网桥串联方式获取待检测流量，深度分析数据外发行为，发现并阻断数据泄露风险，记录和量化数据泄露风险； 3. 支持多文件类型识别、多协议类型识别、多策略配置与统计、全流量数据留存与统计、邮件数据检测与防护、违规邮件脱敏审批阻断、敏感数据发现与监测等功能	1. 在网络中防御数据泄露攻击。可采用串联、旁路、软探针和分布式进行部署，其中旁路部署较常见； 2. 在安全运营体系中作为探针，数据上传安全运营平台进行集中分析； 3. 开启阻断的情况下，联动安全运营平台，接收平台下发的指令，执行相应动作
终端安全监测（EDR）设备	1. EDR 类安全设备是集合终端风险评估、暴露面收敛、下一代杀毒、威胁检测响应防护、攻击可视化、监控与审计能力为一体的终端安全产品； 2. EDR 可检测 APT 攻击、勒索挖矿、僵木蠕、0Day 漏洞等已知和未知威胁场景，同时提供快速响应措施以阻断威胁蔓延，从而全面保障单位的终端安全； 3. 支持安全可视化、终端管控、终端风险评估、病毒查杀能力、威胁检测、攻击溯源分析、安全响应、主机微隔离、安全审计、威胁诱捕、流量牵引等功能	1. EDR 的客户端以软件形式部署在终端主机上，管理服务端一般部署在管理运维区，须保证客户端与服务端能够正常通信； 2. 在安全运营体系中 EDR 作为探针使用，持续监测终端各类威胁，由于 EDR 能够获取终端资产详细的信息，告警一般比较准确，且一旦产生告警大概率意味着资产已经出现问题，因此需要重点关注，优先分析排查； 3. EDR 还可以进行资产排查、漏洞扫描、配置核查等安全评估工作； 4. EDR 支持通过联动安全运营平台，可接收平台下发的指令，执行文件隔离、文件删除、全盘查杀、主机隔离等动作
反垃圾邮件产品	邮件安全网关是一套将反恶意攻击、反垃圾邮件安全病毒过滤、敏感信息智能过滤、邮件归档等功能进行无缝整合的一体化的电子邮件安全网关防护解决方案，可以充分实现对邮件系统更加全面有效的安全防护	1. 可采用串联或旁路方式部署，常见的是串联部署； 2. 邮件安全网关产品在安全运营体系中可作为探针设备使用，数据上传至安全运营平台进行集中监测分析
数据备份与恢复产品	能将文件系统或者数据库系统中的数据加以复制，一旦发生灾难或错误操作时可以方便、及时地恢复系统	重要的数据应当异地备份，为了平衡备份的传输、恢复的时间和备份与原数据距离的关系，应当至少有两种备份，首先应当将距离较近的全量或实时备份，再定期传输到远程

续表

产品名称	主要功能	部署和应用
应用网关（ALG）	1. 部署了基于HTTP/HTTPS的应用网关，则Web流量因为被网关引流，使得流量更加清晰，需要分析的数据包相比全流量减少了几个数量级； 2. 应用网关上可以做日志分析，同时还可以批量支持IPv6、HTTP2、HTTPS等	1. 在应用网关上统一进行SSL卸载，并且要求真实服务器做好防火墙设置，只允许应用网关访问HTTP/HTTPS端口，可以在网络上将真实服务器隐藏； 2. 也可在应用网关上做身份认证，确保只有授权的用户才可访问后端真实服务器，为服务器和系统增加一层安全保护
Web应用防火墙	部署于Web应用和Web服务器之前，通过分析Web应用层协议，根据预定义的过滤规则和防护策略，对所有Web应用和服务器的请求访问与响应进行过滤，目的是实现对Web应用及Web服务器的安全防护	1. Web应用防火墙常见的部署方式包括透明代理方式、路由方式、旁路部署方式、反向代理方式等； 2. 在安全运营体系中，WAF设备可作为Web攻击检测的探针使用，数据上传至安全运营平台进行集中分析； 3. WAF设备开启阻断功能后，可以和安全运营平台联动，接收来自平台的指令，执行封禁恶意IP地址； 4. WAF除了作为阻断设备，平时也应当常态化从WAF发现应用的脆弱性进行整改
网站恢复/反篡改设备	提供对网站内容（包括静态网页文件、动态脚本文件、网页目录、网站数据库等）的实时保护，对网站内容的非授权更新进行识别，并能用备份文件进行自动恢复，目的是实现对网站内容的安全防护	保护信息、重要公告、政策法规、新闻报道、教育资源、课程内容等重要信息及内容的完整性，防止恶意篡改网页内容进行欺诈和破坏
身份鉴别产品	1. 身份鉴别产品提供统一账户管理、统一应用管理、统一MFA强认证、统一授权管理、全面日志审计的5A能力； 2. 身份鉴别产品在5A基础上增加可信访问控制能力，可对接外部风险源，如终端环境感知等，实现持续、动态的授权控制；支持与安全认证网关联动，构成零信任访问安全方案； 3. 可作为统一门户，支持单位现有4A系统对接，整合现有身份与授权能力	身份鉴别产品在已有的IT架构和安全体系下，帮助单位构建一套统一、安全、高效的认证、授权、审计平台，帮助单位实现对内对外服务的标准化、便捷化、平台化和协同化，保障单位数字资产安全的同时兼顾访问的便捷性、高效性

4. 安全管理支持类

▽表 6-5　安全管理支持类产品

产品名称	主要功能	部署和应用
态势感知平台	1. 态势感知平台覆盖边界控制、评估分析、威胁防御、监测预警、合规治理等全面的安全管控界面； 2. 态势感知平台为用户提供安全分析、展示和管理能力； 3. 态势感知平台强调以安全分析为核心，结合云端威胁情报，通过各种攻防场景及可视化手段，协助单位构建一个从防御、检测、响应到预测于一体的自适应系统，从安全运营角度落实平台与流程； 4. 通过云端情报与本地数据关联分析，进行有效的事前预警，缩短了单位应对新生威胁的时间； 5. 通过大数据分析和可视化技术，对攻击行为进行猎捕和追溯，快速定位攻击背后的黑手； 6. 通过持续的漏洞监控和自动化管理，实现漏洞的闭环管理； 7. 通过高级分析和工单流转系统，自动化分析威胁和响应处置，提升单位安全运营整体效率，缩短运维响应时间	1. 安全运营平台作为相对独立的一套系统，一般部署在安全管理区域，能够确保平台和各个探针设备之间的网络访问，获取探针采集的日志和数据； 2. 与执行响应动作设备一起保证网络可达，平台能够下发相应的指令给执行层设备； 3. 帮助单位满足合规要求
网络脆弱性扫描产品	网络脆弱性扫描产品支持全方位系统脆弱性发现、风险统一分析、灵活的部署方案、结合资产从海量数据快速定位风险、识别非标准端口，准确扫描服务脆弱性	1. 在安全运营体系中，网络脆弱性扫描产品作为探针，主要评估资产的脆弱性风险，结合安全运营工作日程安排，定期或临时执行脆弱性扫描任务，扫描结果上传至安全运营平台，后续的脆弱性全生命周期管理保障所有脆弱性的跟踪和处置； 2. 扫描设备可以接收安全运营平台的指令，执行扫描任务。 3. 建议可部署多个不同的网络脆弱性扫描产品，并且将扫描权限下放给各个二级单位自查使用。支持单机单网络、单机多网络、分布式部署等多种接入方式，针对虚拟化环境，可以直接通过镜像方式进行部署

续表

产品名称	主要功能	部署和应用
运维安全管理产品	1. 运维安全管理产品又称堡垒机，堡垒机通过对网络数据的采集、分析、识别，实时动态监测通信内容、网络行为和网络流量，发现和捕获各种敏感信息、违规行为，实时报警响应； 2. 全面记录网络系统中的各种会话和事件，实现对网络信息的智能关联分析、评估及安全事件的准确定位	1. 堡垒机支持旁路部署模式，并支持多个硬件监听口，提供对多网段的同时监听功能； 2. 部署堡垒机后，被管理服务器配置好防火墙后，可以大大提高服务器的安全性，对服务器的管理维护也更加透明，方便管理员进行审计； 3. 通过堡垒机，可以记录、学习和追溯厂商和其他系统运维人员的操作步骤
日志分析与审计产品	1. 日志审计系统通过大数据技术的海量日志采集、异构设备日志范式化及安全事件关联分析，实现日志全生命周期管理； 2. 协助运维人员从事前（发现安全风险）、事中（分析回溯）及事后（调查取证）等多个维度监控网络安全事件，助力单位满足合规要求； 3. 具备日志采集、日志自动接入、日志存储、日志检索、事件告警、自定义报表、高可用等主要功能	1. 在安全运营体系中，日志审计设备可作为日志集中收集的设备，可先行集中接收探针日志，再统一转发至安全运营管理平台； 2. 日志审计设备和安全运营管理平台也可同时接收来自各个探针的日志数据； 3. 日志审计设备支持单机部署、采集器分布式部署、集群部署、级联部署等多种部署模式

5. 其他类

▽表 6-6 其他类安全产品

产品名称	主要功能	部署和应用
蜜罐设备	1. 蜜罐技术通过布置一些作为诱饵的主机、网络服务或者信息，诱使攻击方对它们实施攻击； 2. 对攻击行为进行捕获和分析，了解攻击方所使用的工具与方法，推测攻击意图和动机； 3. 让防御方清晰地了解他们所面对的安全威胁	1. 蜜罐设备可以作为探针使用，发现横向攻击行为； 2. 联动安全运营平台，接收来自平台的指令，执行一些诱捕攻击者的动作
软件正版化	软件正版化，是使用开源免费系统和开源免费软件来代替盗版软件；或者是购买正版软件，代替原来安装的非法产品。软件正版化工作是知识产权保护工作中的一项重要内容，具有特殊的地位和重要性	1. 杜绝盗版所附带的恶意软件捆绑和恶意代码执行问题，提高设备和系统的安全性； 2. 帮助单位满足合规和监管要求

6.3.5 安全服务介绍

《信息安全技术 网络安全服务能力要求》（GB/T 32914—2023）中的网络安全服务指的是根据服务协议，基于服务人员、技术、工具、管理和资金等资源，提供保障网络运行安全、网络信息安全等服务的相关过程。常见的网络安全服务包括检测评估、安全运维和安全咨询等，通常供需双方以服务项目形式进行。提供安全服务的组织被称为网络安全服务机构（本节简称安全服务商）。下面围绕如何选择安全服务、如何选择安全服务商以及如何确定安全服务内容等方面来进行介绍。

1. 安全服务选择

选择网络安全服务时需要考虑的相关因素主要有满足合规要求所需的服务和安全建设所需的服务等。

1）满足合规要求所需的服务

为了满足我国网络安全等级保护测评、商用密码应用安全性评估、数据安全风险评估、数据出境安全评估等网络安全合规要求，需要引入网络安全咨询、安全运维、检测评估等专业网络安全服务。

2）安全建设所需的服务

教育系统各单位安全建设时需要综合考虑各项网络安全需求，如网络安全工作的落地实施、网络安全风险的控制处理、网络安全事件的应急处置等，这些需求均需引入网络安全服务来开展安全保障。

- 依靠安全服务来支撑网络安全工作的落实。无论是落实网络安全等级保护、关键信息基础设施安全保护的要求，还是落实安全工作同步规划、同步建设、同步使用的要求，以及各项网络安全政策要求、安全检查、绩效考核的落实，都需要依靠安全服务来支撑。
- 依靠安全服务来控制网络安全风险。通过风险评估、渗透测试、网络安全监测和信息通报等活动来满足日常安全运营过程和重要时期安全保障中的安全风险发现、分析、评价与处置。
- 依靠安全服务来处置网络安全事件。针对各级各类网络安全事件，需要通过应急演练、攻防演练、监测预警、威胁情报和应急响应等服务，对安全事件进行应急响应。

2. 安全服务商选择

《网络安全等级保护基本要求》（GB/T 22239—2019）对安全服务商选择提出了明确要求。以等保三级要求为例，相关要求如下：安全服务商的选择，应确保服务供应商的选择符合国家的有关规定；应与选定的服务供应商签订相关协议，明确整个服务供应链中相关各方需要履行的网络安全相关义务；应定期监督、评审和审核服务供应商提供的服务，并对其变更服务内容加以控制。

2024 年 4 月 1 日开始正式实施的《信息安全技术 网络安全服务能力要求》中规定，

网络安全服务机构向需求方提供网络安全服务时应满足基本条件、组织管理、项目管理、供应链管理、技术能力、服务工具、远程服务、法律保障、数据安全保护、服务可持续性、检测评估服务专项要求与安全运维服务专项要求等。同时，网络安全服务机构向对网络安全服务有更高要求的服务需求方（如党政机关、关键信息基础设施运营者等）提供网络安全服务时应在满足一般要求基础上，满足增强要求。

选择安全服务商时，主要从安全服务商的类型、安全服务商的资质、安全服务商综合服务能力等方面作为选择依据。

1）安全服务商类型

根据服务商提供的服务类型，大概可划分为咨询合规类、专业技术类、安全运营类、应急响应类、教育培训类、安全集成类等。

2）安全服务商资质

随着我国信息化和信息安全保障工作的不断深入推进，信息安全服务资质认证以应急处理、风险评估、灾难恢复、系统测评、安全运维、安全审计、安全培训和安全咨询等为主要内容。

信息安全服务资质是对安全服务商的技术、资源、法律、管理等方面的资质和能力，以及其提供的服务的稳定性、可靠性进行评估，并依据公开的标准和程序，对其安全服务保障能力进行认定的过程。我国信息安全服务资质认证单位主要有中国信息安全测评中心、中国网络安全审查认证和市场监管大数据中心等。中国信息安全测评中心对提供信息安全服务的组织和单位资质进行审核、评估和认定，目前分为信息安全工程、信息安全灾难恢复、安全开发、风险评估、信息系统审计、云计算安全、数据安全、安全运营 8 大类。中国网络安全审查认证和市场监管大数据中心的信息安全服务资质认证主要包括安全集成服务资质认证、安全运维服务资质认证、风险评估服务资质认证、应急处理服务资质认证、软件安全开发服务资质认证、灾备与恢复服务资质认证、工业控制安全服务资质认证、网络安全审计服务资质认证等。

国际上信息安全领域相关的服务资质主要有：CMMI（Capability Maturity Model Integration）能力成熟度模型、ISO9001 质量管理体系、ISO20000 信息技术服务管理体系、ISO27001 信息安全管理体系等。

除此之外，还应考虑安全服务商是否具备一些专项服务资质的认证。例如，是否具备网络安全等级保护测评、商用密码应用安全性评估等资质；是否为下述组织的成员单位：国家计算机网络应急技术处理协调中心技术支撑单位、国家信息安全漏洞共享平台技术支撑单位（China National Vulnerability Database，CNVD）、国家信息安全漏洞库技术支撑单位（China National Vulnerability Database of Information Security，

CNNVD）等。

3）安全服务商的综合考虑

选择安全服务商时，除了上述两个选择依据之外，也可以根据以下原则来综合考虑。

- 择优采用原则。可根据服务商的商业信誉、经营记录、成功案例情况，是否具备开放公正的经营理念、技术立身的工匠精神、快速的服务支撑能力、技术先进性以及理论先进性等来择优选择。
- 竞争替代原则。技术与服务具有灵活的可替代性，是否可以给供应商设置监督、竞争的制衡机制，是否能够以服务引领产品。
- 长期合作原则。可将候选供应商分为短期交易、长期合作、战略联盟等类型，并优先选择可以长期合作的供应商。

4）不同维度的安全服务选择

在信息系统安全建设过程中，可以根据不同维度来选择安全服务，可从日常安全运营工作需求来选择安全服务，也可从系统建设不同阶段维度来选择安全服务。

从时间维度上来分析，日常安全运营岗位工作内容，如表 6-7、表 6-8、表 6-9 和表 6-10 所示。

日常安全运营工作清单如表 6-7 所示。

▽表 6-7　日常安全运营工作清单

序号	每日安全运营工作	工作内容
1	设备运行状态监测	结合实际情况，设置关键设备的 CPU、内存、硬盘、接口连通性的告警阈值，及时处理告警信息
2	日志监测	监测与分析高危告警日志，及时处理高危告警信息
3	网站监测	采取技术手段，24 小时监测重点网站，确保网站安全、可用
4	配置管理	根据建设需求进行配置管理，在配置变更时第一时间更新配置变更库
5	变更、上线管理	变更、上线的设备及应用系统需要进行上线前风险评估
6	关注互联网安全事件	重点关注与本单位相关的安全漏洞

每周安全运营工作清单如表 6-8 所示。

▽表 6-8　每周安全运营工作清单

序号	每周安全运营工作	工作内容
1	安全设备巡检	每周对安全设备进行一次全面巡检，包括设备外观、设备日志、设备运行状态等
2	病毒库升级	每周升级两次

每月安全运营工作清单如表 6–9 所示。

▽ 表 6–9　每月安全运营工作清单

序号	每月安全运营工作	工作内容
1	漏洞扫描	每周进行一次全面的漏洞扫描，并及时修复发现的高、中危漏洞
2	安全事件库升级	漏洞扫描、入侵检测、数据库审计、网络审计系统的事件库每月至少升级一次
3	安全日志分析	每月定期分析安全日志，挖掘风险隐患

年度网络安全运营工作清单如表 6–10 所示。

▽ 表 6–10　年度安全运营工作清单

序号	每年安全运营工作	工作内容
1	风险评估	定期对已上线应用系统及基础环境开展完整的风险评估工作（季度、半年、年度）
2	配置备份	定期进行网络设备、安全设备的配置备份，更新配置备份库
3	协助测评	等保三级 / 四级的信息系统应每年进行一次等级保护测评工作
4	应急演练	每年组织一次应急预案的演练，并根据演练结果进行总结，同时修订应急响应预案

从信息系统建设生命周期维度看，网络运营者也可以在不同阶段，根据需要选择相应的安全服务。在信息系统建设过程中，要满足安全合规的各项要求，在这个过程中，可选择的安全服务内容包括：安全体系现状调研与需求分析、安全保障体系方案设计、安全管理体系建设、安全技术策略设计、安全产品集成实施和应用安全服务等。安全运维时期的安全服务具体又可分为日常安全运维服务与重要时期安全保障服务，具体服务内容如表 6–11 所示。

▽ 表 6–11　安全运维服务类型及内容

序号	安全服务类型	主要服务内容
1	日常运维服务	网站安全监测服务、基础环境安全风险评估、应用系统渗透测试服务、应用系统流量清洗服务、本地终端安全防护能力提升服务、Web 安全失陷检测服务、互联网安全资产发现服务、源代码安全检测与分析服务和安全应急响应与安全事件溯源分析服务等
2	重要时期安全保障服务	重要时期保障方案设计、资产梳理、安全监测与防御体系加强、基础环境评估、渗透测试、核心系统专项安全检查、网络全流量安全监测、重点业务应用安全监测、实战攻防演练、应急预案确认、应急响应和威胁情报等

3. 常见安全服务细项

1）基线核查

网络安全基线是网络安全的最低标准，满足安全需求的最低要求。不同业务场景会有不同的安全基线，满足相应业务场景的最低网络安全要求；等保安全基线是满足网络安全等级保护要求的安全基线，也是目前应用比较多的安全基线；CIS 安全基线是互联网安全中心针对操作系统、数据库、中间件等应用制定配置策略的基线；OWASP 基线是开放式 Web 应用程序安全项目非营利组织推出的针对各个不同项目的基线；不同行业、厂商和开发团队也会有自己的安全基线。配置核查是安全基线检查的重要手段，配置核查根据既有安全基线与安全规则，对网络中各类设备和软件进行系统配置检查，识别不符合安全基线要求的配置，并给出整改建议。

2）漏洞扫描

网络安全漏洞（Cybersecurity Vulnerability）定义：网络产品或服务在需求分析、设计、实现、配置、测试、运行、维护等过程中，无意或有意产生的有可能被利用的缺陷或薄弱点。这些缺陷或薄弱点以不同的形式存在于网络产品的各个层次和环节之中，一旦被恶意主体所利用，就会对网络产品或服务的安全造成损害，从而影响其正常运行。

开展漏洞扫描工作能够有效提高网络的安全性。通过对网络的扫描，网络管理员能了解网络的安全设置和运行的应用服务，及时发现安全漏洞，客观评估网络风险等级。网络管理员能根据扫描的结果更正网络安全漏洞和系统中的错误设置，在黑客攻击前进行防范。漏洞扫描作为一种主动的防范措施，能有效避免黑客攻击行为，做到防患于未然。

3）渗透测试

渗透测试（Penetration Test）是利用工具和专家经验，从全局视角，综合运用各种手段，挖掘脆弱性以及对漏洞利用综合评估信息系统的安全。渗透测试可以适应任何复杂网络环境和应用场景，可以有效弥补自动化工具无法实现的漏洞发现。渗透测试可以分为黑盒（Black Box）渗透、白盒（White Box）渗透。

渗透测试实施效果与开展渗透测试服务团队的能力与经验密切相关。渗透测试是以攻击者的视角对应用系统进行针对性的安全测试，通过主动发现应用系统的安全隐患和漏洞而减少风险。目前国内外最认同的渗透测试标准是 PTES（Penetration Testing Execution Standard，渗透测试执行标准）。该标准将渗透测试分为 7 个阶段，分别是前期交互、信息搜集、威胁建模、漏洞分析、渗透攻击、后渗透攻击、渗透报告。

由于专业团队的渗透测试服务成本较高，当前，一些单位也开始通过安全众测服务来实施渗透测试。众测服务一般由安全众测平台的认证白帽子安全专家进行测试，适用于普通业务系统，可通过预付费形式，根据实际测试结果进行费用核算。

4）源代码审计

源代码审计是根据一定的编码规范和标准，针对应用程序源代码，从结构、脆弱性以及缺陷等方面进行审查，最终输出源代码审计报告，完善应用程序。通过分析源代码，可以充分挖掘代码中存在的安全缺陷以及规范性缺陷，找到普通安全测试所无法发现的漏洞（如二次注入、反序列化、XML 实体注入等安全漏洞）。审计依据可参考《信息安全技术 代码安全审计规范》（GB/T 39412—2020）。

根据《信息安全技术 代码安全审计规范》要求，代码安全审计通过审计发现代码的安全缺陷，以提高软件系统安全性，降低安全风险。鉴于安全漏洞形成的综合性和复杂性，代码安全审计主要针对代码层面的安全风险、代码质量，以及形成漏洞的各种脆弱性因素。

5）网络安全加固

网络安全加固是保障用户单位安全运营、降低安全风险的重要环节，旨在保护重要业务和数据避免遭受来自内部或外部的窃取和攻击。

网络安全加固的常用方法有源代码审计与修复、系统安全加固及漏洞修复、安全设备加固及漏洞修复、数据库安全加固及漏洞修复、安全管理制度完善、边界安全设备的策略优化等。

需要注意的是，安全加固和优化服务存在以下安全风险，如安全加固过程中的误操作，安全加固后造成业务服务性能下降、服务中断，厂家提供的加固补丁和工具可能存在新的漏洞等。

因此，安全加固服务需采取以下措施来控制和避免上述风险。如，制定严格的安全加固计划，充分考虑对业务系统的影响，实施过程避开业务高峰时段；严格审核安全加固的流程和规范；严格审核安全加固的各子项内容和加固操作方法、步骤，实施前进行统一的培训；严格规范员工工作纪律和操作流程；制定意外事件的紧急处理和恢复流程等。

6）新系统上线前安全检查

新系统上线前安全检查会单独针对一个系统，执行包括配置核查、漏洞扫描、代码审计、渗透测试等相关的服务。系统上线前需进行网络安全检查，检查通过后方可上线。系统上线运行后直至废弃，还要按照要求开展常态化网络安全风险排查工作，对检查发现的网络安全问题与漏洞，限期整改。

7）威胁情报订阅

威胁情报订阅是指安全服务商通过筛选收集跟用户相关的安全信息，这些信息一般从公开渠道获得，包括高危漏洞、恶意软件样本、攻击者和行为模式等。通过威胁情报订阅，定期向用户提供高价值的情报，并协助用户开展风险评估、事件响应和应急处理等工作。

8）安全驻场服务

安全驻场服务主要依靠本地的网络安全管理平台等产品和驻场运维人员，实现对本地网络设备、网络安全设备流量和日志等的采集处理、深度分析和事件处置。

基于安全驻场服务可以实现 7×24 小时安全态势监控，及时发现和响应攻击，减少攻击造成的损失；对信息安全脆弱性进行评估，以减少信息系统中存在的漏洞，降低受到攻击的风险；对信息安全事件进行应急响应，降低安全事件造成的损失与防止类似事件再次发生；对信息安全威胁进行分析和防御，跟踪最新安全技术与威胁情报并事前预防等。

9）重要时期安全值守

《国家网络安全事件应急预案》明确提出“在国家重要活动、会议期间要加强网络安全事件的防范和应急响应，确保网络安全……加强网络安全监测和分析研判，及时预警可能造成重大影响的风险和隐患，重点部门、重点岗位保持 24 小时值班，及时发现和处置网络安全事件隐患”等要求。

在重要时期保障活动期间，需要建立重要时期保障值班制度，重要时期保障单位需要安排技术人员进行 7×24 小时安全值守。在重要时期保障值班期间主要通过现场监测、定期巡检、排障处理、事件上报、应急处置、监督整改等方面工作来保障值守单位信息系统的安全运行。

10）安全托管服务

安全托管服务是指安全厂商通过统一的安全运营平台为客户提供一系列安全服务，以满足单位对安全人员、技术和流程外包的需要。安全托管服务以用户安全需求为导向，基于 IPDRO 模型（安全运营服务框架模型），以“人机共智”模式为手段，以 7×24 小时全天候保护为主线，以“资产、脆弱性、威胁、事件”4 个核心安全风险要素为抓手，实现安全风险从发现到响应处置的闭环，持续不断帮助客户提升网络安全水平。

11）业务系统远程监控服务

远程监控服务可以远程处理各种任务和服务，包括安全事件管理、系统备份和恢复、风险分析和处置、软件更新和补丁、软件和系统的实时监控等。

12）应急响应

应急响应是指为应对突发、重大信息安全事件发生所做的准备，以及在事件发生后所采取的措施，是网络安全管理的重要内容。《网络安全法》第二十五条要求，在发生危害网络安全的事件时，立即启动应急预案，采取相应的补救措施，并按照规定向有关主管部门报告。

13）等保咨询

等保咨询服务是指基于用户自身的业务流程特点，并依据国家等保设计要求标准，向用户提供专家级的等级保护规划整改咨询服务。服务旨在帮助用户识别安全现状与等级保护标准要求的差距，获得等级保护建设、整改的合理化建议，并协助完成等级保护备案和现场测评，以提升用户的网络安全综合防御能力。等保咨询服务的具体内容包括：等保定级调研、组织专家定级评审会、等保差距分析、协助等保申报等。

14）红蓝对抗

在网络安全领域，红蓝对抗是一种模拟攻击的方式，其中红军代表攻击方，蓝军代表防守方。这种对抗方式用于评估安全性，找出安全漏洞和风险，并提升安全防御能力。

红蓝对抗的目的是发现自身的安全风险，检验安全防范水平、效果以及响应效率，为后续的网络与信息安全建设提供强有力的支持。通过红蓝对抗，可以了解自身网络资产安全状态，并从攻击角度发现系统存在的隐性安全漏洞和网络风险。

红蓝对抗与常规的渗透测试有着明显不同，它通过周期性的红蓝对抗攻防演练，持续提高单位在攻击防护、威胁检测、应急响应方面的能力。通过持续对抗、复盘、总结来不断优化防御体系的识别、加固、检测、处置等各个环节，从而提升整体的防护抵抗能力。

15）培训认证

网络安全人才能力培训认证，是培养网络安全人才、提升网络安全人才知识和技能的重要途径。我国的网络安全认证组织主要包括中国信息安全测评中心、中国网络安全审查认证和市场监管大数据中心、人力资源和社会保障部、工业和信息化部、公安部、各省人力资源和社会保障厅、中国通信企业协会、CNCERT、公安三所、密码协会以及知名网络安全公司等。这些认证类培训，主要针对具有一定网络安全基础的网络安全从业人员，在某个岗位领域开展的网络安全管理或技术培训。这些网络安全认证类培训在一定程度上缓解了网络安全人才紧缺的问题。

当前，我国国内主流网络安全认证包括注册信息安全专业人员认证（Certified Information Security Professional，CISP）、计算机技术与软件专业技术资格（水平）考试、信息安全保障人员认证（Certified Information Security Assurance Worker，CISAW）、网络与信息安全应急人员认证（Certified Cyber Security Response Professional，CCSRP）、信息安全等级保护测评师认证、网络安全能力认证（Certification for Cyber Security Competence，CCSC），也有专门针对教育领域的网络安全认证培训，如教育系统网络安全保障专业人员（ECSP）认证培训等。

16）网络信息内容审核

不良违规内容泛滥已成为全球互联网生态治理难题，社会聚焦、监管行动使得内容安全也成为互联网企业发展的生命线，受到管理层的重点关注。在重要时期保障期间，一旦发布或存在“违禁敏感词”以及违反相关法律法规的内容，不但可能遭受名誉、经济上的损失，产生不良的社会影响，更要承担法律甚至政治上的责任。

《网络信息内容生态治理规定》对“网络信息内容生态治理”做了明确的定义：政府、企业、社会、网民等主体，以培育和践行社会主义核心价值观为根本，以网络信息内容为主要治理对象，以建立健全网络综合治理体系、营造清朗的网络空间、建设良好的网络生态为目标，开展弘扬正能量、处置违法和不良信息等相关活动。

因此，要建立全面的内容安全风险监测体系，完善事前、事中、事后的全方位保护，保障网络信息的真实性和合法性，维护网络秩序和社会稳定。事前，通过主动排查，关注高危、热点的事件，快速实现高风险的内容排查机制；事中，通过建立用户管理机制，基于恶意行为检测、网站内容检测，实现实时防控；事后，建立从内容、行为、用户全方位的执法体系，快速拦截违法违规内容传播，对风险及时处置。

6.3.6 安全运营发展展望

随着数字化转型加速，数字化安全运营对安全运营的弹性、灵活性和敏捷性提出了更高的要求。当前，网络安全技术发展越来越迅速，特别是人工智能、大模型的发展，安全运营技术也逐渐向智能化方向发展。下面结合国内外行业对安全运营的一些创新观点，简要介绍安全运营建设与治理的创新理念与相关技术。

1. 安全运营中心（SOC）

随着各项网络安全工作的常态化开展，以及需要应对各类合规检查、专项检查、攻防演练和重要时期保障等工作，建设一个实体化的网络安全运营中心（Security Operations Center）成为众多组织的选择。网络安全运营中心建设初期，主要是一些大型组织组建自身的网络安全运营中心，但随着业务需求的变化与安全形势的发展，部分教育单位也开始建设网络安全运营中心。

安全运营中心建设包括人员组织、运营流程、技术工具、运营服务和运营场所等建设任务。相较于安全运营的人、工具和流程三要素，增加了运营服务和运营场所。运营场所，即所有安全运营人员的日常办公场所；而运营服务则是将安全运营中心视为对外提供服务的特殊组织，安全运营中心的各项安全能力通过运营服务传递到被服务的单位。安全运营中心的实体化，具备相对独立且完整的硬件条件和运营人员，可以持续地进行技术升级。

多级安全运营中心建设是针对具有二级单位的单位，为了更好地应对各类安全风险，打通上级和下级的安全能力传递通道，满足上级对下级的安全监管需求，在本单位和二级单位分别建立网络安全运营中心。

2. 安全运营即服务（SOC-as-a-Service，SOCaaS）

构建完善的 SOC 需要技术人员、流程和各类技术的组合，需要投入较多的时间和人力资源。部分单位由于资源短缺，同时对 SOC 带来的价值无法确定，他们推迟了建设 SOC 平台。这种情况可通过采购云化的 SOC 来构建初始的安全能力。通过将 SOC 当成一项服务来采购，可有效降低前期投入成本，使得安全能力可以按需扩展，可充分利用第三方已有的平台和安全服务能力，通过一定时期的使用效果来评估 SOC 对本单位的安全带来的提升，并最终考虑是持续使用服务或者私有化部署 SOC 平台。

3. 安全响应自动化编排（SOAR）

随着网络安全行业的发展，Gartner 对 SOAR（Security Orchestration Automation and Response，安全编排自动化与响应）进行了全新的概念升级，将其定义为使组织能够收集不同来源的安全威胁数据和告警的技术，这些技术运用人工与机器的组合来进行事件分析和分类，然后根据标准工作流定义确定优先级并推动标准化的事件响应活动。

随着网络安全攻击数量和种类的剧增，应对网络安全事件的技术也在迅速增加。但目前大多数技术被单独运用于解决安全事件，这导致安全事件解决效率低下。面对愈发复杂的网络攻击，SOAR 的运用能够有效地通过编排降低不同技术间转换需耗费的人力、时间成本。更为重要的是，SOAR 是将人和技术都编入业务流程中，创建手动和自动协同操作的工作流步骤。SOAR 的编排体现的是一种协调和决策的能力，针对复杂性的安全事件，通过编排将分析过程中各种复杂性分析流程和处理平台进行组合。分析涉及多种数据或平台，如 SIEM 分析平台、脆弱性管理平台、威胁情报数据、资产数据等。处置响应的编排也涉及很多平台或设备，如 EDR 管理平台、运维管理平台、工单管理平台、WAF 设备、防火墙等。仅仅以技术为中心的安全保障已不再能满足现状，将人员和流程统筹编排才能保证安全流程真正高效地运行。SOAR 的终极目标就是实现技术、流程、人员的无缝编排。

在安全运营工作中，SOAR 的发展也不再仅仅局限于对于威胁事件的响应处置，而是持续不断地扩充安全运营技术能力，并通过 SOAR 来串联各项安全能力，尤其是针对常态化安全运营工作中的高频工作，使用剧本编排的方式提高执行效率，例如定期自动执行漏洞扫描并将扫描结果自动通知到对应的负责人。

4. 零信任在安全运营中的应用

零信任（Zero Trust）的3个主要原则是“默认不信任任何实体（人、设备、软件等）”“始终持续验证”和“执行最小特权访问”。零信任摒弃了传统的基于用户的物理或网络位置（相对公网的局域网）而授予用户或者设备权限的隐式信任，其重心在于保护资源，而不是网段。零信任架构 ZTA（Zero Trust Architecture）使用零信任原则来规划企业基础架构和工作流。零信任架构提供了一套原则和概念，其思想是显式地验证和授权企业的所有用户、设备、应用程序和工作流。零信任架构的框架如图 6-12 所示。

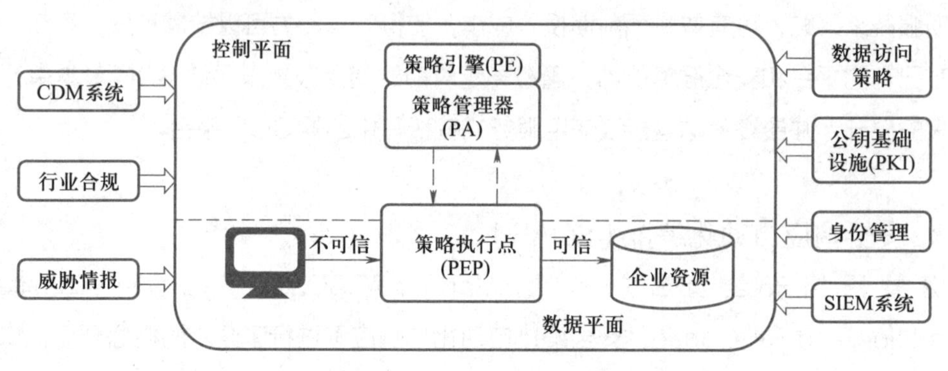

△ 图 6-12　ZTA 框架图

零信任是一种以资源保护为核心的网络安全范式，其前提是信任从来不应该被隐式授予，而是必须进行持续的评估。零信任体系架构是一种针对组织资源和数据安全的端到端方案，其中包括身份（人和非人的实体）、凭证、访问管理、操作、终端、主机环境和互联基础设施。初始的重点应该是将资源访问限制在需要访问并仅授予执行任务所需的最小权限（如读取、修改、删除）之上。

采用零信任架构的系统，用户在访问系统前必须确保用户是可信的且请求合法。然后策略执行点 PEP（Policy Enforcement Point）会根据策略定义点 PDP（Policy Decision Point）确定的访问控制策略，判断主体是否能访问客体资源以及访问资源的方式。PDP/PEP 采用一系列的控制策略，使得所有通过检查点之后的通信流量都具有一个共同的信任级别。

在国内引进零信任概念后，建立了以 SIM 为核心组件的零信任解决方案，即软件定义边界 SDP（Software Defined Perimeter）、身份访问管理 IAM（Identity and Access Management）和微隔离 MSG（Micro-Segmentation）。

SDP 可根据需要，动态确定用户和应用程序的访问范围。SDP 通过隐藏应用程序和资源，将网络资源从公共网络隔离，只允许经过身份验证的用户会话通过安全网络隧道连接到所需资源，从而帮助保护应用程序和数据资产免受网络攻击和未经授权的访问。

IAM 在传统的基于身份的访问控制之上进行了增强，是一种增强的 IAM。Gartner

重新定义了 IAM 的管控范围，从管理、保证、授权、分析维度对身份的整个生命周期进行管理，包括用户身份的注册、创建、转移及在各个应用系统中的权限控制；更加强调动态的访问控制能力。

MSG 是一种能够适应虚拟化部署环境的隔离技术，通过细粒度的策略控制，可以灵活地实现业务系统内外部主机与主机的隔离。

零信任代表着业界正在演进的网络安全最佳实践，它的思路是把防御从依靠网络边界的马其顿防线向个体保护目标收缩。把防护重心从网段转移到资源本身后，当今组织面临的安全挑战得以缓解，比如远程访问与云资源使用这些离开了组织网络边界的应用场景。

零信任在安全运营中的应用主要包括以下几个方面：

（1）身份验证和访问控制。通过多因素认证、访问控制策略和动态授权来验证用户身份和设备的可信性。

（2）持续监控和审计。安全运营团队需要对安全基础设施进行持续监控和审计，以确保零信任策略得到正确执行。这包括监控网络流量、用户行为、设备状态等，以及定期进行安全评估和漏洞扫描。

（3）安全事件处置。零信任通过对网络流量、日志等数据的持续监控和分析，能够及时发现异常行为和恶意攻击，并采取相应的处置措施，帮助安全运营团队更好地处置安全事件。

（4）威胁狩猎。零信任可以帮助安全运营团队进行威胁狩猎，通过对网络中的设备和用户进行全面的安全检查，发现潜在的安全风险和威胁。

（5）微分段和访问控制。零信任采用微隔离和网络分段技术，限制用户和设备的访问范围，防止横向扩散攻击。

（6）数据保护。对敏感数据进行加密和访问控制，以防止未经授权的访问和数据泄露；同时确保只有经过身份验证和授权的用户才能访问敏感数据。

5. 大模型与安全运营的结合

生成式 AI 在网络安全里的应用已经成为业界共识。业界普遍认为在 IT 领域，生成式 AI 对网络安全、IT 运维等领域影响最大。尤其是大模型和安全知识库的结合运用，将对耗时耗人的安全运维产生巨大变革。AI 对网络安全攻防两端均带来影响，一方面降低了攻击者成本，一方面也提供了安全检测和运维的有力工具。

近几年，国内外厂商积极探索大模型开发与应用，也推出了相关的安全大模型，大幅提升了安全与运营能力。安全大模型在安全运营中的应用主要体现在以下几个方面：

（1）告警处理和威胁分析。安全大模型能够对海量的告警信息进行分析和处理，辅助安全运营人员快速定位潜在的安全威胁。通过协同对应的安全工具进行威胁处置，并完成后续的追溯和分析，有效提高安全运营效率。

（2）自然语言沟通和工作流程简化。安全大模型可以与安全运营人员进行自然语言沟通，简化和加速日常工作流程。通过集成到态势感知平台、安全运营中心（Security Operation Center，SOC）和扩展检查与响应（eXtended Detection and Response，XDR）系统等，安全大模型能够帮助安全运营人员更直观地了解安全状况，降低安全运营的复杂性。

（3）数据安全治理。安全大模型在数据安全领域的应用也备受关注。通过运用机器学习、深度学习等技术，安全大模型能够辅助进行敏感数据发现、分类分级、威胁分析等工作，进一步提高数据安全治理的效率和准确性。

（4）攻防演练和应急响应。安全大模型在攻防演练和应急响应中也发挥着重要作用。例如，在国际体育赛事保障中，大模型能够主动辅助降噪、响应、应急，整体安全运营效率大幅提高。

6. 网络安全保险服务

网络安全保险是为网络安全风险提供保险保障的新兴险种，日益成为转移、防范网络安全风险的重要工具，在推进网络安全社会化服务体系建设中发挥着重要作用。2023 年 7 月 2 日，工业和信息化部、国家金融监督管理总局发布《工业和信息化部 国家金融监督管理总局关于促进网络安全保险规范健康发展的意见》，其中明确提出如下意见：建立健全网络安全保险政策标准体系、加强网络安全保险产品服务创新、强化网络安全技术赋能保险发展、促进网络安全产业需求释放和培育网络安全保险发展生态。全国信息安全标准化技术委员会发布了国家标准《信息安全技术 网络安全保险应用指南（征求意见稿）》，作为首个该领域的国家标准，从网络安全保险的实际应用过程出发，切实解决投保企业对于网络安全保险缺乏统一理解，对网络安全风险和保险保障范围认知差异较大，以及网络安全保险应用中的基本方法等问题。后续网络安全保险服务预计将迎来蓬勃发展，市场上也将涌现更多的网络安全保险产品供选择。

6.4 常态化安全运营

常态化安全运营的核心在于提升和持续强化网络安全保障能力。常态化安全运营以

WPDRRC 模型为基础，包括 6 个环节和 3 大要素。6 个环节包括预警、保护、检测、响应、恢复和反击，它们具有较强的时序性和动态性，能够较好地反映出信息系统安全保障体系的各项能力。3 大要素包括人员、策略和技术，其中人员是核心，策略是桥梁，技术是保证。以上 3 大要素落实在 WPDRRC 模型 6 个环节的各个方面，协同保证网络安全具体措施的落地实施。

6.4.1 预警

网络安全预警是指针对即将发生或正在发生的网络安全事件或威胁，提前或及时发出安全预警。预警内容可以包括漏洞、攻击行为和趋势、情报收集分析预警等。前面两种预警来源主要是互联网公开的信息。情报收集分析预警可以针对本单位自身资产、脆弱性、已有安全措施的掌握而形成的预警信息。有些预警不代表单位内已经存在这类行为，而是可能会导致严重后果的威胁信息。接收到预警后，应当进行分析，结合自身的实际情况，执行相应的应急响应处置流程或者对该信息进行忽略。

预警信息一般会以威胁情报的形式存在。威胁情报是一种基于证据的知识，包括上下文、机制、指标、含义以及能够执行的建议。威胁情报描述了对资产已有或将出现的威胁或危害，并为决策者对该威胁或危害做出响应提供信息。威胁情报是对威胁和风险的分析，分析其能力、动机和目标。而网络威胁情报是对对手如何使用网络来实现目标的分析，应用结构化的分析过程，来了解攻击及其背后的对手。

按照目标受众及影响范围和作用，威胁情报分为 3 类：战术（Tactical）、运营（Operational）和战略（Strategic）。战术情报以自动化检测分析为主，标记攻击者所使用工具相关的特征值及网络基础设施信息（文件 HASH、IP、域名、程序运行路径、注册表项等），其作用主要是发现威胁事件及对报警确认或优先级排序。运营情报以安全响应分析为目的，描述攻击者的工具、技术及过程，这是相对战术情报抽象程度更高的威胁信息，是给威胁分析师或安全事件响应人员使用的，目的是对已知的重要安全事件做分析或利用已知的攻击者技战术主动地查找攻击相关线索。战略层面的威胁情报，描绘当前对于特定组织的威胁类型和对手现状，指导安全投资的大方向，是给组织的安全管理者使用的。

本书第 3 章中详细介绍了监测预警的概念、政策法规和教育系统的具体要求，并从安全监测、安全预警和信息通报 3 个方面做了详细阐述。本节主要介绍预警内容和常态化预警工作的开展。

1. 预警内容

1）漏洞预警

漏洞是指网络产品无意或有意产生的、有可能被利用的缺陷或薄弱点。公共漏洞和暴露（Common Vulnerabilities and Exposures，CVE）又称通用漏洞披露、常见漏洞与披露，是一个与资讯安全有关的数据库，收集各种信息资产安全弱点及漏洞并给予编号以便于公众查阅。此数据库现由非营利组织 MITRE 所属的 National Cybersecurity FFRDC 运营维护。CVE 漏洞库的存在使得各个不同组织之间的信息可以共享，CVE 为漏洞赋予唯一的编号并且标准化漏洞描述，可以为各类企事业单位和个人提供软件漏洞分析和预警订阅服务。

2）攻击行为和趋势预警

攻击行为预警信息是指通过分析近期的攻击数据，识别出可能的近期较为典型的攻击者行为模式。行为模式是一些新的攻击方法的利用，或者识别到特定的攻击者并对其进行攻击来源的确定，或者是利用的恶意代码的特征识别，或者是攻击者频繁活动时间的信息等。比如在重大活动保障前期，可能扫描和攻击的行为会加剧等趋势预警信息。

3）情报收集分析预警

情报收集分析是单位基于自身资产和环境，对脆弱性进行分析后得出的可能会影响网络安全的各类信息，比如由于网络安全设备故障导致防护能力下降，新进人员未及时进行网络安全培训导致可能遭受社会工程学攻击等。

2. 预警工作开展

1）预警工作的开展

教育系统的网络安全预警信息来源主要包括上级有关部门以及国内外安全组织发布的网络安全威胁信息。单位网信职能部门组织对全校网络安全威胁进行监测，通过多种途径监测、收集漏洞、病毒、网络攻击等网络安全威胁信息。通过单位主页、微信企业号、短信、邮件等形式向师生预警最新网络安全威胁和解决方案。

内部各二级单位应根据预警信息及时排查本单位的网络安全问题，消除网络安全隐患。如若发现异常情况，立即向单位网信职能部门报告，协同开展网络安全风险评估和应急处置工作。

单位网信职能部门对预警信息进行研判，对发生网络安全事件的可能性及其可能造成的影响进行分析评估，认为需要立即采取防范措施的，及时通知事发二级单位；认为可能发生网络安全事件的，立即向单位网信领导小组报告；认为可能发生较大及以上网络安全事件的，经单位网信领导小组批准后，立即向上级部门报告。

2）通报工作的开展

教育系统各单位应落实网络安全责任制，明确分管领导和网络安全工作专员，建立健全网络安全工作机制。二级单位主要负责人、网络安全分管领导或网络安全工作专员若发生变更，应在规定时间内将变更后的人员信息报送至网信职能部门备案管理。

信息通报实行 24 小时联络机制。各二级单位网络安全工作专员应保持通信畅通，网信职能部门在发现单位信息系统（网站）存在安全隐患或发生安全事件后，应立即通知事发二级单位，并协助事发二级单位评估事件规模和影响范围。同时根据事态的严重程度，由单位网信领导小组评估后决定是否在校内发布相应通报信息。

各二级单位收到预警后，应及时对问题进行确认，并于 24 小时内完成安全漏洞整改或采取必要安全保护措施，将处置情况反馈网信职能部门。因特殊原因无法按时完成整改的应及时向网信职能部门报备并说明情况，网信职能部门视具体情况采取关闭互联网访问通道、系统下线等措施保障单位网络安全。

3）常态化要求

常态化的网络安全预警通报工作应遵循及时发现、科学认定、有效处置的原则，通过建立预警信息通报机制，对风险进行预警，做到“早发现、早报告、早处置”，减少和防止不良信息的传播，确保信息网络的畅通和安全。

教育系统各单位应常态化开展预警和信息通报工作。预警和通报的内容包括以下几类：外部的漏洞情报；攻击行为和趋势情报；内部由于人为、软硬件缺陷或故障、自然灾害等原因对单位信息化基础设施、信息系统或网站造成危害，对单位的安全稳定和正常秩序构成威胁的事件和安全隐患。单位应确保每个月有一定数量的威胁情报发布在单位网站上，并且将通过内部渠道发送的情报进行归档留存，也应定期发布网络安全态势月报、年报，及时向全单位通报近期网络安全态势。

6.4.2 保护

保护环节包括信息资产管理、脆弱性管理、安全加固等工作，也使用纵深防御、欺骗防御等安全理念来指导开展相关工作。

信息资产管理是安全运营工作的起点，也是保护环节的重要内容之一，下面先对其进行介绍。

1. 信息资产管理

信息资产管理既是网络安全基础工作之一，也是国家相关法律法规的明确要求。

2018 年 8 月发布的《公共互联网网络安全威胁监测与处置办法》规定，应加强网络安全威胁监测与处置工作，明确责任部门、责任人和联系人，加强相关技术手段建设，不断提高网络安全威胁监测与处置的及时性、准确性和有效性。

信息资产是安全策略保护的对象，例如数据、软件、硬件、服务、人员等。信息资产类型具有复杂性的特点。资产具体可分为硬实体资产、软实体资产和虚拟资产 3 类。硬实体资产主要包括物理计算机、网络设备、机房、机柜等。软实体资产主要包括 Web、软件、程序、代码、License、SSL 证书、虚拟机、数据等。虚拟资产主要包括 IP、域名、邮箱、平台账号等。同时，信息资产之间存在着复杂的相互关联。例如，服务器有多个 IP（IPv4、IPv6，内外网，心跳）；高可用虚拟 IP 可以在多个服务器上漂移；服务器有多个域名；域名负载均衡对应多台服务器；云架构会存在不在其物理范围内的资产；系统 API；供应链资产等。

1）信息资产管理的价值

信息资产管理的重要意义在于感知资产，梳理单位资产，发现失管失控设备，消除潜在安全风险隐患。资产管理可以为资产建立申请、备案、废止管理制度提供落地依据。在安全问题处置时，精细准确的资产管理可实现对漏洞或事件快速定位、响应、整改和跟踪。通过信息资产管理可明确资产责任人，实现有效管理，全程监控，有效追责，满足合法合规需求。

对于梳理出来的信息资产，能够针对不同类型不同级别的信息资产进行有针对性的保护。

2）信息资产管理的目标

信息资产管理的目标是实现资产的全生命周期管理。建立全面的信息资产清单和属性清单，明确每个资产的网络安全责任部门和责任人，实现资产的入网、监测、变更、退网的生命周期管理。资产全生命周期管理如图 6-13 所示。

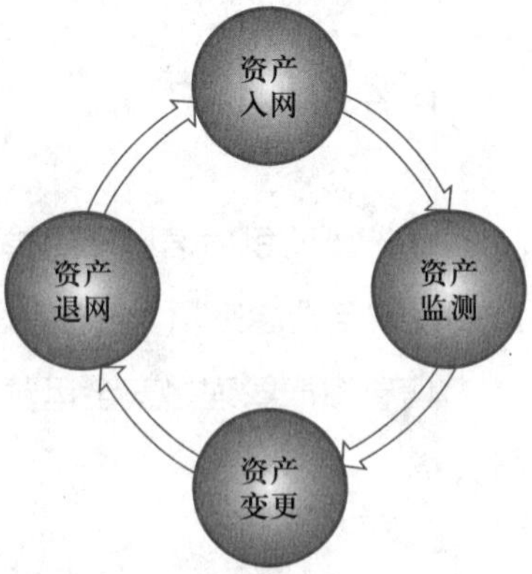

3）信息资产的分类与属性

信息资产分类在硬实体资产、软实体资产和虚拟资产划分的基础上，结合教育系统特点和资产属性，可以细分为 6 个细类，具体包括：网络产品（服务器、路由器、交换机、无线网络、网络存储等），安全产品（网络安全、终端安全、应用安全、数据安全、安全检测、安全管理等），物联网设备（视频监控、语音视频、门禁系统、安防等），办公外设（多功能一体机、打印机、复印机、扫描仪、传真机等），业务系统（OA、门户网站、学生管理、

△ 图 6-13　资产全生命周期管理示意图

科研、教务、财务、人事等），其他（中间件、虚拟化平台、大数据处理平台、人工智能平台等）等。

在开展资产管理具体工作时，需要明确资产属性字段。常见资产通用属性包括名称（必填）、类型（必选，资产的类型，如安全设备 / 防火墙）、IP（资产的 IP 地址）、系统类型（可选）、地理位置（地区）、所处位置（设施所在的机房、机架）、所属部门、日志采集方式（syslog，SNMP Trap 等）、设备远程维护登录方式（SSH、Telnet、Web 等）、操作系统（如 Windows、Linux、UNIX 等）、操作系统版本（如 Windows Server 2022、Ubuntu 22.04 LTS 等）、厂商、责任人（姓名、联系方式）、安全管理员（姓名、联系方式）、序列号、MAC 地址、描述（对该安全对象的说明性文字）等。

常见网络产品类资产特有属性包括：路由器 / 交换机设施状态（设施是正常运行还是宕机状态）、接口状态（各个接口是 up 还是 down）、配置变更（在什么时间修改过配置）、负载均衡（虚拟 IP、负载均衡交换机提供服务的虚拟 IP）、防病毒属性（是否已经安装了防病毒软件及软件版本）、补丁属性（已经安装的补丁版本）、承载业务（主机的用途，如 DNS 业务）、主机端口（开放的服务端口列表）等。

常见安全产品类资产特有属性包括安全产品类型、安全保护范围、联动处置情况、告警方式、病毒特征库版本、安全策略配置等。

常见物联网设备类资产特有属性包括物联网协议类型、接入类型、能耗情况、定位等。

常见办公外设类资产特有属性包括使用位置、管理要求、使用授权等。

常见业务系统类资产特有属性包括信息系统（含网站）基本情况（状态）、名称、主要功能、域名、服务范围、是否 24 小时值守、数据库系统、数据共享范围、ICP（Internet Content Provider，因特网内容提供商）备案情况（ICP 备案号）、供应链厂商名称、安全等级保护情况（安全等级）备案证明号、定级备案时间、安全测评机构名称、单位名称等。

常见其他类型资产特有属性包括平台功能、软件版本、硬件信息、供应链信息等。

4）资产梳理方法

资产梳理可通过主动扫描、被动流量发现和人工报送等方式获取。

主动扫描是指根据单位内部的资产范围，通过主动对资产范围进行一一探测收集信息。比如，根据教育系统各单位分配到的 edu.cn 域名和 IPv4 段，逐端口去扫描这些域名或者 IP 上提供的服务，并对服务进行探测，获取服务的指纹信息等。主动扫描也可通过在服务器主机层面安装相应的 Agent 来完成。

被动流量发现是指通过分析网络流量中的目标 IP、端口和域名，进行去重和比对后获得实际上正在对外提供的信息资产的列表。

人工报送是指通过线上或线下途径对单位信息资产进行登记备案，单位网信部门对备案信息进行整理、审核、确认，并定期组织开展资产盘点和审计工作，确保资产信息真实准确，并及时更新。

以上 3 种方法均有优缺点。人工报送工作流程明晰，工作制度完善，工作档案完整，但工作效率较低，数据统计易出错。主动扫描和被动流量发现可以快速发现在线资产，是对人工报送的补充，可以发现未备案的隐藏资产、僵尸资产。一般资产梳理阶段会合并使用这 3 种方法。

5）资产管理平台建设

资产管理应建立清晰的资产清单，可依托资产管理平台实现资产的全生命周期管理，并结合漏洞扫描与安全配置合规检查等实现安全要求。

资产管理平台功能设计架构如图 6-14 所示，主要分为如下 4 个层面：

- 资产数据采集层。主要包括远程扫描、被动流量分析、Agent 代理、离线脚本、网络爬虫等。
- 资产数据存储层。主要包括原始数据存储、分析结果存储、数据备份恢复、保密管理等。
- 资产数据分析层。主要包括异常资产分析、资产脆弱性分析、资产安全告警、安全知识库、实时监测威胁事件库、资产指纹管理库等。
- 资产数据展示层。主要包括多维度展示、资产清单、资产风险、资产检索等。

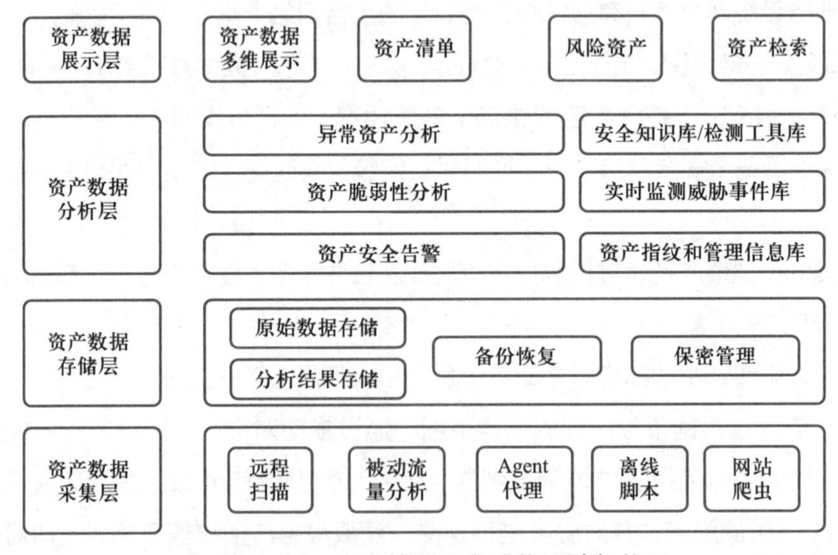

△ 图 6-14　资产管理平台功能设计架构图

信息化的管理方式可以减少人工操作和纸质文档的使用，降低管理成本。同时，系统可以对资产进行自动化盘点和清查，减少人工清点和核对的成本和时间。通过信息化的管理方式，可以快速、准确地记录和更新资产信息，提高资产管理的效率和准确性。同时，系统可以自动生成各种报表和报告，方便管理人员进行查看和分析。通过信息资产管理系统可以实现对资产的全面监管。

6）信息系统资产管理要求

信息系统是目前教育系统信息资产管理的主要对象，以完善的管理体系为核心，结合资产管理平台，以资产发现手段为辅助，对信息系统全生命周期实施管理。网络安全建设融入信息系统管理各环节，同步开展立项、采购、建设（需求分析、设计、开发、测试）、部署实施、试运行、验收上线、运维、结束 8 个阶段 13 个环节。通过资产管理平台，完成信息系统相关信息管理、服务器等资源管理、项目过程管理等基本功能，并以此为基础实现安全事件管理、漏洞管理、威胁通报、重要时期保障白名单管理。同时，使用资产发现工具辅助实现合规性检查，发现违规、异常资产。

信息系统全生命周期网络安全管理要求网络安全与系统建设同步开展，确保信息系统满足基本安全要求。

- 立项阶段：信息系统建档、初步确定等保定级、初步确定安全需求；
- 采购阶段：采购文件明确厂商安全责任、安全能力，项目安全需求，数据安全与个人信息保护要求，保密协议；
- 建设阶段：完成需求分析、设计、开发、测试，细化安全需求、审计安全开发环境、源代码安全审计；
- 部署实施阶段：确定实施方案，明确部署情况，搜集系统各属性信息并做安全审核；
- 试运行阶段：进行网络安全检测，准入审核；
- 验收上线阶段：系统安全性验收；
- 运维阶段：安全事件整改、漏洞管理、威胁通报；
- 结束阶段：数据及个人信息安全处置，撤销安全配置、策略及相关资源。

2. 脆弱性管理

在资产管理基础上，下面介绍资产脆弱性管理的相关内容。脆弱性本身并不对资产构成危害，但满足一定条件时，脆弱性会被威胁源利用，对信息资产造成危害。

根据《信息安全技术 信息安全风险评估方法》（GB/T 20984—2022）的划分，脆弱性可分为技术脆弱性和管理脆弱性。技术脆弱性包括：物理环境（机房场地、机房防火、机房供配电、机房防静电、机房区域保护、机房设备管理等方面）、网络结构（网络结构设计、边界保护、访问控制策略、网络安全配置等方面）、系统软件（补丁安装、物理保护、用户账号、口令策略、资源共享、事件审计等方面）、应用中间件（协议安全、交易完整性、数据完整性等方面）、应用系统（审计机制、审计存储、访问控制策略、数据完整性等）。管理脆弱性包括：技术管理（物理环境安全、通信与操作管理、访问控制、系统开发与维护、业务连续性等）、组织管理（安全策略、组织安全、资产分类与控制、人员安全等）。

1）脆弱性发现

脆弱性可以通过多种方法被发现。使用自动化漏洞扫描工具对主机、服务器、网络设备、终端、中间件、应用软件开展周期性扫描，系统管理员能够发现所维护的 Web 服务器的各种 TCP 端口的分配、提供的服务、Web 服务软件版本和这些服务及软件呈现在网络上的安全漏洞。管理员也可以通过安全配置核查的方式，对服务器、网络设备、终端、中间件、应用软件从认证授权、安全更新补丁、网络安全配置、日志审计、安全策略等方面进行核查。管理员也可以采购专业的渗透测试和审计服务，由专业的安全团队提供脆弱性发现。

2）脆弱性的全生命周期管理

对于层出不穷的脆弱性，应有统一的管理，规范脆弱性的发现、验证、处置、发布等各环节。工业和信息化部、网信办、公安部联合发布的《网络产品安全漏洞管理规定》，《信息安全技术 网络安全漏洞管理规范》（GB/T 30276—2020）均对漏洞管理作出规范。常用的漏洞平台有：工业和信息化部网络安全威胁和漏洞信息共享平台、国家网络与信息安全信息通报中心漏洞平台、国家计算机网络应急技术处理协调中心漏洞平台、中国信息安全测评中心漏洞库，可为日常工作提供帮助。

脆弱性管理平台的管理流程通常分为脆弱性发现和报告、脆弱性接收、脆弱性验证、脆弱性处置、脆弱性发布、脆弱性跟踪几个阶段，如图 6-15 所示。

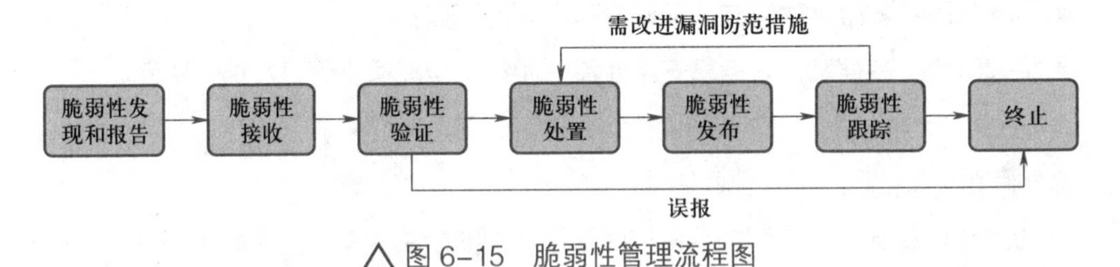

△ 图 6-15 脆弱性管理流程图

3. 安全加固

网络安全加固是指采取一系列的安全措施，降低运营者遭受入侵的风险，保障系统的安全稳定运行。安全加固可以合理加强信息系统安全性，提高其健壮性，增加攻击入侵的难度，可以使信息系统的安全防范水平得到大幅提升，尽量从源头预防安全事件的发生，减少自身安全弱点的暴露。

1）安全加固的意义

安全加固不是一劳永逸的操作，它更需要持续不断地开展。加固后的系统带来了诸多好处，包括通过最佳实践增强系统功能，减少程序和不必要的漏洞。因此，单位可以减少操作问题和不兼容的地方，降低错误配置的风险。通过缩小攻击面来提高安全级别。单位和最终用户可以降低数据泄露、恶意软件、未经授权的账号访问及其他恶意活动的风险。由于降低了环境复杂性，简化了合规和审计。加固可以消除冗余或不必要的系统、账号和程序，从而获得更稳定的配置和更透明的环境。

2）安全加固的方式

安全加固可根据加固对象的不同，采用不同的加固方式。以操作系统为例，可采用定期安装安全补丁、禁用非必要系统服务、权限最小化、数据加密配置、开启账号口令安全策略、对文件与目录访问控制、设置关键系统服务安全配置、配置安全日志策略、对关键服务安全配置等方式进行安全加固和优化。

安全加固可通过统一安装终端管控软件来执行，终端管控软件可自动化运行加固策略，让单位统一集中管理，提高管理效率，并对加固结果进行实时监控。但是使用自动化运行也需要注意兼容性问题，过高的管控要求可能会导致系统运行异常，在执行过程中应当逐步执行，并做好测试和验证工作。

安全加固和优化服务可能存在安全加固过程中的误操作、安全加固后造成业务服务性能下降（服务中断）、加固补丁和工具存在新的漏洞等风险。因此，需要采取以下措施，控制和避免上述风险：制定严格的安全加固计划，充分考虑对业务系统的影响，实施过程避开业务高峰时段；严格审核安全加固的流程和规范；严格审核安全加固的各子项内容和加固操作方法、步骤，实施前进行统一培训；严格规范员工工作纪律和操作，实施前进行统一培训；制订意外事件的紧急处理和恢复流程。

系统管理员可以从服务器安全和软件安全两个方面开展安全加固。如表 6-12、表 6-13 所示。

▽ 表 6-12　服务器安全加固自查表

服务器配置检查			
操作系统类型（Windows/Linux）		OS 版本号	
内部 IP 地址		互联网 IP 地址	

续表

检查细目				
编号	策略点	安全配置检查项	是否符合	风险值
1	身份鉴别	检查是否区分超级管理员（root/Administrator）账号和各类账号	□是 □否	高
2		检查是否有弱口令（是否存在简单密码的账户如123456）、空口令用户（用户无密码）	□是 □否	高
3		检查操作系统是否启用设备密码复杂度策略（密码字符类型是否包含大小写字母、数字、特殊字符任意3种组合，密码长度8位字符以上）	□是 □否	高
4		检查是否设置账户认证失败次数限制（如连续输错5次，锁定用户或强制退出）	□是 □否	高
5		检查是否配置账户登录超时处理策略（无操作一段时间自动退出）	□是 □否	高
6		检查操作系统中是否存在明文（未加密）保存密码信息的文件	□是 □否	高
7	访问控制	检查是否对登录账户权限做了限制	□是 □否	高
8		检查是否删除或禁用多余默认用户（guest/test等）	□是 □否	高
9		检查是否启用FTP用户，FTP用户登录后设置访问权限	□是 □否	高
10	安全审计	检查是否启用服务器操作系统安全审计功能	□是 □否	中
11		检查是否记录登录日志和操作日志	□是 □否	中
12		检查是否对审计记录进行保护，定期备份（日志保存时间是否满足6个月）	□是 □否	中
13	入侵防范	检查是否关闭不需要的系统服务和业务端口	□是 □否	中
14		检查是否通过指定管理终端管理设备（限制管理设备地址）	□是 □否	高
15		检查用户远程管理设备是否采用加密协议（SSH/HTTPS）	□是 □否	中
16	其他配置	检查是否安装最新操作系统补丁	□是 □否	高
17		检查重要文件和关键目录（system-auth/system32）的权限设置是否不能被任意人员删除、修改	□是 □否	中
18		检查是否存在用户拥有root权限	□是 □否	中

▽ 表 6-13　软件安全加固自查表

应用软件配置检查				
软件名称			软件版本号	
开发厂商			客户端形式（B/S 或 C/S）	
访问链接（管理页面）				
访问链接（业务页面）				
检查细目				
编号	策略点	安全配置检查项	是否符合	风险值
1	身份鉴别	检查系统是否由单位正式员工自主维护	□是 □否	高
2		检查系统是否有公司人员参与维护	□是 □否	高
3		检查应用软件是否启用设备密码复杂度策略（密码字符类型是否包含大小写字母、数字、特殊字符任意 3 种组合，密码长度 8 位字符以上）	□是 □否	高
4		检查是否有弱口令（是否存在简单密码的账户如 123456）、空口令用户（用户无密码）	□是 □否	高
5		与单位完成统一身份认证的系统，是否最小化保留管理员登录账号	□是 □否	高
6		是否删除登录页面上的账号密码规则提示	□是 □否	高
7		检查是否设置账户认证失败次数限制（如连续输错 5 次，锁定用户或强制退出）	□是 □否	高
8		检查是否配置账户登录超时处理策略（无操作一段时间自动退出）	□是 □否	高
9	访问控制	检查是否对登录账户权限做了限制	□是 □否	高
10		检查是否删除或禁用多余默认用户（guest/test 等）	□是 □否	高
11	安全审计	检查是否启用应用软件安全审计功能	□是 □否	中
12		检查是否记录登录日志和操作日志	□是 □否	中
13		检查是否对审计记录进行保护，定期备份（日志保存时间是否满足 6 个月）	□是 □否	高
14	入侵防范	通报的安全漏洞是否已全部整改完成	□是 □否	中
15		检查系统是否采取防范应用软件 / 数据库注入措施	□是 □否	高

续表

检查细目				
编号	策略点	安全配置检查项	是否符合	风险值
16	入侵防范	检查系统管理后台通过指定方式接入管理终端	□是 □否	中
17		检查系统是否采用 HTTPS 加密访问	□是 □否	高
18		检查是否对数据传输、存储过程进行加密	□是 □否	中
19		系统管理员是否使用堡垒机运维	□是 □否	高
20	其他配置	检查是否对应用软件配置进行备份	□是 □否	中
21		检查是否对数据库进行备份	□是 □否	中
22		检查是否对应用软件中敏感数据加密	□是 □否	中
23		检查是否制定重要时期信息系统管理办法、应急措施和落实应急保障人员	□是 □否	高

4. 纵深防御在保护环节的使用

在网络安全领域中，与边界防御相比较，纵深防御代表着一种更加系统、积极的防护战略，它要求合理利用各种安全技术的能力和特点，构建形成多方式、多层次、功能互补的安全保护能力体系，以满足教育系统各单位安全工作中对纵深性、均衡性、抗易损性的多种要求。目前，纵深防御已经成为网络安全建设的基本原则之一。

纵深防御之所以重要，是由于单点安全措施几乎总能被技术娴熟、目标明确的攻击者突破，只有利用多重的单点安全保护措施才能在一定程度上阻挡攻击者进一步攻击。纵深防御战略中会设置多种措施来应对非法攻击者的入侵。在具备条件的情况下，应当采用多个具备相同功能的单点防御工具，以实现能力上的冗余。

纵深防御基础架构需要具备分层抵御攻击的安全能力，构建纵深防御体系，增加防御的层数和能力，会显著加大信息系统被攻陷的难度，对应用和数据资产进行安全保护。

纵深防御的核心在于多层防御的部署，包括物理层、网络层、系统层、应用层等多个层面的防御。在每个层面都需要部署相应的安全设备和措施，例如防火墙、入侵检测系统、病毒防护系统等。建立完善的身份管理体系，实施强密码策略，控制对敏感数据的访问，并定期进行身份验证和授权管理。建立完善的数据备份和恢复计划，包括定期备份数据、测试备份数据的可恢复性、制定应急响应计划等。实时监控网络流量、系统日志等安全信息，及时发现和处理安全事件。纵深防御系统也需要不断改进和完善，定期进行安全评估和审计，及时发现和修复潜在的安全漏洞，并持续优化和完善纵深防御系统。

5. 欺骗防御在保护环节的使用

随着高级持续威胁（APT）、社会工程学攻击、供应链攻击等新型攻击手段的不断发展，传统基于特征检测原理的安全保护技术手段已无法有效检测，因此，需要建设基于行为检测原理的欺骗防御体系，与原有纵深防御系统形成互补，构建主动防御能力。

基于攻击混淆与伪装技术，针对网络攻击杀伤链的各个阶段构造陷阱，扰乱其攻击目标，精确感知黑客攻击的行为，将攻击隔离到蜜网系统，从而保护单位内部的真实资产，记录分析攻击行为，并结合攻击反制和攻击溯源精确获取黑客的网络身份和指纹信息，以便对其进行攻击取证和溯源。

攻击诱捕模块集成反向控制攻击者的能力，实现多平台反制，从操作系统划分，可覆盖 Windows、macOS、Android 平台，捕获攻击者的真实 IP、设备指纹信息、社交 ID 信息，并且可以反向控制攻击者主机。同时可以针对黑客常用的攻击插件进行反向诱捕，例如浏览器反制、扫描器反制、Git 反制等，其中浏览器反制，攻击者访问 Web 蜜罐后，利用浏览器漏洞对攻击者主机的敏感信息进行提取，并反向控制攻击者的主机。

在攻击诱捕能力的基础上，配套智能化网络攻击压制系统，对互联网暴露面（网站 / IP）进行深度混淆，制造大量虚假 URL 或端口，通过抢先应答技术，主动应答攻击者访问流量，捕获攻击行为。

智能化网络攻击压制系统可以与现有攻击诱捕系统对接联动，将捕获到的攻击者访问流量引流到不同种类的沙箱，进一步迟滞攻击者的攻击时间，从而获取更丰富的攻击技战术、攻击设备及攻击者的真人信息。

6.4.3 检测

检测是指对资产自身与资产动态运行过程中所产生的日志和网络流量数据等使用技术手段进行分析的过程。

检测可以发现资产的脆弱性和网络中存在的安全威胁，并为监测提供技术支持。从日志和流量告警中可以检测和发现信息系统的脆弱性。例如，通过对流量进行检测，可以发现部分系统存在弱口令的情况。这时，就可以根据这些隐患，对系统进行通报和整改。

教育系统各单位应当开展常态化检测工作，检测可以通过第三方安全商购买服务的方式进行，检测服务人员可在本地驻场或者通过安全托管服务完成。

1. 资产检测

相比外网资产，由于内网资产网络连通性的问题，内网资产很难被监管部门监管到，因此对于内网资产的检测和响应，一般由各个单位自行完成。

在保护阶段，我们已经介绍了如何进行资产管理的方法，通过梳理资产，就会获得内部资产的情况，包括网站、信息系统、IP段等。这时候我们就可以对这些资产进行扫描监测，查找脆弱性并且进行通报处置并指导整改。

建议使用主动扫描工具对内、外网资产的所有弱口令、未授权访问等各类低层次问题进行常态化检测。并且根据漏洞的类型、严重程度、易受攻击性、影响范围等优先级排序，对内网资产进行高危漏洞排查扫描工作。

通过被动流量分析也可以识别一些长期无人维护，或者访问量较低的僵尸网站，这些网站应当关停或者限制互联网、内网访问。

教育系统各单位在常态化开展资产检测时，可以结合当前安全态势和技术力量，灵活采用定期和不定期相结合的资产检测模式，每月、季度、半年或全年，开展一次资产检测，对资产脆弱性进行集中扫描排查。各单位也可以在重大活动、重要时期之前组织开展专项安全检查，排查消除风险隐患。同时，可以将资产检测与资产入库、业务办理、系统上线、系统备案年审等流程相结合，进一步压实、细化资产检测工作。对于核心资产、高风险资产，建议增加检测频率。

2. 日志分析

日志是系统、应用程序或服务在运行过程中生成的记录文件，用于追踪和记录重要事件、活动和错误信息。这些记录可以包括用户登录信息、系统操作、安全事件、错误报告等。在网络安全领域，设备如防火墙、路由器、交换机、入侵检测系统等也会生成日志，记录设备的运行状态、网络流量、安全事件等信息。

日志对于诊断问题、追踪操作、监控性能、分析网络活动、检测潜在威胁以及维护网络安全都具有重要作用。

《网络安全法》要求关键信息基础设施运营者记录和存储网络运行状态、网络安全事件等日志信息。通过日志记录，可以进行安全审计，溯源网络攻击或违规行为的源头，有助于及时发现威胁并定位威胁源头。维护翔实的日志记录对于教育系统各单位履行网络安全监管和管理责任，以及防范法律责任和合规性问题具有关键意义。

1）日志分类

网络安全和信息化领域常见的日志分类主要包括：主机日志（Windows、Linux、BSD等），网络设备日志（路由器、交换机、负载均衡等），安全设备日志（防火墙、IDS、IPS、VPN、WAF、防病毒、邮件网关等），Web中间件日志（IIS日志、Apache、JBoss、WebLogic、Tomcat、Nginx等），应用系统日志（Mail Server、

FTP Server等），数据库访问日志（Oracle、Microsoft SQL Server、MySQL、DB2等），上网行为日志（网页浏览、文件传输、邮件收发、IM聊天、BBS发帖、BT下载等）。

2）日志管理

在搭建统一的日志服务器后，将路由器、交换机通过相关协议，将系统的日志集中转存到日志服务器上。确保日志数据的完整性、可追溯性和可审计性，满足监管部门的安全审计要求，同时便于进行日志的统一查询和分析。

不同安全厂商的日志数据需要进行过滤清洗，根据解析、过滤策略对原始日志数据中的缺失字段、重复字段、错误格式字段进行清洗。将不同原始格式的日志数据转换成统一的数据格式，并进一步完成归并和关联补齐工作。

即使在尚未具备统一的日志服务器搭建条件或尚未完成搭建的情况下，各单位仍需对各类网络、安全、服务器等设备的日志进行本地管理，并定期进行检查和备份。应检查日志配置是否涵盖需要的内容，确保日志轮转正确并且不受存储空间大小的影响，定期检查日志是否正常输出，定期对日志进行备份操作和恢复测试。然而，各单位也应在条件允许的情况下，争取尽早搭建统一的日志服务器，以提升日志管理的效率和综合安全性。

3）日志分析

对日志进行分析，有助于发现系统中的一些非正常行为，通过与定义的安全策略进行比较，可以确认安全系统、策略是否正确得到执行，系统的安全等级是否能长期保持。该项目主要对关键主机、防火墙、路由器、交换机、应用软件、中间件产品的日志进行分析，采取人工+工具的分析方法，形成日志分析报告，并针对报告中的各项问题，给出修补建议，使发现的问题能尽早地得到解决，避免引起更大范围的影响和损失。

4）常用工具

日志分析中常用的工具包括raylog（适用Linux系统）、Nagios（适用Linux、Windows系统）、Elastic Stack（适用Linux、Windows系统）、LOGalyze（适用Linux、Windows系统）、Fluentd（适用Linux系统）等。

3. 流量检测

网络流量分析技术（Network Traffic Analysis，NTA）最早在2013年被提出，是一种威胁检测技术。2017年6月，网络流量分析NTA技术入选了Gartner《2017年11大顶尖信息安全技术》。NTA解决方案通过监控网络流量、连接和对象来识别恶意的行为迹象。对于那些试图通过基于网络的方式去识别绕过边界安全的高级攻击的单位而言，可以考虑使用NTA技术来帮助识别、管理和分类这些事件，作出辅助决策。

1）流量检测方法

由于流量检测条件的多样性和复杂性，可以使用多种方法进行流量检测。常用的流量检测方法有：基于主机内嵌软件的流量检测、基于流量镜像协议分析、基于硬件探针检测、基于 SNMP 协议的流量检测、基于 NetFlow 的流量检测、基于镜像端口的流量检测等。

表 6-14 所示是流量检测常用方法。

▽ 表 6-14　流量检测常用方法

检测方法	方法描述
基于主机内嵌软件的流量检测	主机内安装流量检测软件以完成流量检测任务。通过软件套接字嵌入软件截获往返通信内容。该方式能够截获全部通信报文，可以进行各种协议层的分析，但不能看到全网范围的流量情况
基于流量镜像协议分析	流量镜像（在线 TAP）协议把网络设备的某个端口（链路）流量镜像给协议分析仪，通过 7 层协议解码对网络流量进行检测。协议分析是网络检测最基本的手段，特别适合网络故障分析，但是只针对单条链路，不适合全网监测
基于硬件探针检测	硬件探针是一种用来获取网络流量的硬件设备，使用时将它串接在需要捕获流量的链路中，通过分流链路上的数字信号获取流量信息。一个硬件探针监测一个子网的流量信息（通常是一条链路）。 对于全网的监测需要采用分布式方案，在每条链路部署一个探针， 再通过后台服务器和数据库，收集所有探针的数据，做全网的流量分析和长期报告。该方式能够提供丰富的从物理层到应用层的详细信息。但受限于探针的接口速率，一般只针对 1 000M 以下的速率，着重单条链路的流量分析
基于 SNMP 协议的流量检测	通过网络设备 MIB 收集一些具体设备及流量信息有关的变量，包括输入字节数、输入非广播包数、输入广播包数、输入包丢弃数、输入包错误数、输入未知协议包数、输出包数、输出非广播包数、输出广播包数、输出包丢弃数、输出包错误数、输出队长等，类似方式还包括 RMON。该方式使用软件方法实现，不需要对网络进行改造或增加部件、配置简单、费用低。但是只包括字节数、报文数等最基本的内容，不适用于复杂的流量检测
基于 NetFlow 的流量检测	提供的流量信息扩大到了基于五元组（源 IP 地址、目的 IP 地址、源端口、目的端口、协议号）的字节数和报文数统计，可以区分各个逻辑通道上的流。该检测方法通常需要在网络设备上附加单独的功能模块实现
基于镜像端口的流量检测	端口镜像（Port Mirroring）能够把交换机一个或多个端口（VLAN）的数据镜像到一个或多个端口。当没有设置镜像端口针对本地网卡进行监控时，所能捕获的仅仅是本机流量以及网络中的广播数据包、组播数据包，而其他主机的通信数据包是无法获取的。对于交互式网络来说，可以在交换机或路由器上设置镜像端口，指定交换机多个或所有端口镜像到一个端口，这样通过连接该端口并监控，就可以捕获多个端口的总流量数据。该方式能够很容易获取全网的流量数据，但对于分析系统的接收性能以及网络带宽要求较高

2）流量检测设备选型与部署

教育系统各单位可根据自己的网络流量带宽选择相适应性能的流量检测设备。根据单位网络结构和检测点需求，确定检测设备数量。根据业务情况选择检测分析一体设备或前后端分离的检测系统，大规模流量检测建议采用集群分布式架构选型。

设备部署要根据单位实际情况选择专用设备、通用架构部署软件、云平台虚拟机部署模式。检测点部署位置，根据校园网、数据中心、接入网、物联网、互联网出口情况，采用关键节点部署。根据需求情况采用串行部署和旁路部署模式，如图 6-16 所示。

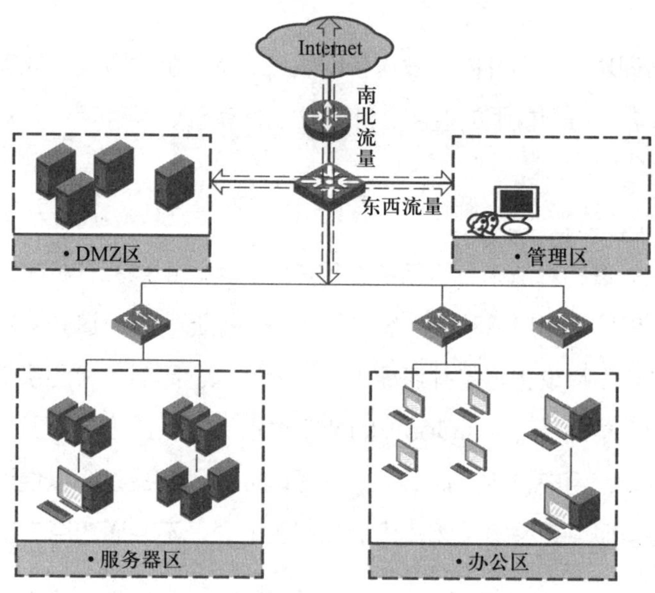

△ 图 6-16　流量检测设备部署架构示意图

4. 终端检测

终端安全检测是主动地监控终端与网络的互动（涵盖用户行为、文件变动、运行中的进程、注册表更改、内存使用以及网络通信等），并将这些信息存储在本地数据库或端点。此方案结合已知的失陷标示（Indicators of Compromise，IoC）、行为分析数据库以及先进的机器学习技术，持续搜索数据以识别潜在的安全威胁。一旦检测到威胁，系统能迅速反应，有效阻止恶意活动，缩小攻击范围，并提供应对策略。这种安全检测技术不仅增强了单位的安全保护，也使得安全团队能够快速响应并调查安全事件。

1）终端检测安全模型

终端检测安全模型旨在保护终端免受各种安全威胁的影响。通过结合多种检测手段，提供强大的安全防护能力，并帮助单位快速响应和处理安全事件。该模型主要包括以下几个功能：

● 网络进程监视功能。统一汇总和监视网络各终端的进程，增量式显示网络中新进程，具有网络客户端软件使用情况统计功能，对网络中出现的异常进程进行定位和报警。

● 软件黑白名单控制功能。制定终端软件安装黑白名单，指定禁止安装和必须安装的软件，并可对违规的终端执行报警提示、终端提示、阻断联网等措施。

● 客户端进程应用监控功能。监控网络客户端软件的违规使用情况，控制禁止启用的程序，直接关闭终端的违规进程，对违规的终端执行报警提示、终端提示、阻断联网等措施。

● 行为安全管理功能。审计邮件发送和网络拷贝等可能导致信息泄露的行为，对用户指定的目录及文件进行访问权限的控制、HTTP 访问审计、邮件审计，对客户端的共享目录访问行为进行监控审计。

2）终端检测工作流程

终端检测采用先进的算法来分析系统上用户的行为，记录和分析主机、网络和流量行为等日志，及时发现异常用户活动。系统能够监控、过滤、阻断这些异常行为。一旦检测到恶意活动，算法将跟踪攻击路径并还原出攻击入口点。随后，检测系统将所有攻击行为数据合并到被称为恶意操作（MalOps）的特定类别中，以便分析人员更容易查看。在真正的攻击事件发生时，用户将收到通知，并获得响应行动和建议，以便进行进一步调查和高级取证。如果是误报，则警报关闭，只增加调查记录，不会通知用户。

5. 异常行为分析

异常行为分析又称用户实体行为分析 UEBA（User Entity Behavior Analytics），最早由 Gartner 率先提出了用户行为分析 UBA（User Behavior Analytics）的概念，用于应对日益增加的内部威胁。由于后来实体（Entity）的概念被引入到 UBA 技术，最终演变成了 UEBA，其中 E 更多是指 IT 资产或设备，包括服务器、终端、网络设备等，通过对它们的异常行为分析，可以发现外部的网络攻击或者主机遭受病毒侵害的行为。

1）基于行为轨迹画像

结合用户角色和个人用户访问站点的行为特征，利用用户日志历史信息勾勒出用户行为画像，并给出用户行为安全画像实例。该轨迹能有效利用用户历史行为数据，使得安全管理系统能准实时地判断用户行为异常，提高智能安全运营平台的实时响应能力。

轨迹分析通常需要收集并分析用户在网络中的行为数据，如访问的文件、执行的操作、使用的应用程序等，如果某个用户突然开始访问大量敏感文件，或者从未使用过的 IP 地址登录网络，这些行为轨迹的变化可能会触发警报。

2）基于行为流量分析

无论是操作系统、应用软件、网络设备还是业务系统都普遍存在未知的漏洞，基于用户访问流量分析入手，网络全流量分析是行之有效的手段，因为再高级的攻击，都会留下网络痕迹。

基于网络全流量分析技术，通过数据采集、分析和存储所有网络流量，并且结合威胁情报检测已知威胁、异常网络行为。流量分析可以帮助检测数据泄露、恶意软件传播、拒绝服务攻击（DoS/DDoS）等安全威胁。通过分析流量模式、协议使用、数据包内容等，可以识别出与常规流量模式不符的异常流量。如果流量分析显示大量数据正在被发送到外部服务器，而这些数据通常不会离开数据中心内网，这可能表明发生了数据泄露。

3）基于行为事件分析

用户访问流量结合 AI 智能攻击识别模型，可分析识别出具体恶意事件行为，通过行为事件标签可快速定位用户访问操作类型；通过分析安全事件的行为特征，安全团队可以更快速地识别威胁，理解攻击者的意图，并更有效地响应。

当检测到网络入侵事件时，安全团队可以使用行为事件分析来确定攻击者的入口点、攻击者在网络中的活动路径以及攻击者可能已访问或窃取的数据。

6. 态势感知在检测环节的使用

相比于防火墙、入侵检测、入侵防御这些设备的被动防御，态势感知系统是一种基于环境的、动态的、整体洞悉安全风险的能力，利用大数据为基础，从全局视角提升对安全威胁的发现识别、理解分析、响应处置能力，能够对未来网络威胁状态进行预判进而优化调整安全策略。

态势感知系统能够从攻防视角进行威胁检测，能够提前获知攻击者的攻击手段、攻击目标、攻击工具、利用的漏洞信息等情报，进而对攻击者进行黑客画像，更好地进行威胁分析。因此，态势感知平台必须具备灵活运用威胁情报的能力，不仅能从内部产生并形成情报转化，还能共享外部第三方威胁情报，由此形成一套比较成熟的威胁情报运用链条，从而可提供精准快速的威胁判别和自适应防御。

态势感知系统检测到网络中的威胁后，能够完成对威胁的闭环处理。基于态势感知具有的事件分析能力、攻防渗透能力、脆弱性检测能力、风险评估能力等，结合安全保障人员体系，优化配套事件的响应和处置流程，完善线上处置的效率，为安全业务的稳定运营提供保障。

态势感知系统定位于为用户实现态势感知能力的上层系统，该系统为基于大数据架构的海量信息采集与处理型系统。平台分层次提供了海量安全信息的采集功能、存储功能、集中分析功能和综合态势展现功能。系统也提供了开放式的要素信息获取架构，系统并不是孤立地部署于校园网的网络中，而是通过丰富的接口方式对接网络中各类安全设备、网管设备、云管理系统、3A 认证系统、防护引擎、数据流量以及外部威胁情报，也包括将来可能扩容的设备系统。

在海量信息统一获取的基础上，态势感知系统聚焦于综合利用这些监控数据进行集中分析处理，通过整理分类、精简过滤、对比统计、重点识别、趋势归纳、关联分析、挖掘预测等数据融合处理手段认知业务健康度、网络行为，感知网络攻击和安全风险，并根据用户业务特点和安全需求进行综合态势可视化呈现。

6.4.4 响应

常态化安全运营需要构建一整套包含组织架构、人员、资源、预案、制度等组成的网络安全事件应急保障体系。教育系统各单位应成立网络安全事件应急处置领导小组，组员为各个部门负责人。下设应急处置小组为各个部门管理、联络的骨干技术人员，主要包括本单位业务负责人、驻场工程师、原厂工程师、总部远程技术支持等。

在本书第 4 章中，重点围绕网络安全应急处置的基本概念、政策法规要求、机制、流程、预案进行了详细阐述。下面结合常态化安全运营中常见的 8 类安全事件特点，介绍各类具体事件的概念定义、应急准备要点和教育系统各单位开展应急处置的建议。

1. 拒绝服务攻击事件响应

分布式拒绝服务（Distributed Denial-of-Service，DDoS）攻击指攻击者利用网络上多台处于不同网络位置的被控主机向目标计算机发送大量请求，消耗或占用服务器大量网络带宽或系统计算资源，使网络阻塞或服务器无法处理合法请求，从而导致正常用户无法访问或使用服务。DDoS 攻击是目前互联网上常见的一种网络安全威胁，往往带有政治意图、勒索或不正当竞争目的，对社会生产生活产生严重影响。

（1）网络边界 DDoS 攻击防护设备，可逐包检测流量，精细化检测攻击，过滤网络层攻击、会话层攻击、应用层攻击，保护业务和网络基础设施可用。

教育系统各单位可与运营商、云服务商或 CDN（Content Delivery Network，内容分发网络）服务商建立协同防护机制，同时，当攻击流量持续升高，危及网络链路带宽时，网络边界 DDoS 攻击防护设备启动上游清洗服务，近源阻断大流量攻击，有效保护网络链路带宽可用性。

（2）在发生拒绝服务攻击事件时，可以调整 DDoS 攻击防护设备的防护策略，根据所应用的防护策略对带宽范围内的攻击流量进行过滤。如出现突发的大规模 DDoS 攻击，超过安全设备防护性能时，可以通过配置 ACL、下发黑洞路由等方式，对被攻击的 IP 进行封禁，避免破坏网络基础设施进而影响其他业务。

2. 勒索病毒事件响应

勒索病毒，是指以加密数据、锁定设备、损坏文件为主要攻击方式，使计算机无法正常使用或者数据无法正常访问，并以此向受害者勒索钱财的一些恶意软件。

勒索病毒主要目的是勒索钱财，完成文件和数据加密后，会提示受害者文件已经被加密无法打开，需要支付赎金才能恢复文件。

（1）分析掌握勒索病毒入侵手段，需要对设备进行安全加固，防止勒索病毒事件的发生。主要措施包括检查弱口令、检查系统漏洞、部署主机安全监控软件、部署网络安全防护产品、部署体系化的安全管理平台等。

（2）勒索病毒事件应急响应要点包括：要及时发现感染情况，早发现、早处置；要做好网络隔离，阻止勒索病毒横向传播，带来进一步危害；要保留现场，为攻击溯源和数据恢复提供重要的线索；要全面收集信息，包括勒索信、加密文件、勒索样本、日志文件，为勒索软件判定、攻击事件分析提供数据基础；要分析入侵手段，确定攻击路径，发现系统防护漏洞；要全面排查感染范围，发现潜在安全风险；要彻底清除勒索病毒，防止二次危害；要全面加固系统，及时修改密码，修复漏洞，防止被再次攻击；要利用多种手段恢复数据，降低损失；要及时上报网络安全主管部门，做到早发现、早报告。

3. 钓鱼邮件攻击事件响应

“网络钓鱼”是 20 世纪 90 年代中期兴起的一种网络欺诈行为，其中最主要的攻击手段就是“钓鱼邮件”。1996 年首先在美国发现，后迅速扩散到其他国家和地区。近几年，“钓鱼邮件”攻击在我国呈现逐年上升趋势，最常见的一种方式是：攻击者预先制作一个以假乱真的钓鱼网站，然后通过在电子邮件中植入钓鱼网站链接，引诱人们点击进入以假乱真的网站，骗取用户名、密码、个人信息等重要数据，或植入木马等恶意程序，从而导致用户遭受重大损失。

（1）防范钓鱼邮件攻击应该是体系化的应对策略。区分工作和生活邮件，分别设置高强度密码。安装并开启终端防护软件。谨慎打开邮件，关闭客户端自动下载附件功能。仔细核对发件人地址，不轻信“显示名”。理性判断邮件正文内容，不轻易点击其中的链接。通过模拟真实的网络钓鱼、社工攻击等，对单位员工进行网络安全意识特别是对网络钓鱼防范意识的测试，对人员安全意识整体情况、安全意识薄弱环节进行摸底。

（2）钓鱼邮件攻击事件响应包括：切断受感染设备的网络连接，避免网络内其他设备被感染渗透，使安全事件范围得到控制，防止敏感文件被窃取，降低安全事件带来的损失。邮箱的登录密码可能已经泄露，应在另外的机器上及时修改密码，防止攻击者获取邮箱中的邮件、联系人等敏感信息，遏制攻击者进一步攻击渗透。同时建议修改与邮箱相关联的用户名、密码，以免造成其他信息泄露或财产损失。发布全员预警通知，联系到可能受到影响的人员，避免受到类似的钓鱼邮件侵扰。

4. 网页篡改事件响应

网页篡改，即攻击者通过技术手段恶意改变网站中的文件或应用层数据，通常以入侵系统并篡改数据、劫持网络连接或插入数据等形式进行。网页篡改一般有两种形式：显式和隐式。显式网页篡改指攻击者在门户网站上挂标语或将网页的部分内容更改，被篡改页面通常具有传播速度快、事后消除影响难的特点；隐式网页篡改一般是在网页中植入色情、诈骗等非法链接，再通过灰色、黑色产业链牟取非法经济利益。

（1）网页篡改事件的应对准备工作包括：进行定期的服务器、网络设备的操作系统和中间件的漏洞扫描，并进行修复；定期进行渗透测试工作，由专业的安全渗透服务工程师模拟黑客从外到内进行攻击，发现存在的安全隐患，弥补检测工具类的盲点；定期进行IT 资产审查；在网站服务器上部署 WAF 和网页防篡改设备等，利用安全设备的检测与防护功能，对用户的 Web 站点目录提供全方位保护。

（2）网页篡改事件响应包括：要及时发现被篡改情况，早发现，早处置；要做好网络隔离，阻止篡改攻击的进一步危害；要保留现场，为攻击溯源提供线索；要及时修改密码，避免短时间内被再次攻击；要及时备份文件，降低损失；要分析攻击手段，确定是否存在后门，发现系统防护漏洞；要全面加固系统，排查影响范围，发现潜在安全风险；要做好防范工作，防止被再次攻击；要及时上报网络安全主管部门，做到早发现、早报告。

5. 安全漏洞事件响应

安全漏洞是指信息系统在生命周期的各个阶段（设计、实现、运维等过程）中产生的某类问题，这类问题会对系统的安全（机密性、完整性、可用性）产生影响。

（1）安全漏洞事件的应对准备包括：及时安装更新补丁或升级系统；定期开展网络安全渗透测试和风险评估；将重要的数据资产进行本地及异地备份；定期修复网络安全漏洞，更新漏洞补丁；关闭不必要的文件共享；关闭 3389、445 等不使用的高危端口；强化网络安全监测。

（2）安全漏洞事件响应包括：根据漏洞的威胁程度和严重性，以及对涉事单位业务的影响程度和范围，可以采取不同的紧急处置措施，包括但不限于设备紧急下架、虚拟补丁规则下发、收缩安全控制策略等。

6. 数据泄露事件响应

大规模数据泄露是指大量的敏感数据以未授权的方式被访问或披露，导致数据保密性遭到破坏，从而可能危害国家安全、经济运行、社会稳定和公民权益。大规模泄露的数据既包括大量的重要数据、个人信息、政务数据等数据，也包括系统源码、配置文件、账号密码等可能导致大量数据泄露的信息，但不包括涉密数据。

（1）数据泄露事件的应对准备包括：建立完善数据安全管理制度，对数据安全应急的常用工具、应急工具、取证工具、复现工具等做好储备和掌握。

（2）教育系统各单位发现大规模数据泄露事件后，应急响应流程一般包括：收集各平台泄露事件相关材料，尽可能找到最早的泄露信息发布源头，获取第一手材料。然后根据已披露的情况，分析泄露事件是否与本单位有关，明确具体涉及的部门和信息系统。梳理泄露数据的数据样例、数据量、泄露或发布时间、发布人员、相同发布人员其他发布信息等相关信息。应立即切断或限制数据访问行为，可采取封闭所涉及的环境、关闭受影响的站点系统设备、更改密钥、监控出入点等处置手段，并保留所有受影响系统的日志文件，包括防火墙、VPN、邮件、网络、客户端、Web、服务器和入侵检测系统等日志。根据掌握的大规模数据泄露事件情况，评估事件的影响范围，包括涉及的数据内容、数据量、泄露危害、涉及的外部系统及用户、可能造成的二次泄露等情况。根据具体的泄露原因和影响评估情况及时消除安全风险，避免再次发生数据泄露事件或造成二次危害。

7. 僵尸网络感染事件响应

僵尸网络是指采用一种或多种传播手段，使大量主机感染僵尸程序，从而在控制者和被感染主机之间所形成的一个可一对多控制的网络。术语“僵尸网络（Botnet）”由“机器人（bot）”和“网络（network）”两个词组合而成，每台受感染设备被称为“bot”“肉鸡”或“僵尸主机”。

（1）僵尸网络感染事件应对准备包括：对重要业务系统安装主机安全防护软件；办公终端建议安装防病毒软件，并定期升级病毒库，启用防病毒软件实时扫描病毒功能，定期开展全面病毒查杀工作。

（2）针对僵尸网络感染的应急响应流程主要包括：设备感染僵尸网络后，一般会主动连接控制端并接受攻击指令，对外发起网络扫描或对外发送大量数据。因此，当工作时发现上传速度远低于日常速度，并且网络出现卡顿、阻塞等情况时，特别是排除了网络设备故障等因素后，应启动对相关设备的排查。确认感染僵尸网络的设备或系统后，第一时间将其进行网络隔离，一是切断攻击者对感染设备的远程控制，二是防止僵尸网络在网络内横向移动传播感染更多网络设备，造成更大危害。但同时需要注意保护现场，不可对设备进行关机、重启、格式化等高危操作。网络隔离后，需要对感染设备进行信息收集工作，全面收集感染设备中的僵尸网络样本、日志等信息，这对于确定僵尸网络类型、分析入侵手段具有重要意义。

8. APT 攻击入侵事件响应

APT（Advanced Persistent Threat）攻击，即高级可持续威胁攻击，也称为定向威胁攻击，指某军事、政府、情报机构或重要黑客组织对特定目标、特定对象展开的持续有效的网络攻击活动。这种网络攻击活动具有极强的隐蔽性和针对性，通常会运用受感染的各种介质、供应链和社会工程学等多种复合手段实施先进的、持久的且有效的威胁和攻击。

（1）APT 攻击入侵事件应对准备包括：教育系统各单位应根据 APT 攻击的技术特点进一步提升本单位网络安全架构、加强数据安全监管；建立或完善 APT 攻击事件监测体系，在管理层面形成日常 APT 监测运营机制。

（2）发现或遇到 APT 攻击事件后，可参考如下流程开展应急响应：通过流量监控分析设备、终端监控分析设备、态势感知平台等发现攻击事件后，基于其通信分析、终端行为分析、内网渗透分析、样本逆向分析等手段确认攻击事件为 APT 攻击事件，并确定 APT 的组织和家族，对事件进行初步定性。通过流量监控分析、内网排查分析，确认感染数量、感染资产重要性、木马性质、木马植入时间等信息，对 APT 事件的影响范围进行评估，影响范围包括植入时间、控制范围、窃取资料重要程度、危害性等。对 APT 事件进行取证并将证据进行留存，取证环节包括主机恶意软件取证、攻击链条恶意软件取证、恶意通信流量取证、窃密资料取证、攻击日志取证、安全设备（平台）报警日志取证等，并将所有证据进行独立留存以便后续分析研判。

6.4.5 恢复

1. 容灾设计

容灾是指在发生自然灾害、人为事故、系统故障等意外事件时，能够迅速、有序地使业务系统从灾害中恢复到正常运行状态的一系列技术、流程和策略。

在容灾设计中，一般会采用数据备份、本地同城容灾机制或本地同城异地三重容灾机制。数据备份通过定期对数据进行备份，并将备份数据存储在安全的地方，以确保在灾难发生时能够迅速进行数据恢复。本地同城容灾机制是指在同一城市范围内设置备用数据中心或服务器，以应对可能发生的本地范围内的突发性灾害。本地同城异地三重容灾机制是在本地同城容灾的基础上，增加了跨城市的备用数据中心或服务器。

不同容灾方案的成本差别是比较大的，各单位需要综合考虑业务的实际需求、成本、可用性和恢复时间目标。根据业务的重要性和对连续性的要求，选择最适合的容灾方案。

有效的容灾机制是确保系统稳定性和业务连续性的重要组成部分。容灾机制设计涵盖了灾难恢复计划、基础架构、服务架构、存储架构以及云平台架构等多个方面。通过明确紧急情景下的应对策略和灾难恢复步骤，包括备份恢复、业务切换等计划，能够在故障发生时迅速有效地恢复网络服务。基础架构设计关注在关键位置采用冗余设备、路径冗余等方式，提高网络连通性和可用性。服务、存储和云平台架构设计则通过热备、负载均衡、冗余存储等手段，实现对业务的高可用性和容错性。

1）容灾机制设计

制定灾难恢复计划，明确各种紧急情景下的应对措施和恢复步骤，包括备份恢复、业务切换等方面的计划，以便在故障发生时能够快速有效地恢复网络服务。数据备份与恢复：定期备份关键数据，并将备份数据存储在不同的地点或设备上，以防止数据丢失。同时，确保备份数据可以及时恢复，以保证业务的连续性。

2）基础架构设计

基础架构应采用在关键位置上使用冗余设备，关键位置如核心交换机、边缘交换机和路由器等。通过使用冗余设备，当一个设备发生故障时，可以自动切换到备用设备，确保网络的连通性。通过使用多条物理路径连接不同的网络设备，可以实现网络路径的冗余，确保网络的可用性。为关键设备提供双路电源供电，以防止单一电源故障导致的停电。可以使用不同的电源电路或使用不间断电源（UPS）来提供电源冗余。为单位内网络区域提供多个接入点，以提供冗余和容灾能力。可以使用多个入口点连接到不同的网络服务提供商，确保即使一个入口点发生故障，仍然有其他入口点可用。在不同地理位置建立数据中心，通常称为主数据中心和备份数据中心。在每个数据中心内部部署冗余的服务器、存储设备和网络设备，以减少单点故障的影响。

3）服务架构设计

服务采用热备或集群的冗余设计。备用系统或服务器一直处于活动状态，但不处理正常流量，只在主要系统或服务器故障时接管流量。一般使用冗余服务器或虚拟机来实现热备。使用一组相互协作的服务器或节点，它们共同提供服务并共享负载；用于提高可用性和容错性，通过在多个节点之间分布请求来防止单点故障。

服务器前端可架设负载均衡设备，将来自客户端的请求分发到多个后端服务器，以均匀分担服务器负载，提高性能和可用性。实现方式包括硬件负载均衡器（如 F5、Citrix NetScaler）和软件负载均衡器（如 Nginx、HAProxy）。

4）存储架构设计

数据存储采用冗余设计。使用冗余存储设备或系统，如 RAID（冗余磁盘阵列），以保护数据免受硬件故障的影响；考虑分布式存储系统，如分布式文件系统或对象存储，以在多个节点上复制数据，提供冗余备份。将数据备份到不同的数据中心，以防止单个数据中心的完全故障；使用异地备份策略，确保备份数据存储在距离主数据中心足够远的地方，以防止自然灾害或其他地区性事件。实施自动故障转移机制，以便在主要存储系统或数据中心发生故障时，自动切换到备用系统或数据中心。使用虚拟化或容器化技术，使应用程序能够在不同的硬件或虚拟环境中运行。

5）云平台架构设计

云平台可采用多区域部署，在不同的云区域或数据中心中部署应用程序和数据；同时使用云服务提供商的区域复制功能来自动复制数据和应用程序到不同的区域。采用弹性计算和负载均衡，使用自动扩展和负载均衡器来处理突发流量和故障时的流量重定向。使用容器化和微服务架构，使应用程序可以更容易地在不同区域或云中心之间迁移和部署。

2. 基础设施故障恢复

教育系统各单位在开展基础设施故障恢复时，应注意识别故障源，评估影响范围，以及确定恢复策略。网络安全团队需要与其他 IT 团队（如系统管理员、网络管理员等）紧密合作，共同解决问题。基础设施故障恢复包括网络故障恢复、服务器故障恢复、虚拟机故障恢复。

1）网络故障恢复

发生网络故障时，优先恢复网络是原则，使用冗余机制将网络恢复。将故障事件中的故障现象、故障日志进行统一收集、统一分析，分析出故障原因后，撰写故障解决方案，将故障业务还原。

2）服务器故障恢复

针对每个服务器，恢复操作系统、应用程序和配置设置。这可能需要使用预配置的镜像或软件部署工具来加速恢复；配置恢复应用程序的数据库连接、网络设置和其他关键参数。恢复数据是关键的一步，这可能涉及从备份介质（如磁带、网络存储或云存储）中还原数据。数据恢复的速度取决于恢复点目标（RPO）的要求。更频繁的备份意味着更低的数据丢失。在服务器恢复后，进行测试和验证，确保服务器正常运行且数据一致。可能需要重新配置网络设置，确保服务器能够与其他系统和用户正确通信。

3）虚拟机故障恢复

虚拟机（Virtual Machine）指通过软件模拟的具有完整硬件系统功能的、运行在一个完全隔离环境中的完整计算机系统。在实体计算机中能够完成的工作在虚拟机中都能够实现。虚拟机可以实现虚拟计算机的快速创建、删除和迁移，从而提高灾备恢复的效率和可靠性。虚拟机快照用于备份虚拟机的状态，以便在需要时能够快速还原到该特定时间点的状态。虚拟机镜像是一个虚拟机操作系统的完整副本，包括操作系统、应用程序和数据。

3. 系统故障恢复

教育系统各单位在开展系统故障恢复时，应确保有完整且最新的备份数据和系统配置是至关重要的。在故障发生时，应立即启动备份恢复计划，尽快将系统恢复到正常运行状态。在系统故障恢复过程中，可能需要与硬件供应商、软件开发商或第三方服务提供商合作，确保与他们建立紧密的合作关系，以便在需要时获得及时的技术支持。系统故障恢复主要包括操作系统、业务系统的修复与重建。

1）操作系统的修复与重建

操作系统文件的恢复可以采用替换或修复损坏或丢失的操作系统文件。引导记录是启动操作系统的关键组成部分，如果引导记录受损或丢失，操作系统无法启动。注册表是 Windows 操作系统中的关键配置数据库，它包含了系统设置和应用程序配置信息。安装或更新驱动程序。为了提高系统的安全性，需要安装操作系统和应用程序的安全更新和补丁。在系统恢复之后，用户的个人文件和数据需要被还原。

2）业务系统的修复与重建

确定故障或灾难的原因和影响，包括收集有关故障的信息，分析故障的根本原因，并评估其对业务的影响。在故障发生后，可能需要采取紧急修复措施，以最小化影响并确保系统可以继续运行。如果数据丢失或受损，需要从备份中恢复数据。如果故障涉及硬件组件的损坏，需要修复或替换这些组件。如果故障与软件相关，可能需要修复软件漏洞、应用程序错误或操作系统问题。

4. 数据备份恢复

教育系统各单位在开展数据备份恢复时，应组织准确评估数据丢失或损坏的范围和程度。在数据恢复过程中，保持详细的记录是非常重要的，这有助于追踪数据恢复的进展，确保每一步操作都得到正确的执行。在数据恢复过程中，避免对数据进行进一步损坏或丢失，这可能需要采取一些预防措施，如避免对数据进行写入操作、使用只读模式等。同时，在数据恢复过程中，需要遵守相关的法律和合规性要求，这可能涉及数据隐私、知识产权保护等方面的问题。数据备份恢复主要包括外部存储设备恢复和服务器数据恢复。

1）外部存储设备恢复

当文件被意外删除、格式化、病毒感染或存储设备出现故障时，数据恢复工具可以帮助恢复丢失的文件，恢复从硬盘驱动器中丢失的数据，恢复从 USB 闪存驱动器、外部硬盘驱动器、SD 卡、CF 卡、SSD、移动电话等设备中丢失的数据。当光盘或 DVD 中的数据不可读或文件损坏时，恢复工具可以尝试恢复数据。对于使用 RAID 的存储系统，当一个或多个磁盘故障时，数据恢复工具可以协助将数据从备份磁盘中重建。

云平台数据提供定期备份服务，一旦数据丢失，可以从备份中恢复。创建虚拟机的快照，这些快照记录了虚拟机在特定时间点的状态。如果虚拟机出现问题，可以通过恢复到之前的快照来恢复数据。如果以上方法都无法恢复数据，可以考虑寻求专业的数据恢复服务。

2）服务器数据恢复

这包括服务器上存储的各种数据文件，如文档、图像、音频、视频、数据库文件等。服务器上的操作系统文件是服务器正常运行的关键组成部分。服务器配置文件包括操作系统和应用程序的配置信息。恢复服务器上托管的数据库，如 MySQL、Oracle、SQL Server 等。恢复服务器上的日志文件包含了服务器活动和错误的记录。恢复服务器的网络配置文件包括网络接口、防火墙规则、路由表等。如果服务器上有多个用户或用户组，备份恢复可能还包括用户数据和权限的恢复，以确保每个用户都能够访问其所需的数据和资源。恢复服务器的安全性配置文件包括防病毒软件、防火墙设置、访问控制列表等。

6.4.6 反击

教育系统各单位在被黑客攻击或面临网络威胁时，应采取一系列措施来应对和反击，以维护网络和系统的安全和稳定。在完成 6.4.4 节响应中的应急处置工作后，各单位可依据《网络安全法》相关条款，积极配合公安机关开展调查取证和追踪溯源工作。

1. 调查取证

1）硬件设备的调查取证

硬件设备主要包括网络设备、安全设备、服务器、存储设备、个人终端等。调查和取证时，可以使用管理界面或命令行接口查看日志、状态和配置。可以收集和分析网络设备的日志，这可能包括防火墙、IDS/IPS、代理服务器和操作系统的日志。使用专业的日志管理工具来集中存储、筛选和分析日志，以检测不寻常的事件或安全威胁。

使用专业的取证工具，对存储设备进行数据采集。确保数据采集的方式是非侵入性的，并且不会破坏证据。同时对采集到的数据进行分析，以查找关键证据或异常活动，这可能需要使用数据恢复、数据挖掘或数据分析工具。如果需要，尝试恢复已被删除的数据。确保采集的数据具有准确的时间戳，以便建立时间线和分析事件发生的顺序。

个人终端通过备份应用或服务，可以提取设备上的数据，包括短信、通话记录、联系人、照片、视频等。制作设备的完整镜像副本，以便离线分析。分析设备的文件系统，以查找已删除的文件、应用程序数据、浏览历史等信息。分析设备的通信记录，包括短信、电话通话、社交媒体消息和电子邮件，以获取通信历史和证据。分析设备的网络流量，可以查看设备上的网络活动、访问历史和在线行为。

获取物联网设备的物理访问权限，以检查设备内部的存储、操作系统和配置。监控和分析设备与云服务或其他设备之间的通信，以了解设备的活动和数据传输。分析设备的固件（固定在硬件上的软件）以寻找潜在的漏洞、后门或可疑行为。如果设备连接到云服务，可以审查与设备相关的云端数据，包括设备事件日志、配置文件和用户互动。分析设备的传感器数据，以了解设备的工作状态和周围环境的信息。

2）软件系统的调查取证

对 Nginx、Apache 和 Tomcat 等中间件进行调查和取证的方法涉及审查这些中间件的日志、配置文件、性能数据和网络通信，以识别潜在的问题、异常行为或安全事件。不同的数据库系统可能有不同的技术和工具，因此在具体操作时要根据数据库类型进行适当的调整和操作。数据库服务器通常会记录大量的操作日志，通过分析数据库服务器的日志，可以追踪用户的活动和数据的变更，这包括登录日志、查询日志、事务日志等。数据库备份包含了数据库的快照，可以用于还原数据到特定时间点。在数据库中启用审计功能，可以记录用户的活动和数据库对象的访问。审计功能可以用来追踪谁访问了数据库、何时访问的以及执行了什么操作。使用 SQL 查询或数据库导出工具，可以将数据库中的数据导出到独立的文件或数据库，这些导出数据可以进行离线分析，以发现异常活动或数据泄露。信息系统分析系统日志以了解用户操作、系统事件和错误信息。查询数据库以获取与调查相关的信息，包括用户账户、交易记录等。使用系统监控工具来监测系统性能、资源利用情况和网络活动。使用安全审计工具来检查系统的漏洞和安全事件。

云平台通常会记录用户活动、API 调用、事件日志等信息。设置监控和警报以便及时检测异常活动。审查用户和服务账户的访问控制策略和权限设置，以确保只有授权的实体能够访问资源。检查云平台上的虚拟网络配置，包括子网、安全组、路由表等，以确保网络安全性。创建虚拟机快照以保存虚拟机的状态，可用于以后的分析和还原。获取虚拟机的镜像文件并进行离线分析，以查找潜在的恶意软件或异常活动。分析虚拟机的内存快照以检查运行时进程和内存中的数据。分析虚拟机磁盘镜像以查找文件、日志和其他关键信息。监视虚拟交换机上的网络流量，以查看数据包的源和目标，以及数据传输模式。审查虚拟交换机上的访问控制列表（ACL）和安全组规则，以确保适当的网络访问策略。检查虚拟交换机的配置，包括 VLAN 设置、端口配置和安全策略。使用网络嗅探工具来捕获和分析虚拟交换机上的数据包，以查找潜在的网络攻击或异常行为。

3）调查取证常用工具

表 6-15 中列出的是调查取证常用工具。

▽ 表 6-15　调查取证常用工具

工具类型	工具名称	备注
设备取证工具	Cellebrite UFED	用于移动设备的物理和逻辑取证工具，包括智能手机和平板电脑
	Magnet AXIOM	多功能数字取证工具，支持移动设备、计算机和云服务的取证
	XRY	移动设备取证工具，支持各种移动设备和应用程序的取证
	EnCase	用于计算机取证的全面工具，可以分析硬盘、内存和网络流量
文件和数据恢复工具	Recuva	用于恢复已删除文件的工具
	TestDisk	用于恢复丢失的分区和修复损坏的文件系统
	PhotoRec	用于恢复丢失的照片和多媒体文件
网络取证工具	Wireshark	用于捕获和分析网络数据包的工具
	Nmap	用于网络发现和漏洞扫描的工具
	Netcat	用于网络连接和数据传输的实用工具，有时用于渗透测试和取证工作
数据分析和恢复工具	Autopsy	开源数字取证平台，用于分析磁盘镜像和文件系统
	Forensic Toolkit	用于计算机取证的工具，支持文件和注册表分析
	Sleuth Kit	开源工具包，用于文件系统和磁盘分析
内存取证工具	Volatility	用于分析内存镜像的工具，有助于检测恶意活动和取证
	Rekall	用于内存取证的开源工具，具有强大的内存分析功能
数据库取证工具	SQLite Forensics	专门用于 SQLite 数据库的取证工具
	DB Browser for SQLite	用于查看和分析 SQLite 数据库的工具
移动设备取证工具	Mobilyze	移动设备取证和分析工具，支持 iOS 和 Android
	Oxygen Forensic Detective	用于移动设备取证和分析的工具，支持各种设备和应用

续表

工具类型	工具名称	备注
云取证工具	Elcomsoft Cloud Explorer	用于云存储服务（如 iCloud、Google Drive）的取证工具
	Magnet AXIOM Cloud	用于云取证的工具，支持各种云服务提供商

4）配合有关机关取证注意事项

在配合属地相关部门开展取证工作时，应提高政治站位，积极配合，及时主动向主管领导汇报工作进展。涉及教育系统各单位重要敏感业务、数据、系统取证时，应按规定执行报批、备案手续，注意保护员工个人隐私和合法权益。

执行取证过程中应注意，保证证据完整性，不要篡改、损坏或销毁任何潜在证据。详细记录调查过程，包括获取证据的方法、日期、时间、地点以及与有关机关的通信；确保保留所有相关文件和通信记录；积极提供有关机关需要的信息和数据，包括证据、文件、报告或其他相关信息。

2. 追踪溯源

1）追踪溯源的意义

追踪溯源可以帮助确定谁发起了安全事件，识别攻击者的身份和来源，这有助于执法机构追捕犯罪分子，加强司法追诉。通过分析攻击的源头和传播路径，可以了解攻击者使用的攻击手法和工具，这有助于提高防御策略，更好地保护系统免受类似攻击。溯源分析可以帮助组织识别系统和应用程序中的安全漏洞，以便及时修补这些漏洞，防止未来的攻击。及早追踪和阻止攻击事件，可以减少安全事件对单位的损失。及时采取行动可能阻止进一步的数据泄露或其他损失。追踪溯源是应急响应的一部分，它有助于单位更迅速地应对安全事件。通过了解攻击路径，可以更好地规划和执行应急响应计划。通过对追踪溯源过程的分析和总结，可以提高单位内部对安全意识的认识。

2）原理方法

追踪溯源的基本原理是通过分析事件、数据、日志、网络流量等信息，沿着事件链条逐步追溯到源头。这涉及以下关键原理：数据收集、时间线建立、数据关联、追溯动作等。

3）黑客追踪

调查攻击者在网络上留下的数字足迹，如 IP 地址、域名、恶意软件样本等，以确定攻击者的位置或身份线索。监控网络流量，检测异常流量模式，识别数据包中的恶意特征，并追踪流量的源头。使用 IP 地址和 DNS 查询等技术来识别攻击者的地理位置或与特定组织相关的信息。收集有关攻击者的信息，包括在社交媒体上的信息、公开的论坛帖子和其他可用的开源信息。部署虚拟或真实的蜜罐系统，吸引攻击者并监视他们的活动，以获取关于攻击者的信息。使用入侵检测系统（IDS）和入侵防御系统（IPS）监控网络流量，以检测和响应潜在的入侵或攻击，然后追踪攻击者。

4）工具使用

追踪溯源常见工具如表 6-16 所示。

▽ 表 6-16　追踪溯源常用工具

工具类型	工具名称	工具说明
网络日志分析	Wireshark	源的网络分析工具，可以捕获和分析网络数据包，帮助确定网络流量的来源和目的地
	tcpdump	在命令行中使用的网络数据包捕获工具，可以用于监控网络通信并进行分析
系统日志分析	Syslog	用于记录系统事件和错误的标准协议，可以通过工具如 rsyslog 来收集和分析
	ELK Stack	用于收集、存储和可视化各种日志数据的开源工具堆栈
审计和监控	Auditd	用于 Linux 系统的审计框架，可用于记录系统活动和事件
	SIEM	用于集中管理和分析安全事件的工具
数字取证	EnCase	专业的数字取证工具，用于在计算机和移动设备上收集和分析数字证据
	Autopsy	免费的开源数字取证工具，可用于分析计算机文件系统和磁盘镜像
网络流量分析	Zeek	用于网络流量分析的开源工具，可帮助监视和追踪网络活动
	Suricata	高性能的网络入侵检测系统，也可用于分析网络流量
数据追溯	Blockchain Explorer	用于追溯和分析区块链交易的工具，如比特币和以太坊区块链浏览器
	Git 版本控制系统	可用于追踪代码和文件的更改历史
操作系统	命令行工具	在 Linux 和 Unix 系统上，命令如 grep、find、ps 等可用于追踪和分析进程、文件和系统活动
	Windows 事件查看器	用于查看 Windows 操作系统事件日志，以追踪系统活动
数据库审计	Oracle Database Audit	用于审计 Oracle 数据库操作的工具
	SQL Server Audit	用于审计 Microsoft SQL Server 数据库的操作

3. 法律保护

《网络安全法》支持网络安全人才培养，促进网络安全人才交流，同时打击网络安全犯罪，保护公民、法人和其他组织依法使用网络的权利。《网络安全法》是开展网络安全工作的重要法律依据。网络运营者应当制定网络安全事件应急预案，及时处置系统漏洞、计算机病毒、网络攻击、网络侵入等安全风险；在发生危害网络安全的事件时，立即启动应急预案，采取相应的补救措施，并按照规定向有关主管部门报告。开展网络安全认证、检测、风险评估等活动，向社会发布系统漏洞、计算机病毒、网络攻击、网络侵入等网络安全信息应当遵守国家有关规定。网络运营者应当建立网络信息安全投诉、举报制度，公布投诉、举报方式等信息，及时受理并处理有关网络信息安全的投诉和举报。网络运营者对网信部门和有关部门依法实施的监督检查，应当予以配合。

6.4.7 安全运营日历

为了更好地规划和分配安全团队的资源，确保在各个时间节点都有足够的人力和技术支持，以及确保安全运营工作在各个时期都能得到适当分配且不会遗漏，我们提出了安全运营日历的概念。安全运营日历在提升单位的安全防护能力、确保业务稳定运行以及防范潜在网络威胁等方面发挥着重要作用。在本节中，我们列出了具体的安全运营工作任务和频次，以供安全管理员根据各单位的实际情况参考开展。

1. 管理组织类工作

- 每季度召开会议，讨论部署网络安全工作。
- 每年开展一次备案信息资产年审。
- 每年根据行业要求对二级和三级网络安全等级保护系统集中开展一次网络安全等级保护复测工作。
- 每年集中或者不定期约谈供应链厂商，进行安全培训，确保每个供应商至少覆盖一次。
- 每月发布网络安全月报，年底发布网络安全年报。

2. 技术保障类工作

- 每月开展一次暴露面梳理。
- 每季度开展一次双非网站排查。
- 每月开展一次敏感信息排查。
- 每月进行一次全量漏洞扫描。
- 年中配合主管部门、属地监管单位进行自查，年末进行总结。

- 常态化开展新系统上线前安全检查。
- 每年开展一到两次渗透测试。
- 每月发布至少 5 个全单位类预警信息。
- 每月开展一次非法外联排查。
- 每月开展一次安全设备配置核查。
- 每月开展一次堡垒机用户权限核查。
- 常态化开展虚拟货币挖矿行为排查处置。

3. 应急演练类工作

- 每年开展两次以上不同形式的网络安全事件应急处置演练。
- 每季度开展一次钓鱼邮件演练，覆盖全体师生员工。
- 每年开展 1~2 次内部攻防演练。

4. 宣传培训类工作

- 每年 4 月 15 日结合“国家安全教育日”开展活动。
- 每年 6 月结合安全生产月开展活动。
- 每年 9 月初新生入学教育阶段，开展网络安全宣传。
- 每年 9 月中旬结合“国家网络安全宣传周”开展活动。
- 每年 9 月中旬结合“全国科普日”开展活动。
- 每年组织各类人员参加网络安全培训。

5. 安全运营日历示例

以某年 9 月的安全运营日历为例（见表 6-17）。

▽ 表 6-17 安全运营日历示例

星期一	星期二	星期三	星期四	星期五	星期六	星期日
				1 新生入学网络安全教育	2	3
4 暴露面梳理	5 安全漏洞扫描	6 发布安全预警	7	8	9	10

续表

星期一	星期二	星期三	星期四	星期五	星期六	星期日
11 网络安全宣传周专题活动	12 网络安全宣传周专题活动	13 网络安全宣传周专题活动	14 网络安全宣传周专题活动	15 网络安全宣传周专题活动	16	17
18 全国科普日	19	20	21	22 召开第三季度会议	23	24
25 安全配置核查	26	27	28	29 安全月报	30	

6.5 安全运营有效性验证

安全运营有效性验证是通过多种方式对整个安全运营工作的成效进行验证，这些验证手段整体遵循的逻辑是“由浅入深”。首先是安全运营成熟度度量，可以被认为是通过一系列的指标来对运营能力进行“纸面”验证；其次是借助防御能力评估产品，通过技术手段对运营工作中的检测和防御能力进行验证，从一般的攻击路径来分析边界、内网、终端等不同层面对威胁的检测和防御能力；再次是外部监管单位的专项安全检查，这也是对自身安全运营能力的一种外部验证手段，安全运营工作应当能够满足监管单位的各项检查要求。可通过更加贴近实战化的方式对整体安全运营工作进行验证，内部红蓝对抗演练就是一种常见的方式，以结果为导向，验证实战场景下安全运营团队应对各种攻击场景的能力；最后是参加外部各级攻防演练活动，以更加贴近实战场景的方式，验证安全运营的全流程能力，包括对日常资产管理和脆弱性管理能力的验证，攻击者是否能够发现自身未能发现的资产和漏洞，对于攻击的检测、发现、分析研判、响应处置、联防联控等能力的验证，运营团队对于攻击的全流程是否具备相应的发现和响应能力。

6. 5. 1 安全运营成熟度评估

随着网络安全工作的持续开展，网络安全顶层设计、机制体制和工作体系不断完善，包括教育系统在内的各级各类单位均意识到需要一个较为全面的评估策略来衡量本单位安全运营的水平。然而，安全领域长期以来缺乏一种可靠的安全量化评估方法。本节尝试给出安全运营量化评估的可行性设想，并提供一种有效的评估方法，以供教育系统各单位讨论。运营成熟度一共分为 5 级，判定依据是通过对各项能力的达成情况进行综合评定，根据最终的得分确定本单位所处的成熟度等级。

1. 评估的意义

安全运营成熟度评估作为一种量化工具，能够精准反映网络安全运营的当前状态，揭示潜在风险，并为后续工作提供明确方向。在安全运营建设初期，开展安全运营成熟度评估，可以全面了解当前的安全运营现状，评估结果可以指导后续的安全运营建设。在安全运营建设后期，通过评估安全运营成熟度，可以较为全面客观地看到整体的建设成果。在安全运营建设完成后的持续运营阶段，定期评估安全运营能力成熟度可以指导后续安全运营的发展方向，帮助运营者查漏补缺，持续完善和提升安全运营能力。由于建设前，各项安全工作尚未开展，较难定量评估安全运营成熟度，前期的评估可适当弱化具体的指标，只针对目标进行定性分析。

安全运营成熟度评估主要侧重于从能力体系方面提供指导，并通过评估安全运营能力的成熟度，在不同能力等级中识别并补充和完善能力体系，其目的并非仅提供一个精确的评估数值，而是为了全面优化和提升安全运营能力。

2. 评估的模型探索

安全运营成熟度评估可以简单理解为，在某个固定的时间节点上，将安全运营多个因素所表现出来的态势，用一种可被分析和量化的方式呈现出来。参考业内 ASA2.0 自适应安全框架、SSE-CMM 系统安全工程能力成熟度模型、CMMC 网络安全成熟度模型、C2M2 网络安全能力成熟度模型等成熟度模型（框架），结合安全运营中人员、流程和技术 3 大核心要素及安全运营过程中的各项工作实践总结，尝试给出一种可量化的评估模型，如图 6-17 所示。

1）安全运营能力成熟度等级

本模型安全运营能力成熟度等级（Maturity Level，简称 ML）共分为如下 5 级：

- 非正式执行级（1 级）。该等级的过程状态是非正式、专事专办、依赖个人经验执行个别安全工作。该等级的通用特征是执行基本实践。该等级的能力特征是零散地部署基础防护设备，如防火墙、WAF、入侵监测系统等，几乎没有主动发现安全事件的能力。
- 计划跟踪级（2 级）。该等级的过程状态是局部流程规范化，有计划地执行并管理安全工作，安全问题未闭环。该等级的通用特征是计划执行，规范执行，验证执行，跟踪

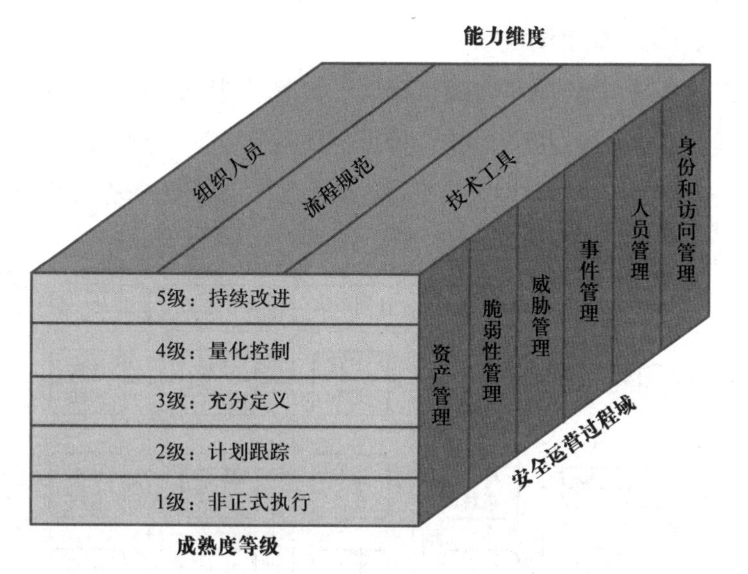

△ 图 6–17　安全运营能力成熟度评估模型

执行。该等级的能力特征是具备集中化日志存储设施，定期对安全事件进行分析，有常见安全事件的处理预案，能抵御、发现常见威胁。

- 充分定义级（3 级）。该等级的过程状态是安全流程规范覆盖过程的所有环节，各方有效协作，安全问题达到闭环。能够识别执行过程存在的问题并尝试纠正。该等级的通用特征是充分定义标准过程；执行已定义过程；充分协调内外部资源。该等级的能力特征是成体系地部署防御能力，使用集中化的安全数据持续监控威胁，各能力节点充分联动实现纵深防御，多维度关联分析能力，执行正式的应急响应流程。
- 量化控制级（4 级）。该等级的过程状态是量化运营能力，安全工作成果可视化。该等级的通用特征是建立可度量的质量指标，客观进行管理执行。该等级的能力特征是充分应用自动化技术，采用威胁狩猎、欺骗等主动防御手段提高检测响应及溯源能力，并利用有效性验证工具，度量安全运营体系的有效性。
- 持续改进级（5 级）。该等级的过程状态是持续改进标准过程，能力持续提升。该等级的通用特征是改进组织能力，改进过程有效性。该等级的能力特征是不间断的检测响应能力，应用高级的主动防御技术进行网络交战，测试敌手能力，预测敌手目标进行针对性反制，具备国家级威胁对抗能力，并持续固化为常规检测、防护能力。

2）安全运营能力成熟度能力维度

安全运营能力分别从组织人员、流程规范、技术工具 3 个能力维度构成：

- 组织人员是从组织架构建设、岗位职责以及人员工作执行能力角度进行评估；
- 流程规范是从管理制度、流程规范、工作执行流程、度量评价角度进行评估；
- 技术工具是从工具支撑、产品防护、新技术应用等角度进行评估。

3）安全运营能力成熟度过程域

安全运营的过程域包括：资产管理、脆弱性管理、威胁管理、事件管理、人员管理、身份和访问管理。各过程域根据上述各个等级中的通用特征从组织人员、流程规范、技术工具 3 个能力维度推导出基本实践。每个过程域的每个等级都有与之对应的基本实践。过程域和基本实践的关系如图 6-18 所示。

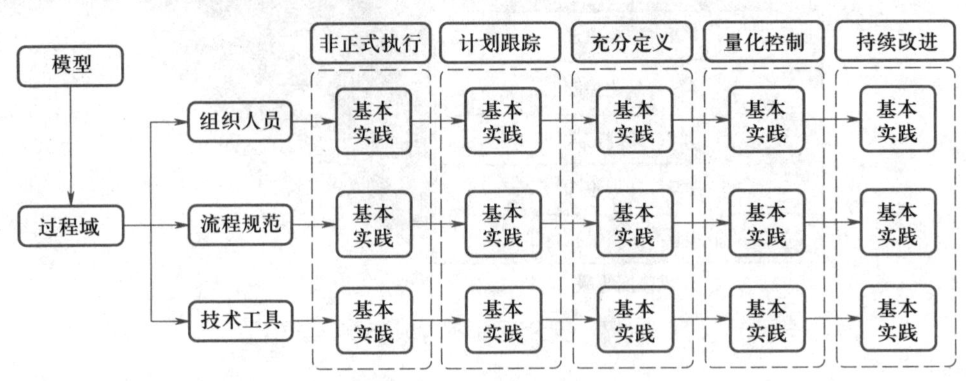

△ 图 6-18　成熟度模型过程域和基本实践的关系

基本实践是成熟度的评估项，每个过程域处在不同等级和不同能力维度时，都有与之对应的基本实践，表 6-18 所示是资产管理过程域的不同等级和不同能力维度时的基本实践内容参考样例。

▽ 表 6-18　安全运营能力成熟度基本实践样例（仅供参考）

过程域	过程域描述	级别	能力维度	基本实践内容
资产管理	规范资产生命周期、保持对资产状态和信息的持续掌握，并按需控制资产暴露的过程	ML1 初步执行	组织人员	具有基础的网络与系统运维知识
			流程规范	没有标准化流程指导，根据临时需求开展资产登记工作
			技术工具	没有主动识别工具，依赖人工线下记录
		ML2 计划跟踪	组织人员	1. 由固定的角色或人员执行资产管理工作 2. 具备定义资产信息识别范围及字段识别优先级能力 3. 具备可根据基础的资产信息识别资产攻击面的能力 4. 岗位关键人员充分了解资产管理过程与职责（岗位关键人员指负责资产管理相关工作的角色） 5. 可组织开展资产管理相关培训，确保相关人员具备履行其指定职责所需的技能和知识 6. 理解资产管理基本过程，并能基于实践经验或合规要求输出流程规范

续表

过程域	过程域描述	级别	能力维度	基本实践内容
资产管理	规范资产生命周期、保持对资产状态和信息的持续掌握，并按需控制资产暴露的过程	ML2 计划跟踪	流程规范	1. 定义组织资产类别、资产识别范围及频率，并周期性开展（资产范围应覆盖内、外、专网资产） 2. 定义资产清单模板，根据资产识别频率定期更新（资产信息应包含 IP、资产名称、物理位置、所属部门、责任人等必要信息） 3. 识别并记录供应链中关键的 IT 基础设施的供应商信息，包括供应商名称、实际应用等 4. 从外部引入通用的安全配置基线并下发到相关团队使用（安全配置基线类别应包含常见操作系统、数据库、应用程序） 5. 资产发布前实施安全评估，定义关键检查项和要求，对不符合要求的资产在发布前实施整改 6. 明确资产对互联网及其他非组织网络的暴露情况，具体到协议和端口 7. 建立资产管理过程的度量和指标，呈现资产管理能力和建设成果 8. 制定资产管理关键流程规范并文档化（关键流程规范需覆盖 ML1 与 ML2 所涉及具体工作）
			技术工具	1. 使用主动识别资产的技术工具（如扫描器） 2. 使用暴露面核查工具（如灯塔 arl、TideSec/Mars） 3. 使用固定的表格模板或工具维护资产清单

3. 成熟度的评级方式

安全运营能力成熟度等级评定是通过对安全运营能力成熟度评估，从而对本单位当前各过程域和各能力维度进行清晰了解和确认，并根据评判标准，综合各个过程域的基本实践达成情况进而得出本单位整体安全运营能力成熟度的最终等级。

教育系统各单位可针对 6 个过程域的每个等级包含的基本实践进行评定，只有满足了某个级别所有的基本实践要求，才可以认定本单位达到了该级别。由低到高以此类推即可测得最终的能力级别。在实际使用过程中，各单位可根据自身的运营情况适当裁剪不涉及的基本实践内容。各个过程域的评级样例如表 6-19 所示。

▽ 表 6-19　安全运营能力成熟度各个过程域评级结果

评估内容	1 级 符合度	2 级 符合度	3 级 符合度	4 级 符合度	5 级 符合度	安全 运维等级
资产管理	3/3	14/14	27/27	2/18	0/11	3 级
脆弱性管理	3/3	7/7	11/11	3/16	0/4	3 级
威胁管理	5/5	9/9	21/31	4/19	0/9	2 级

续表

评估内容	1级 符合度	2级 符合度	3级 符合度	4级 符合度	5级 符合度	安全 运维等级
事件管理	8/8/	12/12	17/21	2/14	0/5	2级
人员管理	4/4	10/10	18/23	3/11	0/7	2级
身份和访问管理	5/5	11/11	13/25	2/12	0/6	2级

整体评级结果如表6-20所示。

▽表6-20　安全运营能力成熟度整体评级结果

评估内容	1级 符合度	2级 符合度	3级 符合度	4级 符合度	5级 符合度	总体 等级评级
整体评估结果	28/28	63/63	107/138	16/90	0/42	2级

4. 评估的实施过程

评估的目的是通过安全运营能力成熟度评估服务，客观、量化地定位单位安全运营能力现状，发现缺陷并指导本单位后续建设，持续提高单位运营能力水平。整体评估流程可参考图6-19。

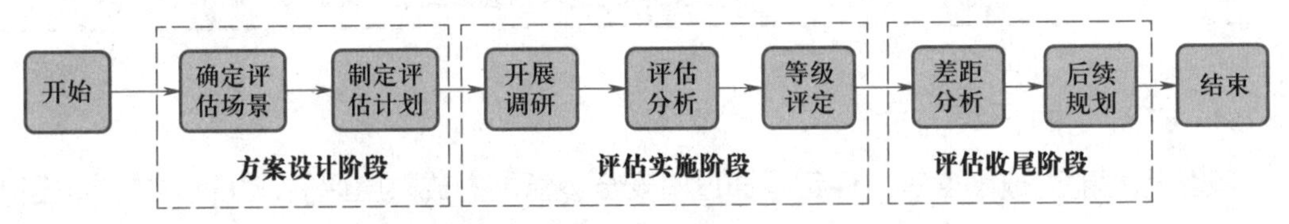

△图6-19　安全运营能力成熟度整体评估流程

评估工具主要是一些安全运营能力成熟度调研表和检查表，根据调研表中的调研问题，收集单位各项工作的实际开展情况，确定具体的执行人，从而确定调研访谈对象。再根据项目整体安排联系调研访谈对象，确定访谈对象的具体访谈时间，最终制定评估访谈的计划表。

在访谈调研过程中，可能有些访谈内容需要辅以实际上机检查或者文档查阅进行真实性确认，根据实际检查结果确认访谈结果真实性，这样才能获取真实的结果。

安全能力成熟度等级取决于各个成熟度过程域的能力成熟度等级。通过对单位当前各过程域能力进行清晰了解和确定，并根据评判标准，得出单位成熟度评分。具体等级评定和分数计算参考上文，此处不再赘述。

结合调研现状、成熟度评定结果对安全运营能力现状进行分析，输出当前安全运营能力现状。根据现状分析结果，定位目标成熟度等级。目标定位原则参考如下：可根据当前等级情况，提升一级作为目标等级成熟度；根据当前等级未满足项以及下一级别中新提出的能力项，建议下一阶段提升 / 建设部分能力项。将规划建设能力相关基本实践全设置为符合，计算出目标级别分数。

分析现状与目标成熟度要求之间存在哪些差距。针对每条基本实践差距情况，进行差距分析，分析管理、技术、人员等方面需重点建设内容，进行后续方案设计，任务拆解。

根据评估结果详细内容，汇总整理编制评估报告。评估报告中应包括但不限于以下内容：整体概述、评估背景、基本情况分析、总体成熟度评价、成熟度评估模型简要介绍、实施流程和计划、评估结果、各过程域详细分析、后续安全建设建议。

安全运营能力成熟度评估应定期开展，帮助单位掌握自身现状和目标差距，并通过安全运营成熟度评估结果指导后续安全建设。

6.5.2 防御能力有效性技术验证

防御能力有效性技术验证主要是利用技术手段，对单位的监测和防护体系进行技术层面的验证，以攻击者视角进行模拟，检验整个网络的安全检测和防御体系是否有效，是否能够检测到真实攻击，整体防御水平到底如何，以及在确定补救行动的优先次序和改善防御方面提供的帮助，能够帮助单位规避传统的安全评估包括漏洞评估扫描、渗透测试等评估手段的不足，其主要使用的技术产品是入侵和攻击模拟（BAS）产品。

1. 防御能力有效性技术验证在安全运营体系中的定位

防御能力有效性技术验证是对安全运营整体的监测防御能力进行技术化和自动化的验证。主要针对基础网络安全建设相对比较完善的单位，这些单位已经基本完成网络安全运营建设，并常态化开展威胁监测工作，才有必要实施防御能力有效性技术验证。根据验证结果，单位可调整自身的防御和监测策略，进一步提升防御覆盖度和规则检测的精准度。在整个安全运营体系中，防御能力有效性技术验证属于验证阶段的工作内容，可以根据防御能力有效性技术验证结果持续反哺监测防御能力。

2. 防御能力有效性技术验证主要应用场景

防御能力有效性技术验证可对边界安全、终端安全、内网安全做持续攻击模拟验证。我们熟知针对单位的威胁有很多种，如 APT 攻击、勒索病毒、挖矿木马、0Day 漏洞利用。单位也部署了大量的安全防护设备，但是真正遭受这些攻击时，现有安全防护手段是否有效、是否防得住、是否还需要做进一步安全防护建设？BAS 以安全的方式，覆盖各种安全场景，无须用户干预，自动化地模拟真实的攻击，持续评估教育单位安全防御能力，及时暴露用户的安全问题，并给出全面量化的可执行优化建议，能够主动地、有针对性地快速提升单位的安全防护能力。

1）自动拓扑测绘场景

通过对周围网络资产情况的自动探测和节点间连通性探测分析，绘制网络的拓扑结构，支持复杂网络的空间定期探测和更新，以发现和更新网络内的资产和拓扑变化，实现模拟攻击资产和网络的同步更新。

2）自动攻击模拟场景

通过指定攻击模拟的起点和目标，自动计算攻击模拟可行路径，依据攻击模板进行路径攻击模拟演练。依据攻击模拟路径上失陷情况，依据网络击杀链（Cyber Kill Chain）模型，结合 ATT&CK 威胁分析框架，动态调整攻击模拟路径和相邻目标，记录攻击模拟状态，完整呈现自动攻击模拟场景，为安全加固提供详细技术依据。

3）网络防护能力评估场景

网络防御能力安全评估通过端到端的高级威胁模拟，可灵活构建从外到内的完整攻击链，从而检测整个路径上的安全防御能力，同时防御能力有效性技术验证通过对节点的部署位置不同，可以达到逐层递进攻击模拟的效果。使用测绘的网络拓扑对网络内的网络防护 / 检测系统（如 NIDS、NIPS、WAF、网络防火墙、全流量安全分析系统、EDR 等）进行检测和防御的有效性评估。通过评估节点间的攻击模拟演练，评估节点通信间的网络检测和防御设备是否能检测或防御相应的攻击手段。网络防御能力评估分为边界安全防御评估和终端安全防御评估。

边界安全防御评估主要针对边界评估场景，即从互联网发起的、针对客户外网 Web 应用程序的攻击，例如 SQL 注入、XSS、Web Shell 上传等。边界常见的安全场景包括网站模拟攻击、网络远程漏洞模拟攻击、黑客工具模拟等，基于不同攻击方法与攻击级别，评测边界网络安全设备的安全能力。网络防御能力安全评估通过对节点的部署位置不同，可以评估包含网络边界安全、内网安全、隔离交换安全、无线网络安全等场景。

终端安全防御评估支持针对终端类的防护软件的防护能力进行评估，比如 EDR。具体原理通过终端 Agent 部署到终端节点上，会模拟攻击终端设备，包括对本地操作、攻击的防御有效性。模拟操作、攻击手段包括程序执行、权限提升、进程操作、凭证访问、信息收集、文件操作、病毒下载、挖矿模拟、邮件发送等，检查终端的检测防护软件（如杀毒软件、EDR 软件、行为审计软件等）是否可以防御和检测恶意软件和基于行为的攻击。模拟测试终端对本地操作、攻击的防御有效性。

4）防御有效性分析场景

防御有效性分析是指针对终端或网络场景下的攻击模拟过程，相应的防护能力产品是否能真实有效地检测或防护。防御能力有效性技术验证侧重于对防护设备和运营体系的有效性分析评估，通过对防护体系的检测和防御日志的对比分析，从正面验证防护体系是否能检测并防护相应的攻击。防御有效性分析支持对停留时间（Dwell time）和平均遏制时间（MTTC）评估，实现对攻击首次入侵到发现时间的评估（潜伏时间）和检测到相应攻击事件到教育单位采取遏制措施的时间，从而全面量化评估安全防护能力的有效性。

6.5.3 网络安全检查

开展网络安全检查是监督网络安全工作责任履行的有效手段。通过定期的检查，可以及时发现问题、提高工作质量、确保合规性，并有助于持续改进和优化工作流程。网络安全检查可以在多个管理层级之间开展，如行业主管部门对教育行政单位和学校发起检查，教育行政单位和学校对内部二级单位发起检查。教育行政单位和学校在其中扮演多个角色，既可能是被检查者，也可能是检查者。

网络安全检查可以全量检查，也可以针对部分项目进行专项检查。全量检查包括检查网络安全管理和技术所有内容，建议一年开展一次；专项检查针对某个或某类突出问题进行检查，建议可在日常工作中按需开展。

网络安全检查可以采取现场监督检查或者远程检测的方式进行。安全检查工作流程通常包括检查工作部署、网络安全检查实施、检查总结整改 3 个步骤。安全检查工作应对流程通常包括迎检准备、迎检工作部署、迎检实施配合和迎检总结等步骤。

1. 检查工作部署

检查工作部署通常包括研究制定检查方案、下达检查通知、组织培训等具体工作。

1）研究制定检查方案

网络安全检查一般根据上级网信职能部门统一安排，教育系统各单位应结合工作实际，制定检查方案，并报本单位网络安全主管领导批准。

检查方案应当明确：检查工作负责人、组织机构和具体实施机构；检查范围和检查重点；检查内容；检查工作组织开展方式；检查工作时间进度安排；有关工作要求等。

2）下达检查通知

教育系统各单位应以书面形式部署网络安全检查工作，明确检查时间、检查范围、检查内容、工作要求等具体事项。以某单位面向其二级单位发文要求各二级单位开展网络安全自查工作为例，检查范围：本单位及各二级单位的网站和信息系统、服务器、数据库、办公网段、打印机、网络设备、摄像头和物联网设备等信息资产。自查要求：对发现的问题立行立改，无法整改的，形成报告上报。工作要求：自查报告经本单位主管领导审核同意后，加盖单位公章上报。

3）组织培训

教育系统各单位网络安全职能部门应对本单位负责检查工作的相关人员、被检查单位有关配合人员和运维人员等进行广泛培训，确保检查工作质量。培训内容应包括检查目的意义、流程方法、检查表填报说明、网络安全检查方法等。

2. 检查实施细则

网络安全检查包括管理和技术两个层面，涉及网络安全工作部署、网络安全责任制落实情况、网络安全等级保护、主机安全保护核查等环节。

管理方面的检查可以通过人员访谈和文档查阅来进行。在进行访谈时，应与安全主管、安全管理员、系统管理员等进行沟通，以了解被检查单位在安全管理体系制定、制度落实以及安全保护策略制定等方面所采取的措施，并了解被访谈人对这些材料的熟悉程度。在进行文档查阅时，应查看安全运营流程制度设计中的四级文档，包括安全运营总则、各类管理规定和实施细则文档，以及安全管理制度的执行记录、日常运维记录等实际工作开展的情况。

1）管理方面的检查细则

（1）网络安全工作部署

- 应指导和部署本地区 / 本单位网络安全工作。
- 应建立网络安全管理制度体系，对网络安全管理进行规范。
- 应制定关于人员安全管理、资产管理相关制度并执行。
- 关键信息基础设施建设和运维经费应纳入年度预算。

（2）网络安全、数据安全责任制落实情况

- 明确单位主管领导，负责本单位网络安全管理工作，组织制定网络安全管理、评价考核制度，完善技术保护措施，协调处理重大网络安全事件。
- 应有专门的机构具体承担网络安全管理工作，负责组织落实网络安全管理制度和网络安全技术保护措施，开展网络安全教育培训和内部的监督检查。
- 明确数据安全管理机构，落实数据安全保护责任。
- 设置系统管理员、网络管理员、安全管理员等不同岗位，并在安全管理制度文件中明确岗位职责。

（3）网络安全等级保护落实情况

- 应根据教育系统定级工作指南对本单位主管和运维的系统开展定级、备案工作。
- 应对已定级系统定期开展安全等级测评。
- 应将移动 App、新技术应用（云计算、物联网、大数据、智能制造、人工智能、区块链等）纳入网络安全等级保护范畴。

（4）关键信息基础设施保护工作开展情况

- 拟订关键信息基础设施安全保护计划，并开展网络安全监测、检测和风险评估等工作。
- 开展年度检测评估，根据检测评估发现的问题，制定安全建设整改方案并开展整改工作。
- 应对关键信息基础设施设计、建设、运行、维护等服务实施安全管理，信息基础设施应该同步规划、同步建设、同步运行安全保护措施。
- 网络安全关键岗位人员应签署网络安全责任书，对网络安全关键岗位人员应定期开展网络安全考核工作，并进行奖励和惩处。

（5）网络安全威胁修复情况

- 是否建立本单位 / 本地区的网络安全工作管理平台。
- 应安排专门岗位及时接收、查看网络安全工作管理平台中通报的安全漏洞和安全威胁。
- 应对网络安全工作管理平台通报漏洞完成整改并反馈。
- 应建立对来自外部、内部的安全威胁及时响应和修复的闭环机制。
- 开展供应链安全管理。

（6）网络安全应急管理情况

- 应制定本单位网络安全事件应急处置管理规定。
- 是否针对不同网络安全事件（网络安全、信息安全、数据安全等）制定了应急预案;
- 是否按照教育部制定的《教育系统网络安全事件应急预案》要求修订、完善本级预案，检查应急预案是否覆盖了常见的网络安全事件，是否制定了详细的应急处置流程。
- 应每年至少开展一次网络安全应急预案培训。
- 每年至少开展一次网络安全应急演练，并对演练内容进行记录、总结。
- 本单位是否发生过Ⅲ级以上网络安全事件。
- 本单位发生安全事件时，是否按照事件处置流程及应急预案进行处置。
- 是否制定重要时期网络安全保障方案。
- 检查重要时期网络安全保障方案是否满足网络安全保障要求。

- 检查重要时期值班值守情况。

（7）重要数据和公民个人信息保护情况

- 应制定本地区 / 本单位数据安全保护方案。明确规范数据的分类分级、数据安全保护措施。

- 应制定数据安全管理办法，明确数据采集、传输、存储、使用、导入导出过程的安全控制措施。

- 应编制数据分级分类制度、数据资产清单，落实单位数据安全责任制情况。

- 采集或存储、处理大量个人信息的系统，应制定个人信息管理办法或制度。

- 应采取技术措施和其他必要措施对个人信息进行保护（重点为存储 100 万人以上个人信息的信息系统）。

- 重要数据的处理应当设立数据安全负责人和管理机构，建立个人信息和数据安全保护制度，落实数据安全保护责任。

- 收集、使用个人信息，应当遵循合法、正当、必要的原则，公开收集、使用规则，明示收集、使用信息的目的、方式和范围，并经被收集者同意。

（8）宣传教育培训情况

- 应制定网络安全培训工作计划。

- 应定期开展网络安全宣传和教育培训、数据安全意识和保护能力等方面的培训。

- 应组织开展网络安全管理人员和技术人员专业技能培训。

2）技术方面的检查细则

技术方面的检查可以通过配置核查和扫描等方式进行。配置核查是对网络、安全设备、操作系统、数据库、应用系统等抽样并核查其安全策略配置情况。通过漏洞扫描工具、木马病毒检测工具、数据包分析工具等开展工具测试，结合人工渗透测试等，发现系统存在的重要威胁。一般由于检查时间较紧，可采用漏洞扫描工具扫描资产即可，扫描根据被检查单位要求，可从互联网侧或者内网发起。

（1）网络安全核查

- 检查整体网络架构，是否依据所涉及信息的重要程度等因素，划分不同的网段或区域。

- 检查关键通信线路、关键网络设备是否存在单点隐患。

- 不同网段或区域间应采取隔离措施，并合理设置访问控制策略，控制粒度为端口级。

- 应采取技术措施对互联网边界处的入侵行为进行检测和防护。

- 检查互联网边界是否部署网络层恶意代码检测设备或系统；查看恶意代码检测设备版本及病毒库更新日期，检查是否过期；检查恶意代码检测设备日志，是否保存至少 6 个月。

- 针对面向互联网的应用，检查是否部署应用层访问控制设备（如 WAF），是否配置严格的安全策略，对其提供应用层安全保护。
- 检查是否存在 VPN 访问情况，是否授予 VPN 账户所需的最小权限；VPN 开通流程；VPN 密码策略；VPN 登录日志。
- 检查终端准入措施，是否对终端准入进行严格控制。
- 检查是否对全网（链路、网络设备、主机等）的运行状况进行监测，是否在发现问题时及时报警，检查监测记录是否保存至少 6 个月。
- 检查重要网络设备的远程管理方式，是否采用安全加密的方式进行远程管理。不应当使用 Telnet 和 HTTP，而应当是如 SSH、HTTPS 等。

（2）主机安全防护核查

- 检查服务器操作系统、数据库远程管理方式，是否采用安全加密的方式。
- 检查采用何种技术手段对主机进行集中、统一管理。
- 操作系统和数据库日志应保存至少 6 个月。
- 应对主机系统恶意代码进行检测、防护。
- 检查服务器及运维终端安全策略设置情况，包括是否存在弱口令、多余端口及服务、补丁升级情况、远程桌面和远程协助开启情况、防病毒软件安装及升级情况。

（3）应用系统安全防护核查

- 检查应用系统管理用户、业务用户的设置情况，是否能够对应到具体人员，检查是否存在多人共用一个账号的情况；检查是否按照最小授权原则为用户分配所需的权限。
- 应用系统应具备审计功能，对系统管理及用户重要操作进行记录，日志保存至少 6 个月。
- 检查应用系统人机接口，是否对接口报文内容进行校验及检查，上传数据进行格式或大小限定。
- 检查应用系统冗余部署情况；若为关键信息基础设施，检查应用系统的灾备情况；灾备资产中版本、策略等是否符合生产环境安全标准。
- 应用系统通信过程中应对鉴别信息、重要数据进行加密。

（4）集权系统的安全防护核查

- 集权系统应当做好安全防护，访问策略最小化。
- 应定期更新安全补丁。

（5）数据安全防护核查

- 检查业务数据备份策略文件，其中是否对备份数据、备份周期、备份介质等进行了规定；检查应用系统重要数据是否异地备份；检查是否定期对备份数据的有效性进行了验证。

- 应采取技术措施对应用系统中存在的个人信息进行保护。
- 检查测试环境敏感数据脱敏、销毁、共享等措施。
- 检查关键信息基础设施、重要信息系统数据存储安全，如鉴别信息、关键业务数据等是否采用商用密码技术加密存储。

（6）公共展示屏安全防护核查

- 公共展示屏应采取专人管理。
- 公共展示内容发布应经过审核，审核通过后方可面向公众发布。
- 应采取措施对展示内容进行保护。
- 应具备发生公共展示类事件的处理措施。

（7）打印机、摄像头等物联网设备防护核查

- 物联网设备应当建立台账。
- 应当设置好访问策略，应使用强密码。

（8）邮件安全防护核查

- 应建立账号及口令管理要求。
- 应具备恶意邮件防护措施。
- 应定期对邮件系统进行审计。
- 应对邮件异常情况开展监测工作。
- 应关闭邮件自动转发功能，如无法关闭，应列出已经设置的人员清单并定期检查。
- 应组织邮件使用安全意识培训，组织反钓鱼邮件演练。

（9）云上系统安全防护核查

- 云主机应开启安全防护。
- 应划分相应的安全域，进行访问控制。
- 应定期开展漏洞扫描和安全整改。
- 应定期开展基线检查工作，修复潜在漏洞。
- 应进行单点登录。
- 应启用双因素验证。
- 应开启日志记录，并保存日志。

（10）人脸识别系统安全防护核查

- 应符合国家规定，有第三方检测报告。
- 应采取适当措施阻止已知手段绕过身份识别。
- 应采取适当措施避免生物特征数据被非法泄露。

- 应采取安全增强手段。
- 应保证生物特征不用于其他用途。

3. 检查总结整改

检查实施完成后，教育系统各单位应及时对检查结果进行梳理、汇总，从安全管理、技术保护等方面对检查发现的问题和隐患进行分类整理。对检查发现的问题和隐患逐项进行研究，深入分析产生的原因。结合年度网络安全形势，对本单位面临的网络安全威胁和风险程度、信息系统抵御网络攻击的能力进行评估。在深入分析问题隐患的基础上，研究提出针对性的改进措施建议。本单位网络安全职能部门应根据上述改进措施建议，组织相关单位和人员进行整改，对于不能及时整改的，要制定整改计划和时间表，整改完成后应及时进行再评估。最后对检查工作进行全面总结，编写检查报告，并按要求及时报送。

4. 安全检查工作应对流程

网络安全检查有助于提高教育系统各单位的网络安全水平，发现潜在的网络威胁、漏洞和安全隐患，为各单位提供明确的改进方向。通过与上级检查部门的合作，有机会了解到教育系统内的最佳实践，学习行业的先进经验。各单位应当积极应对检查，完善网络安全保护体系，提高整体的网络安全抵抗力，增强对各种网络攻击的抵御能力。通过建立一套完善的迎检流程，各单位能够更加有序、高效地应对网络安全检查，使其不仅是一种过程性的任务，更是一个提升整体网络安全水平的机会。

1）迎检准备

核实检查的时间和地点，确保在检查期间能够全力配合做好检查。准备相关文件和信息，包括工作汇报、管理制度和台账、网络拓扑图、资产名录、待查设备登录账户和检查设备接入方式等。

在迎检前应当进行自查，根据检查细则中管理和技术部分的所有检查点进行检查和审查，发现潜在的问题和弱点进行整改，收集与检查点相关的文件、记录、报告和其他证明材料。对于一些台账，平时应根据时间点要求做好收集和录入工作。

2）迎检工作部署

为确保相关人员了解检查的目的、范围和程序，以便协同合作，应在检查之前召开工作部署会。工作部署会主要宣读上级的检查要求，介绍上级的检查流程和本单位的工作安排，包括重要时间点、工作分工等。应强调全体人员积极提供支持和协助，配合检查人员的各项工作。

工作部署会可收集已知的一些问题和部门或人员在资源方面的难处，做好协调解决工作。

3）迎检实施配合

迎检过程中，应当确保所有关键的网络设备和系统处于正常运行状态，没有异常情况。

迎检应指定联系人，及时协助检查人员解决问题和做好技术支持，为检查人员提供各项文件和信息，确保他们能够有效地进行检查。对于检查过程中发现的不是问题的问题，应给予清晰且合理的解释，说明已经实施的一些安全措施、流程和政策，如果有相关的佐证材料，应及时提供。

迎检全程应当表现出积极合作的态度，对于确实存在的问题，应认真记录问题的详细描述，并承诺会在整改时采取切实有效的措施。

4）迎检总结

检查完成后，应当认真解读检查结果报告，并对迎检过程本身的问题进行总结。可回顾整个迎检流程，评估流程中顺利进行和可能的改进点，整理各项材料，做好回收、存档和销毁工作。最终形成迎检报告，总结经验，制定改进计划，为下一次迎检做好准备。

6.5.4 参加外部各级攻防演练

常态化安全运营可以看作是“平时”，攻防演练则可以看作是“战时”，只有平战结合，“营”在平时，才能“赢”在战时。参加外部各级攻防演练活动是对自身安全运营能力的实战化检验，在明确作为攻击目标的背景下，常态化安全运营转入“战时”状态，应对真实的网络攻击，全方位检验自身安全运营体系的实战能力。在整个演练过程中，注意收集各方面的数据，在演练结束后，全面复盘，总结整个演练过程中的经验和教训，并梳理能够纳入常态化安全运营的工作，持续提升安全运营能力。

1. 实战攻防演练安全运营保障思路

1）明确运营保障目标

首先，需要明确实战对抗保障的目标。直观的目标是提升本单位实战对抗的成绩，避免失分，提高得分。要实现该目标，重点是提升本单位在实战化攻防环境下的安全运营能力，包括攻击监测发现能力、安全保护能力以及应急处置能力。除此之外，还需要结合实战对抗的一些关键要点，包括演练规则评分要点、攻击方特点、防守方痛点等，作为实战对抗保障时需要重点考虑的问题，并在实战对抗保障方案中进行落地解决。

2）构建运营保障体系

攻防实战化安全运营保障体系，覆盖实战对抗的整个过程，包括启动阶段、备战阶段、演练阶段、保障阶段和总结阶段。对于每个阶段的工作，建立完善的保障体系，包括管理保障体系、技术保障体系和人员保障体系。管理保障体系主要是梳理与保障相关的组织架构和流程定义；技术保障体系是基于安全基础设施，包括边界防护设备、终端防护设备、应用防护设备、未知威胁防护设备、数据安全防护设备等，构建安全防护体系，接入并以安全运营平台为核心进行运营；人员保障体系，主要是人员赋能培训，以及实战对抗过程中的安全值守分析，覆盖监控、研判、处置、上报等环节。

通过人员、技术、管理的保障，支撑实战对抗中外网攻击检测、内网横向渗透、攻击监控、分析研判、处置上报、应急响应、预警通报等核心场景，构建实战化实战对抗保障体系。

在运营保障体系中，不可或缺的还有“联防联控，协同防御”体系。通过打通各个横向及纵向单位之间的信息共享能力，通过情报共享提升各个单位的保障能力，情报共享能够帮助能力较弱的单位快速提升防御检测能力。联防联控和协同防御体系既可以在同级单位之间，也可以在上下级单位之间建立。

3）实战攻防特点分析

随着网络空间安全态势的恶化，攻防对抗程度加剧，已呈现常态化和实战化趋势。攻击方绕过多重的检测和防御机制进行攻击，防守方也在借助更多创新安全技术有效识别和响应攻击行为，攻守双方相互制约的同时也在相互促进技术革新与发展。安全运维从传统的监测单点设备告警和分析日志阶段已经转型到现在的一体化安全运营。防守方利用大数据、人工智能等智能分析与研判技术，自动化编排合理有效的安全策略和处置措施，以应对更加多变和复杂的网络攻击行为。

当前，网络攻防对抗形式呈现出以下几个特点：

- 攻击路径，正侧有道。目前的攻击手段多样，从对入侵事件进行应急响应得到的攻击路径中显示，大多数攻击者会从互联网侧面进行突破。相对于正面突破来说，侧面突破攻击路径较长，第三方防护能力较低，从而边界突破难度较低，攻击者一般需要找到目标内网入口进行进一步攻击。而正面突破的攻击路径较短，边界突破难度较高，往往需要以钓鱼或使用 0Day 漏洞等手段进行突破，突破后能够快速到达目标内网。

- 漏洞攻击，0Day 为王。近年来实战对抗态势呈现老漏洞经久不衰，新漏洞层出不穷的局面。虽然绝大多数传统的恶意软件能够被现有的特征签名机制捕获拦截，但仍存在传统漏洞扫描工具检测不出的未公开的未知漏洞。0Day 漏洞售价高、影响大，黑客趋之若鹜。在目前的实战对抗中 0Day 漏洞已经成为攻击团队突破防线的有力武器，攻击队伍在 0Day 挖掘投入剧增，实战对抗期间检测到的有效漏洞中 46.6% 为 0Day 漏洞，漏洞数量相较之前增长 147%。

● 漏洞分类，目标明确。实战对抗中攻击者一般根据漏洞分类对各种目标系统、组件进行有针对性的攻击。办公系统容易获得代码，漏洞较多，影响较广，因此相关情报也最多。框架组件使用范围最广，其高危漏洞突破边界效率高，因此比较受攻击者欢迎。另外，安全产品得分多，一般能够帮助突破网络边界、控制更多节点，攻击队伍会投入大量人力财力进行漏洞挖掘、收购。

● 典型攻击，味道不变。尽管攻击手段日趋复杂，新型漏洞层出不穷，但典型的攻击方式仍是攻击者使用的攻击主流。攻击方式占比第一的是利用远程命令 / 代码执行漏洞，其次是利用恶意软件漏洞攻击、反序列化攻击以及资产 / 服务扫描攻击。攻击者一般以获取系统权限的漏洞为主进行攻击，对内外网进行扫描追求快速打击，一旦打入内网，就进入攻击检测盲区，触发告警少，攻击者便更易进行下一步操作。

● 钓鱼攻击，“人”者无敌。除了典型攻击外，攻击者利用人性的弱点以及人们安全意识薄弱作为突破口进行钓鱼攻击，这也是目前主要的攻击手段。钓鱼手段多样，钓鱼攻击日趋成熟，越来越多的攻击队伍使用钓鱼技术结合 0Day 漏洞利用，防不胜防。

● 剧本技术，双管齐下。剧本技术主要针对安全意识低的人群，利用其心理防线低进行攻击突破，该技术一般根据特定场景进行一系列剧本的编排，诱骗相关人员进行点击，而后结合技术支持漏洞或免杀木马进行钓鱼。

● 实战出发，归于常态。网络攻防趋于日常，实战对抗脱离不了日常安全运营。目前全国防守单位大多数没有建立起成熟的安全运营体系，面对实战对抗采取临时突击或堆砌防护的方式应对实战，投入大量资金与人力均未能达到预期的效果。建立起安全运营能力，实现对抗能力常态化，并在实战中不断推动能力优化，是当下各单位防守的重点。

● 情报驱动，主动狩猎。实战对抗瞬息万变，防守方可能会通过中台建立基于情报的联防联控机制，对攻击者进行画像绘制，进行攻击组织追踪。主动狩猎，提前布防，是应对规模化、武器化、自动化攻击者的有效手段。

● 伪装通信，隐匿行踪。面对防守方的各类防护手段，攻击者趋于使用木马免杀技术、木马通信隐匿技术进行对抗。免杀、伪装、隐匿技术发展日趋成熟，技术开放使相关技术得到更加广泛应用，攻击方对抗防护措施的难度降低。

4）实战对抗典型攻击方式

● 信息收集。攻击队伍针对攻击对象开展一系列的前期信息收集，包括但不仅限于单位组织架构、主域名、子域名、外网和内网 IP 地址范围、VPN 入口、邮箱服务器等方面，以便后期开展外围打点攻击。

- 外围打点。基于所收集到的攻击对象基础信息，攻击队伍对目标的外围资产开展一系列的前期攻击，包括但不仅限于 Web 漏洞利用、弱口令和默认口令、钓鱼邮件等方面的利用攻击，以帮助后期掌握目标的内网信息。
- 内网信息收集。基于外围打点所发现的目标短板，如Web漏洞利用和成功上传木马，深入去收集和获取目标的内网拓扑、邮件密码、常用口令字典、内网应用分布和部署情况等方面信息，以帮助完成攻击的最终目的——获取内网权限。
- 内网权限获取。攻击队伍在成功获取内网相关的短板信息后，进而对目标相关的服务器、网络设备、办公终端等设备，利用 RCE 漏洞、弱口令、0/N Day 漏洞等利用攻击方式，最终获取内网权限。

2. 备战阶段

备战阶段通常会持续一段比较长的时间，一般会以月为单位。备战阶段应编制保障方案，明确保障范围，建立工作小组，明确工作小组职责和人员分工，识别安全风险并补充必要的安全设备。

备战阶段会重复做一些常态化安全运营的工作，前面章节介绍的各项安全服务一般会安排每月、每季度或者每年执行一次，这些服务可以在备战阶段提前执行或者专门执行。还有一些是在攻防演练前必须再次执行并且必须对执行的结果进行全面仔细检查的工作，比如弱口令排查、超高危漏洞整改等。

备战阶段需要做好进入下一阶段的准备，提前设置好各个配置，等待进入临战状态后一键切换。预先设置的配置可以更迅速地应对和控制变更带来的风险，提高灵活性和适应性，提高工作效率。

本节内容主要从教育单位整体层面来介绍。如果是二级单位，因为二级单位网络安全设备较少，响应安全人员较少，开展的工作没有上级单位多，所以主要任务在于：加强与上级单位的沟通，确保保障目标和范围的准确理解；建立即时的协作机制，确保了解上级单位的工作进展情况和需要配合的工作，建立良好的沟通和合作机制，共同应对挑战；完成上级单位要求的各项任务，根据上级的策略调整本单位内部的策略，在保证总体要求下可有一定的灵活性，并且向上级汇报工作进度。

1）编制保障方案

保障方案要全面，涉及整个攻防演练的方方面面。保障方案的编制应当使用底线思维，在编制时要考虑最坏的情况，并为此制定相应的策略。只有充分估计到最坏的情况，在真正发生情况时，才能够有效应对。通过深入分析，做好最坏打算，不断改进方案，调整细节，才能更好地应对风险，避免最坏情况的发生。在攻防演练时，各单位可以假定攻击者已经进入内网作为底线思维，以这个为前提做好各方面的防护。

2）明确保障范围

由于保障的范围较广，涉及的内容很多，为了将复杂的问题简化，并针对不同的范围进行不同的保护，前期应当对保障范围进行梳理，并对梳理出来的内容进行分类分级。可从以下几个方面进行梳理：

- 数据中心基础设施，包括各个机房中的物理环境、网络、服务器、存储、虚拟化、公共平台等。
- 数据中心承载的各类信息系统，包括门户网站、管理信息系统、其他单位托管信息系统或网站等。
- 数据中心承载的各类信息系统的重要数据。
- 互联网出口及各网络专线接入。
- 机关办公外网和办公终端。
- 与本单位或其他单位之间的安全传输通道。
- 各类信息系统及核心数据。
- 部署运行在其他单位、公有云上的系统等。

3）明确保障目标

保障目标可以分解成一系列小的、易于执行和管理的目标，比如可细化为数据中心基础设施安全稳定运行；信息系统安全稳定运行，无页面篡改、服务异常中断等安全事件；信息系统数据安全可控，无数据篡改、脱库、非法访问等安全事件；互联网出口网络正常服务，无网络大规模故障和中断事件；数据中心各专线连接正常，无网络大规模故障和中断事件；办公网络和终端正常运行，无大范围病毒和木马传播；与本单位或其他单位之间安全数据传输通道正常，数据交换安全稳定。

4）组建保障团队

在前面章节的安全运营团队建设方面，我们已经知道了如何在单位内部建立一些组织和团队，攻防演练的组织可以复用前面的组织架构，但是也会有一些比较特殊的配置。

攻防演练应在单位网信领导小组统筹指挥和网信职能部门的指导下，开展相关安全技术支撑保障和应急处置工作。本单位的安全工作由网信领导小组负责总体调度、组织协调，职能部门（或其他部门）负责具体实施。在实战对抗安全保障过程当中，需要有明确的安全保障团队架构，以避免在各阶段中出现职责不明确，分工落实不到位，最终导致安全问题产生。为确保安全自查工作得到充分开展，安全防护能力得到有效完善，必须明确保障团队架构和做好清晰的职责划分。

保障团队组织架构示意图如图 6-20 所示。

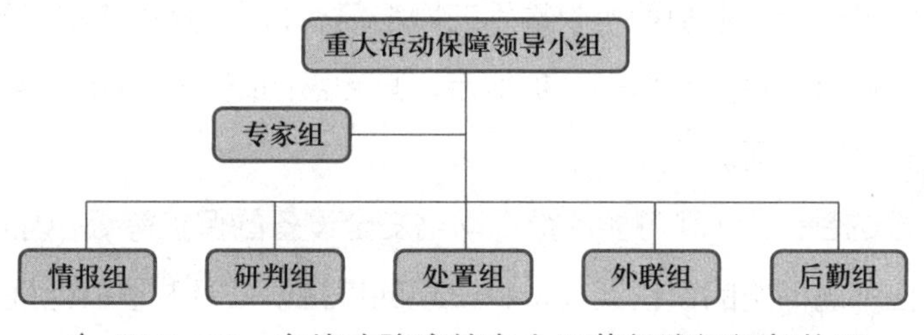

△ 图 6-20　实战攻防演练安全运营保障组织架构图

- 重大活动保障领导小组：领导小组负责统筹整个攻防演练过程。
- 专家组：可邀请一些单位内外的专家组成专家组，负责对方案进行评审，提供专家经验。
- 情报组：负责分析情报，识别出风险交给研判组继续跟踪。情报组不对情报进行深入跟踪，以免错过其他情报。
- 研判组：研判组根据情报组分析得到的风险继续深入分析，并将分析的结果交由处置组处置。
- 处置组：处置组根据研判组分析到的结果进行处置，对误报进行解除。
- 外联组：外联组协助研判组，协调单位内其他资源。对被处置的资产进行通知。
- 后勤组：做好后勤保障。

在攻防演练当中，需要保障团队在各环节高效协同合作，以应对保障工作各阶段中遇到的问题，如前期的网络安全检查、中期的应急响应处置等。因此，保障团队的各小组必须明确和清晰自身的职责范围，以保证安全响应工作得到有效的落地和闭环。

除了明确组织架构和责任划分之外，同样重要的是要确保各小组工作要得到有效实施，否则仍然可能导致安全问题的产生。因此在明确职责的同时，需要明确划分集成商、网站开发商、软件开发商、网络厂商、安全支撑团队、安全部门的责任，分别签订责任划分承诺书。

5）网络架构分析调优

在攻防演练当中，必须先对当前保护对象的整体网络架构进行全面安全分析和梳理，主要关注当前网络架构中的安全能力现状，以及关键业务流的流向等，便于后续进行安全能力缺陷补充及监控分析处置。在网络安全架构分析上，主要分为两大阶段，分别为网络信息收集和安全架构分析。

网络信息收集主要是完成对网络建设方案、已有网络安全拓扑、网络设备相关配置和流量镜像等方面信息的初步收集，在完成初步收集后，会与资产拥有方对相关的信息进行核对。

在完成网络信息初步收集后，进而开展安全架构分析工作，其中包括现场开展人工访谈和安全测试，以进一步验证前期所收集到的网络信息，进而对收集到的信息，结合现场调研的结果，综合输出网络安全架构分析报告，其涵盖网络整体分析结果、建设规范性、边界安全、流量安全等方面。

在保障可用性的基础上，尽可能地提高网络安全设备的保护等级。因业务系统差异性，各类安全设备存在不同情况的误拦误报，将发现的误拦误报及时进行处理，能够减少对业务的影响，同时更有效减少对安全监控的影响，提升决战阶段监控准确度。

6）互联网资产暴露面治理和内网资产发现梳理

由于攻防演练资产数量一般较大，且可能存在管理分散或者遗漏的情况，因此在前期阶段必须针对保障的资产开展全面的资产梳理工作，以确保知根知底，保证掌握保护的资产范围、资产清单、资产责任人、资产当前情况等方面，否则一旦出现遗漏的资产，则有可能成为击溃网络整体安全的一大突破口。

同时，资产表作为主机脆弱性、弱口令、基线配置的基础数据，需要排查清晰保障资产的开放端口服务，以作为关闭非必要端口和加强端口访问策略的依据。除此之外，梳理重点资产也是必要的环节，作为合理地调配保护资源的参考依据。

7）全面风险隐患排查

在资产梳理的基础上，再次全面排查风险隐患，可从漏洞扫描、配置核查、弱口令检查、渗透测试、敏感信息检查多个方面入手。应注意以下 3 种类型的风险：

- 靶标和重要业务系统风险。根据业务和系统的重要性，对业务系统进行分级，针对重要业务系统，例如上报的靶标系统、核心生产系统、生产管理系统、财务系统以及云平台等，从管理和技术两方面进行风险评估，梳理系统关键流程（如登录、认证、查询、申请、审批、交易等），绘制相应时序图，分析业务流程和数据流转中可能遭遇的攻击、敏感信息泄露等安全隐患，输出相应风险处置措施（临时措施和长期措施）以降低风险，保障系统安全。

- 集权系统及安全设备风险。除业务系统外，单位内部还存在众多集权系统和安全设备，集权系统包括但不限于身份认证系统、VPN、域控系统、网管系统等；常见安全设备包括但不限于防火墙、入侵防御系统、Web 安全防护系统、主机防护系统等。上述系统和设备也应该通过风险评估的方式，确保其集权管控和安全防护机制能够正常运行，且系统本身不存在中高危安全漏洞，避免因该类失陷导致攻击者在内网横向移动，且借由集权系统和安全设备进一步开展的难以被察觉的攻击行动。

- 第三方风险。常见的第三方风险包括但不限于供应链、相关业务链、第三方人员链等，在实战对抗备战期间，重点识别第三方开发的业务系统、监管机构前置系统、第三方业务前置系统、第三方外包人员、外部访客等可能存在的安全风险。通过对已识别的风险进行相关风险处置以降低风险，对于无法有效处置的风险，应重点进行监控，及时发现攻击行为。

8）从攻击路径分析布防

在实战对抗前期，需要全面梳理现网中可被利用的攻击链路，评估并完善单位的安全能力，收敛风险面，增加攻击者的攻击成本，减少监控盲区。通过攻击路径分析及布防可以识别风险路径区域，明确风险，调整设备或新增设备，确认单位内安全保障设备位置是否正确部署，安全设备能力是否完整覆盖单位内网与关键节点，防止实战对抗时出现监控盲区、防护缺陷、溯源短板。

9）防护能力缺陷补充

根据前述各个步骤的结果，补充本单位当前缺失的防护能力，可采用服务采购或者设备采购的方式进行补充。

10）内部红蓝对抗演练

在保证业务正常运转的前提下，在真实网络环境下开展红蓝对抗，及时发现网络资产的隐患，检验安全威胁监测发现能力、防护能力和应急处置能力，并通过演练结果进一步改进保障能力。红蓝对抗可由不同的第三方安全公司执行多轮，从而更加全面地验证保障能力。若已经在近期开展过内部红蓝对抗演练，则可考虑直接使用演练结果，或者补充开展多轮次的红蓝对抗。

11）安全意识与能力培训

对全体人员进行网络安全意识培训。社会工程学攻击手法已日渐成为技术手段攻击之外的蹊径，很多攻击者在正面攻击束手无策之际，往往会采用邮件钓鱼、电话欺骗等多种方式来获取新的攻击途径，而人则是整个环节中最薄弱的，因此有针对性地进行安全意识培训很有必要。

为对前期的安全意识培训效果进行验证，可开展反钓鱼邮件演练。通过给防守单位测试对象发送钓鱼测试邮件，统计点击钓鱼链接人员的邮箱及人员信息，并输出统计报表，评估本单位人员网络安全意识整体状态。通过还原钓鱼邮件真实场景，通过定制邮件与网站页面，使被测试人员实际感受钓鱼邮件威胁，激发被测试人员邮件办公的警惕心理，弥补安全意识短板，演练结果直接成为后续安全教育的良好素材。

对决战阶段使用设备的方法进行培训。利用安全设备日志，对防守单位内部及第三方防守人员开展威胁分析能力培训，以攻击者思维分析告警并判断真实性。

进行应急演练，提升对网络信息安全攻击事件的响应能力和应对突发安全事件的紧急处理能力。通过演练，逐渐形成快速、高效、有序的网络信息安全应急响应机制，从而有效预防、及时控制和最大限度地减少各类网络信息安全突发事件造成的损失和影响。演练可选取容易出现的事件、场景进行，根据成本考虑选择事件、场景的数量。

3. 临战阶段

在临战阶段，应当调整网络安全设备防护级别，加大值班值守和监测力度。对于原先常态化执行的诸如资产梳理工作，可在临战阶段再执行一次。对备战的工作进行检查，确保各项工作落实到位。临战阶段通常以日为单位。

1）确认各项防护措施到位

在备战自查工作中已经形成了风险及问题的汇总表，亦已形成相应的跟踪表，设立每项风险闭环的责任主体和负责人。临战阶段必须再次检查各项工作完成的支撑材料是否齐全，对整改情况及时跟进，直至各项风险闭环，对于无法整改完成的应采用缓解措施。

2）进行一次战前动员

战前动员可统一思想，提高斗志。战前动员应当再次对一些重要事项进行说明，比如攻防演练时间点、应急联系方式，应提醒决战阶段不允许使用反向连接等方式进行服务器运维，不允许发起未授权的扫描，等等。

实战对抗正式开始前，开展战前安全意识专项强化，对防守单位全体成员及第三方人员进行战前宣贯，针对前期安全意识培训及钓鱼攻击演练中发现的问题进行同步，重点关注 IT 技术人员及演练中被钓鱼成功的人员，对常用社会工程学手段及防守方法突出强调，通过实战案例的介绍使防守人员对实战对抗中的社会工程学攻击有更直观的认识，争取最大程度降低人员的隐患。

3）最后一次安全检查

临战前的安全检查应当挑选重点，检查执行时间短、快速的事项。

4. 决战阶段

决战阶段即真正进入了攻防演练时期，这时不再允许对安全设备有较大的调整，也不允许内部发起的各种安全检查和扫描，要集中力量和精力，全力做好监测工作。各个分组根据前期分工，高效处置各类安全问题。

1）集中力量做好监测工作

监测可以从安全情报监控、设备和行为着手。

2）VPN、统一身份认证、账号登录认证情况的监测

账号是攻击者进入单位内部网络的第一个环节，是必须严防死守的。对于 VPN 和统一身份认证，要采用事件分析法、时间分析法和流量包样本分析法等方式，在大量日

志中捕获关键信息，关注重点事件，关注异常登录等日志。一旦发现异常，要第一时间排查。

3）互联网暴露面情况检测

除了账户外，互联网暴露面也是攻击者进入单位内网的重要途径，可结合全流量、WAF 等设备进行分析，找出可能的攻击行为。

4）云端安全监控

在演练保障期间，对本单位的互联网网站提供完整性检测、可用性检测。完整性监测能够甄别出防护站点页面是否发生了恶意篡改，是否被恶意挂马，是否被嵌入敏感内容等信息；可用性检测能够帮助防守方了解站点此时的通断状况、延迟状况。

5）内网扫描和横向移动检测

如果前期攻击行为没有被识别或者攻击者利用社会工程学已经进入内网，必须对攻击者进行横向移动识别，这可利用全流量分析设备、蜜罐、EDR 等设备进行识别。

6）威胁分析研判

在攻防实战对抗防护期间，研判分析小组将对安全监控小组上报的威胁事件进行研判，对符合预警条件的事件进一步通知处理。

安全预警通告主要包括安全风险预警通告、安全事件应急通告、可疑安全行为通告。当研判分析小组收到通告后，应及时研判被通告内容与保障目标资产吻合度，对风险内容进行定位分析，确认实际影响范围、威胁程度、紧急程度等，并协调应急处置小组进行处理，以达到快速闭环安全风险的目的。

7）应急响应处置

应急响应能够快速成功处置，关键是根据前期应急预设流程为指导，应急处置小组有条不紊地对已发生安全事件进行解决，以最大限度地减少安全事件造成的损害，降低应急处置中的风险。

应急处置完毕后，应当及时对被处置的二级单位进行通知，排查是否误报等问题。应急处置整体阶段分为发现与报告阶段、事件分析阶段、事件恢复阶段、事件根除阶段和事件总结阶段。

8）事件上报

在实战对抗期间，防守方对检测到的告警信息进行研判分析，对确属攻击行为的，根据规定格式及时编写防守方成果报告，提交至保障领导组，由安全接口人统一上报。

9）联防联控与协同防御

在实战对抗期间，借助安全服务商能力，通过威胁狩猎与大数据运营分析，评估攻击态势，提炼攻击战术战法，推送战略战术打法，指导本单位调整防守策略。通过联防联控体系，以情报驱动为运转核心，推送精准情报信息（包括但不限于黑 IP 信息、非法攻击者 / 攻击组织信息、攻击特征、漏洞信息等），引导防守单位进行流量回溯，主动发现入侵事件和风险，并联动研判组、应急组、溯源组、产品组进行全方位的技术支持，及时进行分析与处置，并提取攻击手法和攻击路径，形成防守方成果报告。

此外，借助安全服务商云端能力，在实战攻防演练期间，可持续接收情报验证与预警，上报事件完成研判与应急响应，帮助本单位开展威胁狩猎与溯源反制。

10）严格落实应急值班任务

根据应急值班安排，在重要保障时期进入现场保障阶段，应严格执行 7×24 小时值守和领导带班制度，值班人员不得擅自离岗。通过技术手段做好日常巡检、安全监控、告警处置、安全通告、应急响应等现场保障工作。如无特殊情况，原则上不得更换人员，为攻防演练期间提供必要的支撑。

11）严格执行应急处置流程

在现场保障期间，一旦出现突发安全事件，应按照《教育系统网络安全事件应急预案》和本单位应急预案的要求，立即通知有关部门，并配合做好网络安全事件应急处置工作。

12）保持通信沟通顺畅

值守领导和值班人员要保持通信畅通，确保通报、上报机制顺畅。

5. 总结阶段

为及时梳理实战对抗过程中存在的问题，在保障结束后的 5 个工作日内，组织保障参与人员对重大保障活动全过程进行复盘分析。对复盘形成总结报告，报告可包括前期方案、组织架构情况、防守开展情况、监测设备发现的攻击事件的汇总统计、攻击事件和应急预案启动情况，还应包括下一步工作计划。

如果是授权的攻防演练，应对所有被攻击事件进行分析，寻找原因，对薄弱点进行梳理和分析，制定解决问题的措施。

同时需要特别注意，总结本次实战攻防演练保障过程中对于常态化运营新的能力需求，评估在常态化安全运营工作开展过程中，哪些工作可以通过日常运营开展来应对各类实战化的攻防演练活动。通过召开总结会等方式，梳理分析攻防演练期间出现的各类问题，评估工作的合理性，总结工作亮点，为后续攻防演练工作的开展积累经验。根据总结得出的经验、差距，调整完善网络安全体系及攻防演练流程，为日常安全运营提供经验指导。

6.5.5　内部红蓝对抗演练

红蓝对抗是真实模拟并验证安全运营建设有效性成果的有效形式，组织攻防双方基于真实的网络环境，开展攻防对抗；攻防期间不限制攻击方的攻击手段、攻击入口，以获取目标系统的系统层权限、业务数据、业务控制权限为目的；在演练结束后，需召开总结会议，汇报成果，共同复盘，沟通攻防过程中的优点与不足，结合安全防护体系现状探讨安全建议。

与参加外部红蓝对抗演练不同的是，内部红蓝对抗需要自行组织，制定内部的演练规则。有时为了最大化暴露内部问题，演练过程中可采取只观察、溯源而不直接阻断的方法。

组织内部红蓝对抗演练可根据如下步骤开展：

1. 设定组织架构

演练团队由组织方、防守方、攻击方三方组成，各方职责如下：

● 组织方提供演练技术或平台支撑，制定演练规则，提供各项后期保障，组织红蓝双方在一定的时间和规则内开展红蓝对抗。

● 防守方检测攻击事件，拦截攻击行为，溯源攻击者，以保护信息资产为目的。

● 攻击方模拟黑客的动机与行为，探测单位内网络或信息系统存在的脆弱点，对脆弱点进行利用并横向扩展，在授权范围内获得服务器或业务系统的控制权，或获取大量业务数据。

为有条不紊地完成演练，需建立一个完整的组织方，组织方包括总指挥、专家裁判组、指挥协调组、演练运维组。整个演练团队组织架构如图 6-21 所示。

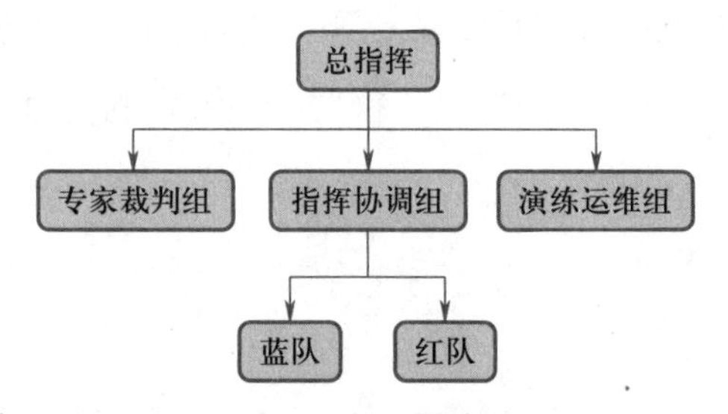

△ 图 6-21　内部红蓝对抗演练团队组织架构

2. 制定演练规则

为保证演练可控开展，公平公正，不对业务造成影响，尽可能地多发现安全隐患，制定针对防守队、攻击队、裁判的规范。同时为了衡量成果，增加对抗双方的积极性，制定评分规则。为保障演练内容保密，制定保密协议。

3. 召开演练启动会

召集所有参演人员，召开演练启动会，指挥协调组成员介绍演练团队组织架构、问题反馈渠道、演练目的，宣讲演练规则，提醒注意事项，明确演练时间点。总指挥宣布演练启动。

4. 正式进入演练

各个二级单位安全水平不一，可以作为参与的某一方，不一定要设置防守方。攻击方按照相关演练规定，开展网络入侵，寻找攻击路径，以获取目标系统的关键信息（包括但不限于资产信息、重要业务数据、代码或管理员账号等）为目的，发现防守方的安全漏洞和隐患，摸索其安全防护能力；额外应做好记录，整理成果，通过演练平台提交。在实施阶段的最后一天的下午，攻击方禁止攻击，并开展痕迹清理工作。防守方根据演练资产范围，做好攻击监测和应急处置工作。防守方通过各网络节点部署的安全设备，实时对攻击行为进行监测，挖掘入侵事件，研判并处置事件，保障业务系统的安全平稳运行。专家裁判组根据评分规则，审批红蓝双方成果，并评分。指挥协调组传达演练需求，协调防守方、攻击方、业务方三者之间的沟通，辅助问题解决。演练运维组维护演练平台的正常运行，处理由演练引起的意外事件，每日汇总日报提交给总指挥。

5. 总结复盘

指挥协调组组织攻守双方对演练进行复盘，梳理演练过程中攻击方的攻击思路、成果路径、攻击手法、攻击工具；防守方监测到的攻击事件、攻击特征、木马，防守方的事件处置措施；根据攻守双方的成果，总结实战经验，分析防守方的防护能力，单位内安全制度的缺陷，并共同商讨可落地的整改方案。根据演练过程的复盘结果，演练组织方编写红蓝对抗演练总结报告。

6.6 本章小结

本章首先介绍了网络安全运营的基本概念，提出了安全运营三要素所包括的人、工具和流程，阐述了安全运营的三个特点：动态、持续和可度量，重点介绍了安全运营和安全运维的区别。网络安全模型部分，主要介绍了 PPDR、PDRR、MPDRR、PPDRR、PDRRA 和 WPDRRC 等，PDR 及衍生模型以及 IATF 模型、滑动标尺模型、IPDRR 模型、零信任模型和 ATT&CK 模型等。理解这些网络安全模型，对于了解网络安全运营具有重要的铺垫作用。接着简要介绍了安全运营的整体流程及规划、建设、运营和验证 4 个步骤。

其次，详细介绍了安全运营规划和安全运营建设的内容。安全运营规划的主要工作阶段分别是现状评估、需求归集、确定目标、规划方案和项目计划。网络安全运营建设则围绕网络安全运营整体流程，从运营团队建设、制度流程建设、安全产品选择、安全服务选择以及网络安全运营发展展望等方面介绍了组建安全运营体系的常规方法。

再次，常态化安全运营部分以 WPDRRC 框架为指引，详细展开说明了如何开展常态化网络安全运营工作，在预警、保护、检测、响应、恢复和反击 6 个阶段分别开展的具体工作内容。并给出了安全运营工作日历，帮助读者熟悉安全运营工作的常见日程安排，快速制定工作计划。

最后，介绍了安全运营有效性验证的概念，以实战化为指引，从“纸面”验证到实战化攻防演练验证，详细介绍了 5 个有效性验证的方式，分别是安全运营成熟度度量、防御能力评估、专项安全检查、内部红蓝对抗和参加外部各级攻防演练，帮助读者理解和应用安全运营有效性验证的手段。

6.7 习题

一、单选题

1. 下列选项中不是网络安全运营特点的是（　　）。

A. 动态　　B. 可度量　　C. 持续　　D. 循环

2. PPDR 模型是在 PDR 模型基础上提出的动态网络安全模型。PPDR 模型在 PDR 模型的基础上增加了（　　）。

A. Policy（策略）　　B. Protection（保护）

C. Detection（检测）　　D. Response（响应）

3. 网络安全滑动标尺模型将网络安全能力分为五个阶段，依次是基础架构安全（Architecture）、被动防御（Passive Defense）、主动防御（Active Defense）、威胁情报（Intelligence）以及进攻反制（Offense）等，其中（　　）阶段的防御能力最高级。

A. 基础架构安全　　B. 被动防御　　C. 主动防御

D. 威胁情报　　E. 进攻反制

4. 安全运营制度建设中，将制度总体分为（　　）级。

A. 3　　B. 4　　C. 5　　D. 6

5. WPDRRC 中的“C”指的是（　　）。

A. 预警　　B. 反击　　C. 响应　　D. 保护

6. 信息资产管理的目标是（　　）。

A. 实现信息资产的全生命周期管理　　B. 掌握所有信息资产信息

C. 信息资产分类管理　　D. 信息资产梳理

7. 下列选项中不是安全运营能力成熟度模型能力维度的是（　　）。

A. 组织人员　　B. 流程规范　　C. 资产管理　　D. 技术工具

二、多选题

1. 网络安全运营的三要素是（　　）。

A. 人　　B. 流程　　C. 平台　　D. 工具

2. 网络安全整体运营流程，包括（　　）等步骤。

A. 规划　　B. 建设　　C. 运营　　D. 验证

3. 安全运营规划可划分为5个阶段，主要包括（　　）等，规划的内容主要包括管理、技术、运营和组织架构、工作流程等方面。通过合理地规划和实施，满足单位的网络安全保障需求。

A. 现状评估　　B. 需求分析　　C. 确定目标

D. 规划方案　　E. 项目计划

4. IPDRR 网络安全框架（Cyber Security Framework）的主要组件包括（　　）。

A. 框架核心　　B. 框架结构　　C. 框架实现　　D. 概要

5. IATF 模型的核心思想是纵深防御战略，强调人（People）、技术（Technology）和操作（Operation）3 个核心要素的融合，并定义了网络安全运营的 4 个焦点领域，包括（　　）。

A. 保护网络和基础设施　　B. 保护区域边界

C. 保护计算环境　　D. 保护支撑性基础设施

6. 安全服务商的综合考虑原则包括（　　）。

A. 择优采用原则　　B. 竞争替代原则

C. 价格低廉原则　　D. 长期合作原则

7. 下面属于 WPCRRC 模型环节的有（　　）。

A. 预警　　B. 保护　　C. 检测　　D. 反击

8. 网络安全运营有效性验证的手段包括（　　）。

A. 安全运营成熟度评估　　B. 防御能力评估

C. 专项安全检查　　D. 内部红蓝对抗演练

9. WPDRRC 模型包含以下（　　）环节。

A. 预警　　B. 预测　　C. 保护　　D. 资产梳理
E. 检测　　F. 监测　　G. 响应　　H. 恢复
I. 反击

三、简答题

1. 写出网络安全运营规划的 5 个步骤并简要描述各个步骤的主要内容。
2. 简要介绍常态化网络安全运营工作各个阶段的主要工作内容。
3. 简要介绍网络安全运营有效性验证各个手段的主要内容。

参考答案

一、单选题

1. D　　2. A　　3. E　　4. B　　5. B
6. A　　7. C

二、多选题

1. ABD　　2. ABCD　　3. ABCDE　　4. ACD　　5. ABCD
6. ABD　　7. ABCD　　8. ABCD　　9. ACEGHI

三、简答题

1. 答题要点

网络安全运营规划包括现状评估、需求分析、确定目标、规划方案和项目计划 5 个步骤。

（1）现状评估步骤的主要工作：主要评估安全管理和安全技术两方面，与《网络安全等级保护基本要求》对应等级的差距。

安全管理评估，主要评估安全管理机构与职责、安全管理制度、安全管理人员、安全管理流程、安全运维管理以及应急响应管理和容灾备份管理等方面。

安全技术评估，主要包括网络架构评估、边界防护安全评估、网络通信安全评估、计算环境安全评估、应用安全评估、身份认证评估等内容，可采用的评估方法包括安全漏洞扫描、安全配置核查、渗透测试、日志审计、流量分析等。

（2）需求分析步骤的主要工作：安全运营需求分析通常包括组织架构、岗位职责与工作内容、管理制度、运营流程、技术体系、管理框架、服务内容、运营活动等方面，与合规要求和业务安全要求的差距，针对差距展开建设。

（3）确定目标步骤的主要工作：安全运营目标的确立，是对整体安全能力的定位，可根据网络系统的等保级别和业务安全要求，确定要达到的安全目标。

（4）规划方案步骤的主要工作：包括安全管理体系和安全运营技术体系等方面。

安全运营管理体系方面的规划，主要内容包括确定安全管理机构、明确各岗位及其工作职责、安全运营流程、人员能力要求及任职全周期管理等具体内容。

安全运营技术体系方面的规划，围绕预警、保护、检测、响应、恢复和反击等安全运营关键流程，从安全管理中心、网络架构、边界防护、网络通信、计算环境、应用安全、数据安全等方面，满足《网络安全等级保护基本要求》中的对应等级的技术要求。

（5）项目计划步骤的主要工作：将规划方案中的具体安全要求，转化为具体的网络安全产品及安全服务要求，确定网络安全产品型号及功能、性能、部署方式等具体参数或者安全服务的内容、方式、频次等内容，推动安全运营项目的落地实施。

2. 答题要点

常态化安全运营以 WPDRRC 模型为基础，包括安全预警、保护、检测、响应、恢复、反击 6 个阶段的关键活动。预警阶段主要工作内容有漏洞预警、攻击行为和趋势预警、情报收集分析预警。保护阶段主要工作内容有资产管理、脆弱性管理、安全加固、纵深防御和欺骗防御。检测阶段主要工作内容有资产检测、日志分析、流量检测、终端检测和异常行为分析。响应阶段主要工作内容有应急响应。恢复阶段主要工作内容有容灾设计、基础设施故障恢复、系统恢复和数据备份恢复。反击阶段主要工作内容有调查取证、追踪溯源和法律保护。

3. 答题要点

安全运营有效性验证是通过多种方式对整个安全运营工作的成效进行验证，这些验证手段整体遵循的逻辑是“由浅入深”，包括安全运营成熟度评估、防御能力评估、专项安全检查、内部红蓝对抗演练和参加外部各级攻防演练活动。

安全运营能力成熟度模型可以较为全面地衡量网络安全运营水平。作为一把标尺，在安全运营建设前，基于模型度量安全运营成熟度，可以全面了解当前的安全运营现状，度量结果可以指导后续的安全运营建设。在安全运营建设基本完成之后，通过模型度量安全运营成熟度，可以较为全面客观地看到整体的建设成果。在建设完成进入持续运营阶段后，定期基于模型评估安全运营能力成熟度，可以指导后续安全运营的发展方向，帮助运营者查漏补缺，持续完善和提升安全运营能力。

防御能力评估主要是利用技术手段，对单位的监测和防护体系进行技术层面的验证。以攻击者视角进行模拟，检验整个网络的安全检测和防御体系是否有效，是否能够检测到真实攻击，整体防御水平到底如何。以及在确定补救行动的优先次序和改善防御方面提供帮助。

专项安全检查可以在多个管理层级之间开展，如行业主管部门对教育行政单位和学校发起检查，教育行政单位和学校对二级单位发起检查。专项安全检查可以全量检查，也可以针对部分项目进行检查。全量检查包括检查网络安全管理和技术所有内容，一般建议一年检查一次，而平时也可有针对性地对某个比较突出的问题进行检查。

红蓝对抗是真实模拟并验证安全运营建设有效性成果的有效形式。组织攻守双方基于真实业务的网络环境，开展攻防对抗；不限制攻击方的攻击手段、攻击入口，以获取到目标系统的系统层权限、业务数据、业务控制权限为目的，开展攻击；在演练结束后，需召开总结会议，汇报成果，共同复盘，沟通攻防过程中的优点与不足，结合安全防护体系现状探讨安全建议。参加外部各级攻防演练活动是对自身安全运营能力的实战化检验，在明确作为攻击目标的背景下，常态化安全运营转入“战时”状态，应对真实网络攻击，全方位检验自身安全运营体系的实战能力。在整个演练过程中，注意收集各方面的数据，在演练结束后，全面复盘，总结整个演练过程中的经验和教训，并梳理能够纳入常态化安全运营的工作，持续提升安全运营能力。

第 7 章 网络安全热点与前沿

导 读

随着云计算、人工智能、大数据、区块链、虚拟现实等前沿技术的快速发展，相关的新型网络安全威胁也层出不穷，不断有新的网络安全热点涌现出来。本章将对当前一些网络安全热点问题与前沿技术结合进行介绍，包括商用密码技术、供应链安全、教育信息技术应用创新等。密码是网络安全的核心技术和基础支撑，密码法施行后，密码应用成为网络安全工作热点之一，本章重点介绍教育系统普遍关注的商用密码应用和商用密码应用安全性评估。软件供应链安全问题是近年困扰教育系统的主要网络安全问题之一，本章在分析教育系统软件供应链安全问题的基础上，给出教育系统供应链安全治理策略的参考建议。信息技术应用创新工作也是教育系统网络安全与信息化重点关注的问题之一，本章从教育信息技术应用创新的目标、推广等方面概述教育行业信息技术应用创新工作的主要思路。

7.1 商用密码技术

密码是网络安全的核心技术和基础支撑，是保护国家安全的战略性资源。密码工作直接关系国家政治安全、经济安全、国防安全和网络安全，直接关系社会、组织和公民个人的合法权益。商用密码工作是密码工作的重要组成部分，在维护国家安全、促进经济发展、保护人民群众利益中发挥着不可替代的重要作用。

7.1.1 商用密码的发展

在我国，密码分为核心密码、普通密码和商用密码。其中核心密码和普通密码可以用于保护国家秘密信息，商用密码用于保护不属于国家秘密的信息。1996 年 7 月 9 日，中央政治局常委会会议专题研究商用密码，作出在我国大力发展商用密码和加强对商用密码管理的决定，“商用密码”从此成为专有名词。

近年来，商用密码工作全面推进，在科技创新、产业发展、应用推广、检测认证等方面成绩突出。

在科技创新方面，理论和技术研究取得重要进展，密码算法体系基本形成，密码标准体系日益完善，算法标准化工作取得重大突破，ZUC 算法成为 4G 国际标准，SM2、SM3、SM4、SM9 算法成为 ISO/IEC 国际标准。

在产业发展方面，供给质量和基础支撑能力持续增强，商用密码产品种类不断增多，功能不断丰富，性能不断优化，密码产品覆盖密码芯片、密码板卡、密码机、密码模块、密码系统等，形成了较完整的产业链条和产品体系。

在支撑能力方面，商用密码管理体制不断完善，商用密码应用安全性评估工作逐步展开，密码应用政策宣传和普及得到加强，密码的社会认可度大幅提升。

在应用推广方面，国家专门成立了协调推进机构，商用密码已经在金融、教育、社保、交通、通信、能源、国防工业等重要领域得到广泛应用。

在检测认证方面，商用密码检测认证体系不断完善，商用密码产品检测、网络与信息系统商用密码应用安全性评估工作有序开展。

7.1.2 商用密码基础知识

1. 密码技术概述

密码是指采用特定变换的方法对信息等进行加密保护、安全认证的技术、产品和服务。其中:

（1）特定变换是指明文和密文相互转化的各种数学方法和实现机制；

（2）加密保护是指使用特定变换将原始信息变成攻击者不能识别的符号序列，从而保护信息的机密性；

（3）安全认证是指使用特定变换，确认信息是否被篡改、来自可靠信息源以及确认信息发送行为是否真实存在等，从而保护信息来源的真实性、数据的完整性和行为的不可否认性；

（4）技术是指实现加密保护或安全认证的方法或手段；

（5）产品是指以实现加密保护或安全认证为核心功能的设备与系统；

（6）服务是指基于密码专业技术、技能和设施，为他人提供集成、运营、监理等密码支持和保障的活动，是基于密码技术和产品，实现密码功能的行为。

密码的主要功能是实现信息的机密性 (Confidentiality)、信息来源和实体身份的真实性 (Authenticity)、数据的完整性 (Integrity) 和行为的不可否认性 (Non-repudiation)。

（1）信息的机密性是指保障信息不泄露给非授权的个人、计算机等实体的性质。一般采用加密保护技术实现信息的机密性。

（2）信息来源的真实性是指保障信息来源可靠、未被伪造和篡改的性质。实体身份的真实性是指保障信息收发双方的身份与声称的相一致的性质。一般采用安全认证技术实现信息来源和实体身份的真实性。

（3）数据的完整性是指保障数据没有受到非授权的篡改或破坏的性质。一般采用密码杂凑算法实现数据的完整性。

（4）行为的不可否认性，也称抗抵赖性，是指保障一个已经发生的操作行为无法否认的性质。一般采用数字签名算法实现行为的不可否认性。

从功能上看，密码技术主要包括加密保护技术和安全认证技术；从内容上看，密码技术主要包括密码算法、密钥管理和密码协议。

（1）密码算法是采用密码对信息进行“明”“密”变换、产生认证“标签”的一种特定的规则。

（2）密钥管理是指根据安全策略，对密钥的生成、存储、导入和导出、分发、使用、备份和恢复、归档、销毁等进行全生命周期安全保护过程和方法。

（3）密码协议是指两个或两个以上参与者使用密码算法，为达到加密保护或安全认证目的而约定的交互规则。

密码算法是密码技术的核心。常见的密码算法包括对称密码 (Symmetric Cipher) 算法、非对称密码 (Asymmetric Cipher) 算法和密码杂凑 (Hash Algorithm) 算法。

（1）对称密码算法，又称单钥密码算法，是应用较早的密码算法。在对称加密算法中，加密密钥和解密密钥相同，或实质上等同，即从一个易于推出另一个。其优点是效率高，算法简单且适合加密比较大的数据；缺点是需要安全的密钥交换，当用户量多时，密钥量十分庞大。对称密码算法基于数据处理长度不同又可分为分组密码 (Block Cipher) 算法和序列密码 (Stream Cipher) 算法。分组密码将明文分成固定长度的组，用同一密钥和算法对每一块加密，输出固定长度的密文；序列密码，也称为流密码，每次加密 1 位或 1 字节的明文。

（2）非对称密码算法，又称为双钥或公钥密码 (Public-key Cipher) 算法。其加密密钥和解密密钥不相同，一个称为公钥（Public Key），另一个称为私钥（Private Key），从一个密钥很难推导出另一个密钥。其优点是不需要安全的密钥交换，从而解决了密钥管理问题，还可以实现数字签名；缺点是由于其算法复杂，加 / 解密速度没有对称密码算法加 / 解密的速度快，所以效率较低，不适合加密大量数据，密钥产生也较麻烦。

（3）密码杂凑算法，又称哈希算法或单向散列函数，是将任意长度的消息压缩成固定长度的消息摘要的算法。密码杂凑算法具有单向性和抗碰撞性。

2. 商用密码算法概述

商用密码的服务范围宽广，应用场景丰富。目前商用密码算法情况如表 7-1 所示。

▽ 表 7-1　商用密码算法分类

分类	国内常见算法	国外常见算法
对称密码算法	SM1、SM4、SM7、ZUC	DES、AES
非对称密码算法	SM2、SM9	RSA、DH、DSA、ECDSA、ECC
密码杂凑算法	SM3	MD 系列、SHA 系列

在对称密码算法中，SM1、SM4、SM7 算法是分组密码算法，ZUC 算法（即祖冲之算法）是序列密码算法，主要用于加 / 解密，保护信息的机密性。非对称密码算法包含 SM2、SM9 算法，主要用于数字签名、密钥交换协议和公钥加密。SM3 算法是目前国家商用密码算法中唯一的密码杂凑算法，可用于数字签名和数据的完整性，也可用于生成随机数、生成消息认证码等。

3. 商用密码应用安全性评估

商用密码应用安全性评估（简称“密评”）是指在采用商用密码技术、产品和服务集成建设的网络和信息系统中，对其密码应用的合规性、正确性、有效性进行评估。

合规性是判定信息系统使用的密码算法、密码协议、密钥管理是否符合法律法规规范和密码相关国家标准、行业标准的有关要求，判定使用的密码产品和密码服务是否经过国家密码管理部门核准或获得具备资格的机构认证。

正确性是判定密码算法、密码协议、密钥管理、密码产品和服务使用是否正确，是否按照相应的密码国家和行业标准进行正确的设计和实现，判定自定义密码协议、密钥管理机制的设计和实现是否正确，安全性是否满足要求以及密码保障系统建设或改造过程中密码产品和服务的部署和应用是否正确。

有效性是判定信息系统中实现的密码保障系统是否在信息系统运行过程中发挥了实际效用，是否满足了信息系统的安全需求，是否切实解决了信息系统面临的安全问题。

开展商用密码应用安全性评估，是为解决商用密码应用中存在的突出问题，为网络和信息系统的安全提供科学评价方法，逐步规范商用密码的使用和管理，从根本上改变商用密码应用不广泛、不规范、不安全的现状，确保商用密码在网络和信息系统中有效使用。

1）密评基本要求

各级教育行政部门和各级各类学校作为网络运营者，是密评工作的组织实施主体和责任主体。在信息系统规划、建设、运行等阶段应组织开展密评工作，具体包括：

（1）规划阶段：应当依据商用密码技术标准，制定商用密码应用建设方案，组织专家或委托具有相关资质的测评机构进行评估。其中，使用财政性资金建设的网络和信息系统，密评结果应作为项目立项的必备材料。

（2）建设阶段：对密码应用方案建设实施，委托具有相关资质的测评机构进行密评，评估结果作为项目建设验收的必备材料，评估通过后，方可投入运行。

（3）运行阶段：网络运营者应当委托具有相关资质的测评机构定期开展密评。评估未通过，网络运营者应当限期整改并重新组织评估。

（4）应急阶段：系统发生密码重大安全事件、重大调整或特殊紧急情况，应及时委托具有相关资质的测评机构开展密评，并依据评估结果进行应急处置，采取必要的安全防范措施。

（5）在完成信息系统的规划、建设、运行、应急评估后，应当在规定时间内将评估结果报主管部门及所在地级市的密码管理部门备案。网络安全等级保护第三级及以上信息系统，评估结果应同时报所在地区公安部门备案。

2）密评实施内容

各级教育行政部门、各级各类学校将依据以下内容开展密评工作。

（1）定级备案。

信息系统密码应用等级一般由网络安全等级保护的级别确定。根据《信息安全技术 网络安全等级保护定级指南》（GB/T 22240—2020）和《教育行业信息系统安全等级保护定级工作指南（试行）》确定等级保护级别时，同步对应确定密码应用等级。

关键信息基础设施、网络安全等级保护第三级及以上信息系统，每年至少评估一次。

（2）密评实施过程。

- 在规划阶段需对信息系统的密码应用方案进行评审，主要工作如下：

组织专家或委托具有相关资质的测评机构对密码应用解决方案的完整性、合规性、正确性，以及实施计划、应急处置方案的科学性、可行性、完备性等方面进行评估。对于没有通过评估的密码应用方案，由专家或测评机构给出整改建议，被测信息系统责任单位对密码应用方案进行修改完善或重新设计，并向测评机构反馈整改结果，直至整改通过，测评机构出具评估报告。信息系统的密码应用方案经过评估或整改通过后，方可进入系统建设阶段。

- 在建设阶段，委托测评机构进行密码应用性评估，主要工作如下：

对首次进行测评的信息系统，测评过程包括 4 项基本活动：测评准备活动、测评方案编制活动、现场测评活动、分析与报告编制活动。测评方与受测方之间的沟通与洽谈应贯穿整个测评过程。测评过程如图 7-1 所示。

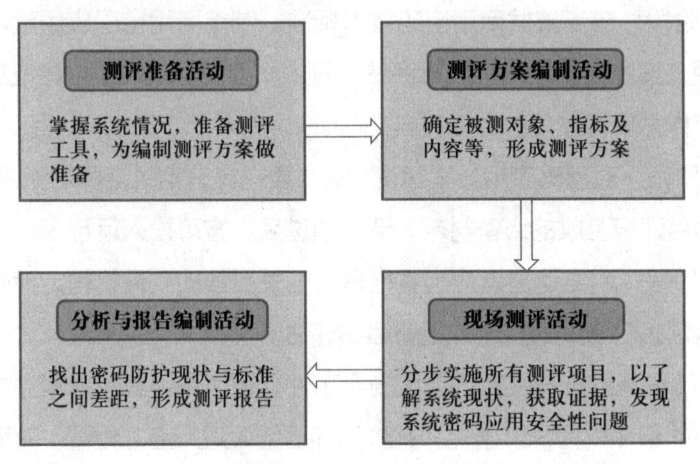

△ 图 7-1　商用密码应用安全性评估测评过程

① 测评准备活动。

本活动是开展测评工作的前提和基础，主要任务是掌握被测信息系统的详细情况，准备测评工具，为编制测评方案做好准备。网络运营者应配合测评机构，提供被测信息系统基本情况，包括机房及网络环境、系统软硬件配置、系统数据及应用等情况。

② 测评方案编制活动。

本活动是开展测评工作的关键活动，主要任务是确定与被测信息系统相关的测评对象、测评指标及测评内容等，形成测评方案，为实施现场测评提供依据。测评机构自行根据准备阶段收集到的系统相关信息，形成实施方案。

③ 现场测评活动。

本活动是开展测评工作的核心活动，主要任务是依据测评方案的总体要求，分步实施所有测评项目，包括单项测评和单元测评等，以了解系统的真实保护情况，获取足够证据，发现系统存在的密码应用安全性问题。学校应配合测评机构进行现场测评，要求熟悉机房及网络环境、系统软硬件配置、系统数据及应用等情况的人员全程协助，包括登录系统、查看设备相关配置，提供管理制度和日常记录表单等。

④ 分析与报告编制活动。

本活动是给出测评工作结果的活动，主要任务是根据现场测评结果和《信息安全技术 信息系统密码应用基本要求》（GB/T39786—2021）、《信息安全技术 信息系统密码应用测评要求》（GB/T 43206—2023）的有关要求，通过单项测评结果判定、单元测评结果判定、整体测评和风险分析等方法，找出整个系统密码的安全保护现状与相应等级的保护要求之间的差距，并分析这些差距可能导致的被测信息系统面临的风险，从而给出测评结论，形成测评报告。测评机构根据现场测评后，学校反馈的整改情况，进行报告的编写和出具。

7.1.3 教育系统密码应用案例

教育行业重要信息系统多、承载业务重要、数据量大、敏感个人信息多，密码作为支撑教育数字化安全的基础手段，在教育行业的应用显得尤为重要。教育行业当前阶段主流的密码应用场景主要包括电子签章服务、可信电子凭证服务、身份核验服务、电子招投标和电子合同、统一密码服务以及数据安全密码服务等场景。以下将以电子签章应用和数据安全密码服务为例展示密码技术在教育领域的应用。

1. 电子签章及应用

电子签章采用成熟的 PKI(Public Key Infrastructure) 技术和图像技术，将传统印章与数字签名技术紧密结合，对电子文档进行数字签名并加盖签章，确保“签名”文档来源的真实性和文档的完整性，确保签章行为的不可否认性，实现电子印章的生成、管理、签章、验章等服务。电子签章应用的场景除了实现对各类电子凭证实现盖章，还在办公自动化平台 OA 和网上办事大厅中的流程审批和各类公文中实现电子签章以及电子合同等场景。

1）电子成绩单应用

教育行业内学校等单位每年要产生大量的成绩单、奖励证明等凭证文件，传统纸质凭证文件打印、盖章成本高，周期长，工作量大，而且纸质凭证存在流转便利性差、易丢失、补办烦琐等问题。

在学校成绩管理系统中集成电子签章系统，依据电子成绩单样式模板，从成绩管理系统中抽取学生数据、课程数据、成绩数据等业务数据，以 XML 方式进行数据交互；或接收 JPG 图片、Word 形式的电子成绩单。依据电子成绩单样式模板，生成 PDF 文件，完成版式化处理。对 PDF 文件加盖电子签章、时间戳等可信特征，完成可信化处理，生成可信电子成绩单。生成的可信电子成绩单可按学校业务需求，通过下载、电子邮件发送等多种方式进行分发。电子签章在电子成绩单中的应用如图 7-2 所示。

2）电子公文应用

在学校或教育行政机构的办公自动化系统中，从实际业务场景出发，实现电子签章的无缝对接，覆盖电子公文处理的整个过程，安全、便捷地实现业务处理。电子公文流转审批环节中，审批人可基于电脑端 Ukey 或手机端手机盾等使用数字证书对流程内容、审批意见、审批时间等业务信息进行数字签名，对电子公文加盖签章，为办公自动化系统的数据完整性与抗抵赖性提供安全保障。电子签章在电子成绩单中的应用如图 7-3 所示。

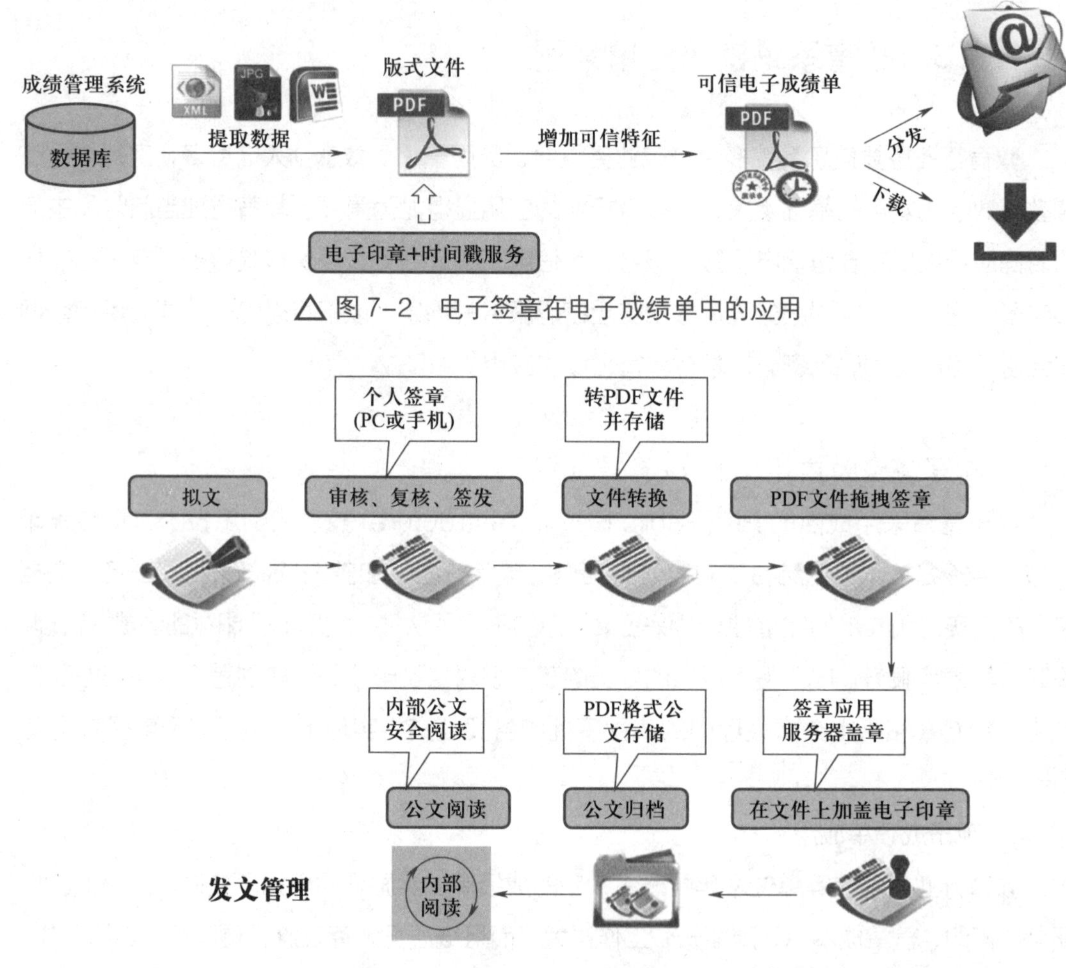

△ 图 7-2　电子签章在电子成绩单中的应用

△ 图 7-3　电子签章在电子公文中的应用

3）电子合同应用

学校在采购合同、订单、科研项目合同、外协合同签署等过程中，传统模式下采用线下方式签署盖章、双向邮递，效率低，管理成本高，印前核对烦琐，无法确保最终纸质用印件与审批文件完全一致，需要人工核对。

采购管理系统或合同管理系统对接电子签章系统，实现合同盖章签署环节的电子化，无须打印纸质文件，解决合同无纸化应用。支持供应商身份认证和印章管理，可对接工商企业信息库快速确认供应商身份信息的真实性；基于合同审批流程中指定的用印类型，自动选择签署企业的电子印章进行加盖；盖章方式灵活，合同审批流程中可指定签署方的盖章坐标位置或关键字位置。实现合同归档、查询、下载和验证。电子签章在电子合同中的应用如图 7-4 所示。

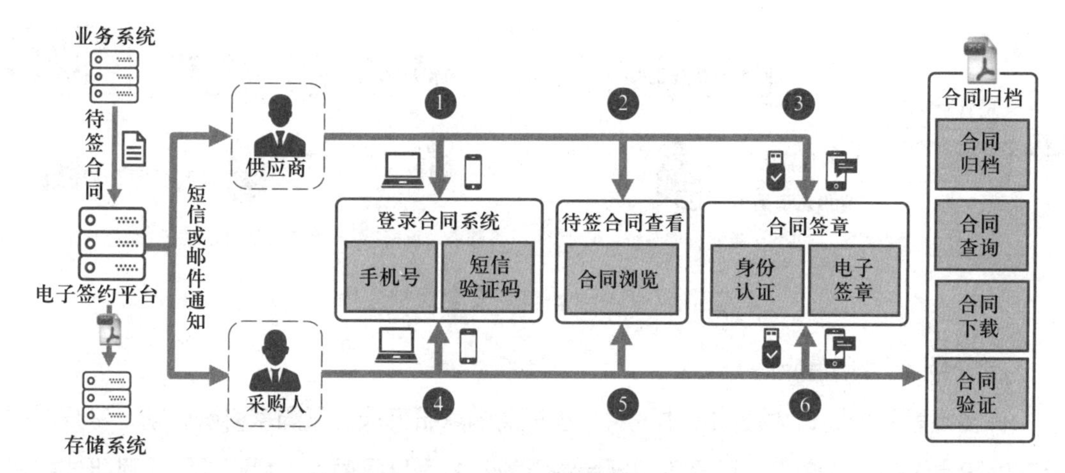

△图 7-4　电子签章在电子合同中的应用

2. 数据安全密码服务

在学校各类业务系统中存在着大量学生及教职工的个人隐私信息、大量的科研成果数据，只要登录权限账号，就可以进行写入、查询、下载等数据操作，极易发生个人隐私数据和科研成果泄露等事件，不仅可能给学生和教职工个人带来各种损失，还可能给学校造成各种经济损失和不良社会影响。针对这些敏感个人隐私数据和重要数据，需要通过密码技术进行加密，确保数据在传输和存储过程中的机密性、完整性。

1）学籍管理系统应用

在学籍管理系统中，学生需要在系统终端填写大量的个人信息，包括个人基本信息、照片、健康生理、银行卡等敏感个人信息，这些信息在传输和存储过程中很容易泄露或被篡改，从而造成各种严重后果。从学生个人来说，会导致个人隐私受到侵犯，造成经济损失或声誉损失，被不法分子获取和利用也会增加诈骗和身份盗用风险。从学校来讲，学籍信息是学生管理和教学活动的基础，一旦泄露，可能会导致学生的学业成绩、出勤记录等信息被篡改或伪造，影响学校的正常运作和学生的学习效果。另外，学籍可能包含一些敏感的信息，一旦泄露给敌对势力，可能会对国家安全造成一定威胁。学生的学籍信息保护是维护国家安全的一项重要任务。

在学籍管理系统集成部署密码模块，在数据库端集成部署数据库透明加/解密系统。学生使用系统录入个人学籍信息时，系统调用密码服务对录入的敏感个人信息进行加密和解密，确保用户终端在与服务端交互的过程中敏感个人信息的机密性和完整性，防止传输过程中被截获、被篡改。应用系统服务端对数据进行处理后，将数据存入数据库，调用数据库透明加/解密服务，学籍信息在数据库中以密文形态存储，防止了数据库被拖库，确保了大量学生学籍信息的机密性和完整性。学籍信息安全保护应用如图 7-5 所示。

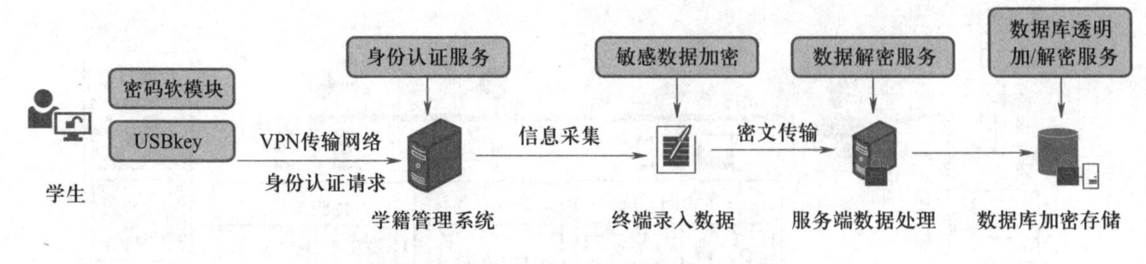

△图 7-5　学籍信息安全保护应用

2）科研管理平台应用

许多高等院校拥有大量的技术成果，承担着国家研究项目和国家科研课题，是开展国际交流和合作的重要窗口。科研管理平台中承载着众多科研项目、科研课题、科研成果等信息以及相关的归档文件，这些信息不仅是学校的重要财产，还可能是关系国家安全的重要资源。该类信息泄露可能影响学校竞争力，如果一些科研成果等信息被国外不法分子获取，可能会给国家安全造成威胁。除管理上的各种漏洞，从技术层面来讲，保护技术不力是造成高校科研成果泄露的重要原因。所以，从数据层面上对科研成果信息进行保护是有效防止科研成果信息泄露和被篡改的措施之一。

科研成果管理平台集成密码服务系统，科研相关人员登录平台采用 USBkey，实现身份认证，确保登录平台的人员身份真实性，在用户终端与服务端之间采用 VPN 进行保护，确保科研信息在传输过程中的机密性和完整性。在科研管理平台的数据库和文件系统上，集成部署数据库 / 文件加密系统，对存储到数据库 / 文件系统的科研相关数据进行加密，确保这些数据和文件存储过程中的机密性和完整性。同时，数据库 / 文件加密系统具备访问控制功能，可结合用户证书信息对用户的访问行为、文件下载等关键行为进行审计，一旦发生数据泄露事件，可进行追溯。科研成果信息安全保护应用如图 7-6 所示。

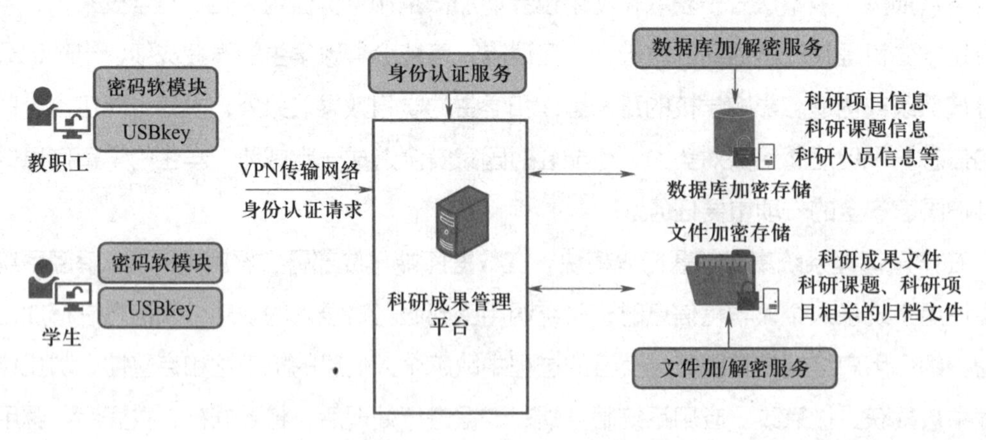

△图 7-6　科研成果信息安全保护应用

7.1.4 密码应用前沿技术

1. 区块链与密码

区块链技术是将分布式数据存储、点对点传输、共识机制、密码算法等技术集成的应用技术，具有去中心化、开放性、防篡改、匿名性、可追溯等特点。密码技术是作为构建区块链去中心化基础架构与分布式计算范式的核心，是实现区块链底层平台基本功能、保障区块链安全可信运行的关键。密码杂凑算法、数字签名、身份认证等密码算法与协议，为区块链实体之间建立了分布式信任共识，为块链式账本分布式存储提供了不可篡改和可溯源的密码基因，为跨域分布式实体构建了可信身份体系，为区块数据在开放网络上传输建立了安全通道。以群签名、同态加密、安全多方计算、零知识证明等为代表的新型密码技术与区块链深度融合，扩展了区块链的安全功能，拓宽了应用场景，例如以数字货币为代表的数字经济。

区块链作为新型信息基础设施，可应用于教育相关身份及征信管理、智慧医疗、电信领域、智能电网、车联网、物联网等场景，基于密码技术实现区块链业务层面的数据安全与行为监管。当前，我国高度重视自主区块链底层平台的研制，构建以我国标准商用密码算法为基础的安全体系，是实现区块链安全自主的根本。同时，完善商用密码在区块链平台中使用的合规性、正确性和有效性的评估手段，以及密码技术应用的不断创新，将推动商用密码与区块链深度融合，助力数字经济安全发展。

2. 隐私计算

隐私计算是指在保护数据本身不对外泄露的前提下实现数据分析计算的技术集合，实现了“数据可用不可见”。当前隐私计算技术体系可以归纳为 3 类：一是以多方安全计算 (Secure Multiparty Computation，SMC) 为代表的基于密码学的隐私计算技术；二是以联邦学习为代表的人工智能与隐私保护技术融合的技术；三是以可信执行环境为代表的基于可信硬件的隐私计算技术。

隐私计算中常用的密码学技术包括同态加密、秘密分享、混淆电路、不经意传输和零知识证明等。同态加密 (Homomorphic Encryption，HE) 指满足密文同态运算性质的加密算法，即数据经过同态加密之后，对密文进行某些特定的计算，得到的密文计算结果在进行对应的同态解密后的明文等同于对明文数据直接进行相同的计算，实现数据的“可算不可见”。

隐私计算的不同技术路线各有其优势与不足，不同的技术路线目前正在持续融合、取长补短。在未来，不同技术路线的融合以及与人工智能、区块链等新兴技术的结合，能够推动隐私计算大规模落地，实现海量数据要素的价值释放。

3. 云计算与密码

云计算被广泛应用于各行各业中，因其采用外包模式，面临数据安全、身份认证、虚拟化安全、高级持续性威胁、系统安全漏洞等安全挑战。对此，可采用数字证书、数字信封、加 / 解密等技术实现云存储数据加密来保障数据安全；采用完整性保护以及数据加密等密码技术确保虚拟机安全；采用跨域、集中式身份认证以及证书交叉认证系统实现身份认证。

云计算与密码的融合，一方面体现在密码赋能云上安全，密码技术广泛应用于云核心架构、云终端、云上业务，提供身份鉴别、授权访问、传输与存储加密、完整性保护等安全功能，构建以商用密码为核心的云安全防护体系；另一方面，云计算促进密码功能交付模式发生巨大转变，通过建设云加密机、云密码服务平台等方式，将密码功能、操作、协议等作为一种灵活易用的服务提供给有相应需求的用户。云加密机是基于国家密码管理局认证的物理加密机，利用虚拟化技术，提供弹性、高可用性、高性能的数据加密和密钥管理等云上数据安全服务。云密码服务平台是云计算技术与身份认证、授权访问、传输加密、存储加密等密码技术深度融合形成的一种全新密码功能交付模式。

4. 量子安全技术

量子计算机的飞速发展，对现有密码体系，特别是公钥密码体系造成巨大威胁，研究设计抗量子计算机攻击的新型密码体系迫在眉睫。“量子安全”，是指能够抵御量子计算等超强算力威胁的信息安全技术。

实现量子安全的方式主要分为两类：一类是可以抵御已知量子计算攻击的经典密码算法，该类密码算法的安全性同样依赖于计算复杂度，这类算法或协议通常称为抗量子密码（Quantum-resistant Cryptography，QRC）或后量子密码（Post-quantum Cryptography，PQC）。另一类则是基于量子物理原理实现经典密码学目标的量子密码（Quantum Cryptography），其中最具代表性和实用性的是量子密钥分发（Quantum Key Distribution，QKD）技术。

7.2 软件供应链安全

软件供应链安全是网络安全领域主要关注问题之一，也是教育行业网络安全热点之一，如何尽快改善教育行业软件供应链安全状况是迫切需要解决的问题。

7.2.1 软件供应链安全基础知识

首先介绍一下软件供应链安全基础知识，包括基本概念与保障体系。

1. 软件供应链安全基本概念

在《物流术语》（GB/T 18354—2021）中指出，供应链就是生产与流通过程中，围绕核心企业的核心产品和服务，由所涉及的原材料供应商、制造商、分销商、零售商直到最终用户等形成的网链结构。

参照国标《软件供应链安全要求（征求意见稿）》，软件供应链通常指基于供应关系，通过资源和过程将软件产品或服务从供方传递给需方的网链系统。其供应活动主要包括软件采购、交付、运维和废止。

软件供应链安全包括了软件供应链上相关成分以及软件自身在需求、设计、编码、编译、测试、集成、交付、运行和废止各个阶段的安全总和。软件供应链安全应基于软件成分分析（Software Composition Analysis，SCA）进行。软件供应链安全建设目标就是识别和防范供应关系和供应活动中软件面临的各种安全风险，提升软件供应链安全保障能力。软件的任意一个成分中存在漏洞，都可能引发网络安全事件。

软件供应链安全问题由于是来源于供给侧，属于来自信任方的安全风险，往往容易被忽视。某些市场占有率高的产品供应链安全问题甚至会影响整个行业或领域；如互联网协议、开发工具、开源软件组件等供应链出了问题，应用软件自身再怎么安全，也还是免不了会城门失火殃及池鱼；供应商管理或人员出现安全问题，造成甲方配置、运维、个人信息等敏感数据泄露，对于甲方很难进行防护甚至都无法感知。因此软件供应链安全问题影响面广、影响深远、破坏力强，需要高度关注此类问题，并不断加强应对措施。

2. 软件供应链安全保障体系

软件供应链安全保障体系基于软件供应链安全理念，包括软件成分透明、安全能力可评估、软件供应链可信。

软件成分透明主要指软件成分清单精准、关系完整清晰、有充分的溯源能力。软件成分清单，包括组成软件的所有组件名称、组件的信息、组件之间的关系以及层级关系。

软件供应链安全能力可评估包括软件开发过程可评估、软件交付可评估、安全运营可评估等方面。主要是在软件供应链生命周期中最重要的开发、实施、运维阶段开展持续性安全评估，及时发现并消除威胁降低安全风险。

软件供应链可信是指构建可信任的供应商软件供应链安全度量标准与认证体系，形成开放的、可信任的软件供应链关键数据机制，实施软件供应链风险监控与管理。

软件供应链安全保障具体措施需从技术、管理和运营各方面展开，贯穿到软件全生命周期的需求设计、开发测试、交付上线、运维、下线废止各个环节。首先构建软件物料成分清单（Software Bill of Materials，SBOM），通过软件成分分析工具 SCA 分析软件构成，然后在供应链全生命周期中，通过 DevSecOps 将安全性集成到各个环节，使用静态应用程序安全测试（Static Application Security Testing，SAST）、动态应用程序安全测试（Dynamic Application Security Testing，DAST）和交互式应用程序安全测试（Interactive Application Security Testing，IAST）等检测工具检查评估软件的安全情况，通过 RASP（Runtime Application Self-Protection）等安全防护工具对上线的软件进行防护，降低供应链攻击带来的风险。

软件供应链的风险是动态的，软件供应链安全需要通过持续治理手段，不断修复新发现的脆弱性，不断完善软件供应链安全保障体系。

7.2.2 软件供应链安全典型案例

近年软件供应链安全事件频繁发生，供应链安全问题已经成为网络安全主要问题之一。

2020 年 12 月 13 日，美国网络安全公司 FireEye 发布分析报告称，SolarWinds 旗下的 Orion 基础设施管理平台的更新发布流程遭到黑客组织入侵，黑客对文件 SolarWinds.Orion.Core.BusinessLayer.dll 的源码进行篡改，添加了后门代码，该文件具有的合法数字签名会伴随软件更新下发，将其恶意行为融合到 SolarWinds 合法行为中。攻陷多个美国政府部门及财富 500 强企业网络，包括 FireEye、微软、思科、英特尔、英伟达、贝尔金、VMware、美国财政部、美国商务部、国家电信和信息管理局（NTIA）、卫生署国立卫生研究院（NIH）、网络安全和基础设施局（CISA）、国土安全部（DHS）、美国国务院等，波及全球多个国家和地区的 18 000 多个用户，影响范围广、潜伏时间长、隐蔽性强，成为史上最严重的供应链攻击。

2021 年 12 月，Apache Log4j2 被曝高危漏洞，攻击者仅需一段代码就可远程控制受害者服务器，漏洞被广泛应用于勒索、挖矿、僵尸网络，黑客利用漏洞发起多个攻击事件。Log4j2 作为 Java 代码项目中广泛使用的开源日志组件，该漏洞影响大量企业级应用，成为 2021 年最严重的安全威胁之一。

7.2.3 软件供应链安全的主要问题

软件供应链安全的主要问题包括供应链安全管理上的安全问题及各种利用供应链安全漏洞的攻击技术。

1. 软件供应链常见安全管理问题

目前软件供应链中常见的安全问题主要是供应商安全管理与技能上的缺欠导致的一系列问题，需求方在监管上也存在一定不足，具体如下：

1）供应商管理安全问题

供应商管理安全问题，包括代码管理、文档管理、人员管理、产品测试管理、企业内部安全管理中的安全问题等。

项目代码管理平台如 GitLab、SVN、Jenkins 等一旦出现安全问题，可能对整个项目造成严重破坏，甚至威胁到整个行业的网络安全。这些平台的低版本普遍存在远程代码执行等高危漏洞，如不及时升级，则整个平台控制权极易被拿下，导致平台中所有项目源代码泄露。通过审计等手段可挖掘 0Day 漏洞。还有将代码托管到 GitHub、将项目容器镜像通过 DockerHub 管理，这些都是存在一定安全风险的，一旦配置不当或平台出现安全问题，都会对软件安全造成致命打击。

文档管理问题，如 JIRA/ 禅道等项目文档管理库泄露，造成各类敏感信息泄露，直接威胁软件自身安全；还有各类公开的操作指南、产品说明及宣传相关的文档、视频等，未经严格的安全审查，出现了各类用户密码、个人信息、重要数据等敏感信息，对于软件安全同样是直接威胁。

供应商人员管理问题，主要是人员管理不到位、人员安全素养不高造成的，如供应商人员邮箱信息泄露、供应商人员设备被入侵、运维人员各类敏感资料泄露甚至供应商开发运维人员直接被钓鱼等，这类问题极易被相关人员掩盖，对于厂商、甲方都可能在不知情的情况下造成巨大损失。

软件产品测试环境管理问题，比如测试、演示平台公开发布在互联网侧，测试环境缺乏足够的安全防护措施，测试平台中直接使用甲方的真实数据，演示系统随意使用采购方信息，等等。此类测试环境的问题所出现的安全漏洞会间接威胁正式产品，如有真实数据则会直接导致甲方数据安全等严重问题。

供应商内部安全管理机制不健全，是上述问题包括软件产品安全问题的根源，而且还会直接造成供应链安全风险，如缺乏漏洞搜集发布修复机制造成 NDay 漏洞长期不修；应急响应不完善，无法有效应对 0Day 漏洞；自用系统缺乏安全防护，造成代码泄露、运维信息泄露、数据泄露等问题；违反合同条款，无限度压缩成本、人员数量不足、技术能力不够等，导致项目超期、安全违规、响应不及时等；使用盗版软件、素材，内嵌有害代码，引入安全风险，还增加了知识产权违法风险等。

2）供应商产品安全问题

供应商安全管理的不足，直接导致了软件产品自身的安全问题，这也是教育行业软件供应链的主要问题之一。安全管理不到位，使得供应商缺乏软件安全开发能力甚至缺乏足够的安全意识，在软件设计、开发、测试、部署、运维等各环节都可能缺少必要的安全保障，都可能引入威胁软件安全的脆弱点，特别是各种逻辑漏洞，对于甲方在技术上难以检测和防护，而对于攻击者又比较容易利用，极大增加了软件的安全风险。在软件运维阶段，对于软件安全漏洞缺乏必要的管理机制，即便发现或采集到了软件安全漏洞，也面临修复不及时、通报不畅通、处置清理不彻底等问题，造成甲方应用系统中已知安全漏洞无法及时修正。大量的安全漏洞都是出自软件自身问题，大量的网络安全事件由此造成。

3）供应商服务安全问题

目前教育行业使用的软件外包服务，主要包括运维服务、安全服务等，同样存在一定的供应链安全问题。运维服务包括信息系统运维、网络运维等，安全服务包括等保测评服务、渗透测试服务、数据安全风险评估服务、重保服务、网络安全攻防演练服务等。教育行业服务供应链安全问题主要涉及数据安全与个人信息安全问题，运维服务的规范性、及时性也是与安全性密切相关的问题。服务供应链安全同样也是供应商安全管理引起的，另外也与需求方网络安全管理与监督不力相关，需求方无法有效地监督供应商服务中各种违规行为，造成服务安全失控。

4）开源软件供应链安全问题

开源软件安全问题不仅是当前软件供应链主要问题，也是教育行业供应链安全中的薄弱环节。开源软件（Open Source Software）已成为软件开发的主流模式之一，已可以与专有软件（Proprietary Software）分庭抗礼，广泛应用于各类信息系统建设中。在教育行业，为了控制成本、提高开发速度，开源软件的应用更是无处不在，完全不使用开源软件的信息系统在教育行业几乎不存在。

但开源软件自身特点也让网络安全威胁越来越突出。各种开源框架、开源组件、开源软件，如Log4j2、Struts2、ThinkPHP、Spring Boot、Druid、Solr、Shiro、Kafka、Fastjson等不断爆出各种高危漏洞；开源中间件、开源编程语言、开源数据库、开源协议，如JBoss、Tomcat、PHP、MySQL、Redis、OpenSSL等，也时常出现高危问题；开源操作系统Linux，其内核（kernel）也出现过较严重的安全问题。2022年Synopsys开源安全和风险分析报告对开源软件漏洞给软件供应链带来的安全风险进行了详细分析，被审计的代码库中 81% 存在漏洞，而被审计的代码库中 78% 使用了开源代码，代码漏洞多数是由开源软件引发。

教育行业供应商管理技术上的不足进一步放大了开源软件的安全问题，自身软件开发不规范、缺少必要的软件产品物料清单、运维管理能力低下等问题，造成大量开源软件漏洞无法及时修复，比如 Struts2、Log4j2 等开源软件的漏洞，至今仍在不少高校的信息系统中存在，仍不断有相关安全事件爆出，且在这两年的行业演练中成为主要攻击手段之一。

5）软件需求方安全问题

在整个教育行业软件供应链中，需求方也是安全保障的重要组成。目前需求方也存在不少供应链安全问题，主要是在供应链的监督管理方面，包括立项采购中，安全目标不明、安全级别不明、安全需求不明、项目安全要求不明、厂商安全义务不明、厂商安全能力要求不明、软件安全检测要求不明等；项目建设中，安全检测能力不足、安全监督能力不足、安全审计能力不足等；运维中，缺乏技术手段、缺乏技术人员、漏洞检测处置能力不足、应急响应能力不足等；安全管理中，安全管理制度不健全、缺乏对供应商约束手段、预算管理流程不力等。

2. 常见软件供应链攻击技术

为了更好地了解软件供应链安全问题，下面简单介绍一下常见的供应链攻击技术，目前教育行业较常见的软件供应链攻击方式主要有以下几种：

1）利用弱口令攻击

密码安全长期以来都是最常见的网络安全问题之一，但却难以真正得到彻底解决。在软件供应链安全中，利用密码漏洞攻击也是最常见的攻击手段之一。很多供应商人员为便于操作，使用弱密码、默认密码或者通用密码进行信息系统的测试、部署甚至运维，特别是一些全国性的平台，使用通用密码进行部署，但部署后未及时更换账号密码，被攻击后会造成非常严重的损失；还有供应商人员建立测试管理员账号，未进行有效限制也没有及时删除，造成管理员权限轻易被窃取。此类攻击在历年的教育系统网络安全攻防演习及日常安全工作中均时有发现，甚至有些平台已部署多年仍存在密码问题，给教育行业软件供应链安全造成巨大威胁。

2）利用源代码泄露攻击

信息系统源码泄露，造成安全漏洞暴露。供应商对自己产品的源代码没有采取有效保护措施，造成源码泄露，攻击方通过代码审计等手段，发现代码中的脆弱点，并加以利用，可产生大量的 0Day 漏洞，对于软件安全是致命打击。另外，教育行业软件供应商，很多代码编写不规范，硬编码、代码中带有配置信息、代码注释中存在敏感信息等问题普遍存在，一旦源代码泄露，这些威胁到安全的信息也将随之泄露，对甲方在用的各类项目造成直接且无法感知的危害，此类攻击也是教育系统网络安全攻防演习中常用攻击手段之一。

3）利用测试系统漏洞攻击

利用测试系统安全漏洞攻击主要是针对暴露在互联网侧的测试系统，教育行业中不少供应商对于测试系统缺乏基本的安全防护意识，测试系统不仅功能不完善且存在大量安全漏洞，有些甚至保存有用户真实业务数据，为了方便，供应商错误地将测试系统直接向互联网开放。攻击者利用这些测试系统可直接获取系统权限、主机权限、数据库权限及用户相关数据，也能间接获取正式软件产品相关漏洞，从而对生产环境发起攻击，形成供应链攻击。此类攻击在教育行业网络安全实际工作中多次发生，在演练中也是主要攻击手段之一，但供应商及甲方对此类问题重视不足，目前依然经常被主管部门通报。

4）利用产品自身漏洞及其他相关攻击

利用软件产品漏洞、部署和运维缺陷攻击，包括越权、任意文件上传、注入、反序列化、服务器端请求伪造（Server-Side Request Forgery，SSRF）、任意文件读取、逻辑漏洞、接口鉴权等，还有其他一些攻击方式，比如利用网络设备、安全设备的漏洞进行攻击，攻击运维系统，对运维人员钓鱼，等等，在前面章节已经有详细介绍。

7.2.4 软件供应链安全治理策略

教育行业软件供应链的安全治理，需结合教育行业实际情况，基于软件供应链保障体系理论，制定并落实相应的治理策略。满足合法合规性要求不仅仅是网络安全工作的底限，也是教育行业治理体系的基础，还应从标准体系、技术工具、管理机制、生态构建等几方面制定相关治理策略，建议从教育行政主管部门、需求方、供应商三方合力共同开展，覆盖供应链全流程，确保供应链的安全可信。

1. 主管部门治理建议

建议教育行业主管部门不断加强供应链安全监管，积极与网信、公安等部门配合，充分发挥行业主管职能，指导全行业软件供应链安全工作不断进步，包括组织制定和推动教育行业供应链安全治理规划、监管规则和行业标准，负责对教育行业供应链安全进行监督管理，对供应链安全事件进行通报、处置监督，组织教育行业的供应链安全培训交流等。

实施教育行业软件供应商管理，按照一定的评估标准建立相关流程，包括评估、进入名单、检测、退出名单等环节。软件供应商评估内容包括获得相关软件安全认证、主要人员获得软件安全认证、软件安全开发流程评估、软件安全工具、软件物料清单（SBOM）完善情况、软件安全运维能力、网络安全服务等级评估认证。

建立教育行业软件供应链安全活动清单，包括：确定软件安全相关指标要求，开发环境、人员信息及标准，编码、集成组件模块信息，部署验收信息，安装加固、故障修复、版本升级等情况，系统下线相关信息等。

实施教育行业软件供应链安全应急响应，各单位建立本单位应急预案、建立各级应急响应组织、建立应急响应协同机制。目前教育行业已经建立应急响应机制，无论教育行政主管部门还是各高校都已制定了应急预案，并依次开展了各类应急演练、攻防演练。教育行业软件供应商需要尽快建立自身的供应链安全应急响应机制、提高供应链应急响应参与度与响应质量，无论是演练还是实战，供应商均应满足教育行业对应急响应的要求，并对发现的问题彻底整改。

2. 需求方治理建议

对于教育行政部门和学校等教育行业软件需求方，应当依法依规履行供应链安全管理工作，建立健全相关安全管理制度体系，将供应链安全纳入组织职能范畴，确定供应链安全评估标准，建立供应链安全风险检测和响应机制，建立供应商准入及监管机制，确保供应链安全与信息化工作同步规划、同步建设、同步使用，同时保障提供配套的资金和人力资源，主要可以从以下两个方面开展治理：

一是加强软件供应链的资产管理。理清资产情况并建立登记备案机制，确保资产明确；建立软件物料清单，包括编程语言、开源框架、组件、中间件、数据库等；建立信息系统、服务器等安全基线，并根据基线进行加固；落实最小化原则，最小化服务、最小访问控制策略、最小化权限分配、最小化软件环境配置等。

二是建立本单位软件安全建设管理机制。在软件全生命周期的立项采购、建设、验收、运维、下线各环节中明确对供应商的安全管理和技术要求，详细情况见表 7-2。

▽ 表 7-2　软件全生命周期需求方安全建设内容

软件全生命周期各环节	需求方网络安全建设内容
立项采购	确认软件项目网络安全需求
	完成网络安全等级保护定级备案工作，明确项目基本安全要求
	通过采购文件、合同等明确项目网络安全要求，与供应商明确项目网络安全建设需求，签订保密协议

续表

软件全生命周期各环节		需求方网络安全建设内容
建设	需求分析	确认软件项目网络安全、数据安全、个人信息保护需求细节
		确认软件项目开展等级保护测评、数据安全评估、个人信息安全影响评估、商用密码应用安全性评估等需求
	设计	审核软件网络安全、数据安全设计方案、安全软件开发能力、软件架构设计安全性
		初步审核软件产品物料清单 SBOM
	开发	审查代码安全管理与版本控制、第三方组件及开源组件管理、知识产权管控
		审查数据安全、个人信息保护措施
	测试	审查测试方案、测试用例、测试环境等安全性，验证测试有效性及覆盖率
		监督开展代码安全审计
	实施部署	提供安全的生产环境，配合完成部署工作
		审查部署环境、部署过程，监督部署人员按照安全要求规范操作，开展基线检查
		审核数据安全措施、个人信息保护措施
		再次审核软件产品物料清单 SBOM
验收		验收合同规定的网络安全建设内容
		验证第三方网络安全渗透测试报告
		验收数据安全建设要求、个人信息保护建设要求
		确认软件产品物料清单 SBOM
运维		审核运维方案，包括运维人员能力、监控巡检方案、故障检测处理方案、升级方案、漏洞处置方案、审计方案等
		监督运维工作开展，完成运维人员日常管理，维护 SBOM 清单更新
		制定应急响应预案，组织运维方及时开展应急响应
		建立网络安全防护体系，开展日常安全运营，开展网络安全宣传培训
下线		明确软件产品下线要求，制定下线流程
		安全处置数据与个人信息
		注销或回收各类资源与权限

通过软件全生命周期的安全建设，推动安全软件开发 SDL、DevSecOps 等的实施，开展源代码审计，确保代码具备基本安全保障；开展上线前的第三方安全渗透测试，建立安全准入机制；常态化软件安全运维，建立运维规范、制定运维方案、建立运维文档、保障运维资金；远程运维中 VPN、堡垒机应使用双因素认证，建立运维审计机制；使用专业的安全队伍或安全服务，预防为主，治未病而避免被动救火；明确安全事件处置，坚决杜绝“带病”运行；对于不再使用或失管失控的软件及时下线，避免管理缺失带来的安全风险。

3. 软件供应商治理建议

供应商应遵守教育行业主管部门供应链安全管理要求，配合需求方完成供应链安全工作。供应商应高度重视网络安全，思想上自我觉醒，不断提高产品的安全质量、完善内部安全管理机制、提高自身安全技能；网络安全厂商也要更多发挥作用，提供更多更有效的网络安全服务和产品。

1）供应链厂商安全“十不得”

教育行业软件供应商应尽快满足教育行业供应链厂商安全底限——“十不得”要求，并在此基础上不断完善供应链安全建设，具体要求如下：

（1）不得将用户软件源代码、项目敏感信息等在互联网公开，包括但不限于 git、svn、cvs、项目管理系统、bug 管理系统、知识库等。

（2）不得擅自获取和留存用户数据，严禁在开发、测试、演示系统中存储用户数据。

（3）不得随意开放 API 接口，应做好 API 接口的申请授权、访问控制、后端鉴权、安全审计等管控措施，控制 API 文档范围。

（4）不得在开发、编译和部署实施过程中使用硬编码密钥、默认密钥、相同或有规律的加密密钥。

（5）不得使用无持续维护或已失去支持的中间件、框架、组件及相关工具，应及时响应和快速修复漏洞，严禁推诿、拖延。

（6）不得在系统运维和正常使用过程中，使用默认口令、弱口令，鼓励接入单点登录并适当使用多因素认证。

（7）不得明文保存用户运维敏感信息，包括但不限于各种用户名、服务器信息、密码、密钥等，严禁在互联网可访问的系统中存储此类信息。

（8）不得在系统中留管理“后门”，包括但不限于特权账号、隐藏账号、文件管理接口、命令执行接口、开发调试接口等。

（9）不得使用具备数据库 DBA 权限的应用连接账号，数据库账号要按业务需求最小化授权，并严格控制可访问范围。

（10）不得在前端存储敏感信息，包括但不限于全量 API 接口、登录信息、各类密钥、开发测试环境等。

2）供应链厂商建立健全自身网络安全机制

教育行业供应链厂商除满足“十不得”的底限要求外，还应不断完善自身安全机制，配合教育行业供应链安全治理措施，提升软件及服务的安全质量，不断降低供应链安全风险。建议从提高安全意识、完善安全管理机制、提升安全技术保障能力三个方面入手提高软件供应商供应链安全水平。

（1）提高安全意识是供应链安全工作基础。对于教育行业供应商首先要具备安全底限思想，网络安全合法合规要求是软件产品基础，安全上一旦出现违法违规行为，将会直接威胁供应商的生存与发展。其次要提高网络安全认识高度，要把网络安全提高到企业安全生产高度，把安全作为软件产品质量重要的组成要素。

（2）完善供应商内部安全管理机制，建立供应链安全管理保障，主要可以从以下几个方面建立管理制度：

- 明确软件安全的总体方针、安全制度和策略，如软件安全监督、管理和检查等，并及时修订更新 .
- 建立专门网络安全机构、设置专职安全人员，建立内部的安全管理与运维机制，明确安全人员岗位职责、技术能力，如软件资产识别分析能力、软件漏洞和后门分析能力等。
- 制定软件产品的安全管理制度，如软件开发、交付、运维等活动的安全风险管理制度、流程或机制。
- 制定软件产品参与人员管理制度，如人员职责定位、权限、能力、资质、背景、技能培训等内容，建立操作规范，记录操作日志。
- 制定知识产权管理制度，如专利、软件著作权、开源许可协议等内容。
- 制定软件产品安全风险的持续监测、风险评估和事件响应制度，如应急处理流程、系统恢复流程等。
- 建立漏洞管理机制，包括安全响应中心（SRC）或漏洞管理台账，建立漏洞搜集、发布、修复、跟踪机制，确保用户产品漏洞及时通知与修复。
- 建立安全审计机制，产品的安全审计与安全运维监督，建立内部安全考核机制，包括产品、人员的内部考核。
- 建立网络安全教育培训机制，定期开展安全培训，建立持证上岗机制。

● 对于重要组织或场景如关键信息基础设施，应配置安全保障团队且具备防范全流程软件供应链安全威胁的能力，如软件供应链恢复、未知安全漏洞分析、软件持续供应能力等，并开展人员背景调查。

（3）提升供应商安全技术保障能力，主要是围绕软件产品全生命周期的安全建设开展，与需求方形成互补，共同完善技术规范，各环节具体要求如表 7-3 所示。

▽ 表 7-3　软件全生命周期供应商安全要求

软件全生命周期各环节	供应商安全要求
立项采购	确认自身安全能力，是否符合软件项目要求
	确认产品、服务能满足软件项目等保级别要求
	与甲方确认合同中的网络安全相关要求，签订保密协议
需求分析	与甲方确认软件项目网络安全、数据安全、个人信息保护需求细节
	如需要，配合开展软件项目等级保护测评、数据安全评估、个人信息安全影响评估、商用密码应用安全性评估等
设计	安全的软件架构设计
	软件网络安全、数据安全设计方案
	制定安全软件开发要求
	建立软件产品物料清单 SBOM
开发	源代码安全管理与版本控制
	第三方组件、开源组件管理，相关知识产权管控
	开发环境安全管理
	数据安全业务开发
	安全开发管理措施落实
	缺陷 / 漏洞报告以及修复流程
测试	遵循软件安全测试流程，确定方案、用例等，完成完整测试流程
	数据安全测试验证，不得使用甲方真实数据
	第三方组件、开源代码安全治理实践
	测试环境安全管理
	代码安全审计

续表

软件全生命周期各环节	供应商安全要求
实施部署	部署环境安全，符合甲方的安全基线要求，软件环境最小化
	部署过程安全，按照甲方安全要求规范操作，操作权限最小化
	访问控制策略最小化
	数据库权限最小化，部署数据安全措施
	如涉及个人信息，部署个人信息保护措施
	根据建设情况，更新软件产品物料清单 SBOM
验收上线	符合甲方项目安全要求，完成合同规定的网络安全建设内容
	项目网络安全检测 – 第三方网络安全渗透测试
	完成数据安全建设、个人信息保护建设
	确认软件产品物料清单 SBOM
运维	明确运维方案 – 监控巡检、故障检测通报与处理、权限、审计方案
	明确运维人员 – 管理制度、能力水平、保密协议
	明确升级方案 – 升级目标、升级计划、操作手册、回滚方案、实施人员
	按照甲方要求，规范开展运维工作，确保软件安全稳定运行
	及时开展安全漏洞补丁发布 – 补丁测试、发布，协助甲方升级
	及时开展应急响应 – 漏洞修复、安全事件处置
下线	软件产品停供应提前足够时间通知甲方，并协助甲方下线或更换产品
	如甲方软件项目下线，应协助安全处置数据与个人信息
	协助甲方注销或回收各类资源与权限

7.2.5 软件供应链安全前沿技术

一些前沿技术在教育行业中也得到快速推广，这里主要介绍云服务、物联网及其他新兴前沿技术在教育行业需要注意的供应链安全问题。

1. 云服务供应链安全

云服务是目前比较前沿的互联网技术，在各类信息化建设中已经大量使用，在教育行业中也不例外，特别是应用云服务在教育行业的教学资源、教学实验、在线教学等方面得到广泛应用，其用户数量不断增加，承载的师生个人信息已具一定规模。而教育行业应用云服务商同样存在各种各样的安全问题，如网络安全保障技术措施难以满足云服务要求、供应商内部安全机制不健全，甚至还有等保工作落实不到位等违法违规现象，因此伴随着应用云服务规模的快速扩大，此类供应链安全问题影响也愈发严重。目前教育行业云服务供应链安全问题主要集中在数据安全，如未经授权随意处置用户数据、数据安全技术手段匮乏；个人信息安全问题，如个人信息保护意识淡薄，存在违法违规采集、存储、传输、使用、共享个人信息情况，个人信息保护技术措施缺失严重；应用云平台自身安全性低，特别是接口（API）鉴权、用户权限控制、数据安全措施等方面存在漏洞；云服务商自身网络安全建设不足，缺少必要的网络安全防护设施，缺少必要的安全检测，安全监测不完善，漏洞管理机制缺失，应急响应不及时，等等。对于此类问题，需教育行政主管部门、需求方及应用云服务商等各方共同关注、多方群策群力、综合治理此类供应链安全问题，确保师生个人信息安全、需求方数据安全及平台自身的安全性、可用性及稳定性。

2. 物联网供应链安全

物联网技术在教育行业的一卡通、智慧教室、安防监控、校园管控等信息化服务中得到一定应用，涉及高校的重要业务及大量师生的个人信息安全，甚至还涉及一些等保三级信息系统，其供应链安全须高度重视。物联网供应链包含软件、硬件及物联网特有的通信协议等，其中软件部分可参考上述软件供应链安全建议进行治理，在教育行业物联网供应链安全中还要注意以下一些问题：

- 物理安全。物联网的特性决定其设备物理位置分散度高，且大量使用专网部署，其设备及网络的物理安全至关重要，不仅要防止设备的丢失、损害，还要防止专网被非法接入而发起内网攻击，以及设备内的信息被窃取造成数据安全问题。
- 个人信息保护。这也是高校物联网应用需关注的安全问题，无论是一卡通、安防管控还是智慧教室都会涉及大量师生个人信息，甚至还有师生的财务、行踪轨迹、生物特殊等敏感个人信息，而物联网中大量的嵌入式设备、哑终端自身的安全防护能力是较弱的，因此物联网系统中做好个人信息安全防护对于供应链的需求方和供应商都是较大挑战。特别需要高校等需求方注意的是人脸识别的使用，目前在高校内有滥用的趋势，违法风险不断提升，高校应该依法依规开展人脸识别等基于生物特征的认证技术，以安全为底限，确保相关个人信息的有效保护、确保相关认证机制的安全可靠。
- 安全升级。物联网的特点，决定了其一旦出现供应链安全问题，升级可能会比较困难，需要制定物联网漏洞管理机制、物联网安全升级预案等，以应对升级问题，并通过最小化访问控制策略等方法将安全漏洞影响范围控制在最小，并在应急响应机制中专门制定物联网相关部分，在实际工作中及时处置安全问题，避免带病运行。

3. 其他前沿技术的供应链安全

还有一些前沿技术如大数据、人工智能等在教育行业也有一定应用，虽然还没有形成完整的供应链，但建议同步关注这些新技术相关的供应链安全问题，在探索前沿技术的同时也保障其应用的安全性，否则技术越先进造成的损失可能越大。在目前情况下，需重点关注的还是个人信息的保护，无论是大数据、人工智能还是其他技术，涉及大量个人信息的加工，对于用传统脱敏技术处理后的原始数据，在应用这些新技术后，很有可能形成特定人员的个人信息，构成新的个人信息泄露途径，比如有些高校在做的学生数字画像项目，就可能面临此类问题。人工智能、大模型等一些新技术的应用，不仅仅对网络安全有所冲击，对于教育领域的安全也有较高风险。比如，ChatGPT 对教学的冲击，国内目前还不明显，但国外很多高校已经开始禁用，未来也可能成为国内教育行业面临的棘手问题。近年由于种种原因造成的软硬件供应链断供问题，在前沿技术领域尤为突出，教育行业也应尽早制定供应链安全预案应对相关风险。还有与前沿技术相关的科技伦理安全，等等，都需要教育行业从业者进一步关注与思考。

7.3
信息技术应用创新

信息技术应用创新，简称信创，旨在实现信息技术领域的自主可控，是数据安全、网络安全的基础，也是新基建的重要组成部分。

7.3.1 基础设施信息技术应用创新

基础设施信息技术应用创新改造主要指业务系统运行的操作系统环境、技术来源、开发语言、中间件、数据库等相关组件均需要根据信息技术应用创新要求开展一定的升级改造。

1. 信息技术应用创新芯片技术路线

芯片以 ARM 架构和 X86 架构为主，同时还有 MIPS 和 ALPHA 架构，主流的芯片产品包括鲲鹏、飞腾、海光、兆芯、龙芯和申威等（排名不分先后）。在实际信息技术应用创新业务改造过程中，具体以哪一款芯片作为最为主要的信息技术应用创新改造路线，主要根据以下几个方面来进行设计：

（1）业务系统使用的编程语言类型

- 对象型编程语言（Python、Java 等）。由于该类编程语言支持跨平台编译，因此无论采用 ARM 架构或 X86 架构开展信息技术应用创新改造难度都较低。由于 MIPS、ALPHA 架构都为自研架构，因此都需要开展重新编译，难度更大。
- 编译型语言（PB、C 等）。由于该类编程语言不支持跨平台编译，因此从传统 X86 架构迁移到任意其他架构芯片，均需要重新修改后再进行编译，改造成本较高，周期较长。采用信息技术应用创新的 X86 架构芯片，相较其他架构的信息技术应用创新的芯片，能够更加平滑升级，降低改造投入。

（2）芯片性能

由于不同软件对不同芯片的支持力度和适配程度不一，如一卡通等对业务实际交易并发性能有较高要求的信息系统，建议分为不同的技术路线开展性能测试。其他信息系统建议将芯片性能与投入成本、改造时间、技术创新等维度综合考虑。

2. 操作系统技术路线

操作系统大多是基于 Linux 内核进行的二次开发。目前市场上主流的操作系统有麒麟操作系统（中标麒麟、银河麒麟）、UOS（统信软件）等，以及开源的欧拉操作系统（OpenEuler）。

3. 数据库技术路线

数据库类产品主要分为交易事务型数据库（OLTP）和数据分析型数据库（OLAP）两大类，前者主要应用在高并发、实时交易场景，如高校一卡通业务系统；后者主要应用在海量数据分析，如高校经营管理系统。主流数据库有武汉达梦、人大金仓、南大通用、瀚高数据库和华为高斯数据库 OpenGauss 等（排名不分先后）。

4. 中间件技术路线

中间件主要用于解决分布式环境下数据传输、数据访问、应用调度、系统构建和系统集成、流程管理等问题，是分布式环境下支撑应用开发、运行和集成的平台。中间件包括东方通、炎黄盈动、普元信息、宝兰德、中创股份及金蝶天燕等（排名不分先后）。

7.3.2 应用系统信息技术应用创新改造

应用系统信息技术应用创新改造是指基于信创环境针对信息系统和其他软硬件产品

开展技术性适配、升级、改造等工作的过程，主要涵盖信息技术应用创新改造可行性分析、技术验证、总体方案设计、实施、业务切换等多个步骤。

信息技术应用创新改造主要流程如图 7-7 所示。

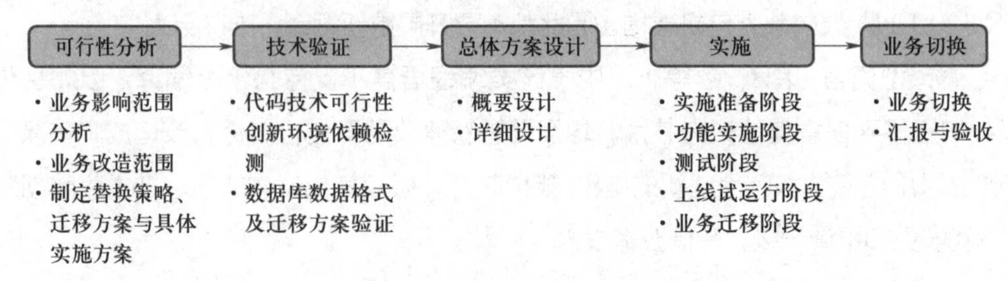

△ 图 7-7　应用系统信息技术应用创新改造流程

1. 可行性分析阶段

启动技术可行性研究，需求沟通，梳理改造内容和范围，制定替换策略、改造方案、迁移方案和实施方案，主要从以下几个维度分析：

- 业务影响范围分析。信息技术应用创新业务改造总体遵循“从边缘到核心”“从管理到业务”“从易到难”的核心原则开展，原则上信息技术应用创新业务单独部署业务域，不与原有业务互通。
- 项目业务改造范围。前端、后端、外设等单一业务的改造范围。
- 制定替换策略、迁移方案与具体实施方案。

2. 技术验证阶段

对非信息技术应用创新系统功能和数据梳理，针对新功能需求进行技术选型和验证，针对信息技术应用创新适配要求进行产品改造和验证。技术验证阶段包含代码技术可行性、信息技术应用创新环境依赖检测和数据库数据格式及迁移方案验证。

- 代码技术可行性。整体代码的改造工作内容与实际工作量。
- 创新环境依赖检测。应用改造与操作系统、中间件、数据库等不同组件的调用与依赖关系。
- 数据库数据格式及迁移方案验证。原有数据库数据通过怎样的方式迁移到信息技术应用创新数据库，离线数据拷贝、在线数据格式转换等（不同信息技术应用创新数据库支持的数据迁移转化模式不一样）；数据库自身特有函数；最大表空间是否一致；数据库索引机制不同以及触发器等其他因素均会影响数据库替代的技术可行性。

3. 总体方案设计阶段

进行总体方案设计，包括概要设计和详细设计，并进行方案评审。

4. 实施阶段

1）实施准备阶段

进行环境准备（服务器准备、网络策略开通等）、资源安排。

2）功能实施阶段

信息技术应用创新系统部署适配、系统对接开发等。

3）测试阶段

测试阶段包含系统测试、安全测试、性能与稳定性测试等。

- 系统测试

系统测试进一步分为单元测试、集成测试及用户体验测试，具体如下：

单元测试，主要是对业务系统涉及流程、公文、日程等不同模块进行测试，每个模块完成后，按单元测试方案验证功能实现程度，具体包括功能性验证测试、流转验证测试和带权限测试。

集成测试是在单元测试的基础上，将所有模块按照设计要求（如根据结构图）组装成为子系统或系统，进行集成测试。

用户体验测试，定向邀请特定用户在规定场景下使用与体验应用，主要用于测试用户使用效率、有效性与满意度。

- 安全测试

针对信息技术应用创新协同办公平台，设计安全测试方案，进行安全性测试，具体包括：身份识别检测、安全审计检测、入侵检测、密码应用安全检测、资产漏洞等。

- 性能与稳定性测试

检查并评估系统运行流程实例、列表查询实例的响应速度，是否符合非功能性需求标准。主要包含以下指标：交易成功率、综合处理能力峰值 TPS、高峰并发用户数、响应时间要求、服务器 CPU 资源、服务器内存、服务器 IO 等。

4）上线试运行阶段

系统上线试运行、功能测试、非功能性测试、使用培训、试运行问题记录和处理等。

5）业务迁移

在迁移过程中，为保证迁移工作的平滑过渡，不仅需要完成系统本身的迁移改造工作，还需进行数据库适配及数据迁移工作，通过大量测试、裁剪、优化，完成系统与中间件、数据库、操作系统等基础平台软件和硬件间的适配联调，达到功能性能最优。业务迁移主要包括 4 个阶段：迁移评估、迁移实施、迁移后调试及迁移后优化。如图 7-8 所示。

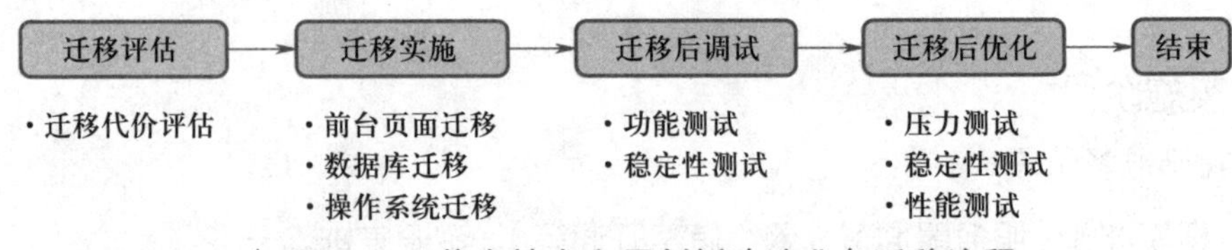

△图 7-8 信息技术应用创新改造业务迁移流程

（1）迁移评估。

在执行应用系统迁移工作前，对于迁移代价需要预估。主要考虑原应用系统是否与信创产品兼容，判断依据如下：

- 系统迁移难度较大判断依据

系统的开发框架是 .Net 框架。

系统的系统架构是 C/S，并且开发语言非 Java。

系统的开发语言是 C++、C#，实现迁移需要进行代码的修改与重新编译。

系统中间件采用 IIS、Tibco。

- 系统迁移难度较小判断依据

系统的系统架构是 B/S 或者 C/S，开发语言是 Java，可实现迁移。

系统的页面框架使用 EasyUI、NUI、JQuery，可实现迁移。

系统的开发框架是 Struts+Spring+Hibernate、MVC，可实现迁移。

系统的 Web 容器是 Tomcat、Weblogic、Webserver、Jboss 可实现迁移。

（2）迁移实施。

对可迁移的应用系统开展迁移工作，整体软件迁移实施工作分为 3 大步骤，分别为前台页面迁移、数据库迁移、操作系统迁移。

- 前台页面迁移

在前台页面的修改中，建议针对浏览器内核进行额外适配，或者采用虚拟桌面形式进行应用发布，作为改造适配过程的中间态，待浏览器适配完成后进行替换。

- 数据库迁移

应用系统的信创数据库中一般都配有通用数据库与信创数据库迁移工具。通过迁移工具完成迁移后，还需解决如下问题：

触发器不可通过迁移工具完成迁移，需在迁移后进行手动创建；因连接池存在差异，在连接数据库过程中需修改连接串、URL、数据库方言、SQL 语句、配置 JNDI。

● 操作系统迁移

在应用系统中，如有调用 Windows 底层方法，在迁移过程中需要修改程序中与操作系统特性相关的问题。

（3）迁移后调试。

应用系统完成迁移重构后，部署至信创平台运行。测试组针对应用系统编写测试用例，进行功能测试和稳定性测试，确保应用程序功能都具备正常运行条件。

（4）迁移后优化。

通过测试工具对系统进行多用户并发压力测试、稳定性测试、性能测试，分析人员分析测试结果，如定位系统是否存在性能瓶颈，若存在系统瓶颈则进行数据库性能优化。最后得到稳定的应用系统，完成管理信息化软件的迁移工作。

5. 业务切换阶段

系统试运行结束后正式进行业务切换，进行完工汇报、项目验收。

7.3.3 教育信创实验室

2022 年 12 月，教育部教育管理信息中心成立了“教育信创实验室”，信创实验室由教育部教育管理信息中心指导，教育信息安全等级保护测评中心承担运营工作，信创实验室由测评中心与中国联通合作共建，秉承“开放协作、联合创新、生态适配、服务教育”的宗旨，专注教育信息技术创新应用，为教育行政部门、高等学校、供应链企业提供技术服务。

信创实验室主要职能定位和技术服务包括：

（1）标准制订与课题研究。根据教育行业典型应用场景制订相应的信创标准，开展课题研究、技术交流等。

（2）信创适配测试。面向教育行政部门、高等学校、供应链企业，利用完善的基础软硬件、网络设备、安全设备，多技术路线体系的产品适配和技术支持，提供第三方信创适配测试。

（3）信创适配资源租用。面向教育行政部门、高等院校，利用信创全栈技术路线资源池，为有迁移适配改造相关资源需求的客户快速提供最新资源，减少单位在基础资源上的投入。

（4）信创建设咨询。面向教育行政部门、高等院校，利用实验室技术能力与积累经验，提供技术咨询，结合实际需求提供产品选型、迁移改造解决方案、项目验收方案等服务。

（5）信创人才培养。面向教育行政单位、高等院校、供应链企业，提供信创知识培训、产品原厂组合培训，培育信创人才。

7.4 本章小结

本章首先介绍了商用密码技术，了解密码在网络安全工作中的重要地位；了解我国商用密码的发展；重点掌握商用密码基础知识和教育系统密码应用案例。商用密码基础知识需要了解密码的定义、密码功能、密码算法、商用密码的基本情况，要掌握商用密码应用安全性评估，从信息系统各阶段的密评基本要求，到密评实施全过程的内容。理解教育系统密码应用案例中电子签章、数据安全密码服务等密码应用技术，及其典型的应用场景，还要了解区块链、隐私计算、云计算、量子安全等前沿技术中密码技术的应用情况。

其次介绍了教育系统软件供应链安全，了解软件供应链安全基本概念、主要问题及保障体系；了解软件供应链典型案例及其危害；了解教育行业软件供应链常见安全问题。重点掌握教育行业软件供应链安全治理策略，包括主管部门的治理措施；需求方在管理和技术上的治理手段，特别是软件全生命周期各环节的安全建设；供应方的治理方法，特别是“十不得”、安全意识、安全管理及软件全生命周期各环节安全要求的落实。还要了解并关注云服务、物联网、大数据、人工智能等前沿技术中不断变化的供应链安全问题。

最后介绍了教育信息技术应用创新工作，了解基础设施信息技术应用创新，包括信息技术应用创新芯片、操作系统、数据库、中间件等技术路线及当前相关产品情况；了解信息技术应用创新改造全过程，包括可行性分析、技术验证、总体方案设计、实施、业务切换等阶段；了解信创实验室建设背景和服务能力，助力教育信创建设，打造教育数字化自主可控体系。

7.5 习题

一、单选题

1．密码是指采用特定变换的方法对信息等进行加密保护、安全认证的（　　）。

A．技术、产品和服务　　　　B．软件、硬件和协议

C. 政策、产品和服务　　D. 软件、硬件和数据

2. 不属于国产常见商用密码算法的是（　　）。

A. SM2　　B. ZUC　　C. SM3　　D. RSA

3. 软件供应链安全包括软件供应链上相关成分以及软件自身在（　　）各个阶段的安全总和。

A. 采购、设计、编码、编译、测试、发布、交付、运行和废止

B. 需求、设计、编码、编译、测试、集成、交付、运行和废止

C. 采购、设计、编码、编译、测试、集成、上线试运行和废止

D. 需求、设计、开发、测试、集成、交付、运行

4. 下列不属于软件供应链安全事件的是（　　）。

A. 2010 年，美国情报机构使用“震网”病毒攻击伊朗核设施。

B. 2015 年，XcodeGhost 事件，iOS App 开发工具被恶意污染。

C. 2020 年，SolarWinds 事件，源码被篡改，添加了后门代码。

D. 2021 年，Apache Log4j2 漏洞事件，开源日志组件出现高危漏洞。

5. 下列不属于基础设施信息技术应用创新的是（　　）。

A. 国产芯片　　B. 国产操作系统　　C. 国产数据库　　D. 国产显示器

二、多选题

1. 首次进行测评的信息系统，测评过程包括的基本活动有（　　）。

A. 测评准备活动　　B. 方案编制活动

C. 现场测评活动　　D. 分析与报告编制活动等级管理

2. 在教育系统密码应用场景中，属于电子签章应用的有（　　）。

A. 电子成绩单　　B. 电子公文　　C. 电子合同　　D. 科研管理

3. 属于教育行业软件全生命周期需求方安全建设内容的有（　　）。

A. 需求分析阶段确认软件项目网络安全、数据安全、个人信息保护需求细节

B. 开发阶段审查代码安全管理与版本控制、第三方组件及开源组件管理、知识产权管控

C. 测试阶段审查测试方案、测试用例、测试环境等安全性，验证测试有效性及覆盖率

D. 下线阶段明确软件产品下线要求，制定下线流程，安全处置数据与个人信息，注销或回收各类资源与权限

4. 属于教育行业软件全生命周期供应商安全要求的有（　　）。

A. 设计阶段建立软件产品物料清单 SBOM

B. 开发阶段建立源代码安全管理与版本控制机制

C. 测试阶段遵循软件安全测试流程，确定方案、用例等，完成完整测试流程

D. 实施部署阶段，基于最小化原则，确保部署环境安全、部署过程安全、访问控制策略最小化、数据库权限最小化等

5. 信息技术应用创新改造的主要流程包括（　　）。

A. 可行性分析　　B. 技术验证　　C. 总体方案设计

D. 实施　　E. 业务切换

三、简答题

1. 简要描述商用密码应用安全性评估基本要求。

2. 简要说明教育系统软件供应链厂商安全“十不得”。

3. 简要说明信息技术应用创新改造主要流程。

参考答案

一、单选题

1. A　　2. D　　3. B　　4. A　　5. D

二、多选题

1. ABCD　　2. ABC　　3. ABCD　　4. ABCD　　5. ABCDE

三、简答题

1. 答题要点

各级教育行政部门和各级各类学校作为网络运营者，是密评工作的组织实施主体和责任主体。在信息系统规划、建设、运行等阶段应组织开展密评工作，具体包括：

（1）规划阶段：应当依据商用密码技术标准，制定商用密码应用建设方案，组织专家或委托具有相关资质的测评机构进行评估。其中，使用财政性资金建设的网络和信息系统，密评结果应作为项目立项的必备材料。

（2）建设阶段：对密码应用方案建设实施，委托具有相关资质的测评机构进行密评，评估结果作为项目建设验收的必备材料，评估通过后，方可投入运行。

（3）运行阶段：网络运营者应当委托具有相关资质的测评机构定期开展密评。评估未通过，网络运营者应当限期整改并重新组织评估。

（4）应急阶段：系统发生密码重大安全事件、重大调整或特殊紧急情况，应及时委托具有相关资质的测评机构开展密评，并依据评估结果进行应急处置，采取必要的安全防范措施。

（5）在完成信息系统的规划、建设、运行、应急评估后，应当在规定时间内将评估结果报主管部门及所在地级市的密码管理部门备案。网络安全等级保护第三级及以上信息系统，评估结果应同时报所在地区公安部门备案。

2. 答题要点

教育系统软件供应链厂商应尽快满足教育行业供应链厂商安全底限——"十不得"要求，并在此基础上不断完善供应链安全建设，具体要求如下：

（1）不得将用户软件源代码、项目敏感信息等在互联网公开，包括但不限于 git、svn、cvs、项目管理系统、bug 管理系统、知识库等。

（2）不得擅自获取和留存用户数据，严禁在开发、测试、演示系统中存储用户数据。

（3）不得随意开放 API 接口，应做好 API 接口的申请授权、访问控制、后端鉴权、安全审计等管控措施，控制 API 文档范围。

（4）不得在开发、编译和部署实施过程中使用硬编码密钥、默认密钥、相同或有规律的加密密钥。

（5）不得使用无持续维护或已失去支持的中间件、框架、组件及相关工具，应及时响应和快速修复漏洞，严禁推诿、拖延。

（6）不得在系统运维和正常使用过程中，使用默认口令、弱口令，鼓励接入单点登录并适当使用多因素认证。

（7）不得明文保存用户运维敏感信息，包括但不限于各种用户名、服务器信息、密码、密钥等，严禁在互联网可访问的系统中存储此类信息。

（8）不得在系统中留管理"后门"，包括但不限于特权账号、隐藏账号、文件管理接口、命令执行接口、开发调试接口等。

（9）不得使用具备数据库 DBA 权限的应用连接账号，数据库账号要按业务需求最小化授权，并严格控制可访问范围。

（10）不得在前端存储敏感信息，包括但不限于全量 API 接口、登录信息、各类密钥、开发测试环境等。

3. 答题要点

信息技术应用创新改造主要流程共 5 个步骤：可行性分析、技术验证、总体方案设计、实施、业务切换等。

附录　英文缩略词表

缩略词	英文全称	中文释义
4A	Authentication，Authorization，Account，Audit	统一安全管理平台解决方案（认证、授权、账号、审计）
AAA	Authentication，Authorization，Accounting	认证、授权和计费
ABAC	Attribute-Based Access Control	基于属性的访问控制
ACL	Access Control Lists	访问控制列表
AES	Advanced Encryption Standard	高级加密标准
API	Application Programming Interface	应用程序编程接口
APT	Advanced Persistent Threat	高级持续性威胁、先进持续性威胁
ATT&CK	Adversarial Tactics，Techniques， and Common Knowledge	网络安全对抗战术、技术和通用知识
CCSC	Certification for Cyber Security Competence	网络安全能力认证
CDN	Content Delivery Network	内容分发网络
CISP	Certified Information Security Professional	注册信息安全专业人员认证
CISAW	Certified Information Security Assurance Worker	信息安全保障人员认证
CMMI	Capability Maturity Model Integration	能力成熟度模型
CNNVD	China National Vulnerability Database of Information Security	国家信息安全漏洞库
CNVD	China National Vulnerability Database	国家信息安全漏洞共享平台
CSRF	Cross-site request forgery	跨站请求伪造
CSP	Content Security Policy	内容安全策略
CVE	Common Vulnerabilities and Exposures	通用漏洞披露
DAST	Dynamic Application Security Testing	动态应用程序安全测试
DevSecOps	Development Security Operations	指开发团队、安全团队和运维团队合作，在标准 DevOps 周期各环节中集成安全性

续表

缩略词	英文全称	中文释义
DDoS	Distributed denial of service	分布式拒绝服务
DNS	Domain Name System	域名系统
EDR	Endpoint Detection and Response	终端安全管理系统
HCE	Host Card Emulation	主机卡模拟
HE	Homomorphic Encryption	同态加密
HTTP	Hypertext Transfer Protocol	超文本传输协议
IaaS	Infrastructure as a Service	基础设施即服务
IAM	Identity and Access Management	身份访问管理
IAST	Interactive Application Security Testing	交互式应用程序安全测试
IATF	Information Assurance Technical Framework	信息安全保障技术框架
ICP	Internet Content Provider	因特网内容提供商
IDS	Intrusion Detection System	入侵检测系统
IIS	Internet Information Services	互联网信息服务
IPC	Internet Process Connection	互联网进程连接
IPDRR	Identify，Protect，Detect，Respond，Recover	识别、保护、检测、响应和恢复
IPS	Intrusion Prevention System	入侵防御系统
JNDI	Java Naming and Directory Interface	Java 命名和目录接口
JWT	JSON Web Tokens	JSON Web 令牌
MIC	Messages Integrity Check	消息完整性检查
MITM	Man-in-the-Middle Attack	中间人攻击
MPC	Secure Multiparty Computation	多方安全计算
MPDRR	Management，Protection，Detection，Response，Recovery	管理、保护、检测、响应和恢复
MSG	Micro-Segmentation	微隔离
NTA	Network Traffic Analysis	网络流量分析
OS	Operation System	操作系统
OSS	Object Storage Service	对象存储服务

续表

缩略词	英文全称	中文释义
OTP	One-Time Password	一次性密码
OWASP	Open Web Application Security Project	开放式 Web 应用程序安全项目
PaaS	Platform as a Service	平台即服务
PAC	Privilege Attribute Certificate	特权属性证书
PDP	Policy Decision Point	策略定义点
PDR	Protection，Detection，Response	保护、检测和响应
PDRR	Protection，Detection，Response，Recovery	保护、检测、响应和恢复
PDRRA	Protection，Detection，Response，Recovery，Audit	保护、检测、响应、恢复和审计
PEP	Policy Execution Point	策略执行点
PKI	Public Key Infrastructure	公钥基础设施
PPDR	Policy，Protection，Detection，Response	策略、保护、检测和响应
PPDRR	Policy，Protection，Detection，Response，Recovery	策略、保护、检测、响应和恢复
PQC	Post Quantum Cryptography	后量子密码
PTES	Penetration Testing Execution Standard	渗透测试执行标准
QKD	Quantum Key Distribution	量子密钥分发
QoS	Quality of Service	服务质量
QRC	Quantum Resistant Cryptography	抗量子计算密码
RAID	Redundant Arrays of Independent Disks	磁盘阵列
RASP	Runtime Application Self-Protection	运行时应用程序自我保护
RBAC	Role-Based Access Control	基于角色的访问控制
RCE	Remote Code/Commond Execute	远程代码 / 命令执行
RDP	Remote Desktop Protocol	远程桌面协议
RFB	Remote Frame Buffer	远程帧缓冲
RPF	Reverse path forwarding	反向路径检查
RPO	Recovery Point Object	恢复点目标
SaaS	Software as a Service	软件即服务

续表

缩略词	英文全称	中文释义
SAST	Static Application Security Testing	静态应用程序安全测试
SAVI	Source Address Validation Improvements	源址合法性检验
SBOM	Software Bill of Materials	软件物料清单
SCA	Software Composition Analysis	软件组成成分分析
SDL	Security Development Lifecycle	安全开发生命周期
SDP	Software Defined Perimeter	软件定义边界
SID	Security Identifiers	安全标识符
SIEM	Security Information and Event Management	安全信息和事件管理
SOAR	Security Orchestration Automation and Response	安全编排自动化与响应
SQL	Structured Query Language	结构化查询语言
SSH	Secure Shell Protocol	安全外壳协议
SSID	Service Set Identifier	服务集标识
SSL	Secure Sockets Layer	安全套接字层
SSP	Secure Shell Protocol	安全外壳协议
SSRF	Server-Side Request Forgery	服务器端请求伪造
STIX	Structured Threat Information eXpression	结构化威胁信息表述
TAXII	Trusted Automated eXchange of Indicator Information	可信情报自动化交换协议
TCSEC	Trusted Computer System Evaluation Criteria	可信计算机系统评估标准
TLS	Transport Layer Security	传输层安全
TOR	The Onion Router	洋葱路由器
TOTP	Time-based Onetime Password	基于时间的一次性密码，也被称为时间同步动态密码
UEBA	User Entity Behavior Analytics	用户实体行为分析
UPS	Uninterruptible Power Supply	不间断电源
URL	Uniform Resource Locator	统一资源定位器

续表

缩略词	英文全称	中文释义
VLAN	Virtual Local Area Network	虚拟局域网
VPN	Virtual Private Network	虚拟专用网
WAF	Web Application Firewall	Web 应用防火墙
WEP	Wired Equivalent Privacy	有线等效保密
WIPS	Wireless Intrusion Prevention System	无线入侵防御系统
WPDRRC	Warning，Protection，Detection，Response，Recovery，Countermeasure	预警、保护、检测、响应、恢复和反击
XML	eXtensible Markup Language	可扩展标记语言
XSS	Cross Site Scripting	跨站脚本攻击
XXE	XML eXternal Entity Injection	XML 外部实体注入
ZTA	Zero Trust Architecture	零信任架构

参考文献

[1] 陈奇飞，刘娟 .2022 年我国网络安全特点分析及 2023 年网络安全趋势研判 [J]. 视点，2023 年第 5 期 .

[2] 李盛葆，向媛媛，赵煜，韩旭东 . 全球视野下网络空间安全形势与战略研究 [J]. 北京：网络安全技术与应用，2021 年第 8 期 .

[3] 中国软件评测中心 网络空间安全测评工程中心 . 教育行业网络安全白皮书（2020 年）[R]. 北京：中国软件评测中心，2020.9.

[4] 鲁传颖 . 全球网络安全形势与网络安全治理的路径 [J]. 北京：当代世界，2022 年第 11 期 .

[5] 国家计算机网络应急技术处理协调中心 . 2020 年中国互联网网络安全报告 [R]. 北京：国家计算机网络应急技术处理协调中心，2021.7.21.

[6] 北京瑞星网安技术股份有限公司 .2022 中国网络安全报告 [R]. 2023.2.6.

[7] 国家计算机网络应急技术处理协调中心 .2021 年上半年我国互联网网络安全监测数据分析报告 [R]. 2021.7.

[8] 北京瑞星网安技术股份有限公司 国家信息中心 .2020 中国网络安全报告 [R]. 2021.1.13.

[9] 禄凯，程浩，刘蓓 . 全面构建以网络安全监测预警为核心的全时域网络安全新服务 . 中国信息安全 ,2021 年第 5 期 .

[10] 郭启全等 .《关键信息基础设施安全保护条例》《数据安全法》和网络安全等级保护制度解读与实施 [M]. 北京：电子工业出版社 ,2020.

[11] 朱胜涛，温哲，位华，等 . 注册信息安全专业人员培训教材 [M]. 北京：北京师范大学出版社，2019.

[12] 公安部信息安全等级保护评估中心 . 网络安全等级测评师培训教材（初级）[M]. 2021 版 . 北京：电子工业出版社，2021.

[13] 公安部信息安全等级保护评估中心 . 网络安全等级测评师培训教材（中级）[M]. 2022 版 . 北京：电子工业出版社，2022.

[14] 郭启全，陈广勇，马力，等 . 网络安全等级保护基本要求（通用要求部分）应用指南 [M]. 北京：电子工业出版社，2022.

[15] 郭启全，李明，于东升，等 . 网络安全等级保护基本要求（扩展要求部分）应用指南 [M]. 北京：电子工业出版社，2022.

[16] 安辉耀，沈昌祥，张鹏，等 . 网络安全等级化保护原理与实践 [M]. 北京：人民邮电出版社，2020.

[17] 孙涛，高峡，梁会雪 . 网络安全等级保护原理与实践 [M]. 北京：机械工业出版社，2023.

[18] 国家互联网信息办公室 . 数字中国发展报告（2022 年）[R]. 2023.4.27.

[19] GB/T 36635—2018. 信息安全技术 – 网络安全监测基本要求与实施指南 [S].

[20] GB/T 32924—2016. 信息安全技术 – 网络安全预警指南 [S].

[21] GB/T 20986—2023. 信息安全技术 网络安全事件分类分级指南 [S].

[22] GB/T 25069—2022. 信息安全技术 术语 [S].
[23] GB/T 20986—2023. 信息安全技术 网络安全事件分类分级指南 [S].
[24] GB/T 38645—2020. 信息安全技术 网络安全事件应急演练指南 [S].
[25] GB/T 39786—2021. 信息安全技术 信息系统密码应用基本要求 [S].
[26] GB/T 43206—2023. 信息安全技术 信息系统密码应用测评要求 [S].
[27] GB/T 18354—2021. 物流术语 logistics terminology [S].
[28] 马民虎 . 网络安全法适用指南 [M]. 北京：中国民主法制出版社，2017.
[29] 曾德华 . 中国高等教育网络安全报告 [M]. 北京：北京邮电大学出版社，2021: 8，9.
[30] 曹雅斌，苗春雨 . 网络安全应急响应 [M]. 北京：电子工业出版社，2019:106—117.
[31] 舒敏 . 完善网络安全应急标准体系，进一步增强网络安全和国家安全保障能力 [N]. 光明网，http://www.cac.gov.cn/2018-04/16/c_1122685149.htm.
[32] 林鸿潮，陶鹏 . 应急管理与应急法制十讲 [M]. 北京：中国法制出版社，2021.
[33] 秦华 . 大数据背景下高校智慧校园建设研究 [J]. 信息与电脑，2020（32）: 219—221.
[34] 敖卓缅 . 网络安全技术及策略在校园网中的应用研究 [D]. 重庆大学，2007.
[35] 邓泽龙 . 浅析 Web 渗透信息收集 [J]. 电子元器件与信息技术，2020（4）: 24—25.
[36] 王忠 . 新形势下县级融媒体中心网络安全防护工作探讨 [J]. 互联网周刊，2023（1）: 83—85.
[37] 柯一川 . Web 网络安全概述及几种常见漏洞攻击简介 [J]. 网络安全和信息化，2023（6）: 126—128.
[38] 李文浩 . 面向物联网应用程序的编码安全研究 [D]. 内蒙古大学，2018.
[39] 王素，赵锐鹏，刘振民 . 网络视频监控系统攻防仿真平台设计与实现 [J]. 警察技术，2021（2）: 72—75.
[40] 李明 . Web 应用 SQL 注入漏洞分析及防御研究 [J]. 福建电脑，2020（36）: 25—27.
[41] 许开杰，赵彦敏，朱实强 . 计算机网络安全隐患管理及维护探讨 [J]. 网络安全技术与应用，2018（2）: 1—1.
[42] 王杨，蒋巍，蒋海岩，等 . 高安全需求的 Web 服务器群主动防御体系研究 [J]. 网络空间安全，2020（10）: 1—4.
[43] 王静宇，杨力 . 基于区块链和策略分级的访问控制模型 [J]. 计算机工程与设计，2022（43）: 1232—1239.
[44] 魏喜莲 . 云数据中心网络安全设备部署研究 [J]. 铁道通信信号，2021（57）: 41—47.
[45] 谭晶磊，张恒巍，张红旗，等 . 基于 Markov 时间博弈的移动目标防御最优策略选取方法 [J]. 通信学报，2020 年第 41 期 .
[46] 吕波 . 以零信任技术为指导的数据安全体系研究 [J]. 现代信息科技，2020（4）: 126—130.
[47] 任兰芳，庄小君，付俊 . Docker 容器安全防护技术研究 [J]. 电信工程技术与标准化，2020（33）: 73—78.
[48] 张帆 . 面向云计算的 CBTC 系统信息安全风险评估方法研究 [D]. 北京交通大学，2022.
[49] 吕云峰 . 2018 年瑞星网络安全报告与趋势展望 [J]. 信息安全研究，2020（5）: 186—186.

[50] 李云天，杜放．金融机构 DDoS 攻击本地防护策略探研 [J]. 中国金融电脑，2023（3）: 84—87.

[51] 葛景全，屠晨阳，高能．侧信道分析技术概览与实例 [J]. 信息安全研究，2019（5）: 75—87.

[52] 张松，胥旭．基于区块链的数字货币风险管理问题探究 [J]. 中国信用卡，2018（12）: 45—48.

[53] 奇安信安服团队．红蓝攻防 构建实战化网络安全防御体系 [M]. 北京：机械工业出版社，2022.

[54] 中国信息通信研究院安全研究所和杭州安恒信息技术股份公司．网络安全先进技术与应用发展系列白皮书 安全编排自动化响应 [OL]. https://www.dbappsecurity.com.cn/uploadfile/2019/09/20/201909201553008VyAZN.pdf，2019.

[55] 霍炜，郭启全，马原．商用密码应用与安全性评估 [M]. 北京：电子工业出版社，2020.

[56] 何熙巽，张玉清，刘奇旭．软件供应链安全综述 [J]. 信息安全学报，2020（1）: 57—73.

[57] 纪守领，王琴应，陈安莹，等．开源软件供应链安全研究综述 [J]. 软件学报，2023（3）: 1330—1364.

[58] 吴汝钰，袁忠，付玲玲．软件供应链安全视角下的安全开发研究和应用 [J]. 信息安全与通信保密，2023（7）: 53—62.

[59] 奇安信代码安全实验室．软件供应链安全：源代码缺陷实例剖析 [M]. 北京：电子工业出版社，2021.

[60] 杨义先，钮心忻．黑客心理学：社会工程学原理 [M]. 北京：电子工业出版社，2019.

[61] 文武．网络靶场与攻防演练 [M]. 北京：机械工业出版社，2023.

[62] 王雨晨．网络安全之道 [M]. 北京：人民邮电出版社，2023.

图书在版编目（CIP）数据

教育系统网络安全保障专业人员（ECSP）基础教程 / 杨伟平主编. -- 北京：高等教育出版社，2024.5
ISBN 978-7-04-062143-3

Ⅰ.①教… Ⅱ.①杨… Ⅲ.①计算机网络－网络安全－教材 Ⅳ.①TP393.08

中国国家版本馆CIP数据核字（2024）第093137号

郑重声明

高等教育出版社依法对本书享有专有出版权。任何未经许可的复制、销售行为均违反《中华人民共和国著作权法》，其行为人将承担相应的民事责任和行政责任；构成犯罪的，将被依法追究刑事责任。为了维护市场秩序，保护读者的合法权益，避免读者误用盗版书造成不良后果，我社将配合行政执法部门和司法机关对违法犯罪的单位和个人进行严厉打击。社会各界人士如发现上述侵权行为，希望及时举报，我社将奖励举报有功人员。

反盗版举报电话
（010）58581999　58582371

反盗版举报邮箱
dd@hep.com.cn

通信地址
北京市西城区德外大街4号
高等教育出版社知识产权与法律事务部

邮政编码
100120

读者意见反馈
为收集对教材的意见建议，进一步完善教材编写并做好服务工作，读者可将对本教材的意见建议通过如下渠道反馈至我社。

咨询电话
400-810-0598

反馈邮箱
gjdzfwb@pub.hep.cn

通信地址
北京市朝阳区惠新东街4号富盛大厦1座
高等教育出版社总编辑办公室

邮政编码
100029

内容简介

本书围绕教育系统网络安全工作的实际场景，分别从网络安全形势与政策、等级保护、监测预警、信息通报、应急处置、运营实施、技术攻防和前沿热点等方面深入介绍了网络安全保障工作的内容，涉及网络安全理论、政策、技术和实践，能够为网络安全保障实践中碰到的重要问题（比如如何做好教育系统网络安全等级保护工作、如何做好网络安全监测预警和信息通报、如何做好应急处置、如何做好重要时期网络安全保障等）提供解决方案，可以为教育系统从事网络安全管理和技术工作的人员提供全方位参考。本书在各章下辨析核心概念，详解工作机制和流程，摘述权威资料，为读者提供全面的网络安全保障工作参考，是一本教育系统网络安全工作的实用手册和操作指南，也可以作为对网络安全感兴趣的人士的参考资料。

策划编辑　何新权
责任编辑　何新权
封面设计　李卫青
版式设计　杜微言
责任绘图　邓超
责任校对　高歌
责任印制　沈心怡

出版发行　高等教育出版社
社　　址　北京市西城区德外大街4号
邮政编码　100120
购书热线　010-58581118
咨询电话　400-810-0598
网　　址　http://www.hep.edu.cn
　　　　　http://www.hep.com.cn
网上订购　http://www.hepmall.com.cn
　　　　　http://www.hepmall.com
　　　　　http://www.hepmall.cn
印　　刷　涿州市星河印刷有限公司
开　　本　787mm×1092mm　1/16
印　　张　26.25
字　　数　510千字
版　　次　2024年5月第1版
印　　次　2024年5月第1次印刷
定　　价　72.00元

本书如有缺页、倒页、脱页等质量问题，请到所购图书销售部门联系调换

版权所有　侵权必究
物 料 号　62143-00